AutoCAD 2022 中文版标准实例教程

陈广华、胡仁喜、刘昌丽 等编著

机械工业出版社

本书重点介绍了 AutoCAD 2022 中文版的功能、使用方法和操作技巧。本书的特点是在讲解知识点的同时列举了大量的实例，使读者能在实践中掌握 AutoCAD 2022 的使用。

全书分为 11 章，分别介绍了 AutoCAD 2022 基础、基本绘图命令、高级二维绘图命令、图层设置与精确定位、平面图形的编辑、文字与表格、尺寸标注、图块及其属性、协同绘图工具、机械设计工程案例和建筑设计工程案例。

本书为了配合大、中专院校师生使用此书进行教学，随书配赠了电子资料包，内容包含了全书实例操作过程 AVI 文件和实例源文件，以及专为老师教学准备的 PowerPoint 多媒体电子教案。另外，为了延伸读者的学习范围，电子资料包中还包含了 AutoCAD 操作技巧 170 例、实用 AutoCAD 图样 100 套以及长达 500min 的操作过程讲解录音和动画。

图书在版编目（CIP）数据

AutoCAD 2022中文版标准实例教程 / 陈广华等编著-- 北京 ：机械工业出版社，2022.1

ISBN 978-7-111-69754-1

Ⅰ. ①A… Ⅱ. ①陈… Ⅲ. ①AutoCAD软件－教材 Ⅳ. ①TP391.72

中国版本图书馆 CIP 数据核字(2021)第 248405 号

机械工业出版社（北京市百万庄大街 22 号　邮政编码 100037）

策划编辑：曲彩云　　责任编辑：曲彩云

责任校对：刘秀华　　责任印制：李　昂

北京中兴印刷有限公司印刷

2022 年 1 月第 1 版第 1 次印刷

184mm×260mm ・19.75 印张 ・484 千字

标准书号：ISBN 978-7-111-69754-1

定价：69.00 元

电话服务　　网络服务

客服电话：010-88361066　　机　工　官　网：www.cmpbook.com

010-88379833　　机　工　官　博：weibo.com/cmp1952

010-68326294　　金　书　网：www.golden-book.com

机工教育服务网：www.cmpedu.com

前　言

随着微电子技术，特别是计算机硬件和软件技术的迅猛发展，CAD 技术也发生了日新月异、突飞猛进的变化。AutoCAD 一直致力于把工业技术与计算机技术融为一体，形成开放的大型 CAD 平台，特别是在机械、建筑和电子技术等领域发展势头异常迅猛。为了满足读者学习和掌握 AutoCAD 的要求，笔者精心组织了几所高校的老师编写了此书。

本书的编者是 Autodesk 中国认证考试中心的专家和各高校多年从事计算机图形学教学研究的一线人员，具有丰富的教学实践经验与教材编写经验，能够准确地把握读者的学习心理与实际需求。本书中处处凝结着编者的经验与体会，希望能够为广大读者的学习提供一条捷径。

本书重点介绍了 AutoCAD 2022 中文版的功能使用方法和操作技巧。全书分为 11 章，分别介绍了 AutoCAD 2022 基础、基本绘图命令、高级二维绘图命令、图层设置与精确定位、平面图形的编辑、文字与表格、尺寸标注、图块及其属性、协同绘图工具、机械设计工程案例和建筑设计工程案例。本书由浅入深，从易到难，各章节既相对独立又前后关联。为了帮助读者及时快捷地掌握所学的知识，编者根据自己多年使用 AutoCAD 的经验及学习的通常心理，在文中及时给出了总结和相关提示，全书解说翔实，图文并茂，语言简洁，思路清晰，既可以作为初学者的入门教材，也可作为工程技术人员的参考工具书。

本书为了配合学校师生利用本书进行教学的需要，随书配赠了电子资料包，内容包含了全书实例操作过程 AVI 文件和实例源文件，以及专为老师教学准备的 PowerPoint 多媒体电子教案。另外，为了延伸读者的学习范围，电子资料包中还包含了 AutoCAD 操作技巧 170 例、实用 AutoCAD 图样 100 套以及长达 500min 的操作过程讲解录音和动画，读者可以登录百度网盘（地址：https://pan.baidu.com/s/1K_m7hhjrHsFMfHqXGjn45A 下载；密码：swsw）进行下载。

本书由陈广华、胡仁喜、刘昌丽、毛新华、康士廷、王敏、张俊生、王玮、孟培、王艳池、阳平华、闫聪聪、王培合、路纯红、王义发、王玉秋、杨雪静、卢园、王渊峰、孙立明、甘勤涛、李兵、董伟、张日晶、李亚莉编写。

由于编者水平有限，书中不足之处在所难免，望广大读者登录 www.sjzswsw.com 或发邮件至 714491436@qq.com 予以指正，编者将不胜感激，也欢迎加入三维书屋图书学习交流群（QQ：379090620）交流探讨。

编　者

目　录

前言
第 1 章 AutoCAD 2022 基础 1
1.1　操作界面 2
1.1.1　标题栏 2
1.1.2　绘图区 3
1.1.3　坐标系图标 5
1.1.4　菜单栏 5
1.1.5　工具栏 7
1.1.6　命令行窗口 9
1.1.7　布局标签 9
1.1.8　状态栏 10
1.1.9　快速访问工具栏和交互信息工具栏 12
1.1.10　功能区 12
1.2　文件管理 14
1.2.1　新建文件 14
1.2.2　打开文件 15
1.2.3　保存文件 16
1.2.4　另存为 17
1.2.5　退出 17
1.2.6　图形修复 17
1.3　基本输入操作 18
1.3.1　命令输入方式 18
1.3.2　命令的重复、撤消、重做 19
1.4　图形的显示 20
1.4.1　实时缩放 20
1.4.2　动态缩放 22
1.4.3　实时平移 23
1.5　上机实验 24
1.6　思考与练习 26
第 2 章　基本绘图命令 27
2.1　直线类命令 28
2.1.1　直线段 28
2.1.2　实例——绘制阀符号 29
2.1.3　数据输入方法 29
2.1.4　实例——利用动态输入绘制标高符号 31
2.1.5　构造线 32
2.2　圆类命令 33

2.2.1 圆 33
2.2.2 实例——连环圆 35
2.2.3 圆弧 36
2.2.4 实例——梅花图案 37
2.2.5 椭圆与椭圆弧 38
2.2.6 实例——洗脸盆 39
2.2.7 圆环 41
2.3 平面图形命令 41
2.3.1 矩形 41
2.3.2 实例——方头平键 1 43
2.3.3 多边形 45
2.3.4 实例——卡通造型 45
2.4 点命令 47
2.4.1 点 47
2.4.2 定数等分 48
2.4.3 定距等分 48
2.4.4 实例——棘轮 49
2.5 上机实验 50
2.6 思考与练习 51
第 3 章 高级二维绘图命令 53
3.1 多段线 54
3.1.1 绘制多段线 54
3.1.2 实例——弯月亮 56
3.2 样条曲线 56
3.2.1 绘制样条曲线 56
3.2.2 实例——螺钉旋具 57
3.3 多线 59
3.3.1 绘制多线 59
3.3.2 定义多线样式 59
3.3.3 编辑多线 61
3.3.4 实例——墙体 62
3.4 面域 64
3.4.1 创建面域 64
3.4.2 面域的布尔运算 64
3.4.3 实例——扳手 65
3.5 图案填充 67
3.5.1 基本概念 67
3.5.2 图案填充的操作 68
3.5.3 渐变色的操作 71

3.5.4 边界的操作 71
3.5.5 编辑填充的图案 71
3.5.6 实例——小屋 73
3.6 上机实验 75
3.7 思考与练习 76
第 4 章 图层设置与精确定位 78
4.1 图层设置 79
4.1.1 设置图层 79
4.1.2 颜色的设置 83
4.1.3 图层的线型 84
4.1.4 实例——机械零件图 86
4.2 精确定位工具 88
4.2.1 正交模式 88
4.2.2 栅格工具 89
4.2.3 捕捉工具 90
4.3 对象捕捉 91
4.3.1 特殊位置点捕捉 91
4.3.2 实例——绘制圆公切线 92
4.3.3 对象捕捉设置 94
4.3.4 实例——盘盖 95
4.4 对象追踪 97
4.4.1 自动追踪 97
4.4.2 方头平键 2 98
4.5 对象约束 100
4.5.1 建立几何约束 101
4.5.2 几何约束设置 102
4.5.3 实例——绘制相切圆及同心圆 102
4.5.4 建立尺寸约束 104
4.5.5 尺寸约束设置 104
4.5.6 实例——方头平键 3 105
4.6 上机实验 106
4.7 思考与练习 107
第 5 章 平面图形的编辑 109
5.1 选择对象 110
5.2 基本编辑命令 112
5.2.1 复制链接对象 112
5.2.2 实例——链接图形 112
5.2.3 复制命令 114
5.2.4 实例——洗手台 115

5.2.5 镜像命令 115
5.2.6 实例——压盖 116
5.2.7 偏移命令 117
5.2.8 实例——挡圈 118
5.2.9 阵列命令 119
5.2.10 实例——轴承端盖 120
5.2.11 移动命令 121
5.2.12 旋转命令 122
5.2.13 实例——曲柄 123
5.2.14 缩放命令 124
5.3 改变几何特性类命令 125
5.3.1 修剪命令 125
5.3.2 实例——铰套 126
5.3.3 延伸命令 127
5.3.4 实例——螺钉 128
5.3.5 圆角命令 130
5.3.6 实例——吊钩 131
5.3.7 倒角命令 133
5.3.8 实例——齿轮轴 135
5.3.9 拉伸命令 137
5.3.10 实例——手柄 137
5.3.11 拉长命令 139
5.3.12 打断命令 140
5.3.13 实例——打断中心线 140
5.3.14 打断于点命令 141
5.3.15 分解命令 141
5.3.16 合并命令 142
5.3.17 光顺曲线命令 142
5.3.18 反转命令 143
5.3.19 复制嵌套对象 143
5.3.20 删除重复对象 144
5.4 对象编辑 145
5.4.1 钳夹功能 145
5.4.2 实例——编辑图形 146
5.4.3 修改对象属性 147
5.4.4 特性匹配 148
5.5 删除及恢复类命令 148
5.5.1 删除命令 148
5.5.2 恢复命令 149

5.5.3 实例——弹簧 149
5.6 上机实验 151
5.7 思考与练习 153
第 6 章 文字与表格 155
6.1 文本样式 156
6.2 文本标注 158
6.2.1 单行文本标注 158
6.2.2 多行文本标注 161
6.2.3 实例——插入符号 165
6.3 文本编辑 166
6.3.1 文本编辑命令 166
6.3.2 实例——样板图 166
6.4 表格 173
6.4.1 定义表格样式 173
6.4.2 创建表格 175
6.4.3 表格文字编辑 177
6.4.4 实例——齿轮参数表 178
6.5 上机实验 179
6.6 思考与练习 181
第 7 章 尺寸标注 182
7.1 尺寸样式 183
7.1.1 线 184
7.1.2 符号和箭头 185
7.1.3 文字 187
7.1.4 调整 188
7.1.5 主单位 190
7.1.6 换算单位 191
7.1.7 公差 192
7.2 标注尺寸 194
7.2.1 线性标注 194
7.2.2 实例——标注螺栓 195
7.2.3 对齐标注 197
7.2.5 角度尺寸标注 197
7.2.6 直径标注 199
7.2.7 半径标注 199
7.2.8 实例——标注曲柄 199
7.2.9 基线标注 202
7.2.10 连续标注 202
7.2.11 实例——标注挂轮架 203

7.3 引线标注 205
7.3.1 一般引线标注 205
7.3.2 快速引线标注 206
7.3.3 多重引线样式 207
7.3.4 多重引线 209
7.3.5 实例——标注齿轮轴套 210
7.4 几何公差 216
7.5 综合实例——标注齿轮轴 217
7.6 上机实验 220
7.7 思考与练习 223
第 8 章 图块及其属性 225
8.1 图块操作 226
8.1.1 定义图块 226
8.1.2 图块的存盘 227
8.1.3 实例——定义螺母图块 227
8.1.4 图块的插入 228
8.1.5 实例——标注阀体表面粗糙度 230
8.1.6 动态块 230
8.1.7 实例——利用动态块功能标注阀体（局部）表面粗糙度 232
8.2 图块的属性 233
8.2.1 定义图块属性 233
8.2.2 修改属性的定义 235
8.2.3 图块属性编辑 235
8.2.4 实例——利用属性功能标注阀体表面粗糙度 237
8.3 上机实验 237
8.4 思考与练习 238
第 9 章 协同绘图工具 240
9.1 对象查询 241
9.1.1 查询距离 241
9.1.2 查询对象状态 242
9.2 设计中心 242
9.2.1 启动设计中心 243
9.2.2 插入图块 244
9.2.3 图形复制 244
9.2.4 实例——给房子图形插入窗户图块 245
9.3 工具选项板 246
9.3.1 打开工具选项板 246
9.3.2 工具选项板的显示控制 246
9.3.3 新建工具选项板 247

9.3.4 向工具选项板添加内容 248
9.3.5 实例——绘制居室布置平面图 249
9.4 上机实验 252
9.5 思考与练习 252
第 10 章 机械设计工程案例 253
10.1 阀体零件图 254
10.1.1 配置绘图环境 254
10.1.2 绘制阀体 255
10.1.3 标注球阀阀体 261
10.2 球阀装配图 263
10.2.1 组装球阀装配图 263
10.2.2 标注球阀装配图 268
10.2.3 完善球阀装配图 270
第 11 章 建筑设计工程案例 272
11.1 高层住宅建筑平面图 273
11.1.1 绘制建筑平面墙体 273
11.1.2 绘制建筑平面门窗 276
11.1.3 绘制楼梯、电梯间等建筑空间平面图 279
11.1.4 布置家具和洁具 281
11.2 高层住宅立面图 284
11.2.1 绘制建筑标准层立面图轮廓 284
11.2.2 绘制建筑标准层门窗及阳台立面图轮廓 285
11.2.3 创建建筑整体立面图 287
11.3 高层住宅建筑剖面图 289
11.3.1 绘制剖面图建筑墙体 290
11.3.2 绘制剖面图建筑楼梯造型 293
11.3.3 绘制剖面图整体楼层 294
附录 AutoCAD 工程师认证考试模拟试题 296

第 1 章 AutoCAD 2022 基础

AutoCAD 2022 是美国 Autodesk 公司于 2021 年推出的 AutoCAD 最新版本，这个版本与 2009 版的 DWG 文件及应用程序兼容，具有很好的整合性。

本章介绍了 AutoCAD 2022 的基本知识，包括设置系统参数，建立新的图形文件及打开已有文件的方法等。

- 操作界面
- 图形的显示
- 文件管理
- 基本输入操作

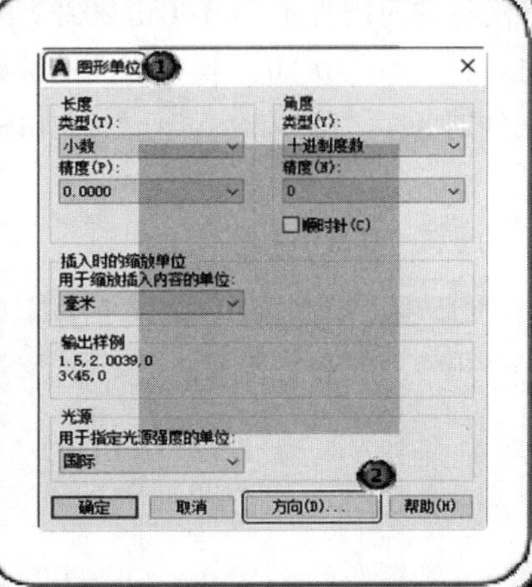

1.1 操作界面

启动 AutoCAD 2022 后的默认界面是 AutoCAD 2009 以后出现的界面风格。为了便于学习和使用过 AutoCAD 以前版本的用户学习本书，我们采用草图与注释的界面进行介绍。AutoCAD 2022 中文版操作界面如图 1-1 所示。

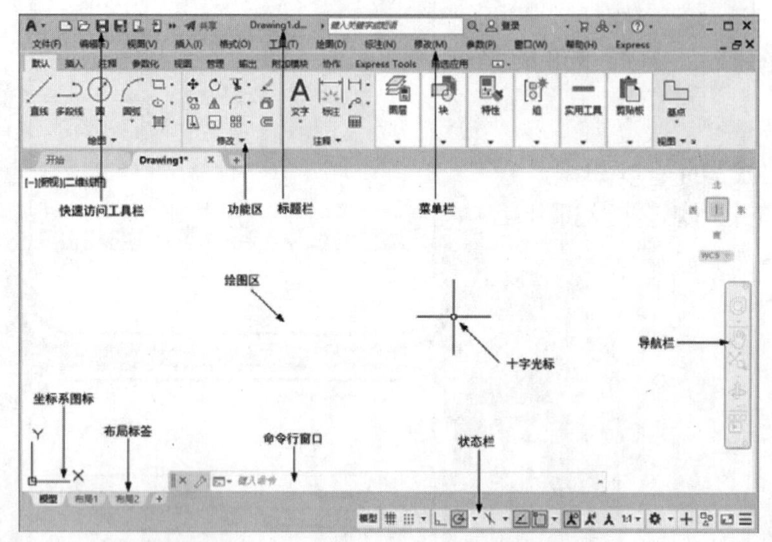

图 1-1 AutoCAD 2022 中文版操作界面

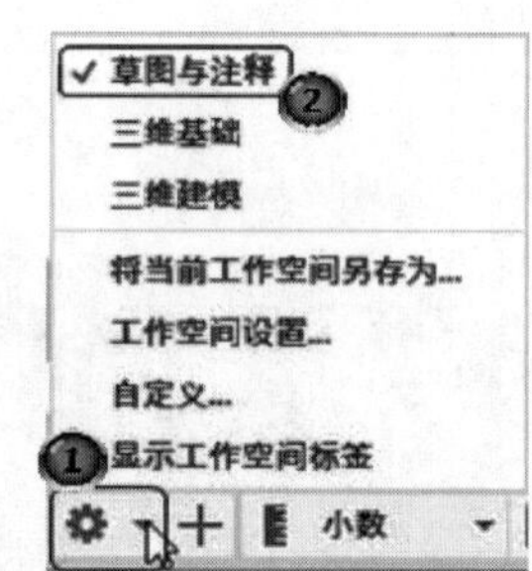

图 1-2 工作空间转换

系统转换到草图与注释界面的转换方法是：①单击操作界面右下角的“切换工作空间”按钮，②在弹出的菜单中选择“草图与注释”选项，如图 1-2 所示。

一个完整的草图与注释操作界面包括标题栏、绘图区、坐标系图标、菜单栏（如工具栏）、命令行窗口、布局标签、状态栏、快速访问工具栏和功能区等。

1.1.1 标题栏

在 AutoCAD 2022 中文版操作界面的最上端是标题栏。在标题栏中，显示了系统当前正在运行的应用程序（AutoCAD 2022）和用户正在使用的图形文件。在用户第一次启动 AutoCAD 时，在 AutoCAD 2022 操作界面的标题栏中将显示 AutoCAD 2022 在启动时创建并打开的图形文件的名字“Drawing1.dwg”，如图 1-1 所示。

注意

安装 AutoCAD 2022 后，默认的操作界面如图 1-1 所示。①在绘图区中右击，弹出快捷菜单，如图 1-3 所示。选择“选项”命令，②打开“选项”对话框，③选择“显示”选项卡，④设置“窗口元素”中的“颜色主题”中为“明”，如图 1-4 所示。⑤单击“确定”按钮，退出对话框，设置完成后的操作界面如图 1-5 所示。

图 1-3　快捷菜单

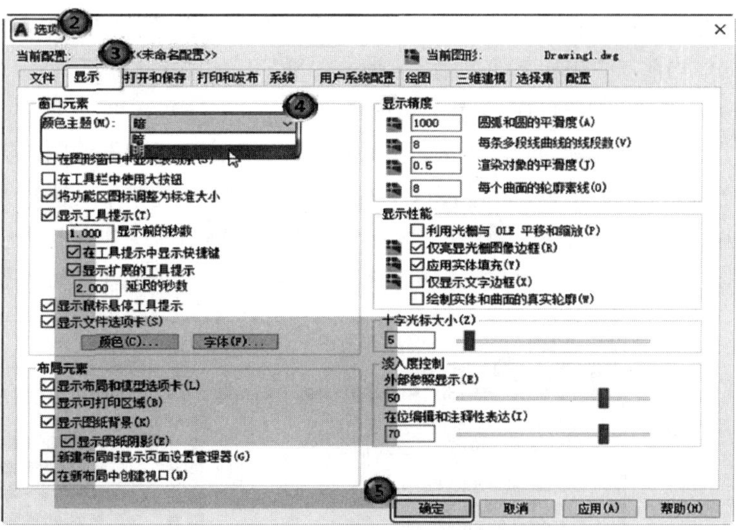

图 1-4　“选项”对话框

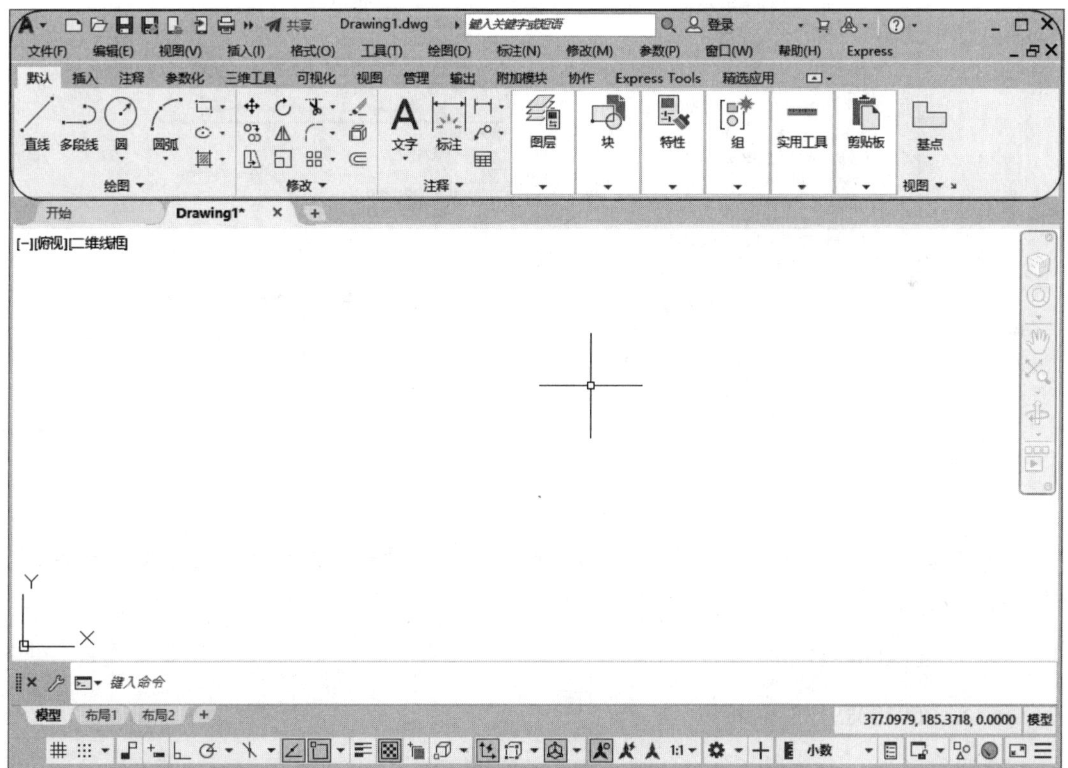

图 1-5　AutoCAD 2022 中文版的“明”操作界面

1.1.2　绘图区

绘图区是指在标题栏下方的大片空白区域。绘图区是用户使用 AutoCAD 绘制图形的区域，用户设计图形的主要工作都是在绘图区中完成的。

在绘图区中，还有一个作用类似光标的十字线，其交点反映了光标在当前坐标系中的位置。在 AutoCAD 中，将该十字线称为光标，AutoCAD 通过光标显示当前点的位置。十字线的方向与当前用户坐标系的 X 轴、Y 轴方向平行，如图 1-1 所示。

1. 修改图形窗口中十字光标的大小

系统预设光标的长度为屏幕大小的 5%，用户可以根据绘图的实际需要更改其大小。改变光标大小的方法为：在绘图区中右击，在弹出的快捷菜单中选择“选项”命令，❶屏幕上弹出“选项”对话框。❷选择“显示”选项卡，❸在“十字光标大小”的编辑框中直接输入数值，或者拖动编辑框后的滑块，即可以对十字光标的大小进行调整，如图 1-6 所示。

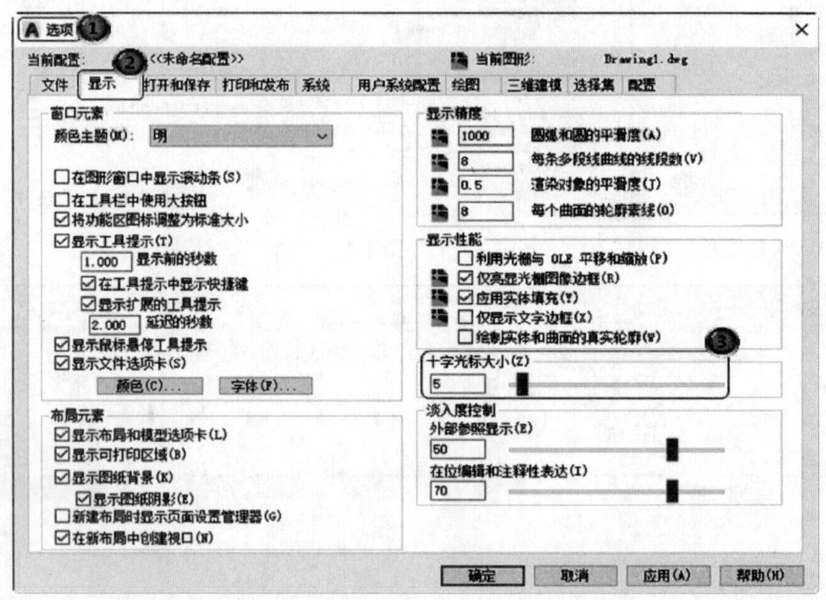

图 1-6 “选项”对话框中的“显示”选项卡

还可以通过设置系统变量 CURSORSIZE 的值，实现对十字光标大小的更改。方法是在命令行输入：

命令：CURSORSIZE↙

输入：CURSORSIZE 的新值 <5>：

在提示下输入新值即可。默认值为 5%。

2. 修改绘图窗口的颜色

在默认情况下，AutoCAD 的绘图窗口是黑色背景、白色线条，这不符合绝大多数用户的习惯，因此修改绘图窗口颜色是大多数用户都需要进行的操作。

修改绘图窗口颜色的步骤为：

1）在绘图区中右击，在弹出的快捷菜单中选择“选项”命令，系统弹出“选项”对话

框，选择如图 1-6 所示的“显示”选项卡，单击“窗口元素”区域中的“颜色”按钮，❶打开如图 1-7 所示的“图形窗口颜色”对话框。

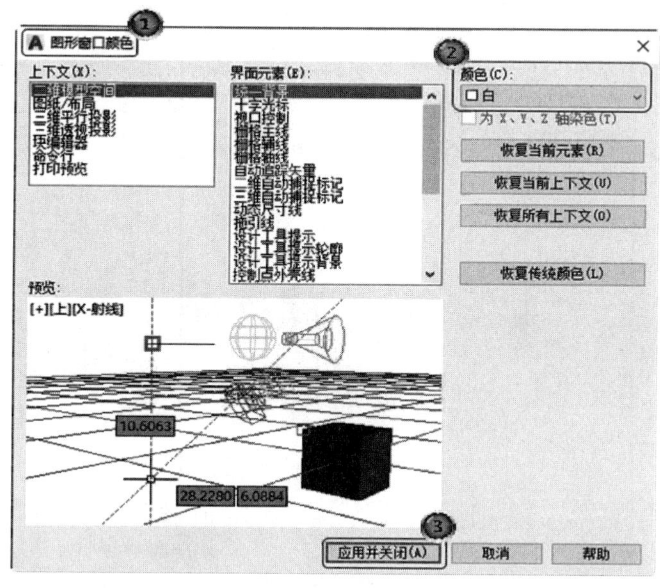

图 1-7 “图形窗口颜色”对话框

2）单击“图形窗口颜色”对话框中❷“颜色”字样右侧的下拉箭头，在打开的下拉列表中选择需要的窗口颜色，❸然后单击“应用并关闭”按钮，此时 AutoCAD 的绘图窗口变成了窗口背景色，通常按视觉习惯选择白色为窗口颜色。

1.1.3 坐标系图标

在绘图区的左下角有一个直线指向图标，称为坐标系图标，表示用户绘图时正使用的坐标系形式，如图 1-1 所示。坐标系图标的作用是为点的坐标确定一个参照系。根据工作需要，用户可以选择将其关闭，方法是：❶单击“视图”选项卡“视口工具”面板中的❷“UCS 图标”按钮，将其以灰色状态显示，如图 1-8 所示。

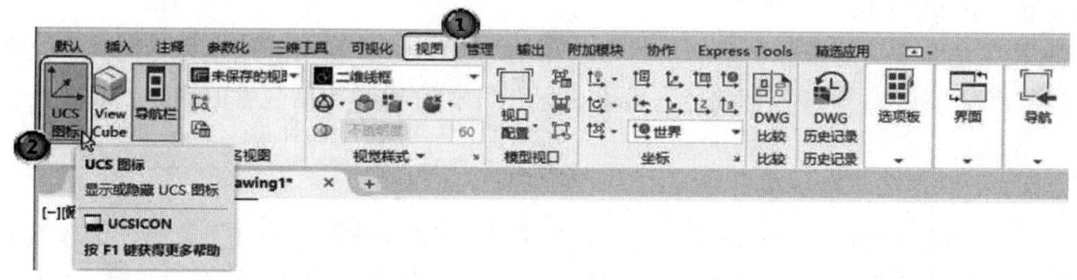

图 1-8 “视图”选项卡

1.1.4 菜单栏

在 AutoCAD“快速访问工具栏”中调出菜单栏的方法如图 1-9 所示，调出后的菜单栏如图 1-10 所示。同 Windows 程序一样，AutoCAD 的菜单也是下拉形式的，并在菜单中包含子菜单。

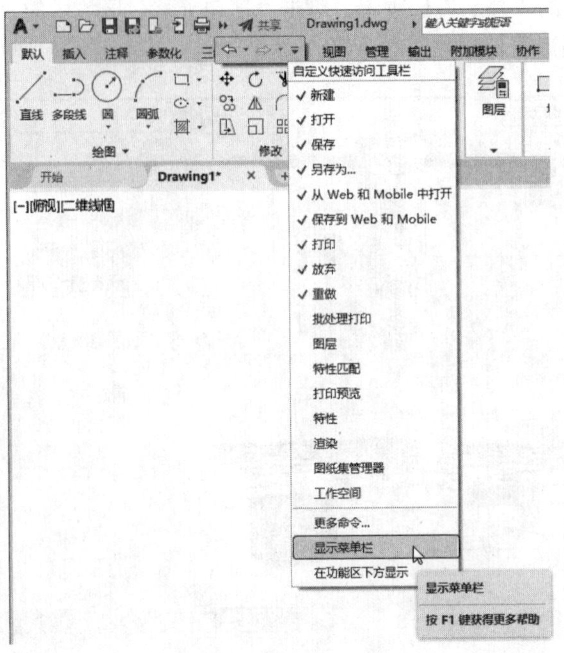

图 1-9　调出菜单栏

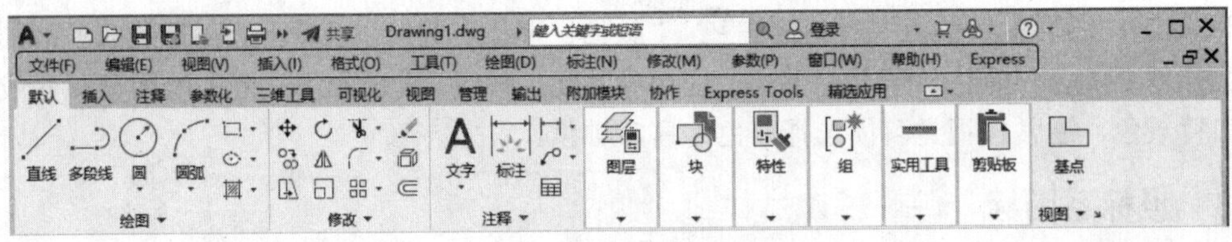

图 1-10　菜单栏显示界面

AutoCAD 的菜单栏中包含 13 个菜单，即“文件”“编辑”“视图”“插入”“格式”“工具”“绘图”“标注”“修改”“参数”“窗口”“帮助”和“Express”，这些菜单几乎包含了 AutoCAD 的所有绘图命令。一般来讲，AutoCAD 下拉菜单中的命令有以下 3 种。

1. 带有小三角形的菜单命令

这种类型的命令后面带有子菜单。例如，❶单击 “绘图”菜单，用鼠标指向其下拉菜单中的❷ “圆”命令，❸屏幕上就会进一步下拉出“圆”子菜单中所包含的命令，如图 1-11 所示。

2. 打开对话框的菜单命令

这种类型的命令后面带有省略号。例如，单击菜单栏中的❶ “格式”菜单，选择其下拉菜单中的❷ “表格样式（B）”命令，如图 1-12 所示，屏幕上就会打开对应的❸ “表格样式”对话框，如图 1-13 所示。

3. 直接操作的菜单命令

这种类型的命令将直接进行相应的绘图或其他操作。例如，选择视图菜单中的“重画”命令（见图 1-14），系统将刷新显示所有视口。

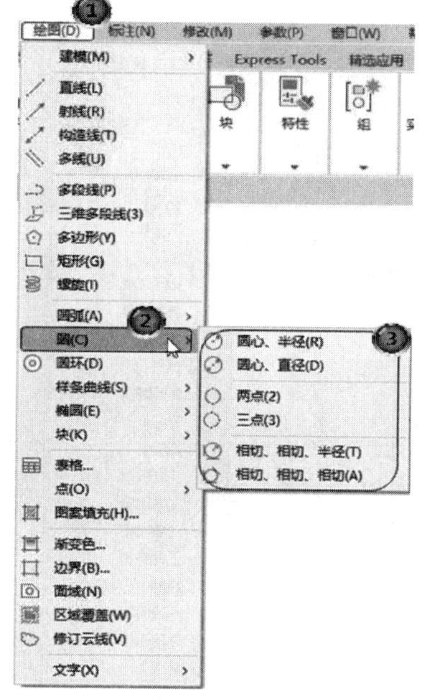

图 1-11　带有子菜单的菜单命令

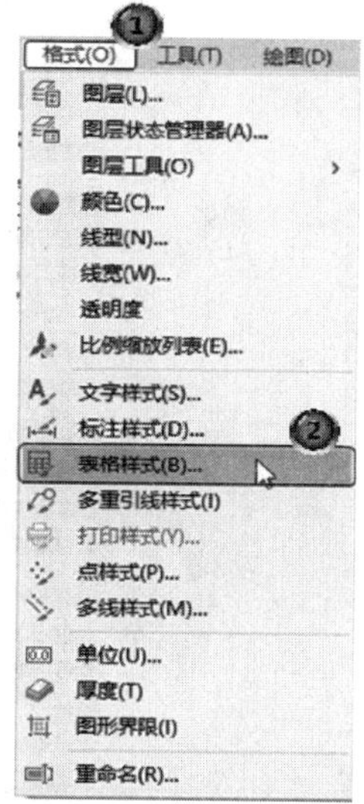

图 1-12　打开相应对话框的菜单命令

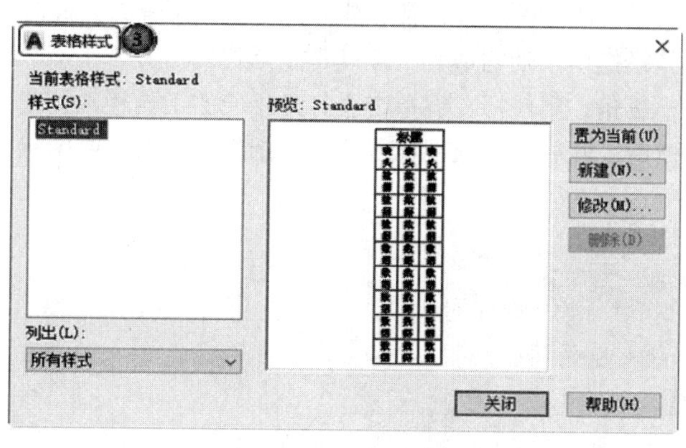

图 1-13　“表格样式”对话框

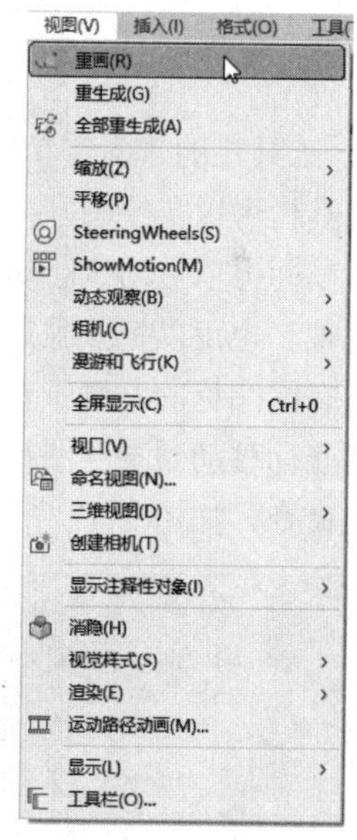

图 1-14　直接执行菜单命令

1.1.5　工具栏

工具栏是一组图标型工具的集合。把光标移动到工具栏的某个图标上，稍停片刻即可在该图标一侧显示相应的提示。此时，图标也可以启动相应命令。

1. 设置工具栏

选择菜单栏中的① “工具”→②“工具栏”→③“AutoCAD”，调出所需要的工具栏，如图 1-15 所示。单击某一个未在界面打开的工具栏名，系统自动在界面打开该工具栏。反之，关闭工具栏。

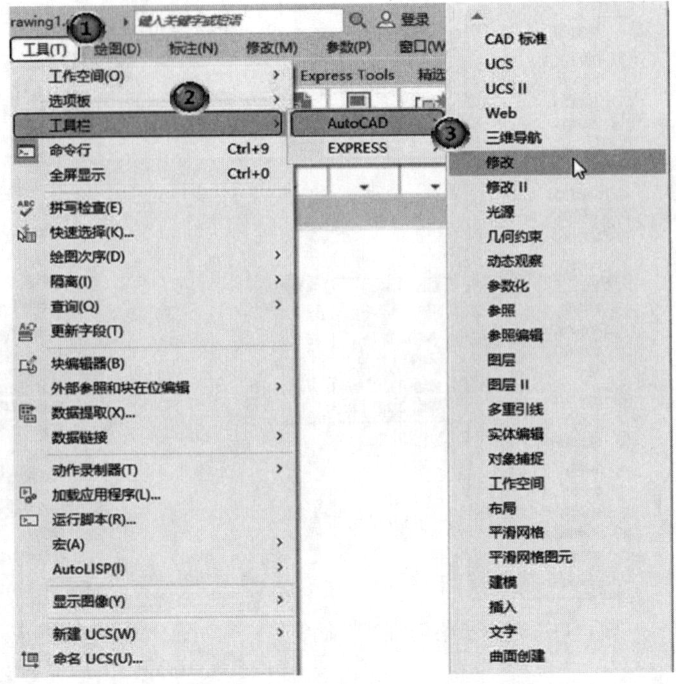

图 1-15　调出工具栏

2. 工具栏的“固定”“浮动”与“打开”

工具栏可以在绘图区“浮动”（见图 1-16），此时显示该工具栏标题，并可关闭该工具栏，用鼠标可以拖动“浮动”工具栏到图形区边界，使它变为“固定”工具栏，此时工具栏标题隐藏。也可以把“固定”工具栏拖出，使它成为“浮动”工具栏。

在有些图标的右侧带有一个小三角，用鼠标左键单击会打开相应的工具栏，按住鼠标左键，将光标移动到某一图标上，然后松开鼠标，该图标就为当前图标。单击当前图标，可执行相应命令，如图 1-17 所示。

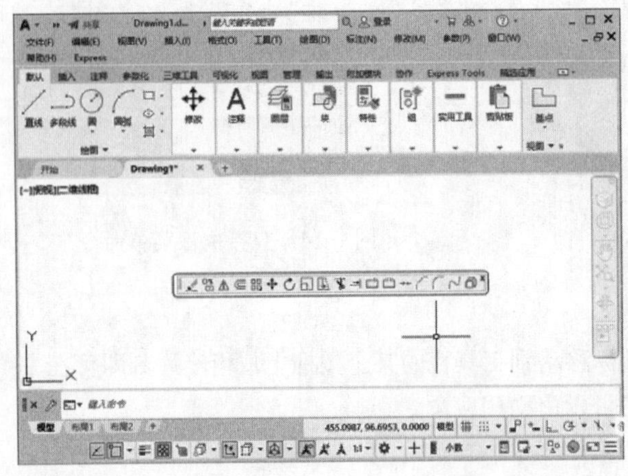

图 1-16　“浮动”工具栏

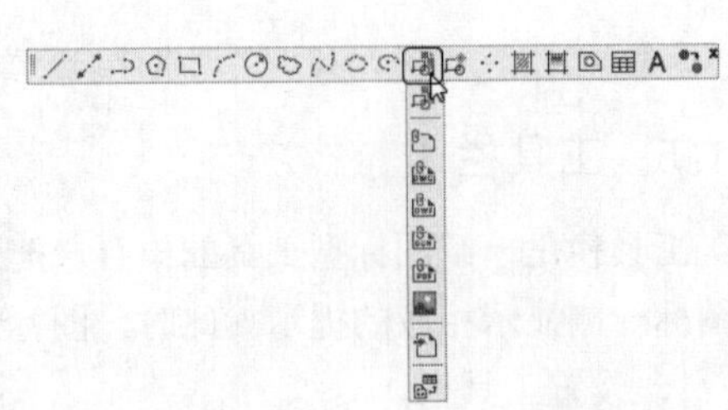

图 1-17　“打开”工具栏

1.1.6　命令行窗口

命令行窗口是输入命令名和显示命令提示的区域，默认的命令行窗口布置在绘图区下方，是若干文本行。

对命令行窗口，有以下几点需要说明：

1）移动拆分条可以扩大与缩小命令行窗口。

2）可以拖动命令行窗口，将其放置在屏幕上的其他位置。默认情况下布置在图形窗口下方。

3）对当前命令行窗口中输入的内容，可以按 F2 键，在弹出的“AutoCAD 文本窗口”中用文本编辑的方法进行编辑，如图 1-18 所示。“AutoCAD 文本窗口”和命令行窗口相似，它可以显示当前 AutoCAD 进程中命令的输入和执行过程，在执行 AutoCAD 某些命令时，它会自动列出有关信息。

4）AutoCAD 通过命令行窗口反馈各种信息，包括出错信息。因此，用户要时刻关注在命令行窗口中出现的信息。

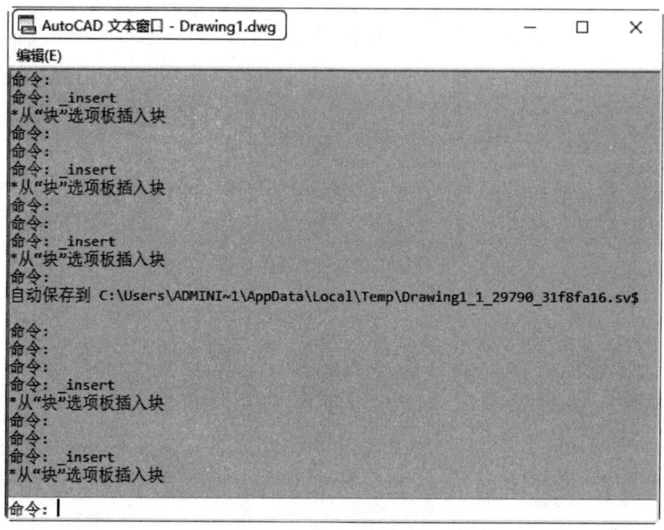

图 1-18　AutoCAD 文本窗口

1.1.7　布局标签

AutoCAD2022 默认设定一个“模型”空间布局标签和“布局 1”“布局 2”两个图样空间布局标签。

1. 布局

布局是系统为绘图设置的一种环境，包括图样大小、尺寸单位、角度设定、数值精确度等。在系统预设的 3 个布局标签中，这些环境变量都按默认设置。用户可以根据实际需要改变这些变量的值，也可以根据需要设置符合自己要求的新标签。

2. 模型

AutoCAD 的空间分为模型空间和图样空间。模型空间是通常绘图的环境。在图样空间中可以创建叫作“浮动视口”的区域，以不同视图显示所绘图形。可以在图样空间中调整浮动视口并决定所包含视图的缩放比例。如果选择图样空间，则可打印多个任意布局的视图。

AutoCAD2022 默认的是打开模型空间，可以通过鼠标左键单击选择需要的布局。

1.1.8 状态栏

状态栏在屏幕的底部，依次有"坐标""模型空间""栅格""捕捉模式""推断约束""动态输入""正交模式""极轴追踪""等轴测草图""对象捕捉追踪""二维对象捕捉""线宽""透明度""选择循环""三维对象捕捉""动态 UCS""选择过滤""小控件""注释可见性""自动缩放""注释比例""切换工作空间""注释监视器""单位""快捷特性""锁定用户界面""隔离对象""图形性能""全屏显示""自定义"功能按钮，如图 1-19 所示。单击这些按钮，可以实现相应功能的开关。通过这些按钮也可以控制图形或绘图区的状态。

注意

默认情况下不会显示所有按钮，可以通过状态栏上最右侧的"自定义"按钮来选择要显示的按钮。状态栏上显示的按钮可能会发生变化，具体取决于当前的工作空间以及当前显示的是"模型"标签还是"布局"标签。

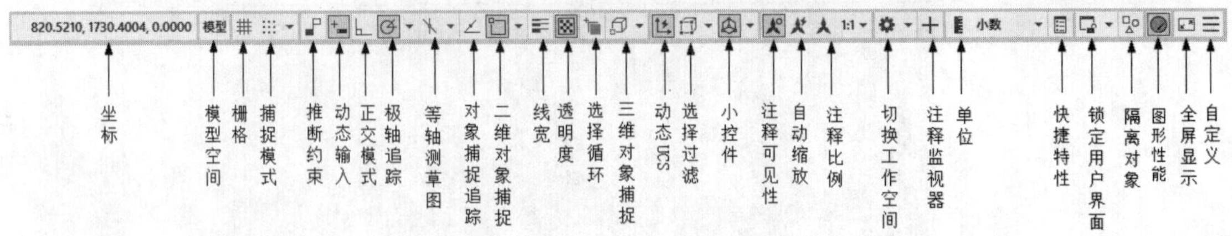

图 1-19 状态栏

（1）坐标：显示工作区鼠标放置点的坐标。

（2）模型空间：在模型空间与布局空间之间进行转换。

（3）栅格：栅格是覆盖整个用户坐标系（UCS）XY 平面的直线或点组成的矩形图案。使用栅格类似于在图形下放置一张坐标纸，利用栅格可以对齐对象并直观显示对象之间的距离。

（4）捕捉模式：对象捕捉对于在对象上指定精确位置非常重要。不论何时提示输入点，都可以指定对象捕捉。系统默认情况下，当光标移到对象的对象捕捉位置时，系统将显示标记和工具提示。

（5）推断约束：自动在正在创建或编辑的对象与对象捕捉的关联对象或点之间应用约束。

（6）动态输入：在光标附近显示一个提示框（称为"工具提示"），工具提示中显示对应的命令提示和光标的当前坐标值。

（7）正交模式：将光标限制在水平或垂直方向上移动，便于精确地创建和修改对象。当创建或移动对象时，可以使用正交模式将光标限制在相对于用户坐标系（UCS）的水平或垂直方向上。

（8）极轴追踪：使用极轴追踪，光标将按指定角度进行移动。创建或修改对象时，

可以使用“极轴追踪”来显示由指定的极轴角度所定义的临时对齐路径。

（9）等轴测草图：通过设定“等轴测捕捉/栅格”，可以很容易地沿三个等轴测平面之一对齐对象。尽管等轴测图形看似三维图形，但它实际上是由二维图形表示的。因此不能期望提取三维距离和面积、从不同视点显示对象或自动消除隐藏线。

（10）对象捕捉追踪：使用对象捕捉追踪，可以沿着基于对象捕捉点的对齐路径进行追踪。已获取的点将显示一个小加号（+），一次最多可以获取 7 个追踪点。获取点之后，在绘图路径上移动光标，将显示相对于获取点的水平、垂直或极轴对齐路径。例如，可以基于对象端点、中点或者对象的交点，沿着某个路径选择一点。

（11）二维对象捕捉：使用执行对象捕捉设置（也称为对象捕捉），可以在对象上的精确位置指定捕捉点。选择多个选项后，将应用选定的捕捉模式，以返回距离靶框中心最近的点。按 Tab 键则在这些选项之间循环。

（12）线宽：分别显示对象所在图层中设置的不同宽度，而不是统一线宽。

（13）透明度：使用该命令，可调整绘图对象显示的明暗程度。

（14）选择循环：当一个对象与其他对象彼此接近或重叠时，准确地选择某一个对象是很困难的，若使用“选择循环”命令，按一下鼠标左键，会弹出“选择集”列表框，其中列出了单击时周围的图形，即可在列表中选择所需的对象。

（15）三维对象捕捉：三维中的对象捕捉与在二维中工作的方式类似，不同之处在于在三维中可以投影对象捕捉。

（16）动态 UCS：在创建对象时，使 UCS 的 XY 平面自动与实体模型上的平面临时对齐。

（17）选择过滤：根据对象特性或对象类型对选择集进行过滤。当单击图标后，系统只选择满足指定条件的对象，其他对象将被排除在选择集之外。

（18）小控件：帮助用户沿三维轴或平面移动、旋转或缩放一组对象。

（19）注释可见性：当图标亮显时表示显示所有比例的注释性对象，当图标变暗时表示仅显示当前比例的注释性对象。

（20）自动缩放：注释比例更改时，自动将比例添加到注释对象。

（21）注释比例：单击注释比例右侧小三角形按钮，弹出注释比例列表，如图 1-20 所示，可以根据需要选择适当的注释比例。

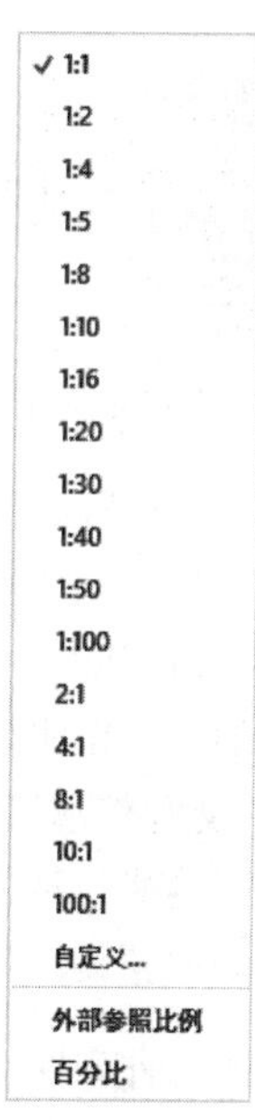

图 1-20　注释比例列表

（22）切换工作空间：进行工作空间转换。

（23）注释监视器：打开仅用于所有事件或模型文档事件的注释监视器。

（24）单位：指定线性和角度单位的格式和小数位数。

（25）快捷特性：控制快捷特性面板的使用与禁用。

（26）锁定用户界面：单击该按钮，可锁定工具栏、面板和可固定窗口的位置和大小。

（27）隔离对象：当选择隔离对象时，在当前视图中显示选定对象。所有其他对象都被暂时隐藏；当选择隐藏对象时，系统在当前视图中暂时隐藏选定对象，所有其他对象都可见。

（28）图形性能：设定图形卡的驱动程序以及设置硬件加速的选项。

（29）全屏显示：该选项可以清除操作界面中的标题栏、功能区、选项板等界面元素，使 AutoCAD 的绘图窗口全屏显示，如图 1-21 所示。

（30）自定义：通过启用该命令以指定在状态栏中显示哪些命令按钮。

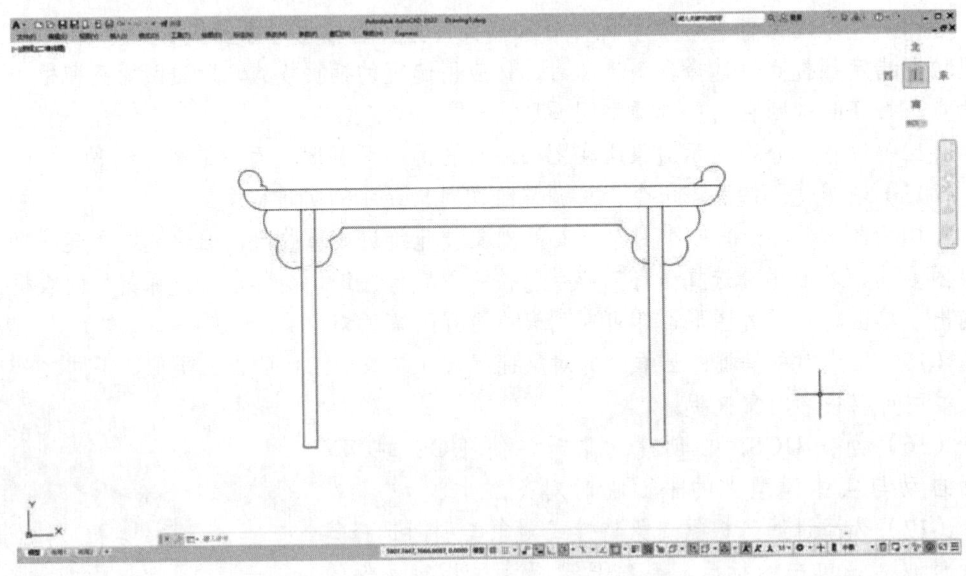

图 1-21　全屏显示

1.1.9　快速访问工具栏和交互信息工具栏

1．快速访问工具栏

该工具栏包括“新建”“打开”“保存”“另存为”“从 Web 和 Mobile 中打开”“保存到 Web 和 Mobile”“打印”“放弃”和“重做”等几个最常用的工具。用户也可以单击本工具栏后面的下拉按钮设置需要的常用工具。

2．交互信息工具栏

该工具栏包括“搜索”“Autodesk Account”“Autodesk App Store”“保持连接”和“单击此处访问帮助”等几个常用的数据交互访问工具。

1.1.10　功能区

在默认情况下，功能区包括“默认”“插入”“注释”“参数化”“视图”“管理”“输出”“附加模块”“协作”“Express Tools”以及“精选应用”选项卡，如图 1-22 所示（所有的选项卡如图 1-23 所示）。每个选项卡集成了相关的操作工具，方便用户的使用。用户可以单击功能区选项后面的 按钮控制功能的打开与关闭。

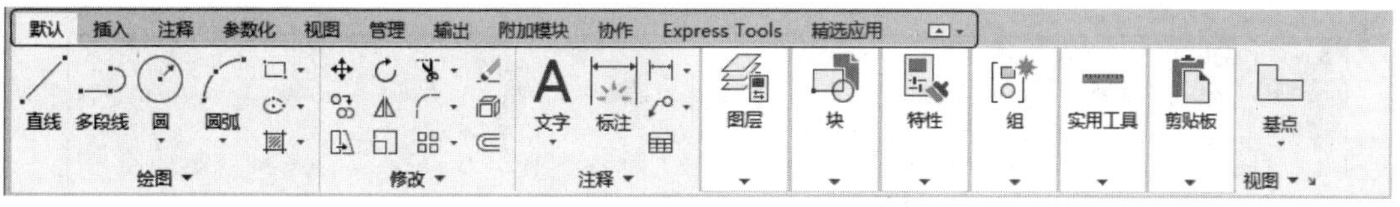

图 1-22 默认情况下出现的选项卡

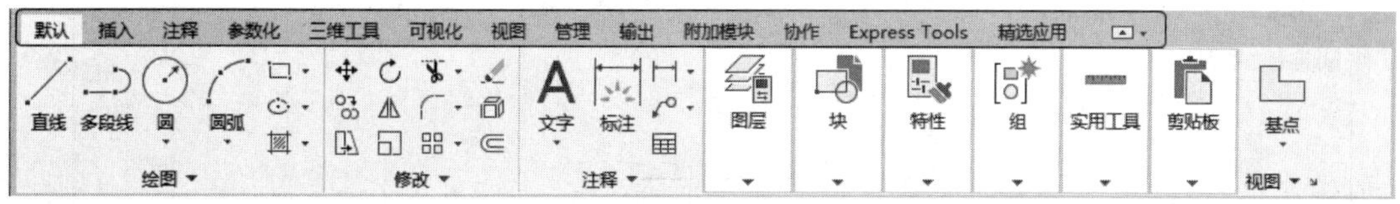

图 1-23 所有的选项卡

1．设置选项卡

将光标放在面板中的任意位置，单击鼠标右键，打开如图 1-24 所示的快捷菜单。单击某一个未在功能区显示的选项卡名，系统自动在功能区打开该选项卡。反之，关闭选项卡（调出面板的方法与调出选项板的方法类似，这里不再赘述）。

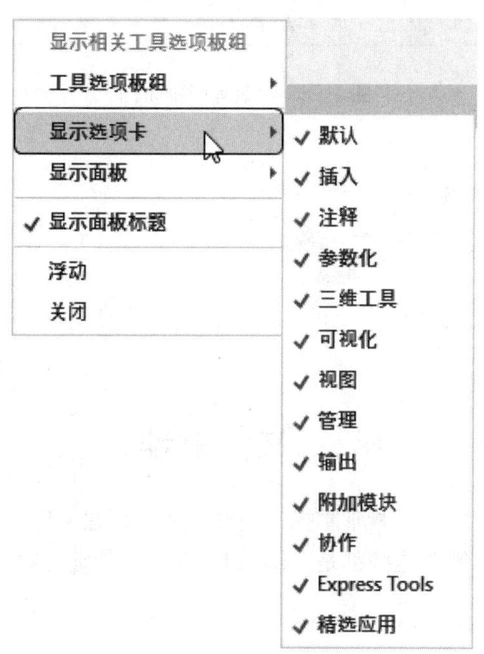

图 1-24 快捷菜单

2．选项卡中面板的“固定”与“浮动”

面板可以在绘图区“浮动”，如图 1-25 所示，将鼠标指针放到浮动面板的右上角，显示“将面板返回到功能区”，如图 1-26 所示，单击此处，可使它变为“固定”面板。也可以把“固定”面板拖出，使它成为“浮动”面板。

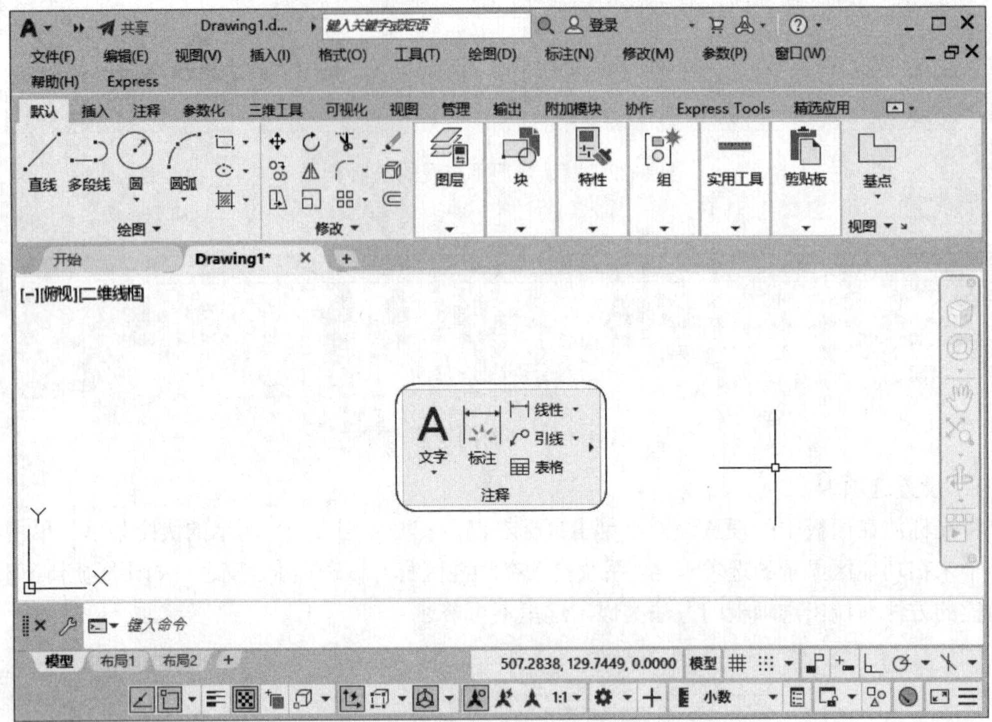

图 1-25　“浮动”面板

图 1-26　将鼠标指针放到浮动面板的右上角

1.2　文件管理

本节将介绍有关文件管理的一些基本操作方法，包括新建文件、打开文件、保存文件、删除文件、密码与数字签名等。这些都是 AutoCAD 2022 最基础的知识。

1.2.1　新建文件

1. 执行方式

命令行：NEW。

菜单栏：选择菜单栏中的“文件”→“新建”命令。

主菜单：单击主菜单下的“新建”命令。

工具栏：单击标准工具栏中的“新建”按钮□或单击快速访问工具栏中的“新建”按钮□。

快捷键：Ctrl+N。

2. 操作格式

执行上述命令后，❶系统打开如图 1-27 所示的“选择样板”对话框，❷在文件类型下拉列表框中有扩展名分别为.dwt、.dwg 和.dws 的 3 种图形样板。

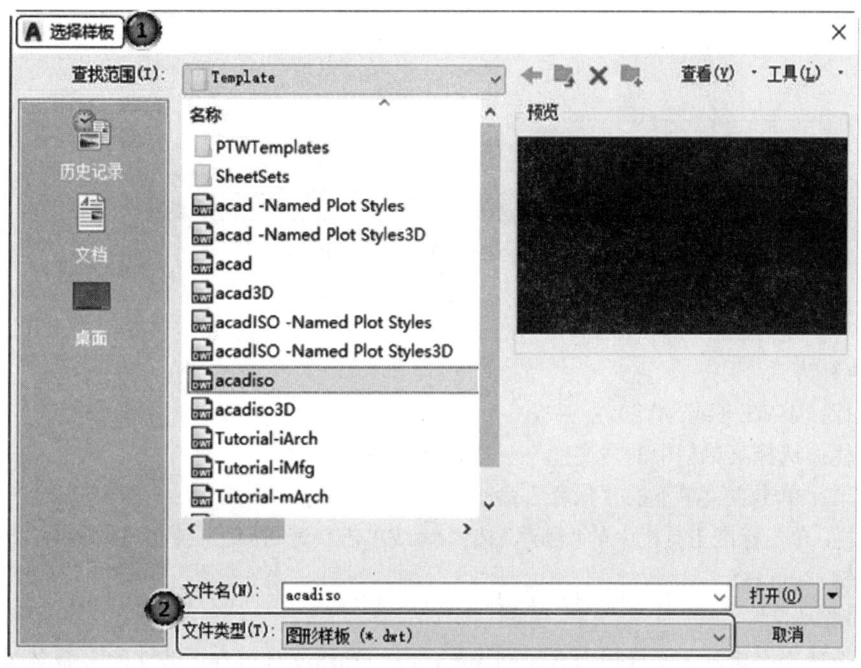

图 1-27 “选择样板”对话框

一般情况，.dwt 文件是标准的样板文件，通常将一些规定的标准性的样板文件设成.dwt 文件；.dwg 文件是普通的样板文件；而.dws 文件是包含标准图层、标注样式、线型和文字样式的样板文件。

1.2.2 打开文件

1. 执行方式

命令行：OPEN。

菜单栏：选择菜单栏中的“文件”→“打开”命令。

主菜单：单击“主菜单”下的“打开”命令。

工具栏：单击标准工具栏中的“打开”按钮或单击快速访问工具栏中的“打开”按钮。

快捷键：Ctrl+O。

2. 操作格式

执行上述命令后，❶打开“选择文件”对话框（见图 1-28），❷在“文件类型”列表框中用户可选.dwg 文件、.dwt 文件、.dxf 文件和.dws 文件。

.dxf 文件是用文本形式存储的图形文件，能够被其他程序读取，许多第三方应用软件都支持.dxf 格式。

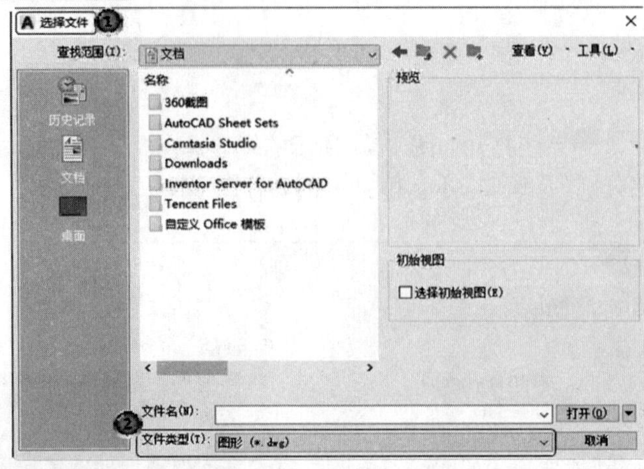

图 1-28 “选择文件”对话框

1.2.3 保存文件

1．执行方式

命令行：QSAVE（或 SAVE）。

菜单栏：选择菜单栏中的“文件”→“保存”命令。

主菜单：单击主菜单下的“保存”命令。

工具栏：单击标准工具栏中的“保存”按钮或单击快速访问工具栏中的“保存”按钮。

快捷键：Ctrl+S。

2．操作格式

执行上述命令后，若文件已命名，则 AutoCAD 自动将文件保存；若文件未命名（即为默认名 drawing1.dwg），则系统打开“图形另存为”对话框（见图 1-29），用户可以命名保存。

为了防止因意外操作或计算机系统故障导致正在绘制的图形文件的丢失，可以对当前图形文件设置自动保存。

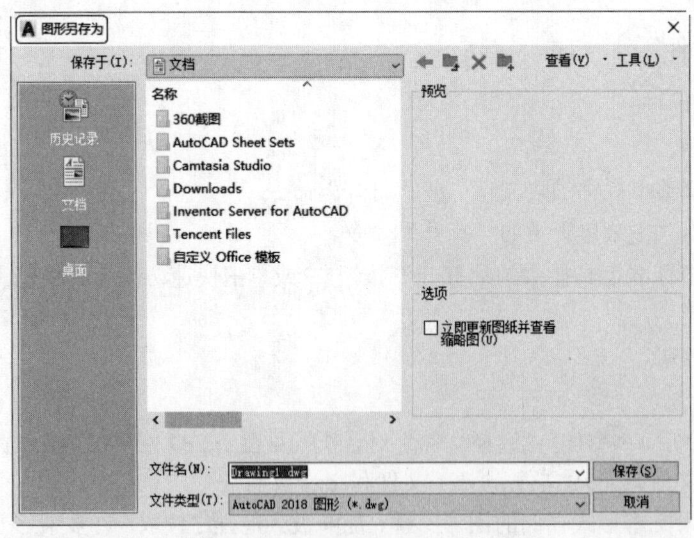

图 1-29 “图形另存为”对话框

步骤如下：

1）利用系统变量 SAVEFILEPATH 设置所有“自动保存”文件的位置，如 D:\HU\。

2）利用系统变量 SAVEFILE 存储“自动保存”文件名。该系统变量存储的文件名文件是只读文件，用户可以从中查询自动保存的文件名。

3）利用系统变量 SAVETIME 指定在使用“自动保存”时多长时间保存一次图形。

1.2.4 另存为

1. 执行方式

命令行：SAVEAS。

菜单栏：选择菜单中的“文件”→“另存为”命令。

主菜单：单击主菜单栏下的“另存为”命令。

工具栏：单击快速访问工具栏中的“另存为”按钮。

2. 操作格式

执行上述命令后，打开“图形另存为”对话框（见图 1-29），AutoCAD 用另存名保存，并为当前图形更名。

1.2.5 退出

1. 执行方式

命令行：QUIT 或 EXIT。

菜单栏：选择菜单中的“文件”→“退出”命令。

主菜单：单击主菜单栏下的“关闭”命令。

按钮：单击 AutoCAD 操作界面右上角的“关闭”按钮✖。

2. 操作格式

```
命令：QUIT↙(或 EXIT↙)
```

执行上述命令后，若用户对图形所做的修改尚未保存，❶则会出现图 1-30 所示的系统警告对话框。❷选择“是”按钮系统将保存文件，然后退出。❸选择“否”按钮系统将不保存文件。若用户对图形所做的修改已经保存，则直接退出。

1.2.6 图形修复

1. 执行方式

命令行：DRAWINGRECOVERY。

菜单栏：选择菜单栏中的“文件”→ “图形实用工具”→ “图形修复管理器”命令。

2. 操作格式

```
命令：DRAWINGRECOVERY↙
```

执行上述命令后，系统打开如图 1-31 所示的图形修复管理器，打开“备份文件”列表中的文件，可以重新保存，从而进行修复。

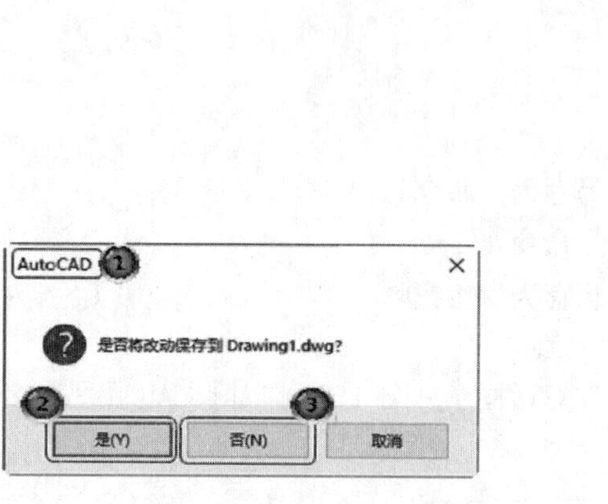

图 1-30　系统警告对话框

图 1-31　图形修复管理器

1.3　基本输入操作

在 AutoCAD 中有一些基本的输入操作方法，这些方法是进行 AutoCAD 绘图的必备知识基础，也是深入学习 AutoCAD 功能的前提。

1.3.1　命令输入方式

AutoCAD 交互绘图必须输入必要的指令和参数。有多种 AutoCAD 命令输入方式（以画直线为例）。

1. 在命令行窗口中输入命令名

命令字符可不区分大小写。例如，命令：LINE↙。执行命令时，在命令行提示中经常会出现命令选项。例如，输入绘制直线命令“LINE”后，命令行中的提示为：

命令: LINE↙
指定第一个点:（在屏幕上指定一点或输入一个点的坐标）
指定下一点或 [放弃(U)]:

选项中不带括号的提示为默认选项，因此可以直接输入直线段的起点坐标或在屏幕上指定一点，如果要选择其他选项，则应该首先输入该选项的标识字符，如“放弃”选项的标识字符“U”，然后按系统提示输入数据即可。在命令选项的后面有时候还带有尖括号，尖括号内的数值为默认数值。

2. 在命令行窗口中输入命令缩写字

如 L（Line）、C（Circle）、A（Arc）、Z（Zoom）、R（Redraw）、M（More）、CO（Copy）、

PL（Pline）、E（Erase）等。

3. 选取绘图菜单直线选项

选取该选项后，在状态栏中可以看到对应的命令说明及命令名。

4. 选取工具栏中的对应图标

选取该图标后在状态栏中也可以看到对应的命令说明及命令名。

5. 在命令行打开右键快捷菜单

如果在前面刚使用过要输入的命令，可以在命令行打开右键快捷菜单（见图 1-32），在“最近的输入”子菜单中选择需要输入的命令。“最近的输入”子菜单中储存了最近使用的命令，如果经常重复使用某个命令，这种方法就比较快速简捷。

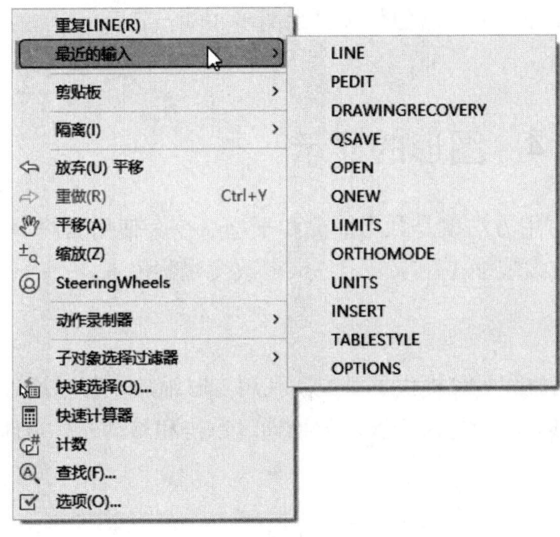

图 1-32　命令行右键快捷菜单

6. 在绘图区右击

如果用户要重复使用上次使用的命令，可以直接在绘图区右击，选择“重复”命令，系统立即重复执行上次使用的命令。这种方法适用于重复执行某个命令。

1.3.2　命令的重复、撤消、重做

1. 命令的重复

在命令行窗口中按 Enter 键可重复调用上一个命令，不管上一个命令是完成了还是被取消了。

2. 命令的撤消

在命令执行的任何时刻都可以取消和终止命令的执行。

执行方式：

命令行：UNDO。

菜单栏：选择菜单栏中的“编辑”→“放弃”命令。

工具栏：单击标准工具栏中的“放弃”按钮或单击快速访问工具栏中的“放弃”按钮。

快捷键：Esc。

3．命令的重做

已被撤消的命令还可以恢复重做。要恢复撤消的最后一个命令。

执行方式：

命令行：REDO（快捷命令：RE）。

菜单栏：选择菜单栏中的“编辑”→“重做”命令。

工具栏：单击标准工具栏中的“重做”按钮或单击快速访问工具栏中的“重做”按钮。

快捷键：Ctrl+Y。

该命令可以一次执行多重放弃和重做操作。单击 UNDO 或 REDO 下拉列表箭头，可以选择要放弃或重做的操作，如图 1-33 所示。

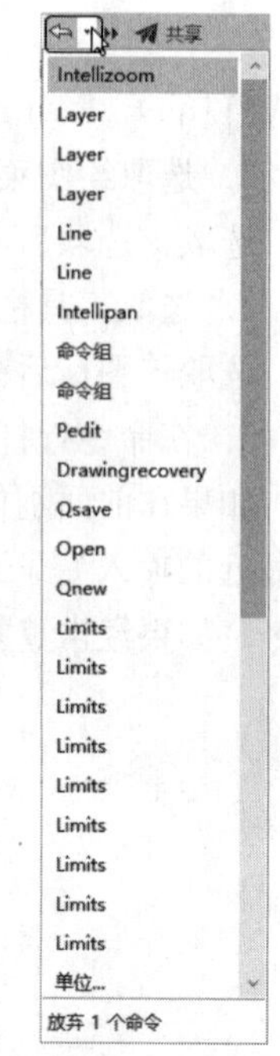

图 1-33　多重重做

1.4　图形的显示

恰当地显示图形的常用方法就是利用缩放和平移命令。使用这两个命令可以在绘图区域放大或缩小图像显示，或者改变观察位置。

1.4.1　实时缩放

AutoCAD 为图形的缩放和平移提供了可能。利用实时缩放，可以通过垂直向上或向下移动光标来放大或缩小图形。利用实时平移，可以通过单击和移动光标重新放置图形。

1．执行方式

命令行：ZOOM。

功能区：①单击“视图”选项卡“导航”面板上的②“范围”下拉菜单中的③“实时”按钮（见图 1-34）。

菜单栏：选择菜单栏中的“视图”→“缩放”→“实时”命令。

工具栏：单击“导航栏”中的“实时缩放”按钮（见图 1-35）或单击标准工具栏中的“实时缩放”按钮

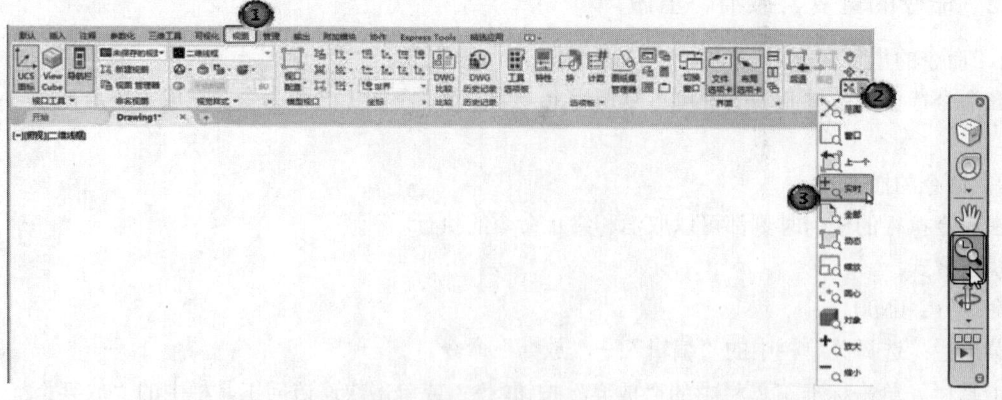

图 1-34　“范围”　下拉菜单　　　图 1-35　导航栏

2. 操作格式

按住鼠标左键垂直向上或向下移动。从图形的中点向顶端垂直地移动光标就可以放大图形，向底部垂直地移动光标就可以缩小图形，如图 1-36 所示。

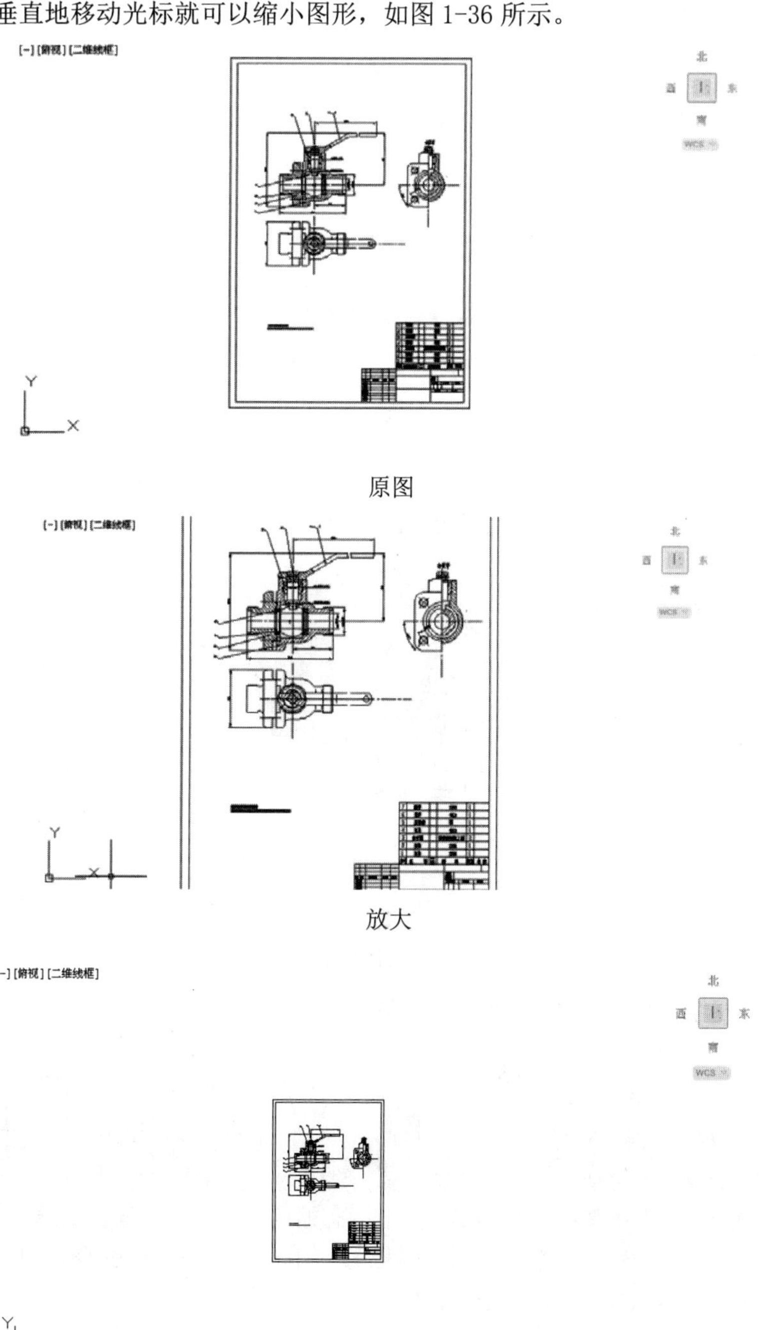

原图

放大

缩小

图 1-36　缩放视图

1.4.2 动态缩放

如果“快速缩放”功能已经打开，就可以用动态缩放改变画面显示而不产生重新生成的效果。动态缩放会在当前视区中显示图形的全部。

1. 执行方式

命令行：ZOOM。

功能区：单击“视图”选项卡“导航”面板上的“范围”下拉菜单（见图 1-34）中的“动态缩放”按钮。

工具栏：单击“导航栏”中的“动态缩放”命令（见图 1-37）或单击标准工具栏中的“缩放”下拉菜单中的“动态缩放”按钮。

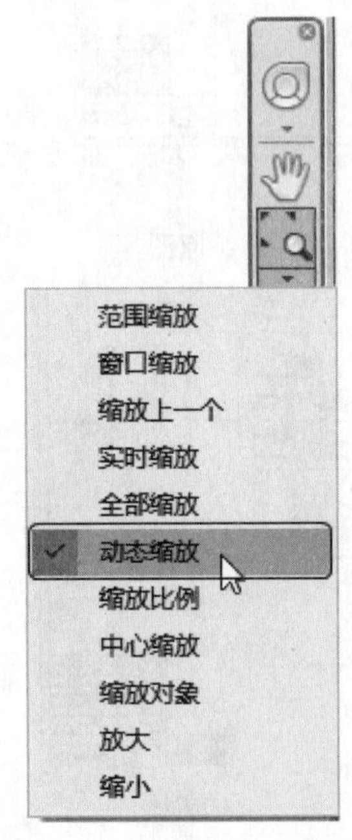

图 1-37 “缩放”下拉菜单

菜单栏：选择菜单栏中的“视图”→“缩放”→“动态”命令。

2. 操作格式

命令：ZOOM↙

指定窗口的角点，输入比例因子（nX 或 nXP），或者[全部(A)/中心(C)/动态(D)/范围(E)/上一个(P)/比例(S)/窗口(W)/对象(O)]〈实时〉：D↙

执行上述命令后，系统弹出一个图框。选取动态缩放前的画面呈绿色点线。如果要动态缩放的图形显示范围与选取动态缩放前的范围相同，则此框与白线重合而不可见。重生成区域的四周有一个蓝色虚线框，用以标记虚拟屏幕。

这时，如果线框中有一个“×”出现，如图 1-38a 所示，就可以拖动线框而把它平移到另外一个区域。如果要缩放图形，按下鼠标左键，“×”就会变成一个箭头，如图 1-38b 所示，这时左右拖动线框的边界线就可以重新确定视区的大小。

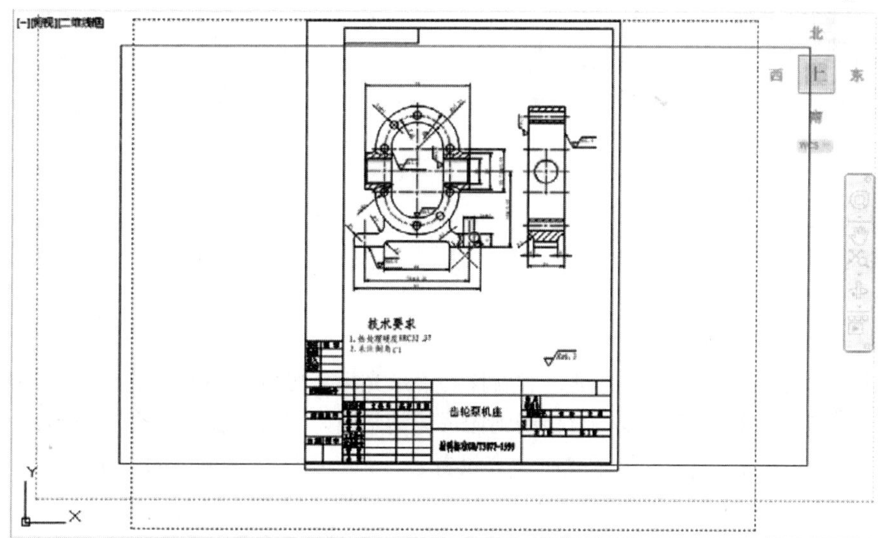

a)

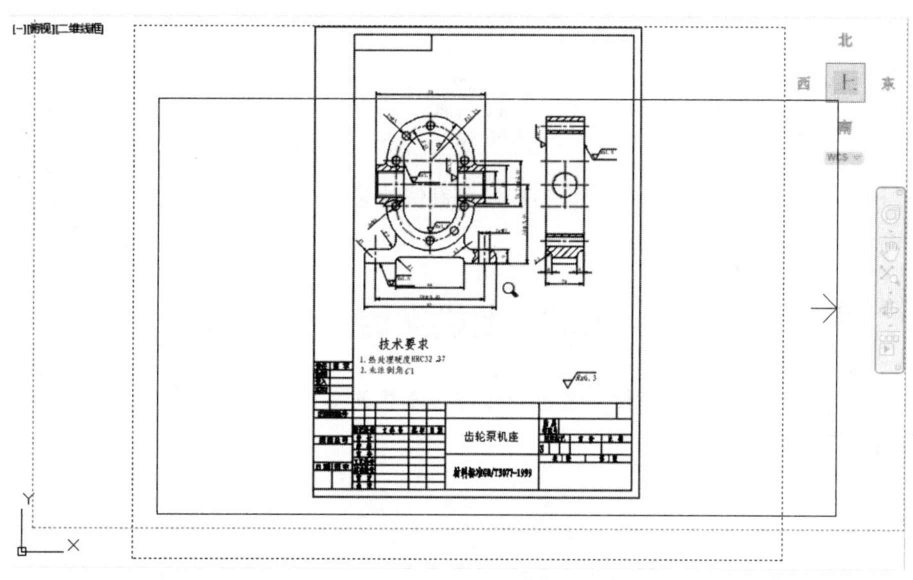

b)

图 1-38 动态缩放

另外，图形缩放还有窗口缩放、比例缩放、中心缩放、缩放对象、缩放上一个、全部缩放和最大图形范围缩放方式，其操作方法与动态缩放类似，不再赘述。

1.4.3 实时平移

1. 执行方式

命令行：PAN。

功能区：❶单击“视图”选项卡❷“导航”面板中的❸“平移”按钮（见图 1-39）。

图 1-39 “视图”选项卡

菜单栏：选择菜单栏中的“视图”→“平移”→“实时”命令。

工具栏：单击“导航栏”中的“平移”按钮或单击标准工具栏中的“实时平移”按钮。

2. 操作格式

执行上述命令后，按下鼠标左键，然后移动手形光标就可以平移图形了。还可以按下鼠标滚轮，然后拖动光标进行平移。当移动到图形的边沿时，光标将变成一个三角形。

另外，在 AutoCAD 中，为显示控制命令设置了一个右键快捷菜单，如图 1-40 所示。在该菜单中，用户可以在显示命令执行的过程中透明地切换快捷菜单中的命令。

图 1-40 右键快捷菜单

1.5 上机实验

本节将通过 4 个上机实验，使读者进一步掌握本章的知识要点。

实验 1 熟悉操作界面

操作提示：

1）启动 AutoCAD 2022，进入绘图界面。

2）调整操作界面大小。

3）设置绘图窗口颜色与光标大小。

4）切换工作空间。

5）打开、移动、关闭工具栏。

6）尝试分别利用命令行、下拉菜单、工具栏和功能区方法绘制一条线段。

实验 2 管理图形文件

操作提示：

1）启动 AutoCAD 2022，进入操作界面。

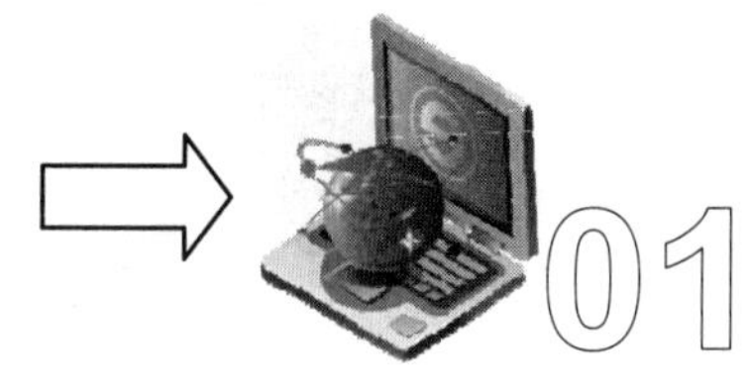

2）打开一幅已经保存过的图形。

3）进行自动保存设置。

4）进行加密设置。

5）将图形以新的名称保存。

6）尝试在图形上绘制任意图线。

7）退出该图形。

8）尝试重新打开按新名称保存的原图形。

实验 3 数据输入

操作提示：

1）在命令行输入 LINE 命令。

2）输入的直角坐标方式下的起点绝对坐标值。

3）输入直角坐标方式下的下一点相对坐标值。

4）输入极坐标方式下的下一点绝对坐标值。

5）输入极坐标方式下的下一点相对坐标值。

6）用光标直接指定下一点的位置。

7）单击状态栏上的“正交”按钮，用鼠标拉出下一点的方向，在命令行输入一个数值。

8）按 Enter 键结束绘制线段的操作。

实验 4　查看零件图（见图 1-41）的细节

操作提示：

利用平移工具和缩放工具移动和缩放图形。

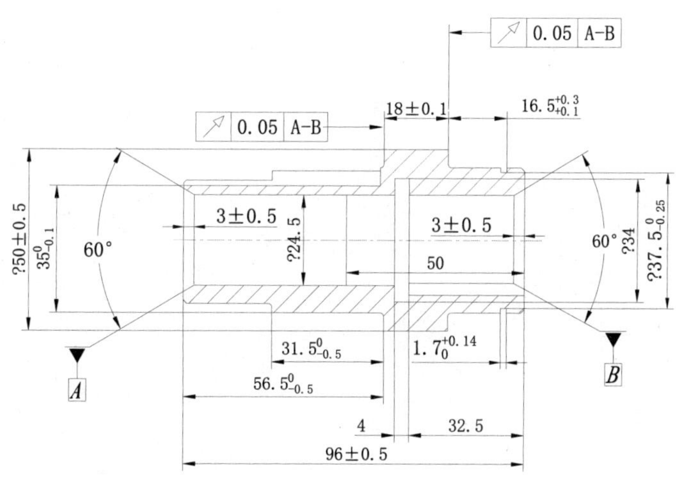

图 1-41　零件图

1.6 思考与练习

本节将通过几个练习题使读者进一步掌握本章的知识要点。

1. 请指出 AutoCAD 2022 操作界面中标题栏、菜单栏、命令行窗口、状态栏、工具栏和功能区的位置及作用。

2. 打开未显示的工具栏的方法是：

1）选择“视图”下拉菜单中的“工具栏”选项，在弹出的“工具栏”对话框中选中欲显示工具栏项前面的复选框。

2）用鼠标右键单击任一工具栏，在弹出的快捷菜单中单击欲显示的工具栏名称。

3）在命令行窗口中输入 TOOLBAR 命令。

4）以上均可。

3. 调用 AutoCAD 命令的方法有：

1）在命令行窗口中输入命令名。

2）在命令行窗口中输入命令缩写字。

3）单击功能区对应的选项卡面板中的按钮。

4）选择下拉菜单中的菜单选项。

5）单击工具栏中的对应图标。

6）以上均可。

4. 请用上题中的 3 种方法调用 AutoCAD 的画圆弧（ARC）命令。

5. 请将下面左侧所列文件操作命令与右侧相应命令功能用连线连起来。

OPEN	打开已有的图形文件
QSAVE	将当前图形另起名存盘
SAVEAS	退出
QUIT	将当前图形存盘 AutoCAD

第 2 章　基本绘图命令

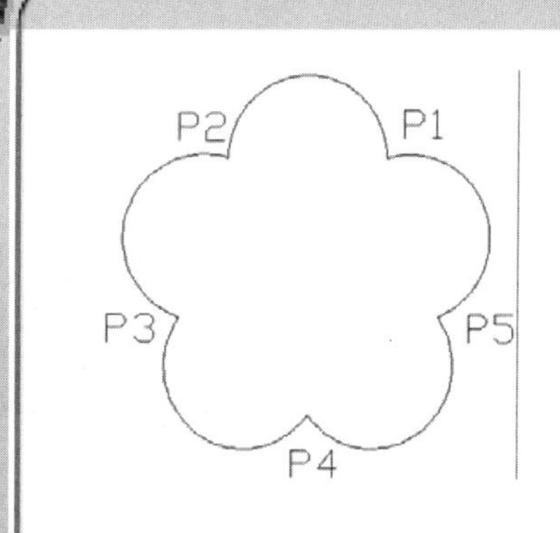

二维图形是指在二维平面空间绘制的图形，主要由一些图形元素组成，如点、直线、圆弧、圆、椭圆、矩形、多边形、多段线、样条曲线、多线等。AutoCAD 提供了大量的绘图工具，可以帮助用户完成二维图形的绘制。本章主要内容包括：直线、圆和圆弧、椭圆和椭圆弧、平面图形、点。

- 直线类命令
- 圆类命令
- 平面图形命令
- 点命令

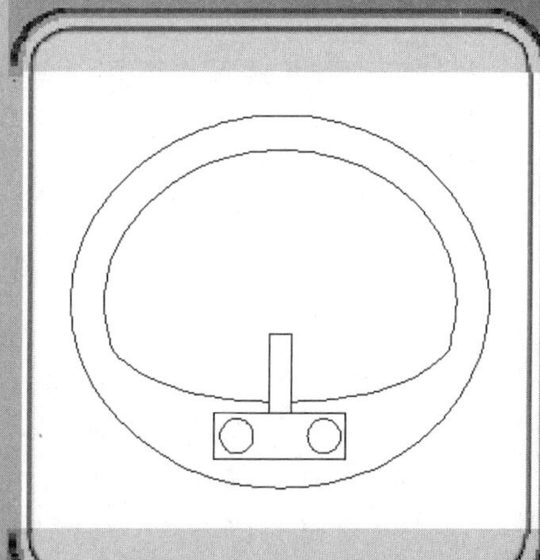

2.1 直线类命令

直线类命令包括直线段、射线和构造线命令。这几个命令是AutoCAD中最简单的绘图命令。

2.1.1 直线段

1. 执行方式

命令行：LINE（快捷命令：L）。

菜单栏：选择菜单栏中的“绘图”→“直线”命令。

工具栏：单击“绘图”工具栏中的“直线”按钮，如图2-1所示。

功能区：①单击“默认”选项卡②“绘图”面板中的③“直线”按钮，如图2-2所示）。

图2-1 “绘图”工具栏

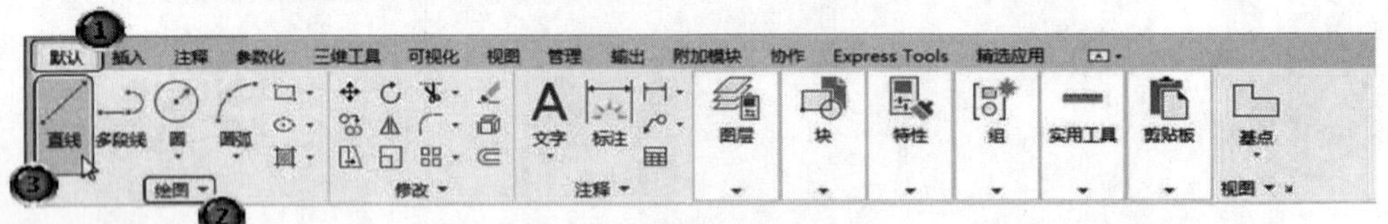

图2-2 “绘图”面板1

2. 操作格式

命令：LINE↙

指定第一个点：(输入直线段的起点，用鼠标指定点或者给定点的坐标)

指定下一点或 [放弃(U)]：（输入直线段的端点）

指定下一点或 [放弃(U)]：（输入下一直线段的端点。输入选项“U”表示放弃前面的输入）

指定下一点或 [闭合(C)/放弃(U)]：(输入下一直线段的端点，或输入选项“C”使图形闭合，结束命令)

3. 选项说明

1）若按Enter键响应“指定第一个点：”提示，系统会把上次绘线（或弧）的终点作为本次操作的起点。特别地，若上次操作为绘制圆弧，则按Enter键将绘出通过圆弧终点与该圆弧相切的直线段，该线段的长度由在屏幕上指定的一点与切点之间线段的长度确定。

2）在“指定下一点”提示下，用户可以指定多个端点，从而绘出多条直线段。需要说明的是，每一段直线都是一个独立的对象，可以进行单独的编辑操作。

3）绘制两条以上直线段后，若用C响应“指定下一点”提示，系统会自动连接起点和最后一个端点，从而绘出封闭的图形。

4）若用“U”响应提示，则擦除最近一次绘制的直线段。

5）若设置正交方式（ORTHO ON），则只能绘制水平或垂直线段。

6）若设置动态数据输入方式（单击状态栏中的“动态输入”按钮），则可以动态输入坐标或长度值。后面要介绍的命令同样可以设置动态数据输入方式，效果与非动态数据输入方式类似。除了特别说明，后面将都只按非动态数据输入方式输入相关数据。

2.1.2 实例——绘制阀符号

绘制如图 2-3 所示的阀符号。

01 单击状态栏中的“动态输入”按钮，关闭“动态输入”功能。单击“默认”选项卡“绘图”面板中的“直线”按钮，绘制一条直线，命令行提示与操作如下：

```
命令: _LINE
指定第一个点:
```

02 在屏幕上指定一点（即顶点 1 的位置），系统继续提示，以相似方法输入阀的各个顶点：

```
指定下一点或 [放弃(U)]:（垂直向下在屏幕上适当位置指定点 2）
指定下一点或 [放弃(U)]: （在屏幕上适当位置指定点 3，使点 3 大约与点 1 等高，如图 2-4 所示）
指定下一点或 [闭合(C)/放弃(U)]:（垂直向下在屏幕上适当位置指定点 4，使点 4 与点 2 等高）
指定下一点或 [闭合(C)/放弃(U)]: C↙（系统自动封闭连续直线并结束命令）
```

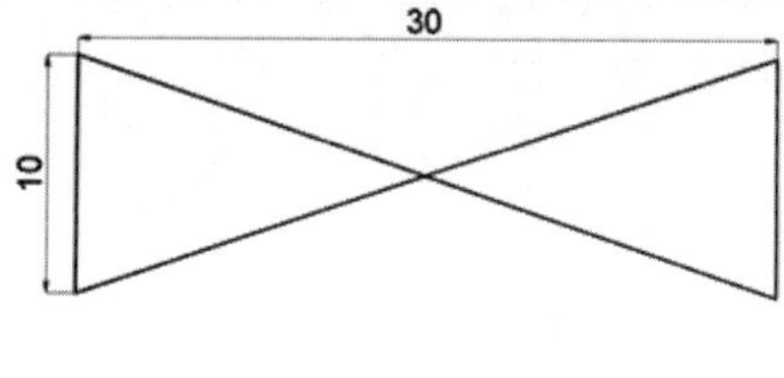

图2-3 阀

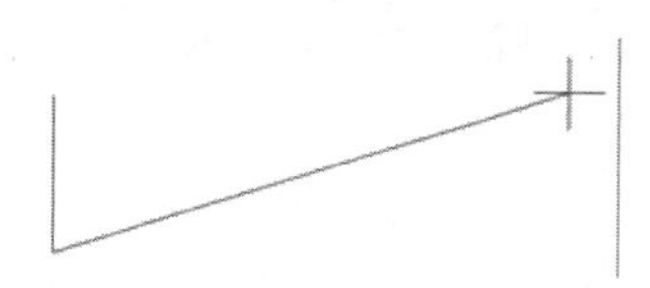
图2-4 指定点3

2.1.3 数据输入方法

在 AutoCAD 2022 中，点的坐标可以用直角坐标、极坐标、球面坐标和柱面坐标表示，每一种坐标又分别具有两种坐标输入方式，即绝对坐标和相对坐标。其中，直角坐标和极坐标最为常用。

（1）直角坐标法。用点的 X、Y 坐标值表示的坐标。例如，在命令行中输入点的坐标提示下输入“15,18”，表示输入了一个 X、Y 的坐标值分别为 15、18 的点。此为绝对坐标输入方式，表示该点的坐标是相对于当前坐标原点的坐标值，如图 2-5a 所示。如果输入“@10,20”，则为相对坐标输入方式，表示该点的坐标是相对于前一点的坐标值，如图 2-5b 所示。

（2）极坐标法。用长度和角度表示的坐标，只能用来表示二维点的坐标。在绝对坐标输入方式下，表示为“长度<角度”，如“25<50”，其中长度为该点到坐标原点的距离，角度为该点至原点的连线与 X 轴正向的夹角，如图 2-5c 所示。在相对坐标输入方式下，表示为“@长度<角度”，如“@25<45”，其中长度为该点到前一点的距离，角度为该点至前一点的连线与 X 轴正向的夹角，如图 2-5d 所示。

（3）动态数据输入。单击状态栏中的“动态输入”按钮，激活动态输入功能，可以在屏幕上动态地输入某些参数数据。例如，绘制直线时，在光标附近会动态地显示“指定第一个点”以及后面的坐标文本框（当前显示的是光标所在位置，如图 2-6 所示），可以在文本框中输入数据，两个数据之间以逗号隔开。指定第一个点后，系统动态显示直线的角度（见图 2-7），同时要求输入线段长度值，其输入效果与“@长度<角度”方式相同。

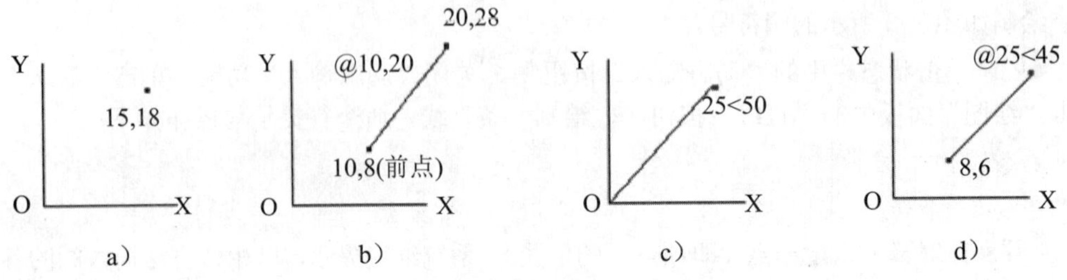

图 2-5　数据输入方法

下面分别讲述点与距离值的输入方法。

（1）点的输入。绘图过程中常需要输入点的位置。AutoCAD2022 提供了如下几种输入点的方式：

1）用键盘直接在命令行窗口中输入点的坐标。直角坐标有两种输入方式，即“X,Y”（点的绝对坐标值，如“100,50”）和“@X,Y”（相对于前一点的坐标值，如“@50,-30”）。

2）极坐标的输入方式为：长度<角度（其中，长度为点到坐标原点的距离，角度为原点至该点连线与 X 轴的正向夹角，如“20<45”）和“@长度<角度”（相对于前一点的相对极坐标，如“@50 <-30”）。

3）用鼠标等定标设备移动光标并单击鼠标左键在屏幕上直接取点。

4）用目标捕捉方式捕捉屏幕上已有图形的特殊点（如端点、中点、中心点、插入点、交点、切点、垂足点等）。

5）直接输入距离。先用鼠标拖拉出橡筋线确定方向，然后输入距离，这样有利于准确控制对象的长度等参数。例如，要绘制一条 10mm 长的线段，命令行提示与操作如下：

```
命令：_LINE
指定第一个点：(在绘图区指定一点)
指定下一点或 [放弃(U)]:
```

这时在屏幕上移动鼠标指明线段的方向（但不要单击鼠标左键确认），然后在命令行中输入“10”，即可在指定方向上准确地绘制出了长度为 10mm 的线段，如图 2-8 所示。

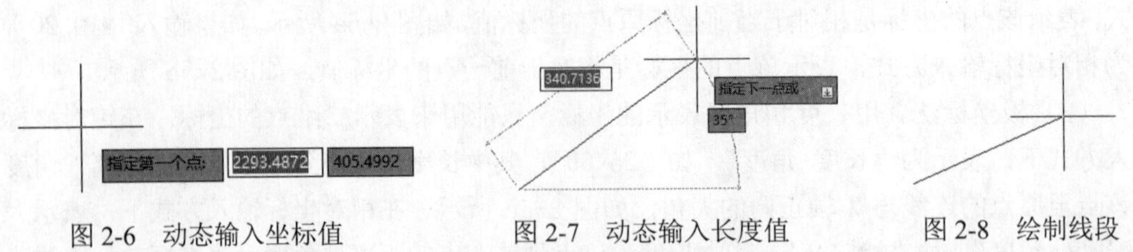

图 2-6　动态输入坐标值　　图 2-7　动态输入长度值　　图 2-8　绘制线段

（2）距离值的输入。AutoCAD 2022 提供了两种输入距离值的方式：一种是在命令行窗口中直接输入数值；另一种是在屏幕上拾取两点，使两点的距离值为所需数值。

2.1.4 实例——利用动态输入绘制标高符号

本实例主要练习在执行“直线”命令后，在动态输入状态下绘制标高符号。流程图如图 2-9 所示。

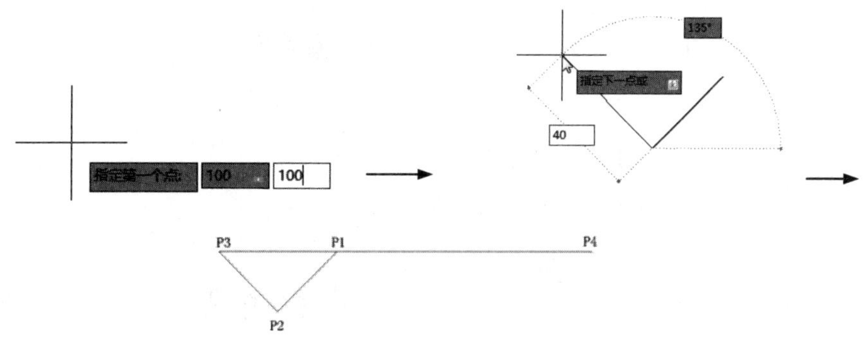

图 2-9　绘制标高符号的流程图

操作步骤

1）系统默认打开动态输入，如果动态输入没有打开，单击状态栏中的“动态输入”按钮，打开动态输入。单击“默认”选项卡“绘图”面板中的“直线”按钮，在动态输入文本框中输入第一点坐标（100,100），如图 2-10 所示。按 Enter 键确认。

2）拖动鼠标，在动态输入文本框中输入长度为 40，然后按 Tab 键切换到角度输入文本框，输入角度为 135，如图 2-11 所示。按 Enter 键确认。

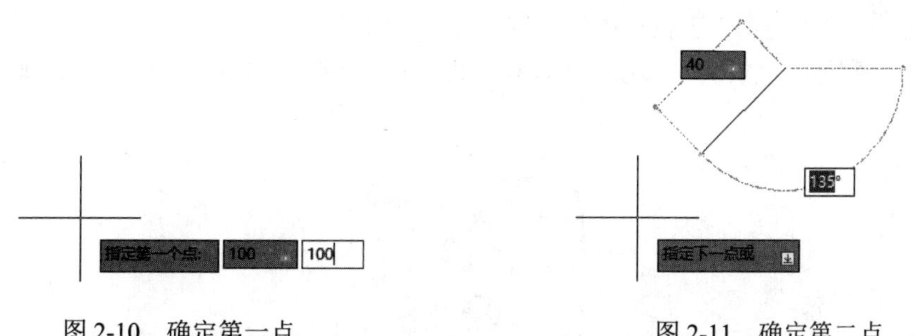

图 2-10　确定第一点　　图 2-11　确定第二点

3）拖动鼠标，在鼠标位置为 135° 时，动态输入“40”，如图 2-12 所示。按 Enter 键确认。

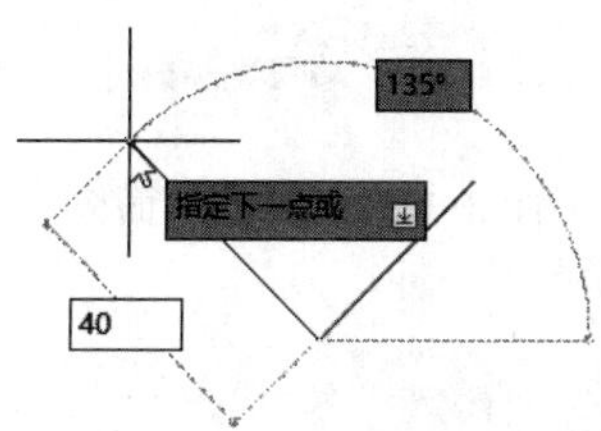

图 2-12　确定第三点

4）拖动鼠标，然后在动态输入文本框中输入相对直角坐标（@180，0），如图 2-13 所示。也可以拖动鼠标，在光标位置为 0° 时，动态输入“180”，如图 2-14 所示。按 Enter 键确认，完成绘制。

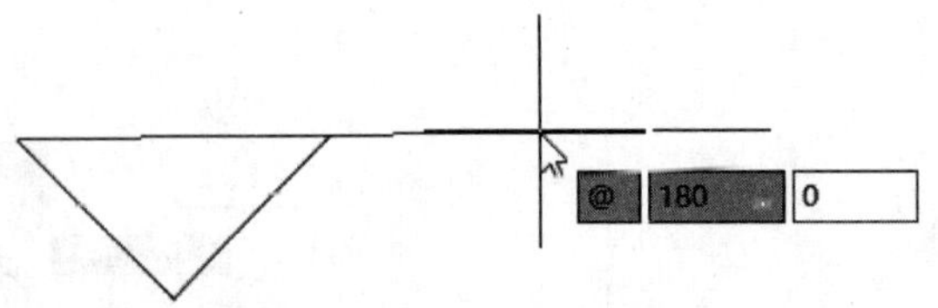

图 2-13　确定第四点（相对直角坐标方式）

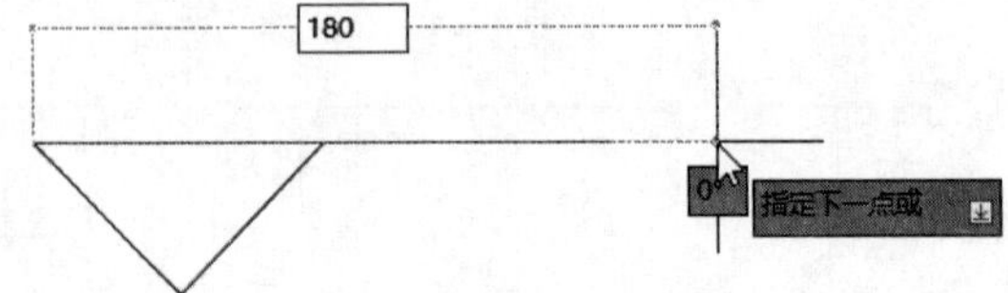

图 2-14　确定第四点

注意

输入坐标时，括号中的逗号只能在西文状态下输入，否则会出现错误。

2.1.5　构造线

1. 执行方式

命令行：XLINE（快捷命令：XL）。

菜单栏：选择菜单栏中的“绘图”→“构造线”命令。

工具栏：单击“绘图”工具栏中的“构造线”按钮。

功能区：①单击“默认”选项卡“绘图”面板中的② “构造线”按钮，如图 2-15 所示。

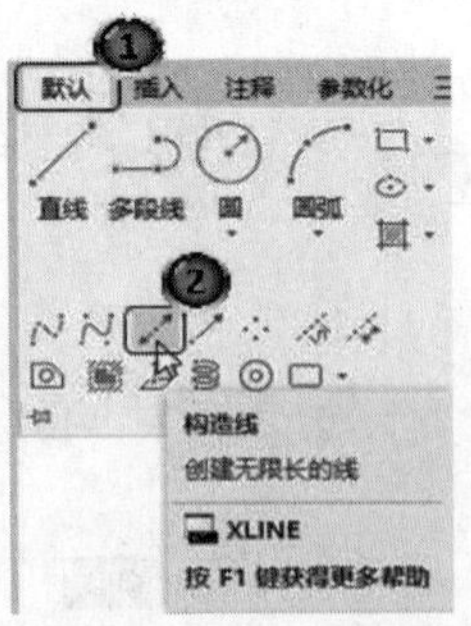

图 2-15　“绘图”面板

2. 操作格式

```
命令：XLINE↙
指定点或[水平(H)/垂直(V)/角度(A)/二等分(B)/偏移(O)]：(给出点 1)
指定通过点：(给定通过点 2，绘制一条双向无限长直线)
```

指定通过点:（继续给出通过点，绘制线的结果如图 2-6a 所示，按 Enter 结束）

3. 选项说明

执行选项中有“指定点”“水平”“垂直”“角度”“二等分”和“偏移”6 种方式，绘制构造线的结果分别如图 2-16a～f 所示。

构造线可模拟手工作图中的辅助线，将其用特殊的线型显示，在绘图输出时可输出。

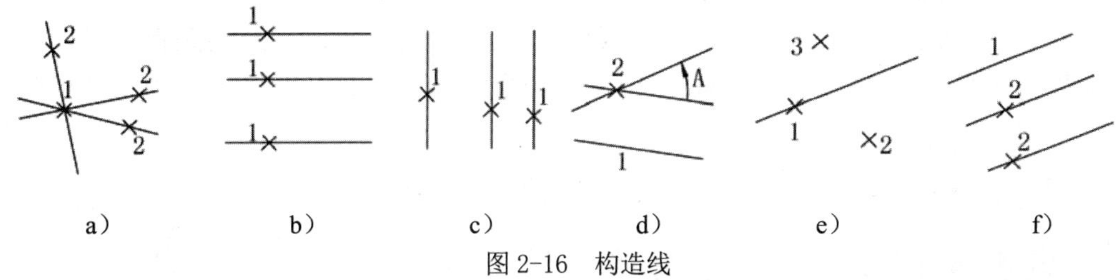

图 2-16　构造线

应用构造线作为绘制三视图的辅助线是构造线的最主要用途。如图 2-17 所示，构造线的应用可保证三视图之间“主俯视图长对正、主左视图高平齐、俯左视图宽相等”的对应关系。

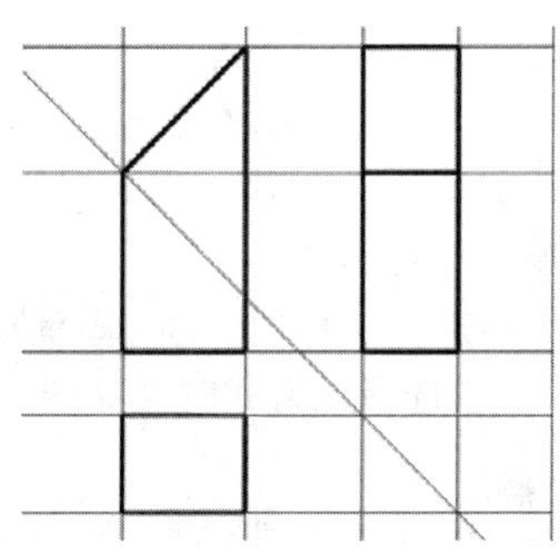

图 2-17　构造线辅助绘制三视图

2.2　圆类命令

圆类命令主要包括“圆”“圆弧”“圆环”以及“椭圆”命令。这几个命令是 AutoCAD 中最简单的曲线命令。

2.2.1　圆

1. 执行方式

命令行：CIRCLE（快捷命令：C）。

菜单栏：选择菜单栏中的“绘图”→“圆”命令。

工具栏：单击“绘图”工具栏中的“圆”按钮。

功能区：❶单击“默认”选项卡“绘图”面板中的❷“圆”下拉菜单中的绘制圆按钮（见图 2-18）。

2. 操作格式

命令：CIRCLE↙

指定圆的圆心或 [三点(3P)/两点(2P)/切点、切点、半径(T)]:(指定圆心)
指定圆的半径或 [直径(D)]: (直接输入半径数值或用鼠标指定半径长度)

3. 选项说明

(1) 三点(3P)　用圆周上指定的三点方法画圆。

(2) 两点(2P)　指定直径的两端点画圆。

(3) 切点，切点，半径(T)　用先指定两个相切对象，后给出半径的方法画圆。图 2-19 所示为以“切点、切点、半径”方式绘制圆与另外两个对象相切的几种情形（其中加黑的圆为最后绘制的圆）。

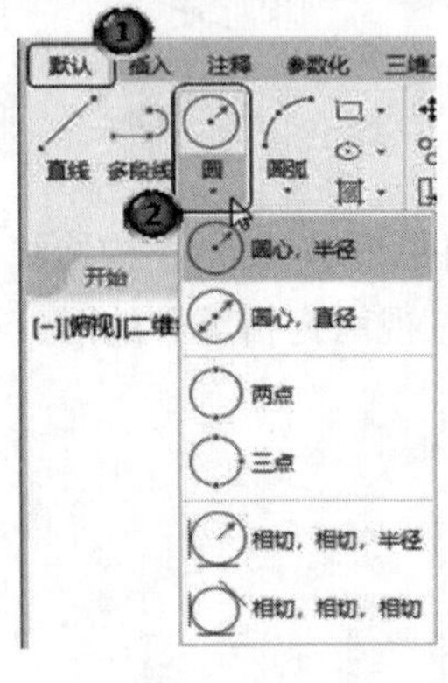

图 2-18　“圆”下拉菜单

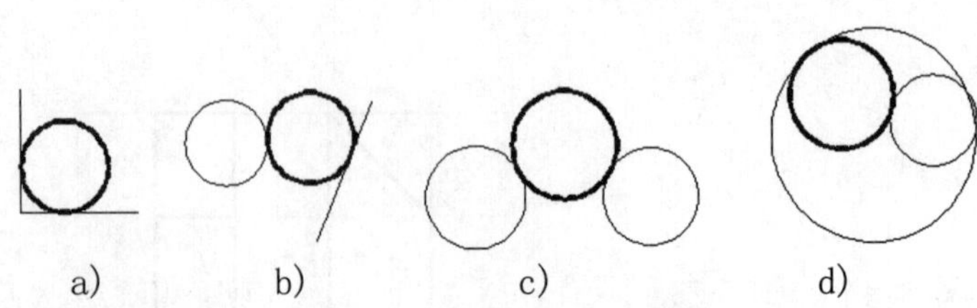

a)　b)　c)　d)

图 2-19　圆与另外两个对象相切

(4) 相切、相切、相切 (A)　当选择此方式时（见图 2-20），系统提示：

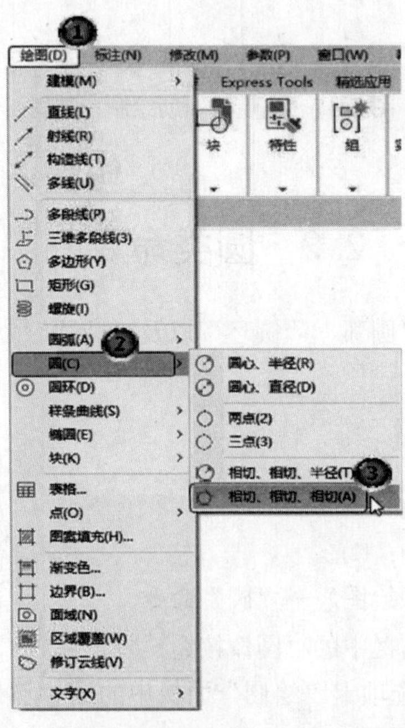

图 2-20　绘制圆的菜单方法

指定圆的圆心或 [三点(3P)/两点(2P)/切点、切点、半径(T)]: _3P

指定圆上的第一个点：_tan 到：（指定相切的第一个圆弧）

指定圆上的第二个点：_tan 到：（指定相切的第二个圆弧）

指定圆上的第三个点：_tan 到：（指定相切的第三个圆弧）

2.2.2 实例——连环圆

绘制如图 2-21 所示的连环圆。

操作步骤

命令：CIRCLE↙

指定圆的圆心或 [三点(3P)/两点(2P)/切点、切点、半径(T)]：150,160 （1 点）

指定圆的半径或 [直径(D)]：40 ↙（绘制出 A 圆）

命令：CIRCLE↙

指定圆的圆心或 [三点(3P)/两点(2P)/切点、切点、半径(T)]：3P ↙（以三点方式绘制圆，或在动态输入模式下打开动态菜单，选择“三点（3P）”选项），如图 2-22 所示

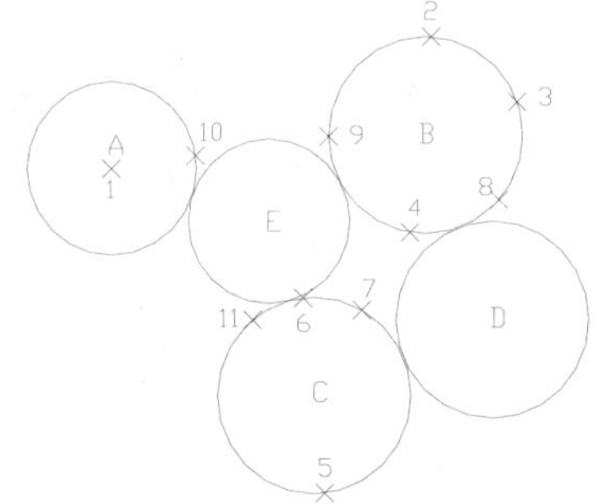

图 2-21 连环圆

图 2-22 动态菜单

指定圆上的第一点：300,220↙ （2 点）

指定圆上的第二点：340,190↙ （3 点）

指定圆上的第三点：290,130 ↙（4 点）（绘制出 B 圆）

命令：CIRCLE↙

指定圆的圆心或 [三点(3P)/两点(2P)/切点、切点、半径(T)]：2P ↙（两点绘制圆方式）

指定圆直径的第一个端点：250,10↙ （5 点）

指定圆直径的第二个端点：240,100↙ （6 点）（绘制出 C 圆）

命令：CIRCLE↙

指定圆的圆心或 [三点(3P)/两点(2P)/切点、切点、半径(T)]：T↙（以“切点、切点、半径”方式绘制中间的圆，并自动打开“切点”捕捉功能）

指定对象与圆的第一个切点：（在 7 点附近选中 C 圆）

指定对象与圆的第二个切点：（在 8 点附近选中 B 圆）

指定圆的半径： <45.2769>:45↙ （绘制出 D 圆）

命令：_CIRCLE （选择菜单栏中的“绘图/圆/相切、相切、相切”）

指定圆的圆心或 [三点(3P)/两点(2P)/切点、切点、半径(T)]：_3p

指定圆上的第一个点：_tan 到 （9 点）（打开状态栏上的“二维对象捕捉”按钮）

```
指定圆上的第二个点：_tan 到 （10点）
指定圆上的第三个点：_tan 到 （11点）（绘制出E圆）
```

2.2.3 圆弧

1．执行方式

命令行：ARC（快捷命令：A）。

菜单栏：选择菜单栏中的“绘图”→“圆弧”命令。

工具栏：单击“绘图”工具栏中的“圆弧”按钮。

功能区：①单击“默认”选项卡②“绘图”面板中的③“圆弧”下拉菜单（见图2-23）中的绘制圆弧按钮。

2．操作格式

```
命令：ARC↙
指定圆弧的起点或［圆心(C)］：（指定起点）
指定圆弧的第二个点或［圆心(C)/端点(E)］：（指定第二点）
指定圆弧的端点：（指定端点）
```

要说明的是，用命令方式画圆弧时，可以根据系统提示选择不同的选项，具体功能和用“绘制”菜单中的“圆弧”子菜单提供的11种方式相似。这11种方式绘制的圆弧如图2-24所示。

需要强调的是，以“连续”方式绘制的圆弧与上一线段或圆弧相切，因此连续画圆弧段时只需因此提供端点即可。

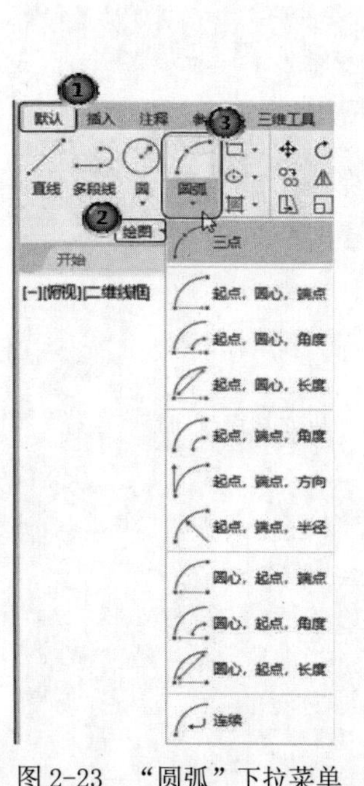

图2-23 “圆弧”下拉菜单

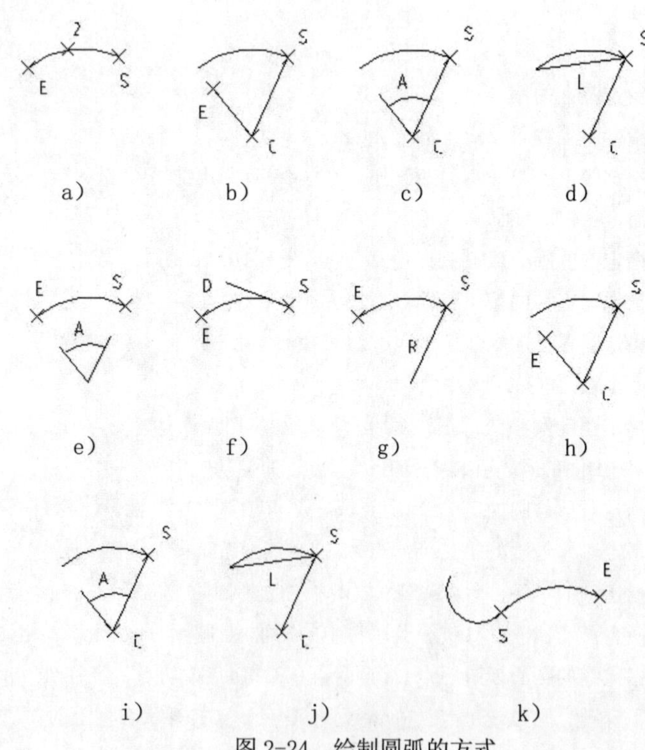

图2-24 绘制圆弧的方式

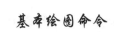

2.2.4 实例——梅花图案

绘制如图 2-25 所示的用不同方位的圆弧组成的梅花图案。

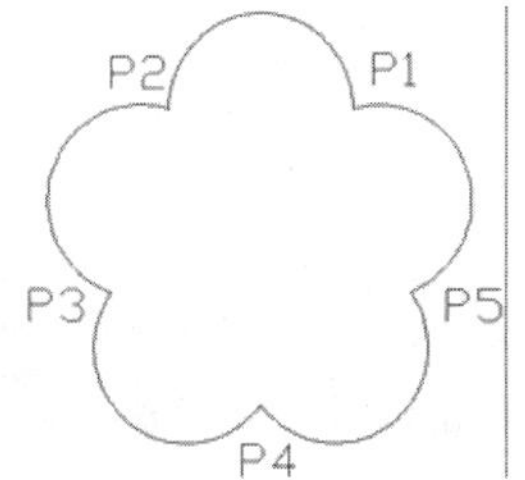

图 2-25 圆弧组成的梅花图案

```
命令: ARC↙
 指定圆弧的起点或 [圆心(C)]: 140,110↙
 指定圆弧的第二个点或 [圆心(C)/端点(E)]: E↙
 指定圆弧的端点: @40<180↙
 指定圆弧的中心点(按住 Ctrl 键以切换方向)或 [角度(A)/方向(D)/半径(R)]: R↙
 指定圆弧的半径(按住 Ctrl 键以切换方向): 20↙
命令:ARC↙
 指定圆弧的起点或 [圆心(C)]: END↙ (此命令表示捕捉距离最近的端点，后面介绍)
 于（选取 P2 点附近右上圆弧）
 指定圆弧的第二个点或 [圆心(C)/端点(E)]: E↙
 指定圆弧的端点: @40<252↙
 指定圆弧的中心点(按住 Ctrl 键以切换方向)或 [角度(A)/方向(D)/半径(R)]: A↙
 指定夹角(按住 Ctrl 键以切换方向): 180↙
命令:ARC↙
指定圆弧的起点或 [圆心(C)]: END↙
于（选取 P3 点附近左上圆弧）
 指定圆弧的第二个点或 [圆心(C)/端点(E)]: C↙
 指定圆弧的圆心: @20<324↙
 指定圆弧的端点(按住 Ctrl 键以切换方向)或 [角度(A)/弦长(L)]: A↙
 指定夹角(按住 Ctrl 键以切换方向): 180↙
命令:ARC↙
指定圆弧的起点或 [圆心(C)]: END↙
 于（选取 P4 点附近左下圆弧）
 指定圆弧的第二个点或 [圆心(C)/端点(E)]: C↙
```

```
指定圆弧的圆心: @20<36↙
指定圆弧的端点(按住 Ctrl 键以切换方向)或 [角度(A)/弦长(L)]: L↙
指定弦长(按住 Ctrl 键以切换方向): 40↙
命令:ARC↙
指定圆弧的起点或 [圆心(C)]:END↙
于 (选取 P5 点附近右下圆弧)
指定圆弧的第二个点或 [圆心(C)/端点(E)]:E↙
指定圆弧的端点: END↙
于 (选取 P1 点附近左上圆弧)
指定圆弧的中心点(按住 Ctrl 键以切换方向)或 [角度(A)/方向(D)/半径(R)]:D↙
指定圆弧起点的相切方向(按住 Ctrl 键以切换方向): @20<36↙
```

结果如图 2-25 所示。

2.2.5 椭圆与椭圆弧

1. 执行方式

命令行：ELLIPSE（快捷命令：EL）。

菜单栏：选择菜单栏中的“绘图”→“椭圆”→“圆弧”命令。

工具栏：单击“绘图”工具栏中的“椭圆”按钮或“椭圆弧”按钮。

功能区：❶单击“默认”选项卡❷“绘图”面板中的❸“椭圆”下拉菜单（见图 2-26）中的绘制椭圆或椭圆弧按钮。

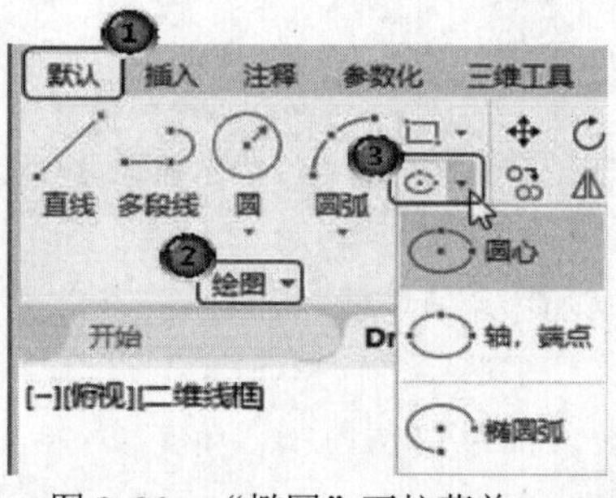

图 2-26 “椭圆”下拉菜单

2. 操作格式

```
命令: ELLIPSE↙
指定椭圆的轴端点或 [圆弧(A)/中心点(C)]:（指定轴端点 1，如图 2-27a 所示）
指定轴的另一个端点:（指定轴端点 2，如图 2-27a 所示）
指定另一条半轴长度或 [旋转(R)]:
```

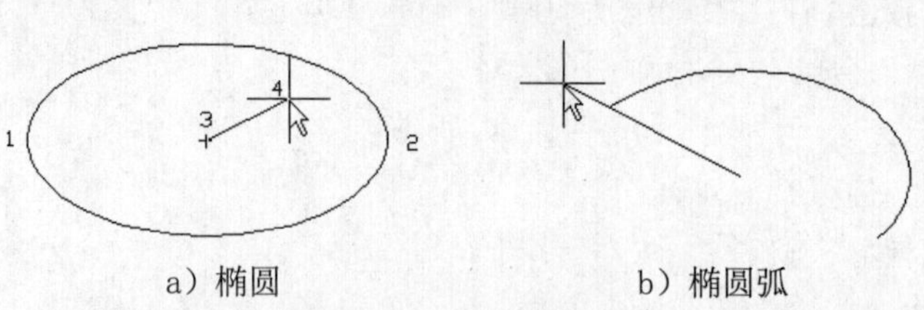

a）椭圆　　b）椭圆弧

图 2-27 椭圆和椭圆弧

3．选项说明

（1）指定椭圆的轴端点　根据两个端点定义椭圆的第一条轴。第一条轴的角度确定了整个椭圆的角度。第一条轴既可定义椭圆的长轴也可定义短轴。

（2）旋转(R)　通过绕第一条轴旋转圆来创建椭圆。相当于将一个圆绕椭圆轴翻转一个角度后的投影视图。

（3）中心点(C)　通过指定的中心点创建椭圆。

（4）圆弧(A)　该选项用于创建一段椭圆弧。与在功能区中单击“默认”选项卡“绘图”面板中的“椭圆”下拉菜单中“椭圆弧”按钮“功能相同。其中第一条轴的角度确定了椭圆弧的角度。第一条轴既可定义椭圆弧长轴也可定义椭圆弧短轴。选择该项，系统继续提示：

指定椭圆弧的轴端点或［中心点(C)］:（指定端点或输入C）
指定轴的另一个端点:（指定另一端点）
指定另一条半轴长度或［旋转(R)］:（指定另一条半轴长度或输入R）
指定起点角度或［参数(P)］:（指定起点角度或输入P）
指定端点角度或［参数(P)/夹角(I)］:

其中各选项含义如下：

1）角度：指定椭圆弧端点的两种方式之一，光标与椭圆中心点连线的夹角为椭圆端点位置的角度，如图2-17b所示。

2）参数(P)：指定椭圆弧端点的另一种方式，该方式同样是指定椭圆弧端点的角度，但通过以下矢量参数方程式创建椭圆弧：

P(u)=c+acosu+bsinu

式中，c是椭圆的中心点，a和b分别是椭圆的长轴和短轴；u为光标与椭圆中心点连线的夹角。

3）夹角(I)：定义从起始角度开始的包含角度。

2.2.6　实例——洗脸盆

绘制如图2-28所示的洗脸盆。

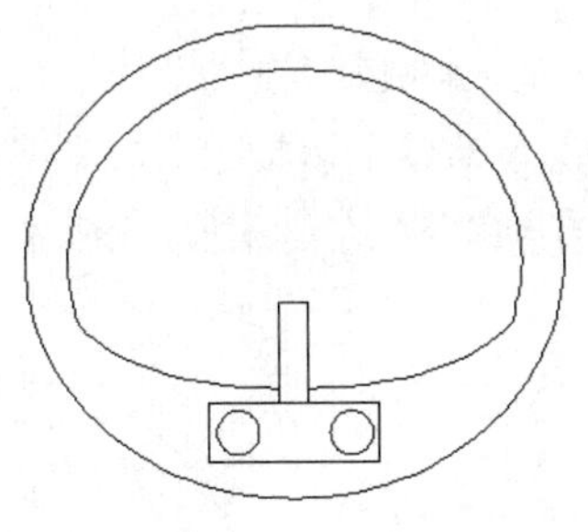

图2-28　洗脸盆

操作步骤

1）单击“默认”选项卡“绘图”面板中的“直线”按钮，绘制水龙头图形，结果如图2-29所示。

2）单击“默认”选项卡“绘图”面板上的“圆”下拉菜单中的“圆心，半径”按钮⊙，绘制两个水龙头旋钮，结果如图 2-30 所示。

3）单击“默认”选项卡“绘图”面板上的“椭圆”下拉菜单中的“轴，端点”按钮⬭，绘制脸盆外沿，命令行提示与操作如下：

```
命令:_ELLIPSE
指定椭圆的轴端点或[圆弧(A)/中心点(C)]:(用鼠标指定椭圆轴端点)
指定轴的另一个端点:(用鼠标指定另一端点)
指定另一条半轴长度或[旋转(R)]:(用鼠标在屏幕上拉出另一半轴长度)
```

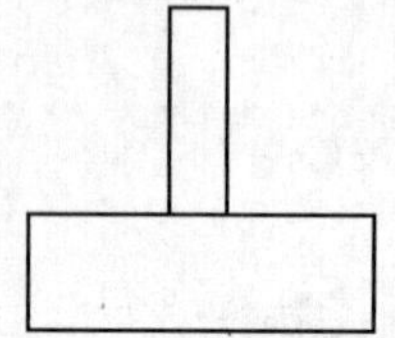

图 2-29　绘制水龙头

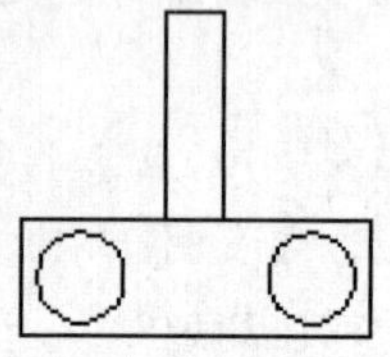

图 2-30　绘制旋钮

结果如图 2-31 所示。

4）单击“默认”选项卡“绘图”面板上的“椭圆”下拉菜单中“椭圆弧”按钮◠，绘制脸盆部分内沿，命令行提示与操作如下：

```
命令: _ELLIPSE
指定椭圆的轴端点或 [圆弧(A)/中心点(C)]:_A
指定椭圆弧的轴端点或 [中心点(C)]: C↙
指定椭圆弧的中心点:(单击状态栏中的“对象捕捉”按钮，捕捉刚才绘制的椭圆中心点)
指定轴的端点:(指定适当的点)
指定另一条半轴长度或 [旋转(R)]: R↙
指定绕长轴旋转的角度:(用鼠标指定椭圆轴端点)
指定起点角度或 [参数(P)]:(用鼠标拉出起始点角度)
指定端点角度或 [参数(P)/夹角(I)]:(用鼠标拉出终止角度)
命令: _ARC
指定圆弧的起点或 [圆心(C)]:(捕捉椭圆弧端点)
指定圆弧的第二个点或 [圆心(C)/端点(E)]:(指定第二点)
指定圆弧的端点:(捕捉椭圆弧另一端点)
```

结果如图 2-32 所示。

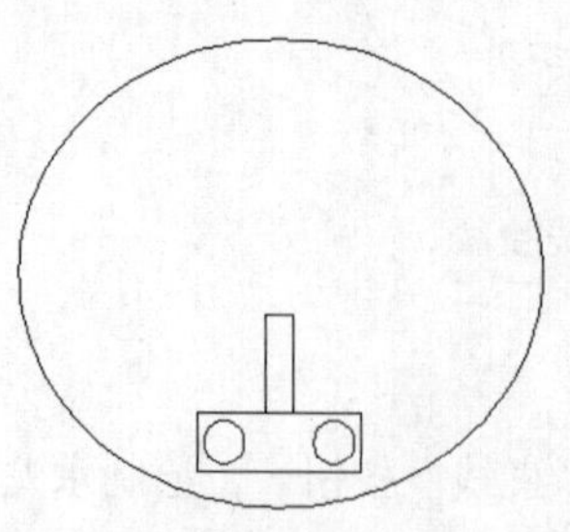

图 2-31　绘制脸盆外沿

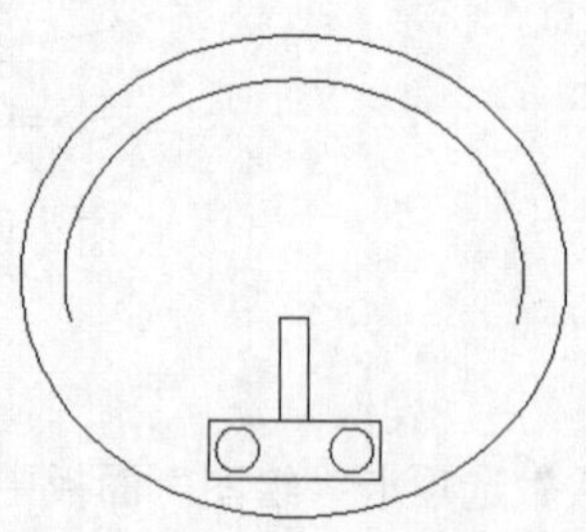

图 2-32　绘制脸盆部分内沿

5）单击“默认”选项卡“绘图”面板上的“圆弧”下拉菜单中的 “三点”按钮，绘制脸盆内沿其他部分，结果如图 2-28 所示。

2.2.7　圆环

1．执行方式

命令行：DONUT（快捷命令：DO）。

菜单栏：选择菜单栏中的“绘图”→“圆环”命令。

功能区：单击“默认”选项卡“绘图”面板中的“圆环”按钮。

2．操作格式

命令:DONUT↙

指定圆环的内径<默认值>：(指定圆环内径)

指定圆环的外径 <默认值>:(指定圆环外径)

指定圆环的中心点或 <退出>:（指定圆环的中心点）

指定圆环的中心点或 <退出>:（继续指定圆环的中心点，绘制相同内外径的圆环，用 Enter 键、空格键或鼠标右键结束命令，结果如图 2-33a 所示）

3．选项说明

1）若指定内径为零，则画出实心填充圆（见图 2-33b）。

2）用 FILL 命令可以控制圆环是否填充，具体方法是：

命令：FILL↙

输入模式 [开(ON)/关(OFF)]<开>：（选择“ON”表示填充，选择“OFF”表示不填充，如图 2-33c 所示）

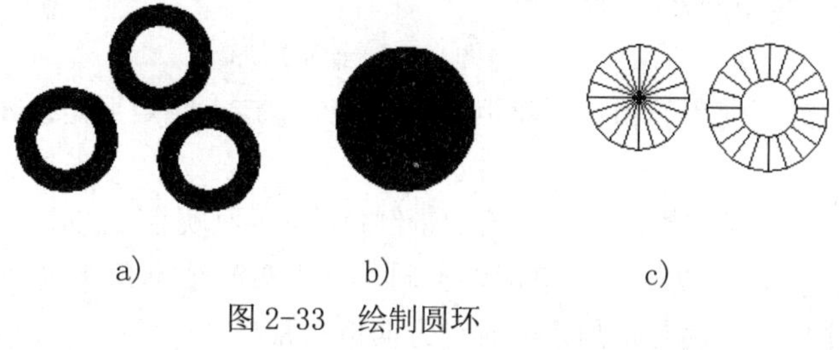

a)　　b)　　c)

图 2-33　绘制圆环

2.3　平面图形命令

平面图形命令包括矩形命令和多边形命令。

2.3.1　矩形

1．执行方式

命令行：RECTANG（快捷命令：REC）。

菜单栏：选择菜单栏中的“绘图”→“矩形”命令。

工具栏：单击“绘图”工具栏中的“矩形”按钮。

功能区：单击“默认”选项卡“绘图”面板中的“矩形”按钮 ▭。

2. 操作格式

```
命令:RECTANG↙
指定第一个角点或 [倒角(C)/标高(E)/圆角(F)/厚度(T)/宽度(W)]:(指定一点)
指定另一个角点或 [面积(A)/尺寸(D)/旋转(R)]:
```

3. 选项说明

(1) 第一个角点　通过指定的两个角点绘制矩形，如图 2-34a 所示。

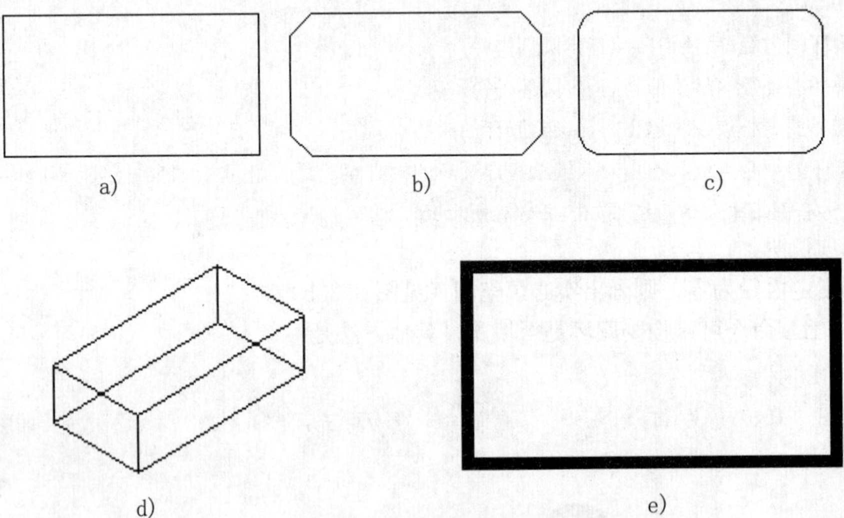

图 2-34　绘制矩形

(2) 尺寸(D)　使用长和宽创建矩形。第二个指定点将矩形定位在与第一角点相关的 4 个位置之一。

(3) 倒角(C)　指定倒角距离，绘制带倒角的矩形（见图 2-34b）。每一个角点的逆时针和顺时针方向的倒角可以相同，也可以不同，其中第一个倒角距离是指角点逆时针方向倒角距离，第二个倒角距离是指角点顺时针方向倒角距离。

(4) 标高(E)　指定矩形标高（Z 坐标），即把矩形画在标高为 Z 且和 XOY 坐标平面平行的平面上，并作为后续矩形的标高值。

(5) 圆角(F)　指定圆角半径，绘制带圆角的矩形，如图 2-34c 所示。

(6) 厚度(T)　指定矩形的厚度，绘制带厚度的矩形，如图 2-34d 所示。

(7) 宽度(W)　指定线宽，如图 2-34e 所示。

(8) 面积 (A)　指定面积和长或宽创建矩形。选择该项，系统提示：

```
输入以当前单位计算的矩形面积 <20.0000>:(输入面积值)
计算矩形标注时依据 [长度(L)/宽度(W)] <长度>:(按 Enter 键或输入 W)
输入矩形长度 <4.0000>: (指定长度或宽度)
```

指定长度或宽度后，系统会自动计算另一个宽度，然后绘制出矩形。如果矩形有倒角或圆角，则在长度或宽度计算中会考虑此设置，结果如图 2-35 所示。

（9）旋转（R） 旋转所绘制矩形的角度。选择该项，系统提示：

```
指定旋转角度或 [拾取点(P)] <45>:（指定角度）
指定另一个角点或 [面积(A)/尺寸(D)/旋转(R)]:（指定另一个角点或选择其他选项）
```

指定旋转角度后，系统按指定旋转角度创建矩形，如图 2-36 所示。

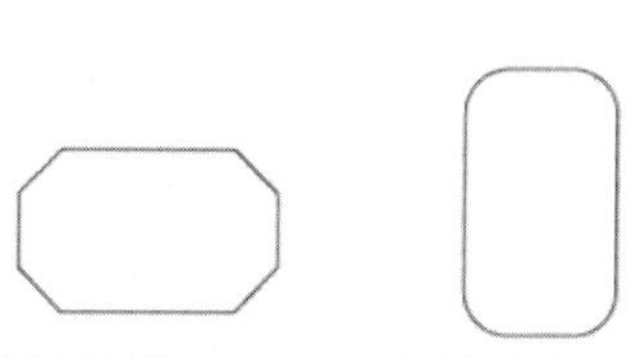

倒角距离（1,1）　圆角半径：1.0

面积：20　长度：6　面积：20　宽度：6

图 2-35　按面积绘制矩形

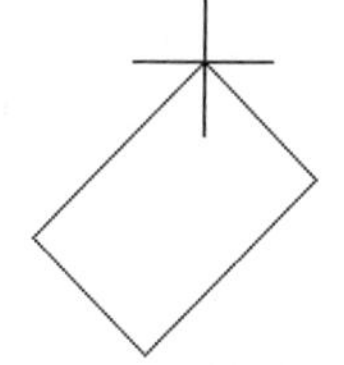

图 2-36　按指定旋转角度创建矩形

2.3.2　实例——方头平键 1

绘制如图 2-37 所示的方头平键 1。

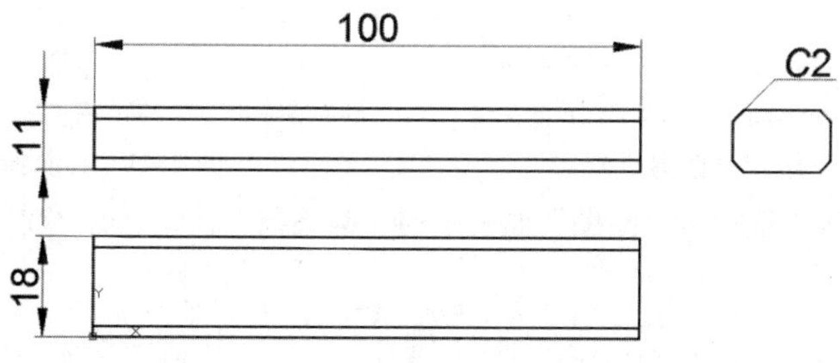

图 2-37　方头平键 1

操作步骤

1）单击“默认”选项卡“绘图”面板中的“矩形”按钮，绘制主视图外形。命令行提示与操作如下：

```
命令: _RECTANG
指定第一个角点或 [倒角(C)/标高(E)/圆角(F)/厚度(T)/宽度(W)]: 0,30 ↙
指定另一个角点或 [面积(A)/尺寸(D)/旋转(R)]:@100,11↙
```

结果如图 2-38 所示。

2）单击“默认”选项卡“绘图”面板中的“直线”按钮，绘制主视图两条棱线。一条棱线端点的坐标值为（0,32）和（@100,0），另一条棱线端点的坐标值为（0,39）和（@100,0），结果如图 2-39 所示。

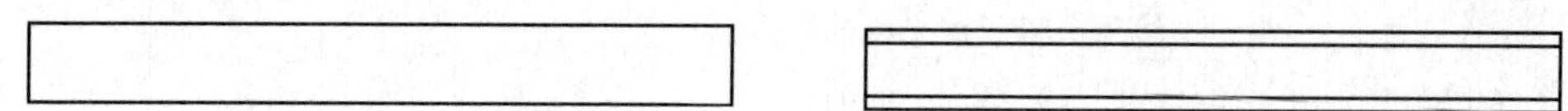

图 2-38　绘制主视图外形　　图 2-39　绘制主视图棱线

3）单击“默认”选项卡“绘图”面板中的“构造线”按钮，绘制构造线，命令行提示与操作如下：

```
命令: _XLINE
指定点或 [水平(H)/垂直(V)/角度(A)/二等分(B)/偏移(O)]:（指定主视图左边竖线上一点）
指定通过点:（指定竖直位置上一点）
指定通过点: ↙
```

用同样方法绘制右边竖直构造线，如图 2-40 所示。

4）单击“默认”选项卡“绘图”面板中的“直线”按钮╱和“矩形”按钮▭，绘制俯视图。命令行提示与操作如下：

```
命令: _RECTANG
指定第一个角点或 [倒角(C)/标高(E)/圆角(F)/厚度(T)/宽度(W)]:0,18↙
指定另一个角点或 [面积(A)/尺寸(D)/旋转(R)]: @100,- 18↙
```

接着绘制两条直线，端点分别为{（0,2），（@100,0）}和{（0,16），（@100,0）}，结果如图 2-41 所示。

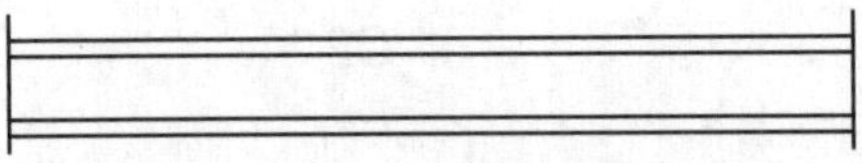

图 2-40　绘制竖直构造线

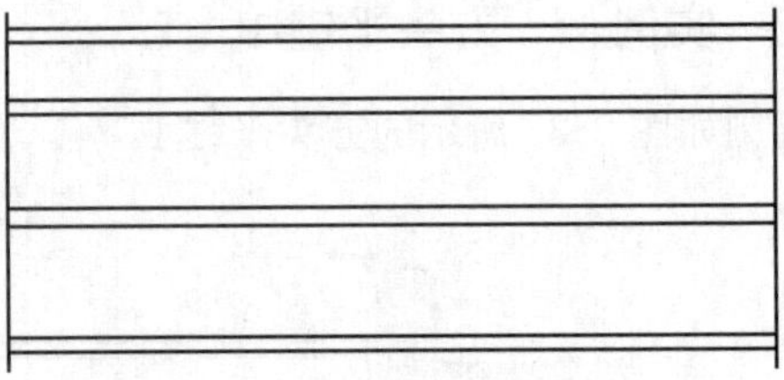

图 2-41　绘制俯视图

5）单击“默认”选项卡“绘图”面板中的“构造线”按钮，绘制左视图构造线。命令行提示与操作如下：

```
命令:_XLINE
指定点或 [水平(H)/垂直(V)/角度(A)/二等分(B)/偏移(O)]: H↙
指定通过点:（指定主视图上右上端点）
指定通过点:（指定主视图上右下端点）
指定通过点:（捕捉俯视图上右上端点）
指定通过点:（捕捉俯视图上右下端点）
指定通过点: ↙
命令: ↙（按 Enter 键表示重复绘制构造线命令）
指定点或 [水平(H)/垂直(V)/角度(A)/二等分(B)/偏移(O)]:A↙
输入构造线的角度(0)或[参照(R)]:-45↙
指定通过点:（任意指定一点）
指定通过点: ↙
命令:XLINE↙
指定点或 [水平(H)/垂直(V)/角度(A)/二等分(B)/偏移(O)]:V↙
指定通过点:（指定斜线与第三条水平线的交点）
指定通过点:（指定斜线与第四条水平线的交点）
```

结果如图 2-42 所示。

6）设置矩形两个倒角距离为 2，绘制左视图。命令行提示与操作如下：

命令: _RECTANG

指定第一个角点或 [倒角(C)/标高(E)/圆角(F)/厚度(T)/宽度(W)]:C↙

指定矩形的第一个倒角距离 <21.0950>: 2↙

指定矩形的第二个倒角距离 <2.0000>:↙

指定第一个角点或 [倒角(C)/标高(E)/圆角(F)/厚度(T)/宽度(W)]:(按构造线确定位置指定一个角点)

指定另一个角点或 [面积(A)/尺寸(D)/旋转(R)]:(按构造线确定位置指定另一个角点)

结果如图 2-43 所示。

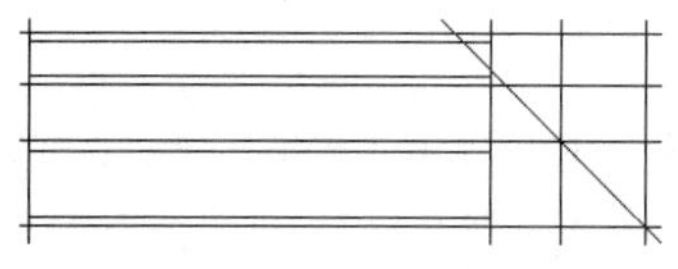

图 2-42　绘制左视图构造线

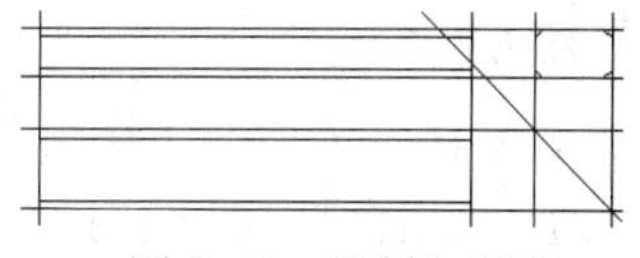

图 2-43　绘制左视图

7）删除构造线，结果如图 2-37 所示。

2.3.3　多边形

1．执行方式

命令行：POLYGON（快捷命令：POL）。

菜单栏：选择菜单栏中的“绘图”→“多边形”命令。

工具栏：单击“绘图”工具栏中的“多边形”按钮。

功能区：单击“默认”选项卡“绘图”面板中的“多边形”按钮。

2．操作格式

命令: POLYGON↙

输入侧面数<4>:（指定多边形的边数，默认值为 4）

指定正多边形的中心点或 [边(E)]:（指定中心点）

输入选项 [内接于圆(I)/外切于圆(C)] <I>:（指定是内接于圆或外切于圆，I 表示内接，如图 2-44a 所示，C 表示外切，如图 2-44b 所示）

指定圆的半径:（指定外接圆或内切圆的半径）

3．选项说明

如果选择“边”选项，则只要指定多边形的一条边，系统就会按逆时针方向创建该正多边形，如图 2-44c 所示。

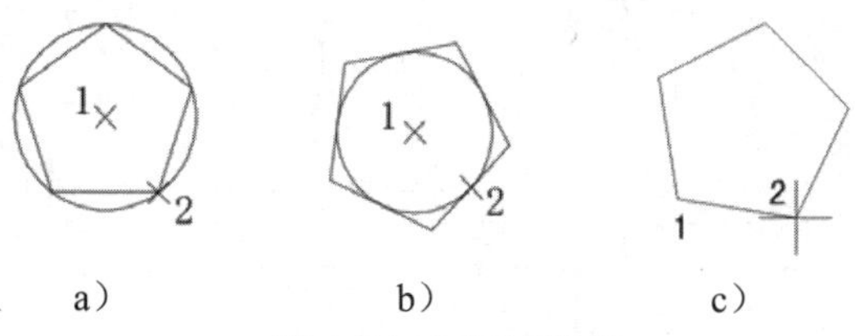

图 2-44　画正多边形

2.3.4　实例——卡通造型

用二维绘图命令绘制图 2-45 所示的卡通造型。

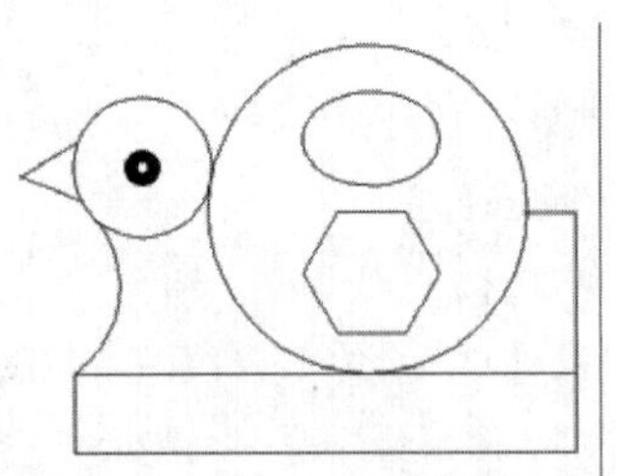

图 2-45　卡通造型

操作步骤

1）单击“默认”选项卡“绘图”面板上的“圆”下拉菜单中的“圆心，半径”按钮⊘，绘制左边小圆及圆环，命令行提示与操作如下：

```
命令：_CIRCLE
指定圆的圆心或 [三点(3P)/两点(2P)/切点、切点、半径(T)]：230,210↙
指定圆的半径或 [直径(D)]：30↙
命令：DONUT↙（绘制圆环）
指定圆环的内径 <10.0000>：5↙
指定圆环的外径 <20.0000>：15↙
指定圆环的中心点 <退出>：230,210↙
指定圆环的中心点 <退出>：↙
```

2）单击“默认”选项卡“绘图”面板中的“矩形”按钮□，绘制矩形。命令行提示与操作如下：

```
命令：_RECTANG
指定第一个角点或 [倒角(C)/标高(E)/圆角(F)/厚度(T)/宽度(W)]：200,122↙
指定另一个角点或 [面积(A)/尺寸(D)/旋转(R)]:420,88↙
```

3）绘制右边大圆及椭圆、正六边形。

利用“相切、相切、半径（T）”方式，用鼠标在 1 点附近选取的小圆为第一条切线，用鼠标在 2 点附近选取的矩形为第二条切线，以半径为 70 绘制大圆，结果如图 2-46 所示。

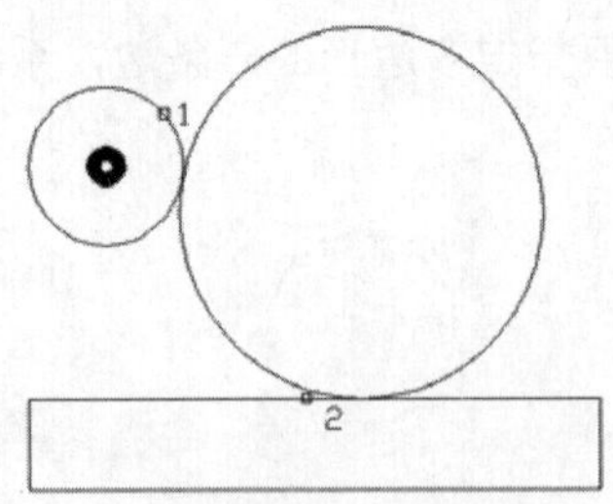

图 2-46　绘制过程图

接着绘制椭圆和正六边形，命令行提示与操作如下：

```
命令：ELLIPSE↙
指定椭圆的轴端点或 [圆弧(A)/中心点(C)]：C↙
指定椭圆的中心点：330,222↙
```

```
指定轴的端点：360,222↙
指定另一条半轴长度或 [旋转(R)]：20↙
命令：POLYGON↙
输入侧面数<4>：6↙
指定正多边形的中心点或 [边(E)]：330,165↙
输入选项 [内接于圆(I)/外切于圆(C)] <I>：↙
指定圆的半径：30↙
```

4）单击“默认”选项卡“绘图”面板中的“直线”按钮，绘制左边折线，端点坐标为（202,221）、（@30<-150）和（@30<-20）。单击“默认”选项卡“绘图”面板上的“圆弧”下拉菜单中的“三点”按钮，绘制圆弧，命令行提示与操作如下：

```
命令：_ARC
指定圆弧的起点或 [圆心(C)]：200,122↙
指定圆弧的第二点或 [圆心(C)/端点(E]：E↙
指定圆弧的端点：210,188↙
指定圆弧的中心点(按住 Ctrl 键以切换方向)或 [角度(A)/方向(D)/半径(R)]:R↙
指定圆弧的半径(按住 Ctrl 键以切换方向):45↙
```

5）单击“默认”选项卡“绘图”面板中的“直线”按钮，绘制右边折线，端点坐标为（420,122）、（@68<90）和（@23<180）。

2.4 点命令

点在AutoCAD中有多种不同的表示方式，用户可以根据需要进行设置。还可以设置等分点和测量点。

2.4.1 点

1. 执行方式

命令行：POINT（快捷命令：PO）。

菜单栏：选择菜单栏中的“绘图”→“点”命令。

工具栏：单击“绘图”工具栏中的“多点”按钮。

功能区：单击“默认”选项卡中“绘图”面板中的“多点”按钮。

2. 操作格式

```
命令：POINT ↙
当前点模式： PDMODE=0 PDSIZE=0.0000
指定点：（指定点所在的位置）
```

3. 选项说明

1）通过菜单方法操作时（见图 2-47），“单点”选项表示只输入一个点，“多点”选项表示可输入多个点。

2）可以打开状态栏中的“对象捕捉”开关，设置点捕捉模式拾取点。

3)点在图形中的表示样式共有20种,可通过DDPTYPE 命令或拾取菜单(格式→点样式),在弹出的“点样式”对话框中进行设置,如图 2-48 所示。

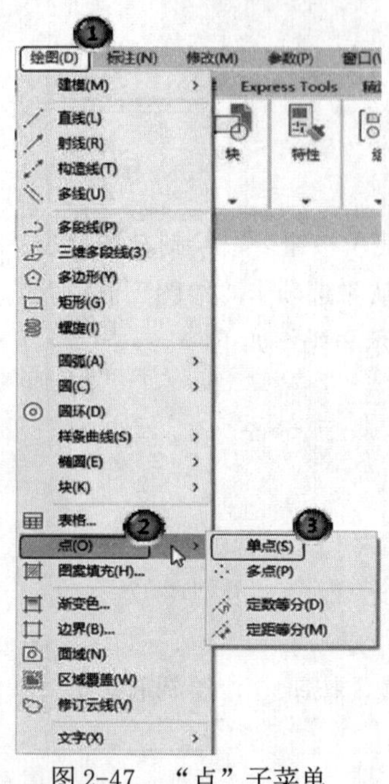

图 2-47 “点”子菜单

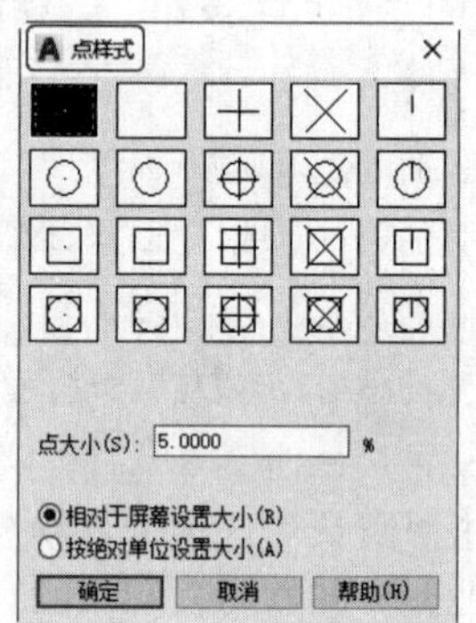

图 2-48 “点样式”对话框

2.4.2 定数等分

1. 执行方式

命令行:DIVIDE(快捷命令:DIV)。

菜单栏:选择菜单栏中的“绘图”→“点”→“定数等分”命令。

功能区:单击“默认”选项卡“绘图”面板中的“定数等分”按钮。

2. 操作格式

命令:DIVIDE↙

选择要定数等分的对象:(选择要等分的实体)

输入线段数目或 [块(B)]:(指定实体的等分数,绘制结果如图 2-49a 所示)

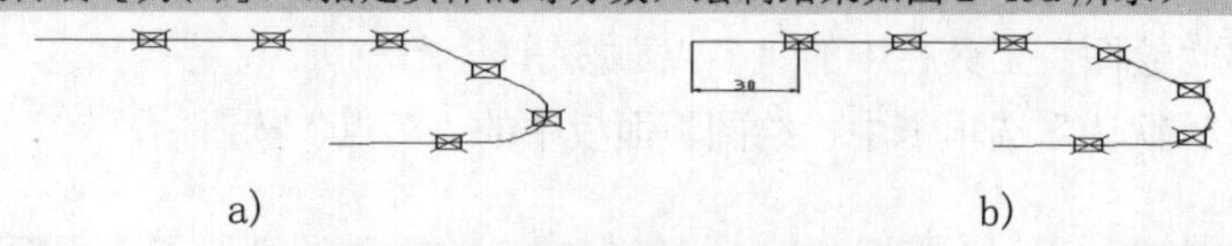

a) b)

图 2-49 绘制等分点和测量点

3. 选项说明

1)等分数范围是 2~32767。

2)在等分点处,按当前点样式设置画出等分点。

3)在第二提示行选择“块(B)”选项时,表示在等分点处插入指定的块(BLOCK)。

2.4.3 定距等分

1. 执行方式

命令行：MEASURE（快捷命令：ME）。

菜单栏：选择菜单栏中的“绘图”→“点”→“定距等分”命令。

功能区：单击“默认”选项卡“绘图”面板中的“定距等分”按钮。

2．操作格式

```
命令:MEASURE↙
选择要定距等分的对象:（选择要设置测量点的实体）
指定线段长度或 [块(B)]:（指定分段长度，绘制结果如图 2-49b 所示）
```

3．选项说明

1）设置的起点一般是指指定线的绘制起点。

2）在第二提示行选择“块(B)”选项时，表示在测量点处插入指定的块，后续操作与等分点类似。

3）在等分点处，按当前点样式设置画出等分点。

4）最后一个测量段的长度不一定等于指定分段长度。

2.4.4　实例——棘轮

绘制如图 2-50 所示的棘轮。

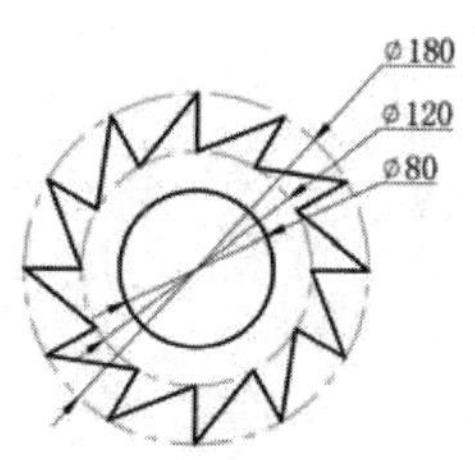

图 2-50　棘轮

操作步骤

1）单击“默认”选项卡“绘图”面板上的“圆”下拉菜单中的“圆心，半径”按钮，绘制 3 个半径分别为 90、60、40 的同心圆，如图 2-51 所示。

2）设置点样式。单击“默认”选项卡“实用工具”面板中的“点样式”按钮，在打开的“点样式”对话框中选择“X”样式。

3）等分圆。单击“默认”选项卡“绘图”面板中的“定距等分”按钮，将半径为 90 的圆进行 12 等分，命令行提示与操作如下：

```
命令: _DIVIDE
选择要定数等分的对象:（选取 R90 圆）
输入线段数目或 [块(B)]: 12↙
```

采用同样方法，等分 R60 圆，结果如图 2-52 所示。

4)单击“默认”选项卡“绘图”面板中的“直线”按钮，连接3个等分点，如图2-53 所示。

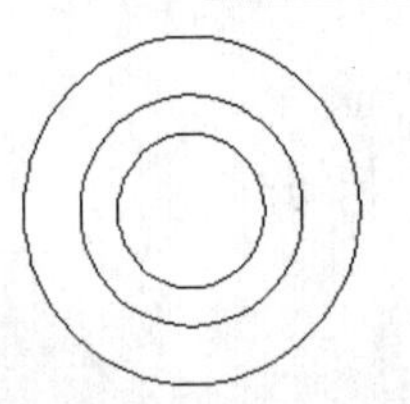

图 2-51　绘制同心圆

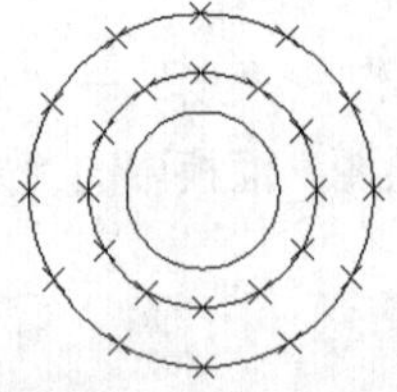

图 2-52　等分圆周

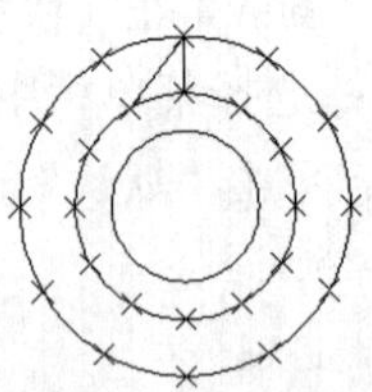

图 2-53　棘轮轮齿

5）用相同方法连接其他点，用鼠标选择绘制的点和多余的圆及圆弧，按下 Delete 键删除，结果如图 2-50 所示。

2.5　上机实验

本节将通过几个上机实验，使读者进一步掌握本章的知识要点。

实验 1　绘制五角星（见图 2-54）

操作提示：

1）计算出各个点的坐标。

2）利用“直线”命令绘制各条线段。

实验 2　绘制嵌套圆图形（见图 2-55）

操作提示：

1）以“圆心、半径”的方法绘制两个小圆。

2）以“相切、相切、半径”的方法绘制中间与两个小圆均相切的大圆，如图 2-56 所示。

3）单击“默认”选项卡“绘图”面板上的“圆”下拉菜单中的“相切，相切，相切”按钮，以已经绘制的 3 个圆为相切对象，绘制最外面的大圆。

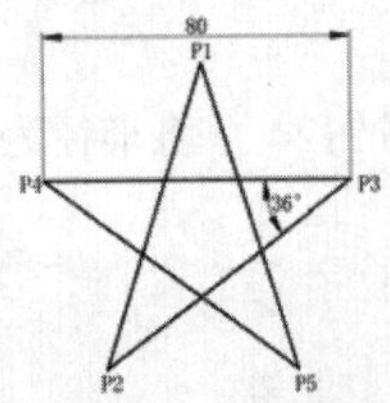

图 2-54　五角星

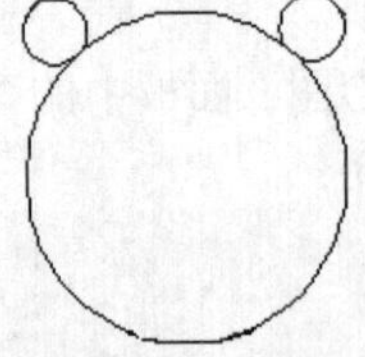

图 2-55　绘制圆形

图 2-56　绘制最外面的圆

实验 3　绘制圆头平键（见图 2-57）

操作提示：

1）利用“直线”命令绘制两条平行直线。

2）利用“圆弧”命令（采用其中的“起点，端点，角度”方式）绘制圆弧部分。

实验 4　绘制螺母（见图 2-58）

操作提示：

1）螺母如图 2-58 所示。利用“圆”命令绘制一个圆。

2）利用“多边形”命令绘制大圆的外切正六边形，使正多边形中心的坐标与圆心的坐标相同。

3）利用“圆”命令绘制里边的小圆，使圆心坐标与大圆的相同。

实验 5　绘制简单物体的三视图（见图 2-59）

操作提示：

1）如图 2-59 所示，利用“直线”命令绘制主视图。

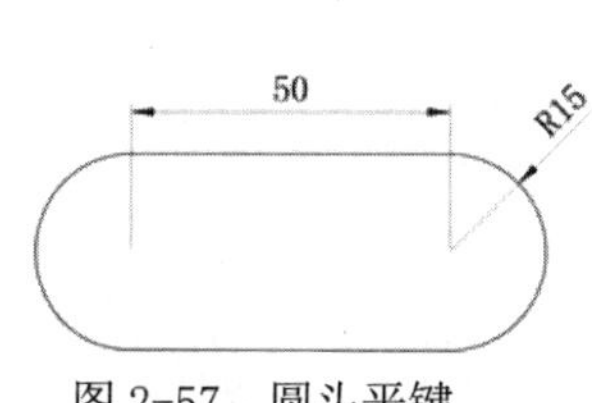

图 2-57　圆头平键

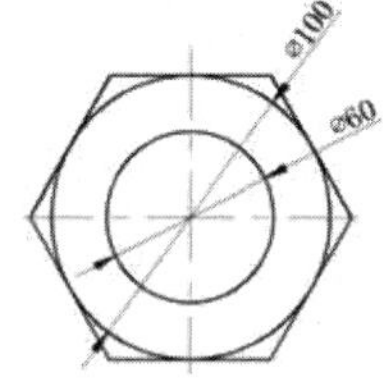

图 2-58　螺母

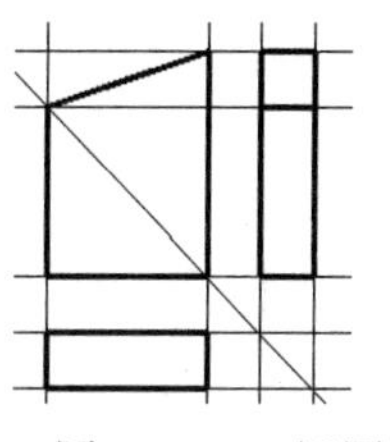
图 2-59　三视图

2）利用“构造线”命令绘制竖直构造线。

3）利用“矩形”命令绘制俯视图。

4）利用“构造线”命令绘制竖直、水平以及 45° 角构造线。

5）利用“矩形”和“直线”命令绘制左视图。

2.6　思考与练习

本节将通过几个思考练习题，使读者进一步掌握本章的知识要点。

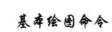

1. 请写出 10 种以上绘制圆弧的方法。
2. 绘制如图 2-60 所示的螺钉。
3. 绘制如图 2-61 所示的椅子。
4. 绘制如图 2-62 所示的花坛。

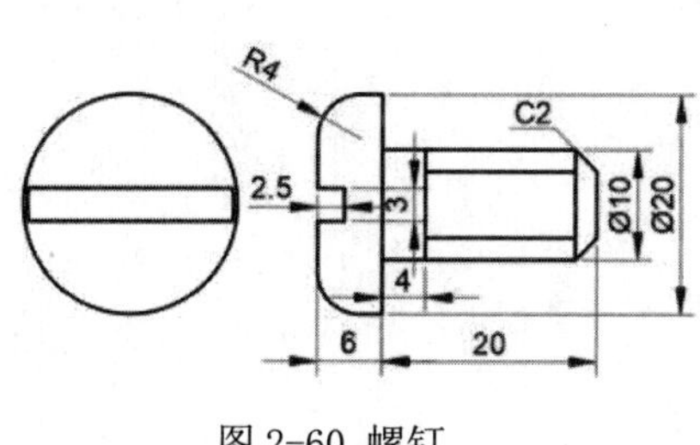

图 2-60 螺钉

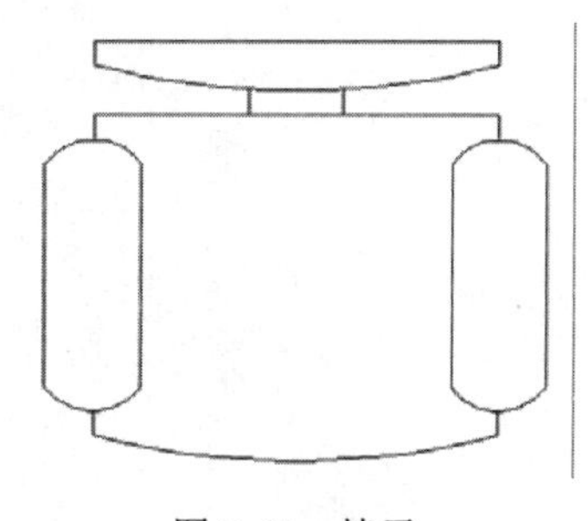
图 2-61　椅子

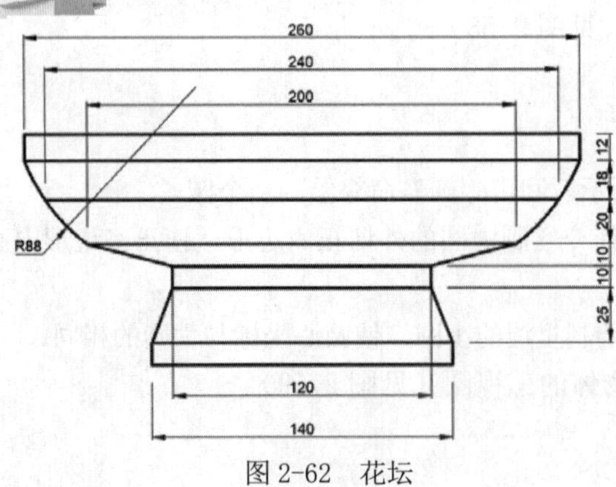

图 2-62　花坛

第 3 章 高级二维绘图命令

基本的二维绘图命令可以完成一些简单二维图形的绘制，但是很难完成有些复杂二维图形的绘制。为此，AutoCAD 推出了一些高级二维绘图命令。

本章主要讲述了多段线、样条曲线、多线、面域和图案填充等内容。

- 多段线
- 样条曲线
- 多线
- 面域
- 图案填充

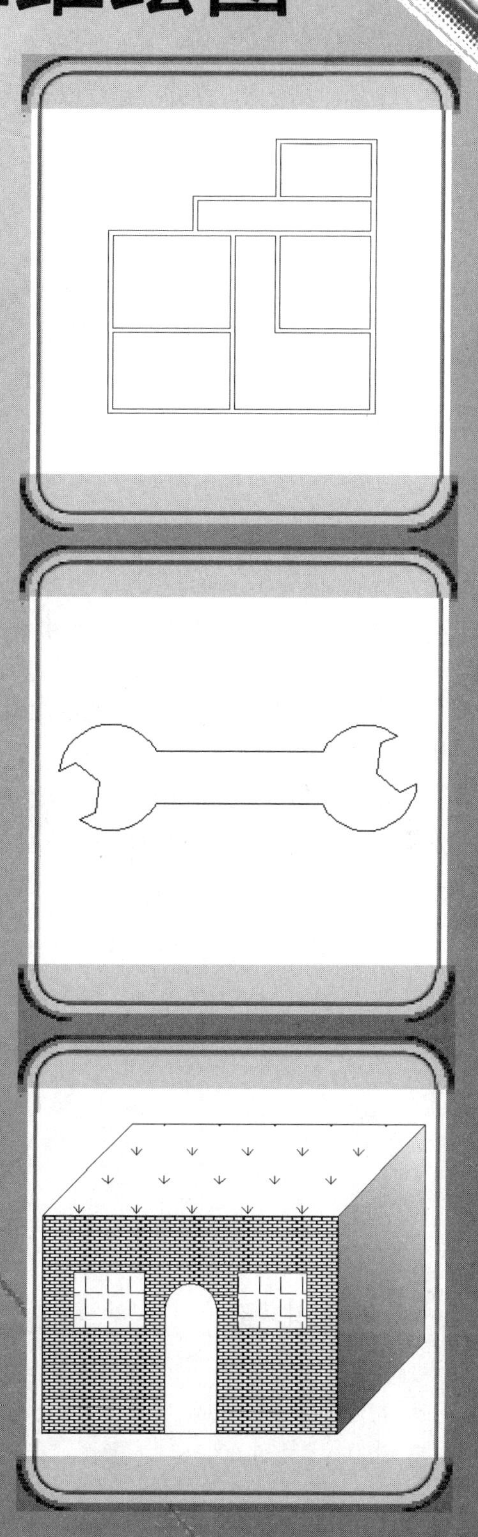

3.1 多段线

多段线是一种由线段和圆弧组合而成的不同线宽的多线，这种线由于其组合形式多样，线宽可以变化，弥补了直线或圆弧画图功能的不足，适合绘制各种复杂的图形轮廓，因而得到广泛的应用。

3.1.1 绘制多段线

1. 执行方式

命令行：PLINE（快捷命令：PL）。

菜单栏：选择菜单栏中的"绘图"→"多段线"命令。

工具栏：单击"绘图"工具栏中的"多段线"按钮。

功能区：单击"默认"选项卡"绘图"面板中的"多段线"按钮。

2. 操作格式

```
命令：PLINE↙
指定起点：（指定多段线的起点）
当前线宽为 0.0000
指定下一个点或 [圆弧(A)/半宽(H)/长度(L)/放弃(U)/宽度(W)]:（指定多段线的下一点）
```

3. 选项说明

多段线主要由连续的不同宽度的线段或圆弧组成，如果在上述选项中选择"圆弧"，则命令行提示：

```
指定圆弧的端点(按住 Ctrl 键以切换方向)或[角度(A)/圆心(CE)/方向(D)/半宽(H)/直线(L)/半径(R)/第二个点(S)/放弃(U)/宽度(W)]:
```

3.1.2 实例——弯月亮

绘制如图 3-1 所示的弯月亮。

图 3-1 弯月亮

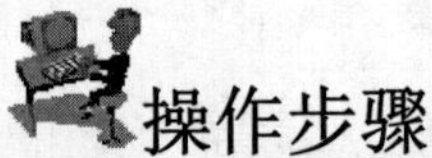

操作步骤

```
命令：PLINE↙
指定起点：60，180↙（打开捕捉功能，捕捉起点）
当前线宽为 0.0000
指定下一个点或 [圆弧(A)/半宽(H)/长度(L)/放弃(U)/宽度(W)]:W↙
```

指定起点宽度 <0.0000>:↙

指定端点宽度 <0.0000>:2↙

指定下一个点或 [圆弧(A)/半宽(H)/长度(L)/放弃(U)/宽度(W)]:L↙

指定直线的长度:80↙

指定下一个点或 [圆弧(A)/半宽(H)/长度(L)/放弃(U)/宽度(W)]:A↙

指定圆弧的端点(按住 Ctrl 键以切换方向)或[角度(A)/圆心(CE)/闭合(CL)/方向(D)/半宽(H)/直线(L)/半径(R)/第二个点(S)/放弃(U)/宽度(W)]: A↙

指定夹角:45↙（指定圆弧包含的圆心角）

指定圆弧的端点(按住 Ctrl 键以切换方向)或 [圆心(CE)/半径(R)]: R↙

指定圆弧的半径:50↙（指定半径值）

指定圆弧的弦方向(按住 Ctrl 键以切换方向) <260>:60↙（指定圆弧弦的方向）

指定圆弧的端点(按住 Ctrl 键以切换方向)或[角度(A)/圆心(CE)/闭合(CL)/方向(D)/半宽(H)/直线(L)/半径(R)/第二个点(S)/放弃(U)/宽度(W)]: H↙

指定起点半宽 <1.0000>: ↙

指定端点半宽 <1.0000>: 2↙

指定圆弧的端点(按住 Ctrl 键以切换方向)或[角度(A)/圆心(CE)/闭合(CL)/方向(D)/半宽(H)/直线(L)/半径(R)/第二个点(S)/放弃(U)/宽度(W)]: CE↙

指定圆弧的圆心: 110，220↙（指定中心点位置）

指定圆弧的端点(按住 Ctrl 键以切换方向)或 [角度(A)/长度(L)]: L↙（指定圆弧的圆心角/弦长/终点）

指定弦长(按住 Ctrl 键以切换方向): 60↙（指定弦长）

指定圆弧的端点(按住 Ctrl 键以切换方向)或[角度(A)/圆心(CE)/闭合(CL)/方向(D)/半宽(H)/直线(L)/半径(R)/第二个点(S)/放弃(U)/宽度(W)]: W

指定起点宽度 <4.0000>:

指定端点宽度 <4.0000>: 0

指定圆弧的端点(按住 Ctrl 键以切换方向)或[角度(A)/圆心(CE)/闭合(CL)/方向(D)/半宽(H)/直线(L)/半径(R)/第二个点(S)/放弃(U)/宽度(W)]: D↙

指定圆弧的起点切向: 0↙（指定从起点开始的方向角度）

指定圆弧的端点(按住 Ctrl 键以切换方向): 60，180↙ （指定圆弧终点）

指定圆弧的端点(按住 Ctrl 键以切换方向)或[角度(A)/圆心(CE)/闭合(CL)/方向(D)/半宽(H)/直线(L)/半径(R)/第二个点(S)/放弃(U)/宽度(W)]: CL↙

绘制结果如图 3-1 所示。

3.2　样条曲线

样条曲线可用于创建形状不规则的曲线，如为汽车绘制轮廓线。

AutoCAD 使用一种称为非一致有理 B 样条 (NURBS) 曲线的特殊样条曲线类型。NURBS

曲线在控制点之间生成一条光滑的曲线，如图 3-2 所示。

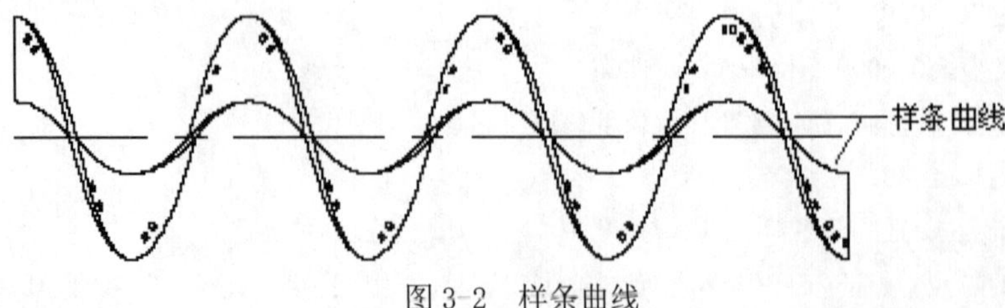

图 3-2　样条曲线

3.2.1　绘制样条曲线

1. 执行方式

命令行：SPLINE。

菜单栏：选择菜单栏中的“绘图”→“样条曲线”命令。

工具栏：单击“绘图”工具栏中的“样条曲线”按钮。

功能区：①单击“默认”选项卡“绘图”面板中的②“样条曲线拟合”按钮或“样条曲线控制点”按钮，如图 3-3 所示。

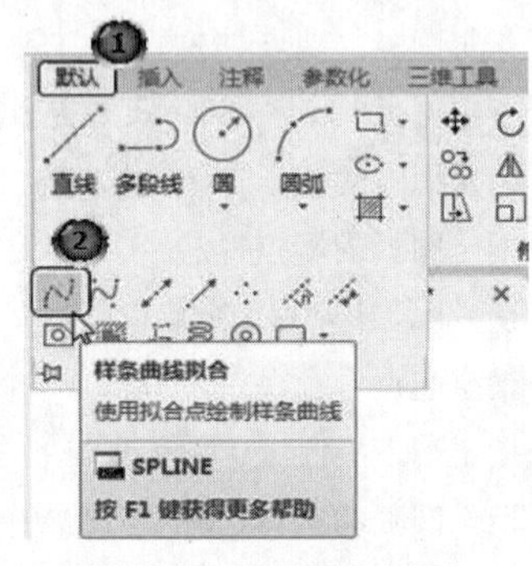

图 3-3　“绘图”面板

2. 操作格式

```
命令：SPLINE↙
当前设置: 方式=拟合　　节点=弦
指定第一个点或 [方式(M)/节点(K)/对象(O)]:（指定一点或选择“对象(O)”选项）
输入下一个点或 [起点切向(T)/公差(L)]:
输入下一个点或 [端点相切(T)/公差(L)/放弃(U)]:
输入下一个点或 [端点相切(T)/公差(L)/放弃(U)]:
输入下一个点或 [端点相切(T)/公差(L)/放弃(U)/闭合(C)]:C↙
```

3. 选项说明

（1）对象(O)　将二维或三维的二次或三次样条曲线拟合多段线转换为等价的样条曲线，然后（根据 DELOBJ 系统变量的设置）删除该多段线。

（2）闭合(C)　将最后一点定义为与第一点一致，并使它在连接处相切，这样可以闭合样条曲线。选择该项，系统继续提示：

```
指定切向:（指定点或按 Enter 键）
```

用户可以指定一点来定义切向矢量，或者使用“切点”和“垂足”对象捕捉模式使样条曲线与现有对象相切或垂直。

（3）公差(L)　使用新的公差值将样条曲线重新拟合至现有的拟合点。

（4）起点切向(T)）　定义样条曲线的第一点和最后一点的切向。

如果在样条曲线的两端都指定切向，可以输入一个点或者使用“切点”和“垂足”对象捕捉模式使样条曲线与已有的对象相切或垂直。

如果按 Enter 键，AutoCAD 将计算默认切向。

3.2.2　实例——螺钉旋具

绘制如图 3-4 所示的螺钉旋具。

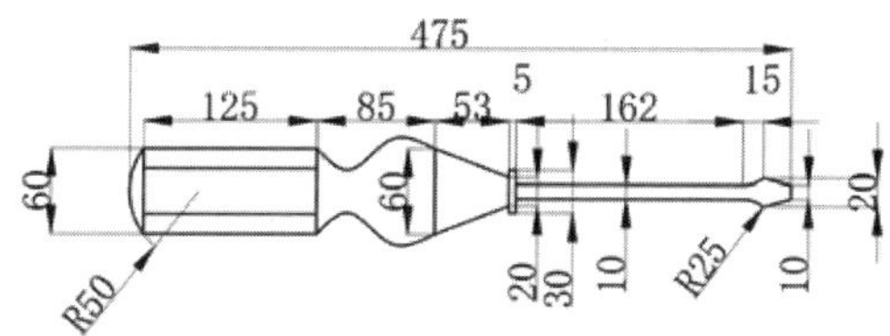

图 3-4　螺钉旋具

操作步骤

1）绘制螺钉旋具左侧手柄。

①单击“默认”选项卡“绘图”面板中的“矩形”按钮，指定两个角点坐标为（45,180）和（170,120），绘制矩形。

②单击“默认”选项卡“绘图”面板中的“直线”按钮，绘制两条直线，端点坐标分别是{（45,166）、（@125<0）}和{（45,134）、（@125<0）}。

③单击“默认”选项卡“绘图”面板上的“圆弧”下拉菜单中的 “三点”按钮，绘制圆弧，圆弧的 3 个端点坐标分别为（45,180）、（35,150）和（45,120）。绘制的图形如图 3-5 所示。

图 3-5　绘制螺钉旋具左侧手柄

2）单击“默认”选项卡“绘图”面板中的“样条曲线拟合”按钮和“直线”按钮，画螺钉旋具的中间部分。命令行提示与操作如下：

命令:SPLINE↙（绘制样条曲线）

当前设置：方式=拟合　节点=弦

指定第一个点或［方式（M）节点(K)对象(O)］：170,180↙（给出样条曲线第一点的坐标值）

输入下一个点或［起点切向(T)/公差(L)］:192,165↙（给出样条曲线第二点的坐标值）

输入下一个点或［端点相切(T)/公差(L)/放弃(U)］:225,187↙（给出样条曲线第三点的坐标值）

输入下一个点或［端点相切(T)/公差(L)/放弃(U)/闭合(C)］：255,180↙（给出样条曲线第四点的坐标值）

输入下一个点或［端点相切(T)/公差(L)/放弃(U)/闭合(C)］:↙（给出样条曲线起点的切线方向）

命令:SPLINE↙

当前设置：方式=拟合　节点=弦

指定第一个点或［方式(M)/节点(K)/对象(O)］：170,120↙

输入下一个点或［起点切向(T)/公差(L)］：192,135↙

输入下一个点或［端点相切(T)/公差(L)/放弃(U)］：225,113↙

输入下一个点或 [端点相切(T)/公差(L)/放弃(U)/闭合(C)]: 255,120↙

输入下一个点或 [端点相切(T)/公差(L)/放弃(U)/闭合(C)]:↙

3）单击“默认”选项卡“绘图”面板中的“直线”按钮，绘制连续线段，端点坐标分别是（255,180）、（308,160）、（@5<90）、（@5<0）、（@30<-90）、（@5<-180）、（@5<90）、（255,120）、（255,180），接着单击“默认”选项卡“绘图”面板中的“直线”按钮，绘制另一线段，端点坐标分别是（308,160）、（@20<-90）。绘制完此步后的图形如图 3-6 所示。

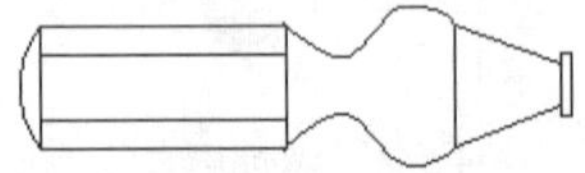

图 3-6　绘制完螺钉旋具中间部分后的图形

4）单击“默认”选项卡“绘图”面板中的“多段线”按钮，绘制螺钉旋具的右侧，命令行提示与操作如下：

命令:PLINE↙　（绘制多段线）

指定起点:313,155↙（给出多段线起点的坐标值）

当前线宽为 0.0000

指定下一个点或 [圆弧(A)/半宽(H)/长度(L)/放弃(U)/宽度(W)]: @162<0↙（用相对极坐标给出多段线下一点的坐标值）

指定下一点或 [圆弧(A)/闭合(C)/半宽(H)/长度(L)/放弃(U)/宽度(W)]:A↙（转为画圆弧的方式）

指定圆弧的端点(按住 Ctrl 键以切换方向)或[角度(A)/圆心(CE)/闭合(CL)/方向(D)/半宽(H)/直线(L)/半径(R)/第二个点(S)/放弃(U)/宽度(W)]:490,160↙（给出圆弧的端点坐标值）

指定圆弧的端点(按住 Ctrl 键以切换方向)或[角度(A)/圆心(CE)/闭合(CL)/方向(D)/半宽(H)/直线(L)/半径(R)/第二个点(S)/放弃(U)/宽度(W)]: ↙（退出）

命令:PLINE↙

指定起点: 313,145↙

当前线宽为 0.0000

指定下一个点或 [圆弧(A)/半宽(H)/长度(L)/放弃(U)/宽度(W)]: @162<0↙

指定下一点或 [圆弧(A)/闭合(C)/半宽(H)/长度(L)/放弃(U)/宽度(W)]: A↙

指定圆弧的端点(按住 Ctrl 键以切换方向)或[角度(A)/圆心(CE)/闭合(CL)/方向(D)/半宽(H)/直线(L)/半径(R)/第二个点(S)/放弃(U)/宽度(W)]: 490,140↙

指定圆弧的端点(按住 Ctrl 键以切换方向)或[角度(A)/圆心(CE)/闭合(CL)/方向(D)/半宽(H)/直线(L)/半径(R)/第二个点(S)/放弃(U)/宽度(W)]: L↙（转为直线方式）

指定下一点或 [圆弧(A)/闭合(C)/半宽(H)/长度(L)/放弃(U)/宽度(W)]: 510,145↙

指定下一点或 [圆弧(A)/闭合(C)/半宽(H)/长度(L)/放弃(U)/宽度(W)]: @10<90↙

指定下一点或 [圆弧(A)/闭合(C)/半宽(H)/长度(L)/放弃(U)/宽度(W)]: 490,160↙

指定下一点或 [圆弧(A)/闭合(C)/半宽(H)/长度(L)/放弃(U)/宽度(W)]: ↙

结果如图 3-4 所示。

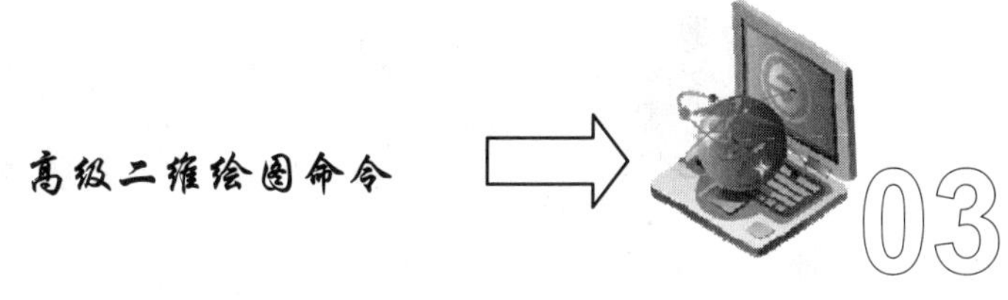

3.3 多线

多线是一种复合线，由连续的直线段复合组成。这种线的一个突出的优点是能够提高绘图效率，保证图线之间的统一性。

3.3.1 绘制多线

1. 执行方式

命令行：MLINE。

菜单栏：选择菜单栏中的“绘图”→“多线”命令。

2. 操作格式

命令：MLINE↙

当前设置：对正 = 上，比例 = 20.00，样式 = STANDARD

指定起点或 [对正(J)/比例(S)/样式(ST)]：(指定起点)

指定下一点：（给定下一点）

指定下一点或 [放弃(U)]：（继续给定下一点，绘制线段。输入“U”，则放弃前一段的绘制。单击鼠标右键或按 Enter 键，结束命令）

指定下一点或 [闭合(C)/放弃(U)]：（继续给定下一点，绘制线段。输入“C”，则闭合线段，结束命令）

3. 选项说明

（1）对正（J） 该项用于给定绘制多线的基准。共有 “上”“无”和“下” 3 种对正类型。其中，“上（T）”表示以多线上侧的线为基准，依次类推。

（2）比例（S） 选择该项，要求用户设置平行线的间距。输入值为零时平行线重合，输入值为负时多线的排列倒置。

（3）样式（ST） 该项用于设置当前使用的多线样式。

3.3.2 定义多线样式

1. 执行方式

命令行：MLSTYLE。

菜单栏：选择菜单栏中的“格式”→“多线样式”命令。

2. 操作格式

命令：MLSTYLE↙

系统自动执行该命令，❶打开如图 3-7 所示的“多线样式”对话框。在该对话框中，用户可以对多线样式进行定义、保存和加载等操作。下面通过定义一个新的多线样式来介绍该对话框的使用方法。欲定义的多线样式由 3 条平行线组成，中心轴线为紫色的中心线，其余两条平行线为黑色实线，相对于中心轴线上、下各偏移 0.5。

步骤如下：

1）❷在“多线样式”对话框中单击“新建”按钮，❸系统打开“创建新的多线样式”对话框，如图 3-8 所示。

2）④在“创建新的多线样式”对话框的“新样式名”文本框中键入“THREE”，⑤单击“继续”按钮。

3）⑥系统打开“新建多线样式”对话框，如图 3-9 所示。

4）在“封口”选项组中可以设置多线起点和端点的特性，包括以直线、外弧还是内弧封口以及封口线段或圆弧的角度。

5）在“填充颜色”下拉列表框中可以选择多线填充的颜色。

6）在“图元”选项组中可以设置组成多线的元素的特性。单击“添加”按钮，可以为多线添加元素；单击“删除”按钮，可以为多线删除元素。在“偏移”文本框中可以设置选中的元素的位置偏移值。在“颜色”下拉列表框中可以为选中元素选择颜色。单击“线型”按钮，可以为选中元素设置线型。

7）设置完毕后，单击“确定”按钮，系统返回到图 3-7 所示的“多线样式”对话框，在“样式”列表中会显示刚设置的多线样式名，选择该样式，单击“置为当前”按钮，则将刚设置的多线样式设置为当前样式，下面的预览框中会显示当前多线样式。

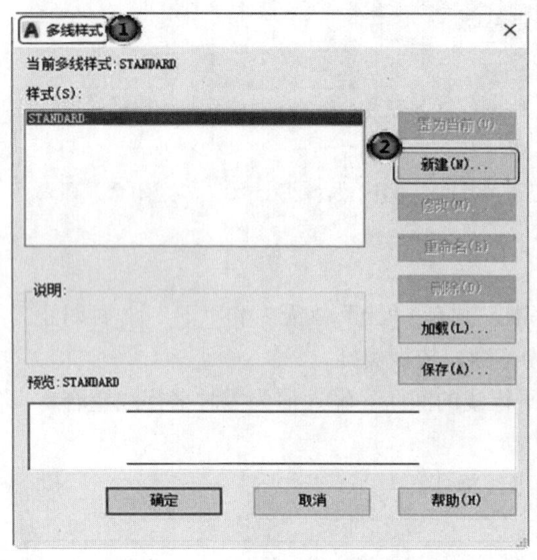

图 3-7 “多线样式”对话框

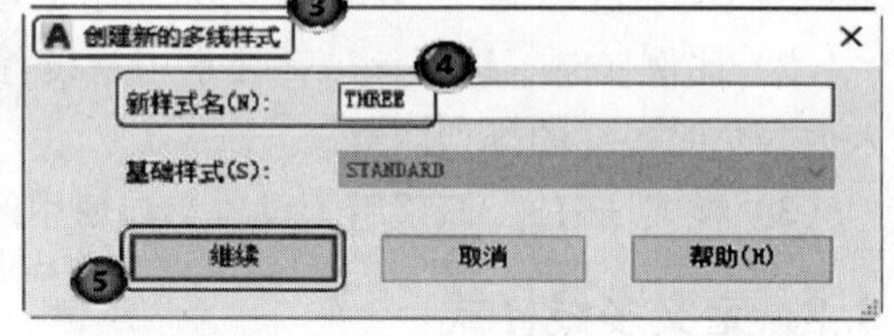

图 3-8 “创建新的多线样式”对话框

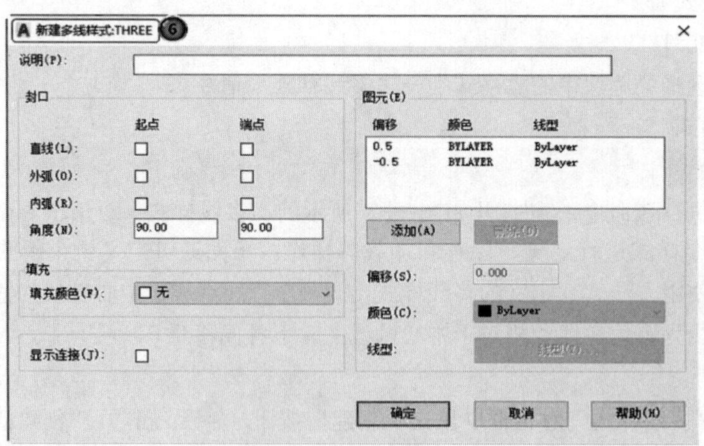

图 3-9 “新建多线样式”对话框

8）单击“确定”按钮，完成多线样式设置。图 3-10 所示为按图 3-7 设置的多线样式绘制的多线。

3.3.3 编辑多线

1. 执行方式

命令行：MLEDIT。

菜单栏：选择菜单栏中的“修改”→“对象”→“多线”命令。

2. 操作格式

执行上述命令后，打开“多线编辑工具”对话框，如图 3-11 所示。

图 3-10 绘制的多线

图 3-11 “多线编辑工具”对话框

在该对话框中可以创建或修改多线的模式。单击“多线编辑工具”对话框中的某个示例图形，就可以调用该项编辑功能。

下面以“十字打开”为例介绍多线编辑方法。“十字打开”可把选择的两条多线进行打开交叉。选择该选项后，出现如下提示：

```
选择第一条多线:（选择第一条多线）
选择第二条多线:（选择第二条多线）
```

选择完毕后，第二条多线被第一条多线横断交叉。选择完毕后，系统继续提示：

```
选择第一条多线:
```

可以继续选择多线进行操作。选择“放弃（U）”会撤消前次操作。操作过程和执行结果如图 3-12 所示。

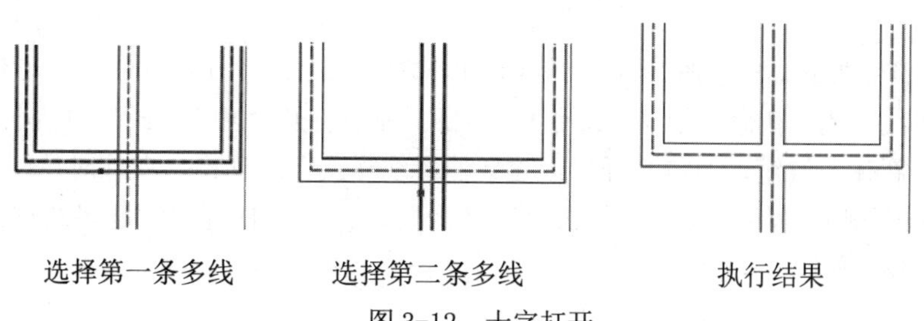

图 3-12 十字打开

3.3.4 实例——墙体

绘制如图 3-13 所示的墙体。

操作步骤

1）单击“默认”选项卡“绘图”面板中的“构造线”按钮，绘制一条水平构造线和一条竖直构造线，组成“十”字构造线，如图 3-14 所示。命令行提示与操作如下：

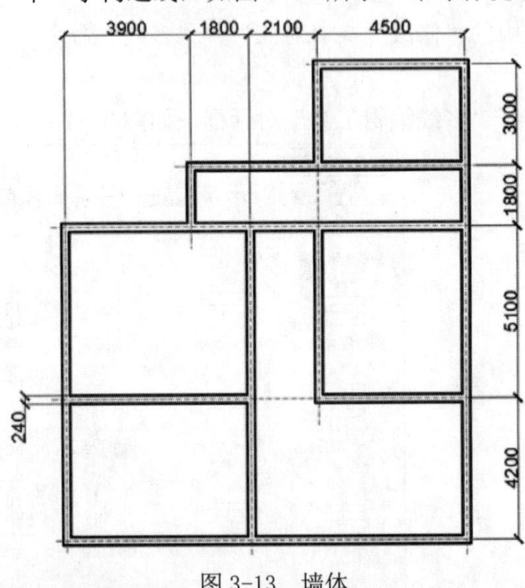

图 3-13 墙体

```
命令: _XLINE
指定点或 [水平(H)/垂直(V)/角度(A)/二等分(B)/偏移(O)]: O↙
指定偏移距离或 [通过(T)] <0.0000>: 4200↙
选择直线对象:(选择刚绘制的水平构造线)
指定向哪侧偏移:(指定上边一点)
选择直线对象:(继续选择刚绘制的水平构造线)
```

运用相同方法，将刚绘制的水平构造线依次向上偏移 5100、1800 和 3000，结果如图 3-15 所示。用同样方法向右依次偏移 3900、1800、2100 和 4500，绘制垂直构造线，生成居室辅助线网格，如图 3-16 所示。

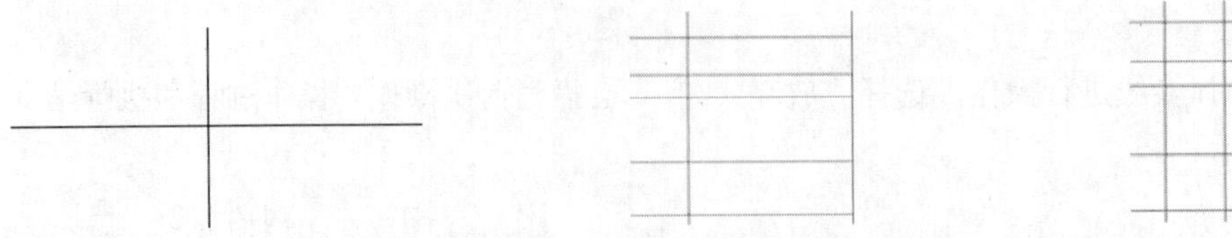

图 3-14 “十”字构造线　　图 3-15 向上偏移水平方向构造线　　图 3-16 生成居室辅助线网格

2）定义多线样式。在命令行输入命令 MLSTYLE，系统打开“多线样式”对话框，在该对话框中单击“新建”按钮，系统打开“创建新的多线样式”对话框，在该对话框的“新样式名”文本框中键入“墙体线”，单击“继续”按钮。系统打开“新建多线样式”对话框，设置多线样式如图 3-17 所示。

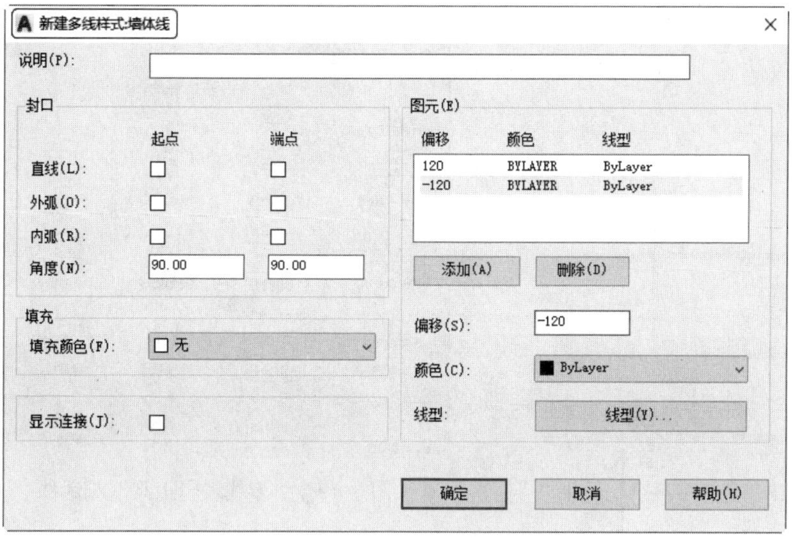

图 3-17 设置多线样式

3）在命令行中输入“MLINE”命令，绘制墙体。命令行提示与操作如下：

命令:MLINE↙

当前设置：对正 = 上，比例 = 20.00，样式 = STANDARD

指定起点或 [对正(J)/比例(S)/样式(ST)]:S↙

输入多线比例 <20.00>:1↙

当前设置：对正 = 上，比例 = 1.00，样式 = STANDARD

指定起点或 [对正(J)/比例(S)/样式(ST)]:J↙

输入对正类型 [上(T)/无(Z)/下(B)] <上>:Z↙

当前设置：对正 = 无，比例 = 1.00，样式 = STANDARD

指定起点或 [对正(J)/比例(S)/样式(ST)]:（在绘制的辅助线交点上指定一点）

指定下一点:（在绘制的辅助线交点上指定下一点）

指定下一点或 [放弃(U)]:（在绘制的辅助线交点上指定下一点）

指定下一点或 [闭合(C)/放弃(U)]:（在绘制的辅助线交点上指定下一点）

……

指定下一点或 [闭合(C)/放弃(U)]:C↙

用相同方法，根据辅助线网格绘制全部多线，结果如图 3-18 所示。

4）编辑多线。在命令行中输入“MLEDIT”命令，❶系统打开“多线编辑工具”对话框，如图 3-19 所示。❷选择其中的“T 形合并”选项，确认后，命令行提示与操作如下：

命令: MLEDIT↙

选择第一条多线:（选择多线）

选择第二条多线:（选择多线）

选择第一条多线或 [放弃(U)]:（选择多线）

……

选择第一条多线或 [放弃(U)]: ↙

用同样方法继续进行多线编辑，结果如图 3-13 所示。

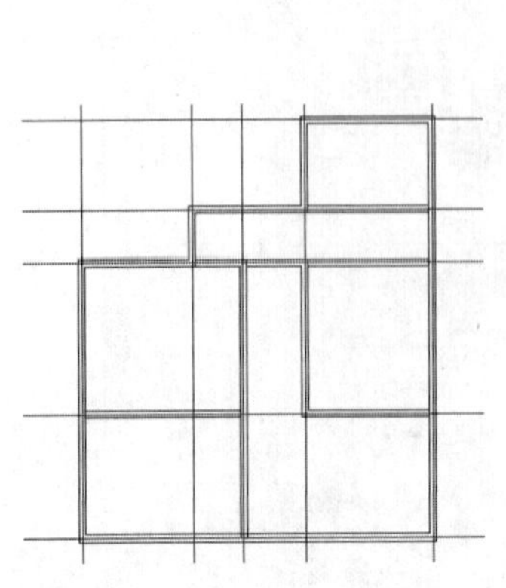

图 3-18　全部多线绘制结果

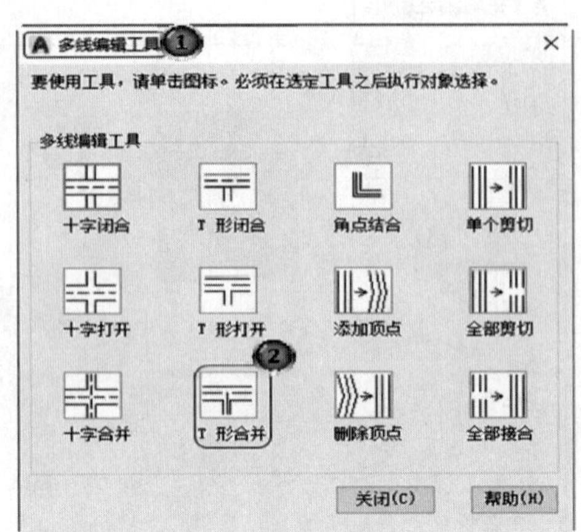

图 3-19　“多线编辑工具”对话框

3.4　面域

面域是具有边界的平面区域，内部可以包含孔。在 AutoCAD 中，用户可以将由某些对象围成的封闭区域转变为面域，这些封闭区域可以是圆、椭圆、封闭二维多段线和封闭的样条曲线等，也可以是由圆弧、直线、二维多段线和样条曲线等构成的封闭区域。

3.4.1　创建面域

1. 执行方式

命令行：REGION。

菜单栏：选择菜单栏中的“绘图”→“面域”命令。

工具栏：单击“绘图”工具栏中的“面域”按钮。

功能区：单击“默认”选项卡“绘图”面板中的“面域”按钮。

2. 操作格式

```
命令：REGION↙
选择对象：
```

选择对象后，系统自动将所选择的对象转换成面域。

3.4.2　面域的布尔运算

布尔运算是数学上的一种逻辑运算，用在 AutoCAD 绘图中，能够极大地提高绘图的效率。

需要注意的是，布尔运算的对象只包括实体和共面的面域，对于普通的线条图形对象无法使用布尔运算。通常的布尔运算包括并集、交集和差集 3 种，它们的操作方法类似。

1. 执行方式

命令行：UNION（并集）或 INTERSECT（交集）或 SUBTRACT（差集）。

菜单栏：选择菜单栏中的“修改”→“实体编辑”→“并集”（“交集”或“差集”）命令。

工具栏：单击“实体编辑”工具栏中的“并集”按钮（“差集”按钮或“交集”按钮）。

功能区：单击“三维工具”选项卡“实体编辑”面板中的“并集”按钮（ “交集”按钮或“差集”按钮）。

2．操作格式

```
命令：UNION（INTERSECT）↙
选择对象：
```

选择对象后，系统对所选择的面域做并集（交集）计算。

```
命令：SUBTRACT↙
选择要从中减去的实体、曲面和面域...
选择对象：（选择差集运算的主体对象）
选择对象：（右击结束）
选择要减去的实体、曲面和面域...
选择对象：（选择差集运算的参照体对象）
选择对象：（右击结束）
```

选择对象后，系统对所选择的面域做差集计算。运算逻辑是主体对象减去与参照体对象重叠的部分。布尔运算的结果如图 3-20 所示。

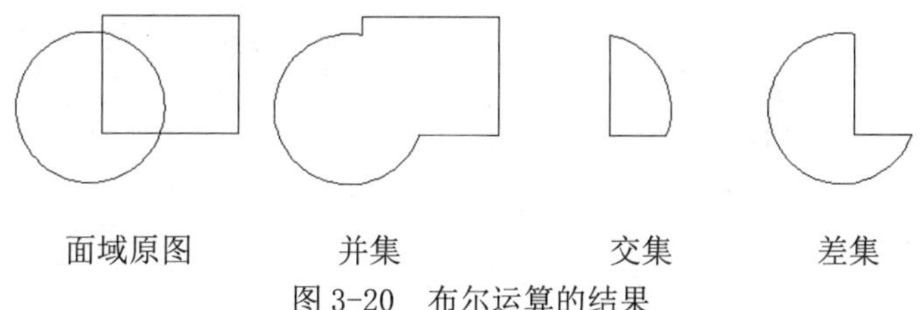

图 3-20　布尔运算的结果

3.4.3　实例——扳手

利用布尔运算绘制如图 3-21 所示的扳手。

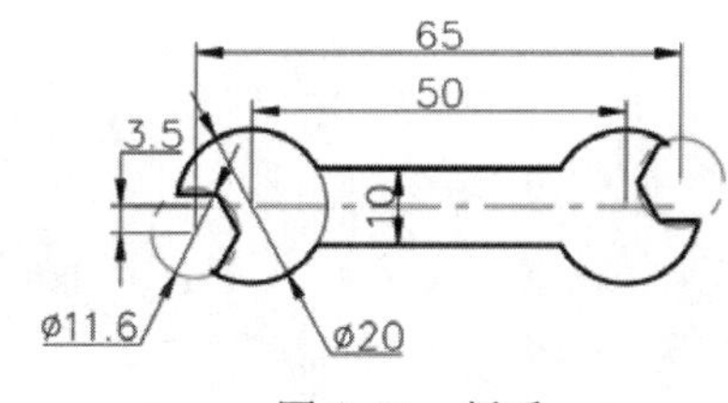

图 3-21　扳手

操作步骤

1）单击“默认”选项卡“绘图”面板中的“矩形”按钮，绘制矩形，两个角点的坐标为（50,50），（100,40），结果如图 3-22 所示。

2）单击“默认”选项卡“绘图”面板上的“圆”下拉菜单中的“圆心，半径”按钮，以点（50,45）为圆心， 10 为半径画圆，再以点（100,45）为圆心、10 为半径绘制另一个圆，结果如图 3-23 所示。

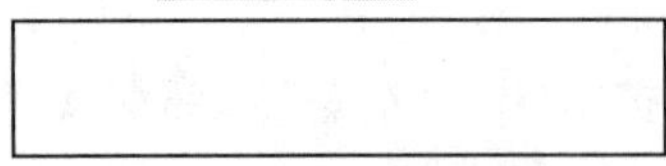

图 3-22 绘制矩形

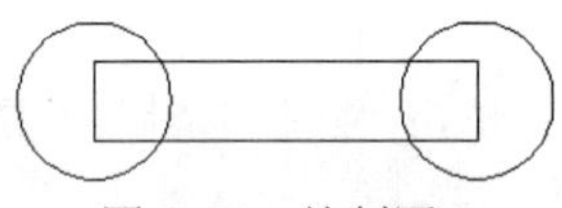

图 3-23 绘制圆

3)单击“默认”选项卡“绘图”面板中的“多边形”按钮，绘制正六边形。命令行提示与操作如下：

```
命令: _POLYGON
输入侧面数〈6〉:↙
指定正多边形的中心点或［边(E)］:42.5,41.5↙
输入选项［内接于圆(I)/外切于圆(C)］〈I〉:↙
指定圆的半径:5.8↙
```

同样，以点（107.4,48.2）为多边形中心，以 5.8 为内接圆半径，绘制另一个正六边形，结果如图 3-24 所示。

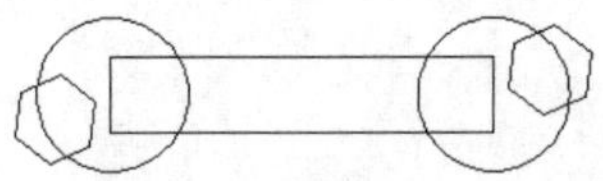

图 3-24 绘制正六边形

4）单击“默认”选项卡“绘图”面板中的“面域”按钮，将所有图形转换成面域。命令行提示与操作如下：

```
命令: _REGION
选择对象:（依次选择矩形、正六边形和圆）
……
找到 5 个
选择对象:↙
已提取 5 个环。
已创建 5 个面域。
```

5）在命令行中输入“UNION”命令，将矩形分别与两个圆进行并集处理。命令行提示与操作如下：

```
命令: UNION↙
选择对象:（选择矩形）
选择对象:（选择一个圆）
选择对象:（选择另一个圆）
选择对象: ↙
```

并集处理结果如图 3-25 所示。

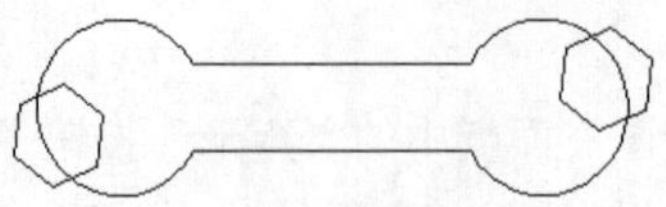

图 3-25 并集处理

6）在命令行中输入“SUBTRACT”命令，以并集对象为主体对象、正六边形为参照体，进行差集处理。命令行提示与操作如下：

命令：SUBTRACT ↙
选择要从中减去的实体、曲面和面域...
选择对象：(选择并集对象)
找到 1 个
选择对象：↙
选择要减去的实体、曲面和面域...
选择对象：(选择一个正六边形)
选择对象：(选择另一个正六边形)
选择对象：↙

结果如图 3-21 所示。

3.5 图案填充

当用户需要用一个重复的图案(pattern)填充一个区域时，可以使用“BHATCH”命令建立一个相关联的填充阴影对象，即所谓的图案填充。

3.5.1 基本概念

1. 图案边界

当进行图案填充时，首先要确定填充图案的边界。定义边界的对象只能是直线、双向射线、单向射线、多线、样条曲线、圆、圆弧、椭圆、椭圆弧、面域等对象或用这些对象定义的块，而且作为边界的对象在当前屏幕上必须全部可见。

2. 孤岛

在进行图案填充时，我们把位于总填充域内的封闭区域称为孤岛，如图 3-26 所示。在用BHATCH命令填充时，AutoCAD允许用户以选取点的方式确定填充边界，即在希望填充的区域内任意选取一点，AutoCAD 会自动确定填充边界，同时确定该边界内的岛。如果用户是以选取对象的方式确定填充边界，则必须确切地选取这些岛（有关知识将在 3.5.2 中介绍）。

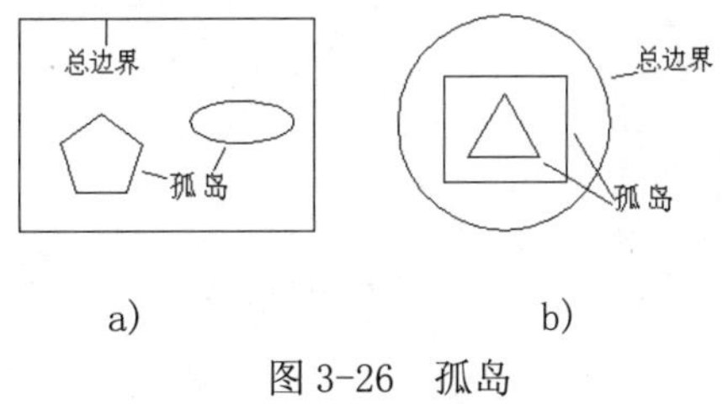

图 3-26　孤岛

3. 填充方式

在进行图案填充时，需要控制填充的范围，AutoCAD 系统为用户设置了以下 3 种填充方式来实现对填充范围的控制。

（1）普通方式　如图 3-27a 所示，该方式从边界开始，由每条填充线或每个填充符号的两端向里画，遇到内部对象与之相交时，填充线或符号断开，直到遇到下一次相交时再

继续画。采用这种方式时，要避免剖面线或符号与内部对象的相交次数为奇数。该方式为系统内部的默认方式。

（2）最外层方式　如图 3-27b 所示，该方式从边界向里画剖面符号，只要在边界内部与对象相交，剖面符号就由此断开，而不再继续画。

（3）忽略方式　如图 3-28 所示，该方式忽略边界内的对象，所有内部结构都被剖面符号覆盖。

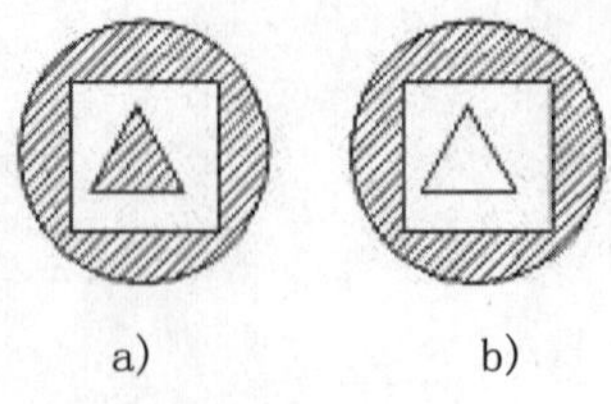

a)　　　　b)

图 3-27　填充方式

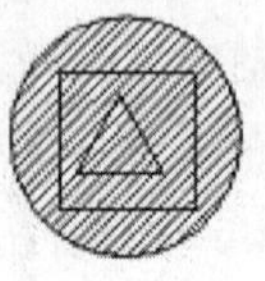

图 3-28　忽略方式

3.5.2　图案填充的操作

1. 执行方式

命令行：BHATCH（快捷命令：H）。

菜单栏：选择菜单栏中的“绘图”→“图案填充”命令。

工具栏：单击“绘图”工具栏中的“图案填充”按钮 。

功能区：单击“默认”选项卡“绘图”面板中的“图案填充”按钮。

2. 操作格式

执行上述命令后系统打开图 3-29 所示的“图案填充创建”选项卡，各面板中的按钮含义如下：

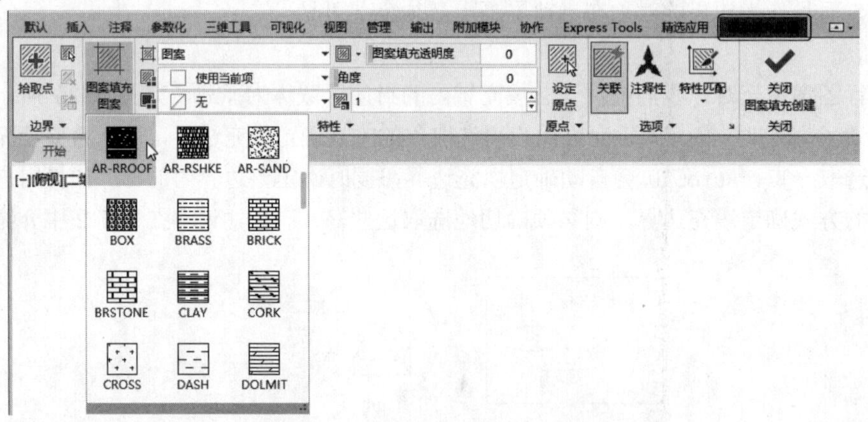

图 3-29　“图案填充创建”选项卡 1

（1）“边界”面板

1）拾取点：通过选择由一个或多个对象形成的封闭区域内的点，确定图案填充边界（见图 3-30）。指定内部点时，可以随时在绘图区域中单击鼠标右键来显示包含多个选项的快捷菜单。

2）选择边界对象：指定基于选定对象的图案填充边界。使用该选项时，不会自动检测内部对象，必须选择选定边界内的对象，以按照当前孤岛检测样式填充这些对象（见图 3-31）。

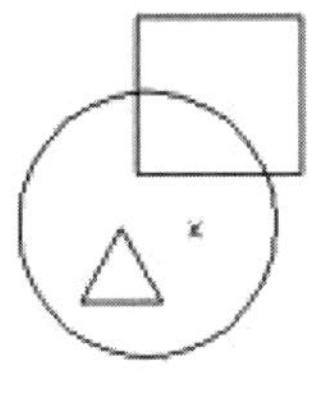
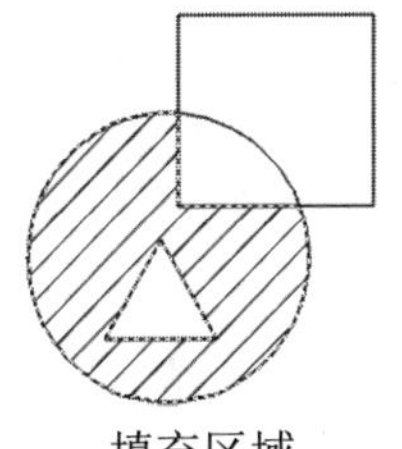
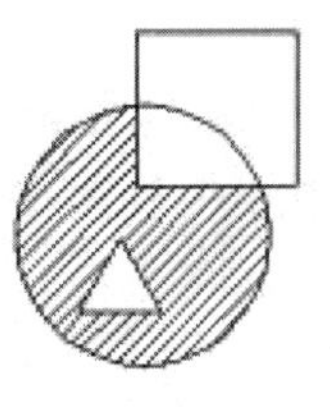

选择一点　　填充区域　　填充结果

图 3-30　边界确定

3）删除边界对象：从边界定义中删除之前添加的任何对象（见图 3-32）。

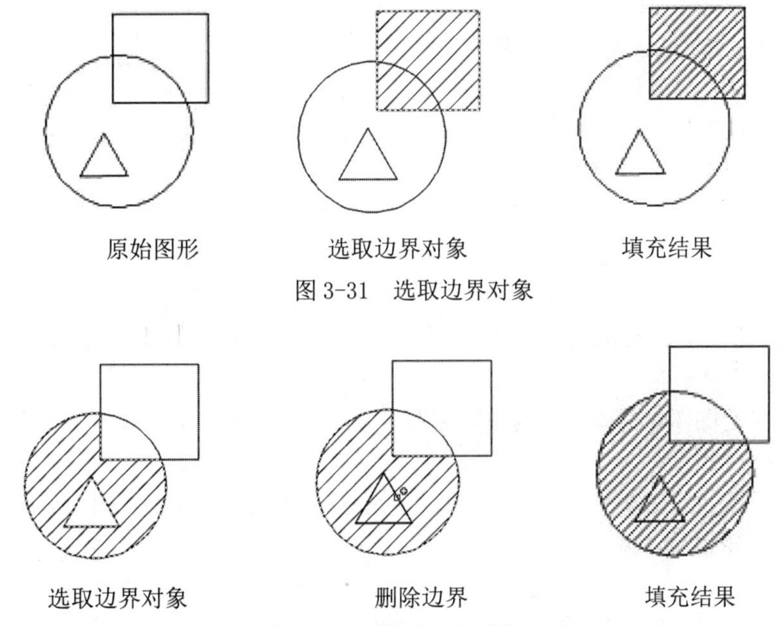

图 3-31　选取边界对象

图 3-32　删除“岛”后的边界

4）重新创建边界：围绕选定的图案填充或填充对象创建多段线或面域，并使其与图案填充对象相关联（可选）。

5）显示边界对象：选择构成选定关联图案填充对象的边界的对象，使用显示的夹点可修改图案填充边界。

6）保留边界对象：指定如何处理图案填充边界对象。选项包括：

①不保留边界。仅在图案填充创建期间可用，不创建独立的图案填充边界对象。

②保留边界-多段线。仅在图案填充创建期间可用，创建封闭图案填充对象的多段线。

③保留边界-面域。仅在图案填充创建期间可用，创建封闭图案填充对象的面域对象。

④选择新边界集。指定对象的有限集（称为边界集），以便通过创建图案填充时的拾取点进行计算。

（2）“图案”面板　显示所有预定义和自定义图案的预览图像。

（3）“特性”面板

1）图案填充类型：指定是使用纯色、渐变色、图案还是用户定义的方式填充。

2）图案填充颜色：替代实体填充和填充图案的当前颜色。

3）背景色：指定填充图案背景的颜色。

4）图案填充透明度：设定新图案填充或填充的透明度，替代当前对象的透明度。

5）图案填充角度：指定图案填充或填充的角度。

6）填充图案比例：放大或缩小预定义或自定义填充图案。

7）相对图纸空间（仅在布局中可用）：相对于图纸空间单位缩放填充图案。使用此选项，可很容易地做到以适用于布局的比例显示填充图案。

8）交叉线（仅当“图案填充类型”设定为“用户定义”时可用）：将绘制第二组直线，与原始直线成 90° 角，从而构成交叉线。

9）ISO 笔宽（仅对于预定义的 ISO 图案可用）：基于选定的笔宽缩放 ISO 图案。

（4）“原点”面板

1）设定原点：直接指定新的图案填充原点。

2）左下：将图案填充原点设定在图案填充边界矩形范围的左下角。

3）右下：将图案填充原点设定在图案填充边界矩形范围的右下角。

4）左上：将图案填充原点设定在图案填充边界矩形范围的左上角。

5）右上：将图案填充原点设定在图案填充边界矩形范围的右上角。

6）中心：将图案填充原点设定在图案填充边界矩形范围的中心。

7）使用当前原点：将图案填充原点设定在 HPORIGIN 系统变量中存储的默认位置。

8）存储为默认原点：将新图案填充原点的值存储在 HPORIGIN 系统变量中。

（5）“选项”面板

1）关联：指定图案填充或填充为关联图案填充。关联的图案填充或填充在用户修改其边界对象时将会更新。

2）注释性：指定图案填充为注释性。此特性会自动完成缩放注释过程，从而使注释能够以正确的大小在图纸上打印或显示。

3）特性匹配：

- 使用当前原点：使用选定图案填充对象（除图案填充原点外）设定图案填充的特性。
- 用源图案填充的原点：使用选定图案填充对象（包括图案填充原点）设定图案填充的特性。

4）允许的间隙：设定将对象用作图案填充边界时可以忽略的最大间隙。默认值为 0，此值指定对象必须封闭区域而没有间隙。

5）创建独立的图案填充：控制当指定了几个单独的闭合边界时，是创建单个图案填充对象，还是创建多个图案填充对象。

6）孤岛检测：

- 普通孤岛检测：从外部边界向内填充。如果遇到内部孤岛，填充将关闭，直到遇到孤岛中的另一个孤岛。
- 外部孤岛检测：从外部边界向内填充。此选项仅填充指定的区域，不会影响内部孤岛。
- 忽略孤岛检测：忽略所有内部的对象，填充图案时将通过这些对象。
- 无孤岛检测：关闭孤岛检测。

7）绘图次序：为图案填充或填充指定绘图次序。选项包括不更改、后置、前置、置于边界之后和置于边界之前。

（6）“关闭”面板

“关闭图案填充创建”：退出 HATCH 并关闭上下文选项卡。也可以按 Enter 键或 Esc 键退出 HATCH。

3.5.3 渐变色的操作

1. 执行方式

命令行：GRADIENT。

菜单栏：选择菜单栏中的“绘图”→“渐变色”命令。

工具栏：单击“绘图”工具栏中的“渐变色”按钮。

功能区：单击“默认”选项卡“绘图”面板中的“渐变色”按钮。

2. 操作格式

执行上述命令后系统打开图 3-33 所示的“图案填充创建”选项卡，各面板中的按钮含义与图案填充的类似，这里不再赘述。

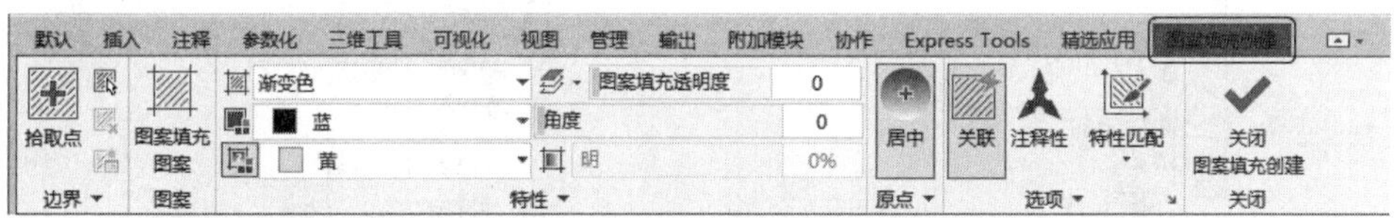

图 3-33 “图案填充创建”选项卡 2

3.5.4 边界的操作

1. 执行方式

命令行：BOUNDARY。

功能区：单击“默认”选项卡“绘图”面板中的“边界”按钮。

2. 操作格式

执行上述命令后系统打开图 3-34 所示的“边界创建”对话框，各选项的含义如下：

（1）拾取点　根据围绕指定点构成封闭区域的现有对象来确定边界。

（2）孤岛检测　控制 BOUNDARY 命令是否检测内部闭合边界，该边界称为孤岛。

（3）对象类型　控制新边界对象的类型。BOUNDARY 将边界作为面域或多段线对象创建。

（4）边界集　定义通过指定点定义边界时，BOUNDARY 要分析的对象集。

3.5.5 编辑填充的图案

利用 HATCHEDIT 命令可以编辑已经填充的图案。

1. 执行方式

命令行：HATCHEDIT（快捷命令：HE）。

菜单栏：选择菜单栏中的“修改”→“对象”→“图案填充”命令。

工具栏：单击“修改 II”工具栏中的“编辑图案填充”按钮。

功能区：单击“默认”选项卡“修改”面板中的“图案填充编辑”按钮。

快捷菜单：选中填充的图案右击，在打开的快捷菜单中选择“图案填充编辑”命令。（见图 3-35）

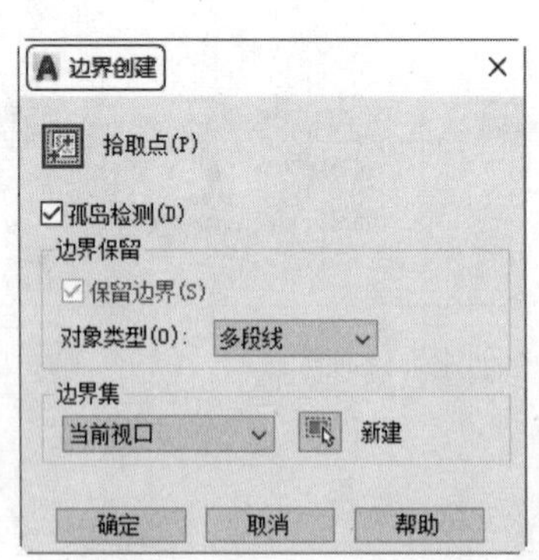

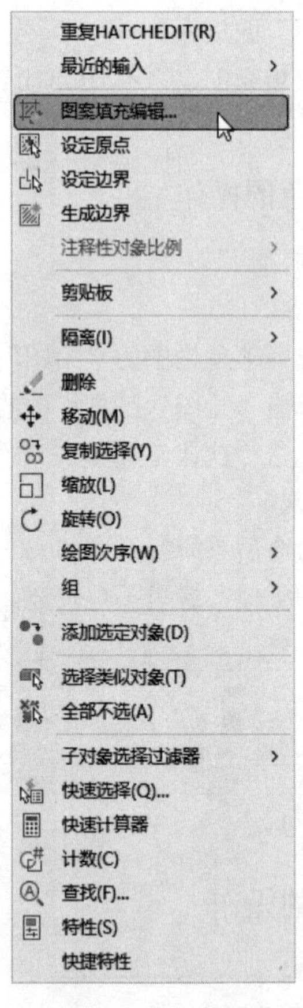

图 3-34　“边界创建”对话框　　　　图 3-35　快捷菜单

快捷方法：直接选择填充的图案，打开“图案填充编辑器”选项卡（见图 3-36）。

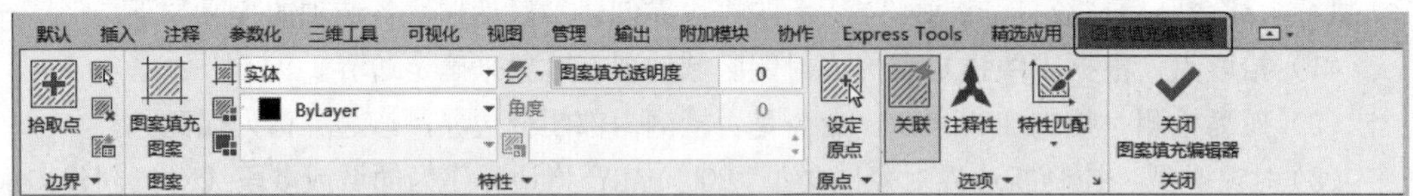

图 3-36　“图案填充编辑器”选项卡

2．操作格式

执行上述命令后，AutoCAD 会给出下面提示：

选择图案填充对象:

选取关联填充物体后，系统弹出如图 3-37 所示的“图案填充编辑”对话框。

只有正常显示的选项才可以对其进行操作。该对话框中各项的含义与图 3-36 所示的“图案填充编辑器”选项卡中各项的含义相同。在该对话框中可以对已弹出的图案进行一系列的编辑修改。

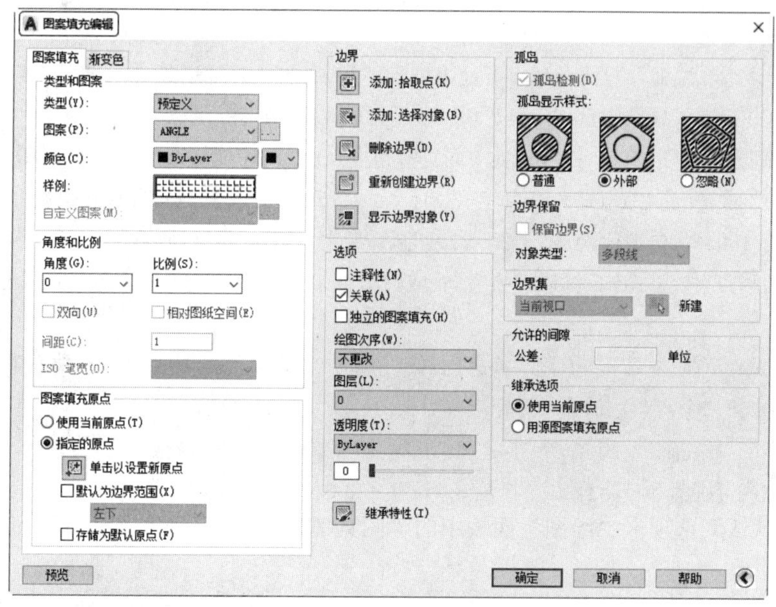

图 3-37 “图案填充编辑”对话框

3.5.6 实例——小屋

用所学二维绘图命令绘制图 3-38 所示的小屋。

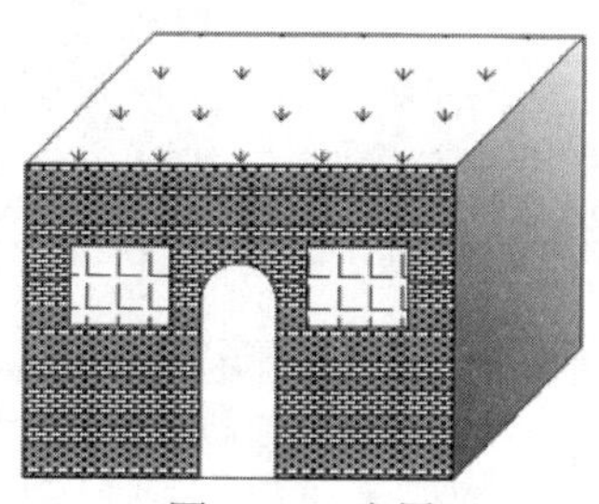

图 3-38 小屋

操作步骤

1）单击“默认”选项卡“绘图”面板中的“直线”按钮 和“矩形”按钮 ，绘制房屋外框。其中矩形的两个角点坐标为（210,160）和（400,25），连续直线的端点坐标为（210,160）、（@80<45）、（@190<0）、（@135<-90）和（400,25）。用同样方法绘制另一条直线，端点坐标分别是（400,160）和(@80<45)。

2）单击“默认”选项卡“绘图”面板中的“矩形”按钮 ，设置一个矩形的两个角点坐标为（230，125）和（275，90）。另一个矩形的两个角点坐标为（335，125）和（380，90），绘制窗户。

3）单击“默认”选项卡“绘图”面板中的“多段线”按钮 ，绘制门。命令行提示与操作如下：

```
命令：_PLINE
```

指定起点：288,25↙

当前线宽为 0.0000

指定下一个点或 [圆弧(A)/闭合(C)/半宽(H)/长度(L)/放弃(U)/宽度(W)]：288,76↙

指定下一点或 [圆弧(A)/闭合(C)/半宽(H)/长度(L)/放弃(U)/宽度(W)]：A↙

指定圆弧的端点(按住 Ctrl 键以切换方向)或[角度(A)/圆心(CE)/闭合(CL)/方向(D)/半宽(H)/直线(L)/半径(R)/第二个点(S)/放弃(U)/宽度(W)]：A↙（用给定圆弧的包角方式画圆弧）

指定夹角：-180↙（包角值为负，顺时针画圆弧；反之，则逆时针画圆弧）

指定圆弧的端点(按住 Ctrl 键以切换方向)或 [圆心(CE)/半径(R)]：322,76↙（给出圆弧端点的坐标值）

指定圆弧的端点(按住 Ctrl 键以切换方向)或[角度(A)/圆心(CE)/闭合(CL)/方向(D)/半宽(H)/直线(L)/半径(R)/第二个点(S)/放弃(U)/宽度(W)]：L↙

指定下一点或 [圆弧(A)/闭合(C)/半宽(H)/长度(L)/放弃(U)/宽度(W)]：@51<-90↙

指定下一点或 [圆弧(A)/闭合(C)/半宽(H)/长度(L)/放弃(U)/宽度(W)]：↙

4)单击“默认”选项卡“绘图”面板中的“图案填充”按钮，进行填充。命令行提示与操作如下：

命令：_HATCH

拾取内部点或 [选择对象(S)/放弃(U)/设置(T)]：正在选择所有对象...（单击“拾取点”按钮，如图 3-39 所示，设置填充图案为“GRASS”，填充比例为 1，用鼠标在屋顶内拾取一点，如图 3-40 所示的点 1）

正在选择所有可见对象...

正在分析所选数据...

正在分析内部孤岛...

拾取内部点或 [选择对象(S)/放弃(U)/设置(T)]：

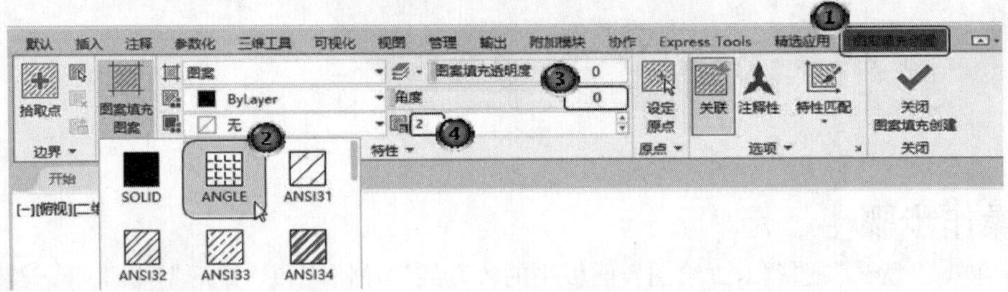

图 3-39 “图案填充创建”选项卡

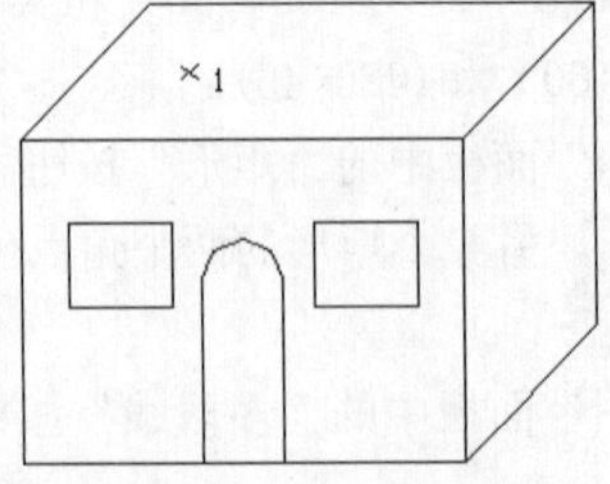

图 3-40 绘制步骤（一）

5）同样，单击“默认”选项卡“绘图”面板中的“图案填充”按钮，①打开“图案

填充创建”选项卡，❷选择“ANGLE”图案为预定义图案，❸设置图案填充角度为 0，❹设置填充图案比例为 2，拾取如图 3-41 所示的点 2、3 填充窗户，结果如图 3-42 所示。

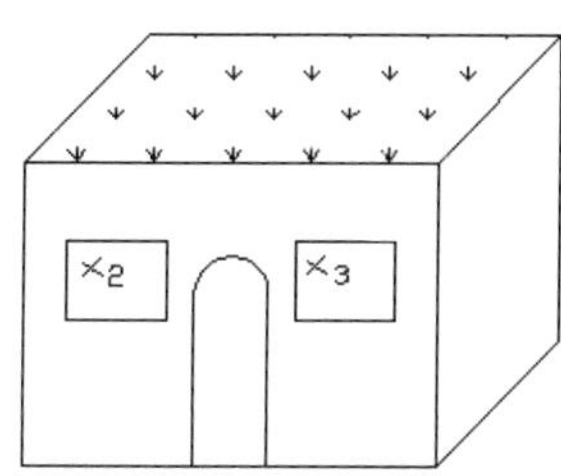

图 3-41　绘制步骤（二）

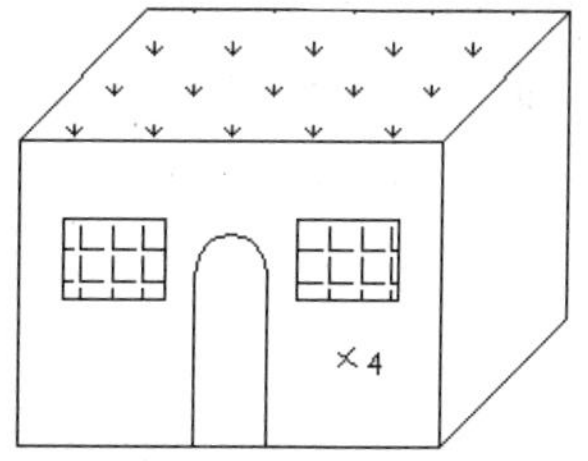

图 3-42　绘制步骤（三）

6）单击“默认”选项卡“绘图”面板中的“渐变色”按钮，打开“图案填充创建”选项卡，按照图 3-43 所示进行设置，拾取如图 3-44 所示的点 5 填充小屋前面的砖墙，结果如图 3-38 所示。

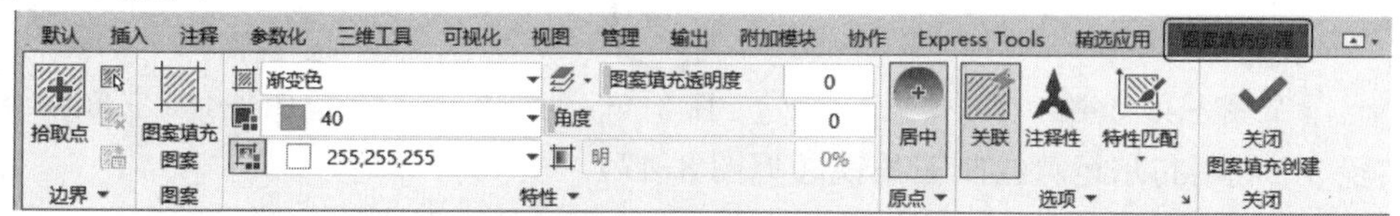

图 3-43　“图案填充创建”选项卡

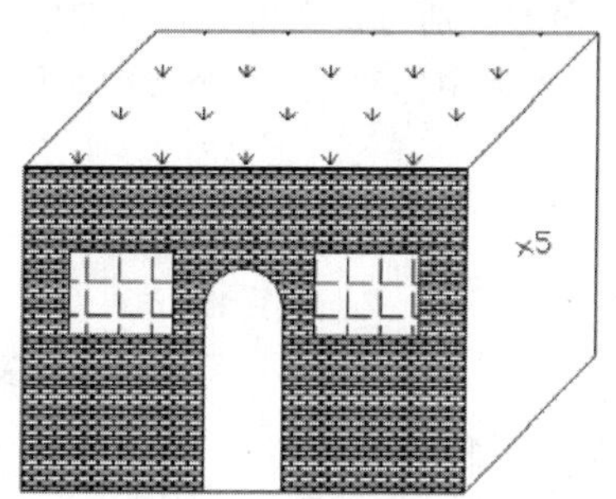

图 3-44　绘制步骤（四）

3.6　上机实验

本节将通过几个上机实验使读者进一步掌握本章的知识要点。

实验 1　绘制浴缸（见图 3-45）

操作提示：

1）利用“多段线”命令绘制浴缸外沿。

2）利用“椭圆”命令绘制缸底。

实验 2　绘制雨伞（见图 3-46）

操作提示：

1）利用“圆弧”命令绘制伞的外框。

2）利用“样条曲线”命令绘制伞的底边。

3）利用“圆弧”命令绘制伞面。

4）利用“多段线”命令绘制伞顶和伞把。

操作提示：

1）利用“多边形”和“圆”命令绘制初步轮廓。

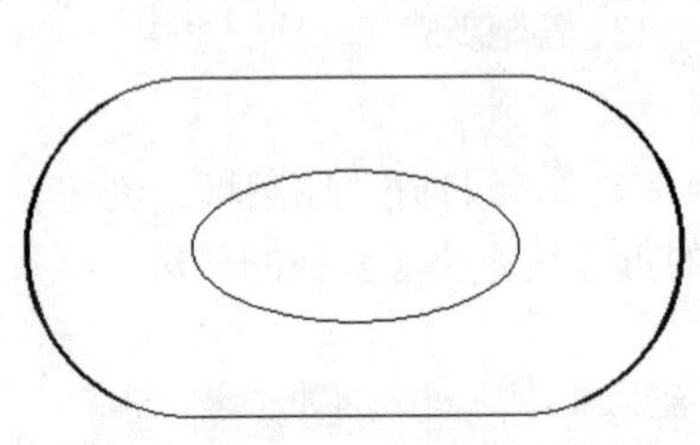

图 3-45 浴缸

图 3-46 雨伞

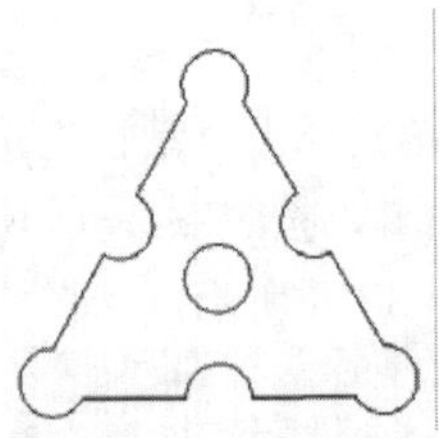

图 3-47 三角铁

实验 3 利用布尔运算绘制三角铁（见图 3-47）

2）利用“面域”命令将三角形以及其边上的 6 个圆转换成面域。

3）利用“并集”命令将正三角形分别与 3 个角上的圆进行并集处理。

4）利用“差集”命令，以三角形为主体对象，3 个边中间位置的圆为参照体，进行差集处理。

实验 4 绘制滚花零件（见图 3-48）

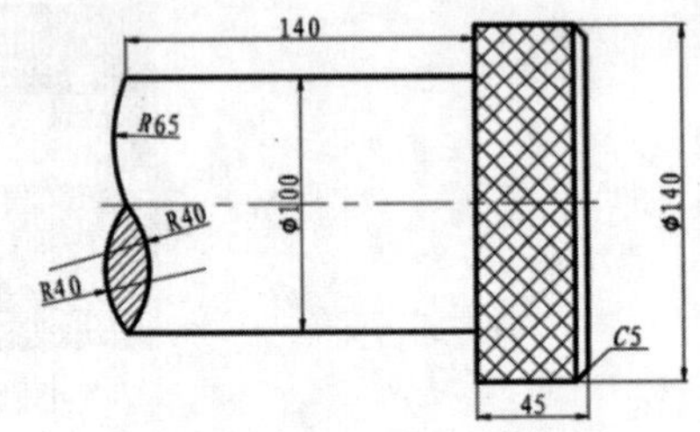

图 3-48 滚花零件

操作提示：

1）用“直线”命令绘制零件主体部分。

2）用“圆弧”命令绘制零件断开部分示意线。

3）利用“图案填充”命令填充断面。

4）绘制滚花表面。注意选择图案填充类型为用户定义，并单击“交叉线”按钮▩。

3.7 思考与练习

本节将通过几个思考练习题使读者进一步掌握本章的知识要点。

1. 可以有宽度的线有：

（1）构造线 （2）多段线 （3）多线 （4）射线

2. 可以用 FILL 命令进行填充的图形有：

（1）区域填充 （2）多段线 （3）圆环 （4）多边形

3. 下面的命令能绘制出线段或类线段图形的有：

（1）LINE　（2）REGION　（3）PLINE　（4）ARC

4. 动手试操作一下，进行图案填充时，下面图案类型中需要同时指定角度和比例的有：

（1）预先定义　（2）用户定义　（3）实体

5. 绘制如图 3-49 所示的五环旗图形。

6. 利用多线命令绘制如图 3-50 所示的道路交通网。

7. 绘制如图 3-51 所示的图形。

图 3-49　五环旗

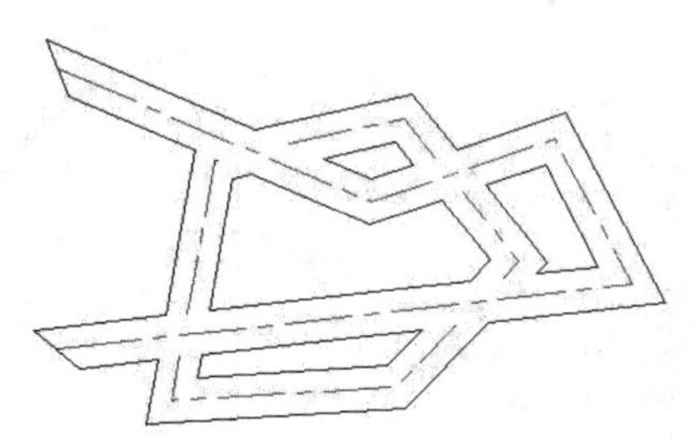

图 3-50　道路交通网

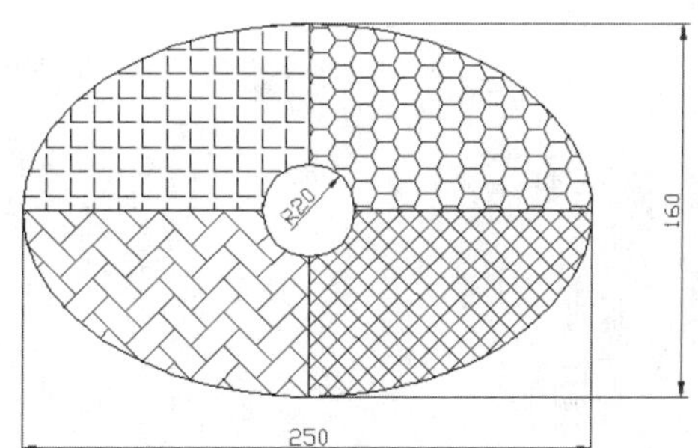

图 3-51　题 7 图

第 4 章 图层设置与精确定位

为了快捷准确地绘制图形和方便高效地管理图形，AutoCAD 提供了多种辅助的绘图工具，如对象选择工具、图层管理器、精确定位工具等。利用这些工具，不仅可以方便、迅速、准确地进行图形的绘制和编辑，而且可提高工作效率，而且能更好地保证图形的质量。

本章主要介绍了图层设置和精确定位工具，还介绍对象捕捉、追踪和约束。

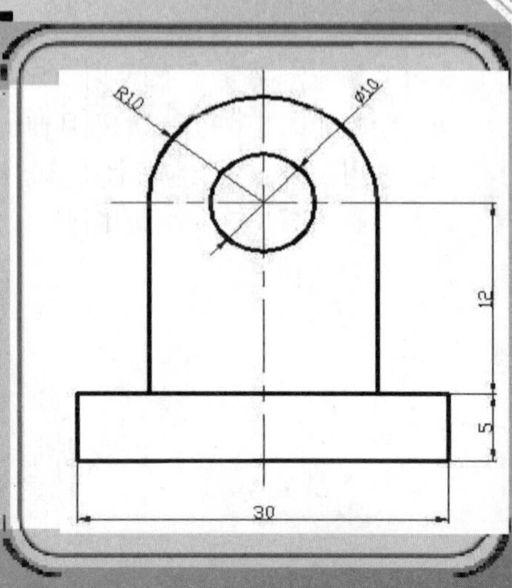

- 图层设置
- 精确定位工具
- 对象捕捉
- 对象追踪
- 对象约束

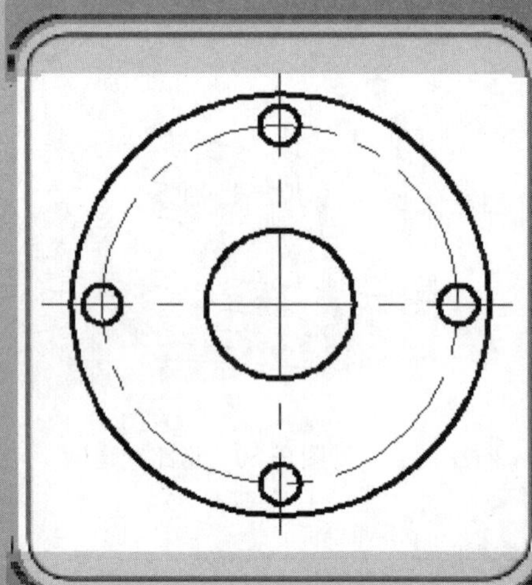

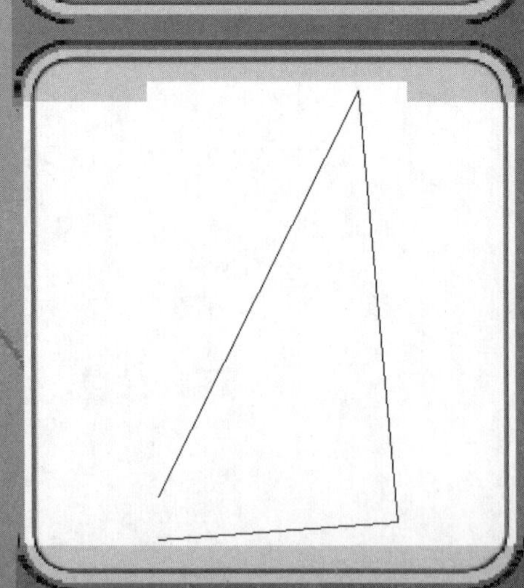

图层设置与精确定位 04

4.1 图层设置

图层的概念类似投影片。将不同属性的对象分别画在不同的图层上，如将图形的主要线段、中心线、尺寸标注等分别画在不同的图层上（每个图层可设定不同的线型、线条颜色），然后把不同的图层叠加在一起就成为一张完整的视图。这样做可使视图层次分明有条理，方便图形对象的编辑与管理。一个完整的图形就是它所包含的所有图层上的对象叠加在一起，如图 4-1 所示。

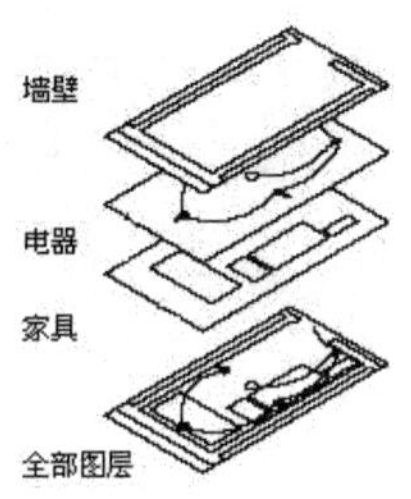

图 4-1　图层效果

4.1.1　设置图层

在用图层功能绘图之前，首先要对图层的各项特性进行设置，包括建立和命名图层、设置当前图层、图层的颜色和线型，设置图层是否关闭、是否冻结、是否锁定以及是否删除等。

1. 利用对话框设置图层

AutoCAD 2022 提供了详细直观的“图层特性管理器”对话框，用户可以方便地通过对该对话框中的各选项及其二级对话框进行设置，来实现建立新图层、设置图层颜色及线型等各种操作。

（1）执行方式

命令行：LAYER。

菜单栏：选择菜单栏中的“格式”→“图层”命令。

工具栏：单击“图层”工具栏中的“图层特性管理器”按钮。

功能区：单击“默认”选项卡“图层”面板中的“图层特性”按钮或单击“视图”选项卡“选项板”面板中的“图层特性”按钮。

（2）操作格式

命令：LAYER↙

执行上述命令后，系统打开如图 4-2 所示的“图层特性管理器”对话框。

（3）选项说明。

1）“新建特性过滤器”按钮：单击该按钮，打开如图 4-3 所示的“图层过滤器特性”对话框，从中可以基于一个或多个图层特性创建图层过滤器。

2）“新建组过滤器”按钮：用于创建一个图层过滤器，其中包含用户选定并添加到该过滤器的图层。

3）“图层状态管理器”按钮：单击该按钮，打开如图 4-4 所示的“图层状态管理器”

对话框，从中可以将图层的当前特性设置保存到命名图层状态中，以后可以再恢复这些设置。

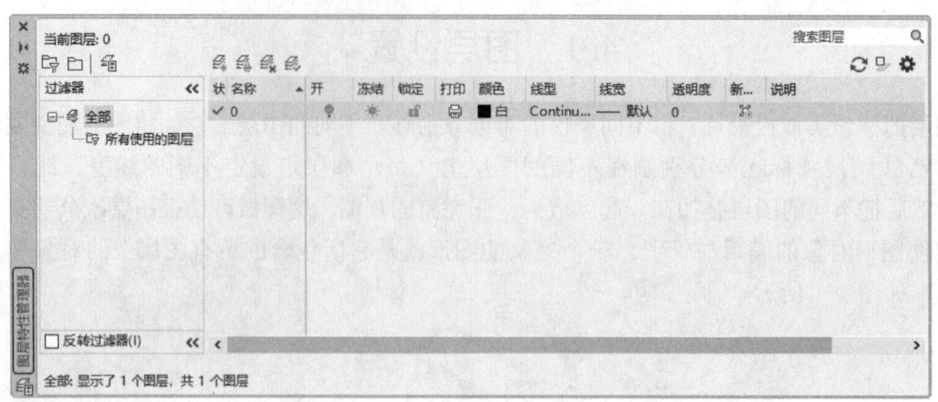

图 4-2 “图层特性管理器”对话框

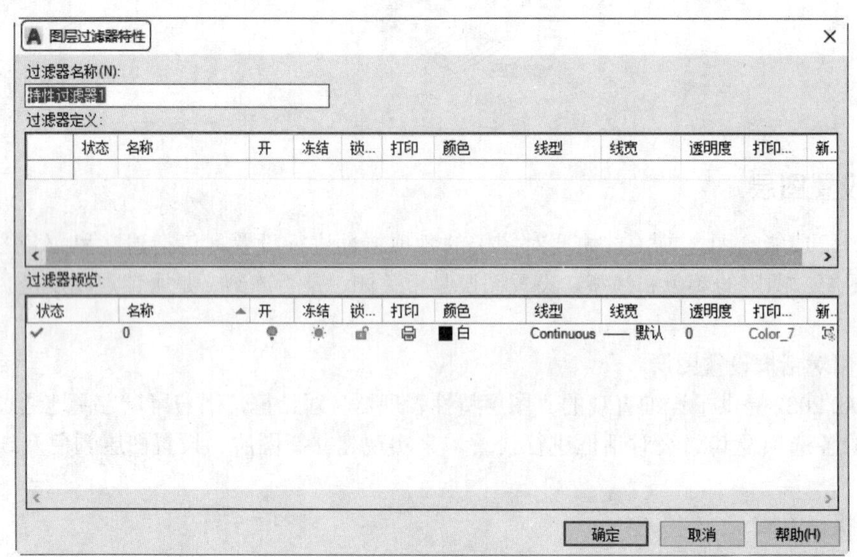

图 4-3 “图层过滤器特性”对话框

4）“新建图层”按钮：用于建立新图层。单击此按钮，图层列表中将出现一个新的图层名字“图层 1”，用户可使用此名字，也可改名。要想同时产生多个图层，可选中一个图层名后输入多个名字，各名字之间以逗号隔开。AutoCAD 2022 支持长达 255 个字符的图层名字，图层的名字可以包含字母、数字、空格和特殊符号。新的图层会继承建立新图层时所选中的已有图层的所有特性（颜色、线型、ON/OFF 状态等），如果新建图层时没有图层被选中，则新图层具有默认的设置。

5）“删除图层”按钮：用于删除所选图层。在图层列表中选中某一图层，然后单击此按钮，可把该图层删除。

6）“置为当前”按钮：用于设置当前图层。在图层列表中选中某一图层，然后单击此按钮，可把该图层设置为当前图层，并在“当前图层”一栏中显示其名称。当前图层的名称存储在系统变量 CLAYER 中。另外，双击图层名也可把该图层设置为当前图层。

7）“搜索图层”文本框：输入字符时，按名称快速过滤图层列表。关闭图层特性管理器时不保存此过滤器。

8）“反转过滤器”复选框：勾选此复选框，显示所有不满足选定图层特性过滤器中条件的图层。

9）图层列表区：显示已有的图层及其特性。要修改某一图层的某一特性，单击它所对应的图标即可。右击空白区域，在弹出的快捷菜单中可快速选中所有图层。列表区中各列选项含义如下：

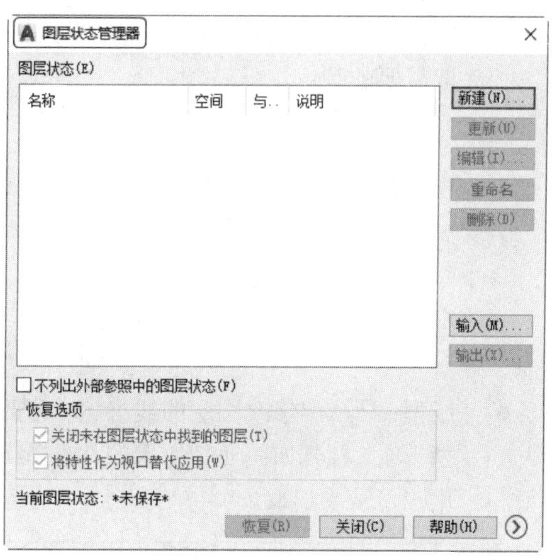

图 4-4 “图层状态管理器”对话框

- 名称：显示满足条件的图层的名称。如果要对某图层进行修改，首先要选中该图层，使其反显。
- 状态转换图标：在“图层特性管理器”对话框的“名称”栏中有一列图标，移动鼠标到图标上单击，可以打开或关闭该图标所代表的功能，或在详细数据区中勾选或取消勾选关闭（ / ）、锁定（ / ）、在所有视口内冻结（ / ）及不打印（ / ）等选项，各图标功能说明见表 4-1。

表 4-1 图标功能说明

图标	名称	功能说明
/	打开 / 关闭	将图层设定为打开或关闭状态。当处在关闭状态时，该图层上的所有对象将隐藏不显示，只有打开状态的图层会在屏幕上显示或可由打印机打印出来。因此，绘制复杂的视图时，先将不编辑的图层暂时关闭，可降低图形的复杂性。图 4-5 所示为尺寸标注图层打开和关闭的情形
/	解冻 / 冻结	将图层设定为解冻或冻结状态。当图层处在冻结状态时，该图层上的对象均不会显示在屏幕上，也不能由打印机打印，而且不会执行重生（REGEN）、缩放（ROOM）、平移（PAN）等命令的操作，因此若将视图中不编辑的图层暂时冻结，可加快执行绘图编辑的速度。而 / （打开 / 关闭）功能只是单纯将对象隐藏，因此并不会加快执行速度。当前图层不能被冻结
/	解锁 / 锁定	将图层设定为解锁或锁定状态。被锁定的图层仍然显示在画面上，但不能以编辑命令修改被锁定的对象，只能绘制新的对象，这样可防止重要的图形被修改
/	打印 / 不打印	设定该图层是否可以打印图形
/	新视口冻结	在新布局视口中冻结选定图层。例如，在所有新视口中冻结 DIMENSIONS 图层，将在所有新创建的布局视口中限制该图层上的标注显示，但不会影响现有视口中的 DIMENSIONS 图层。如果以后创建了需要标注的视口，则可以通过更改当前视口设置来替代默认设置

- 颜色：显示和改变图层的颜色。如果要改变某一图层的颜色，单击其对应的颜色图标，AutoCAD 2022 将打开如图 4-6 所示的“选择颜色”对话框，用户可从中选取需要的颜色。

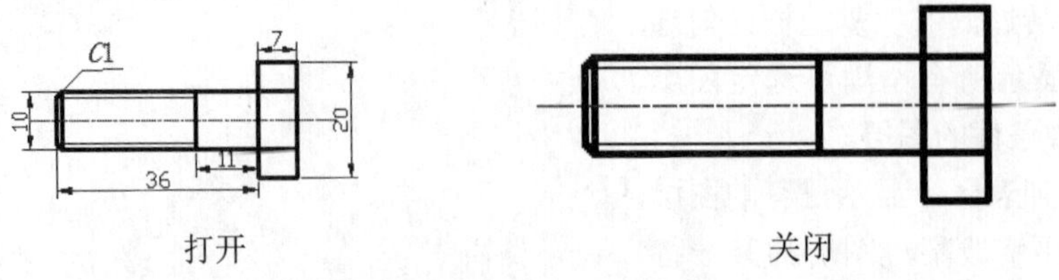

图 4-5　打开或关闭尺寸标注图层

- 线型：显示和修改图层的线型。如果要修改某一图层的线型，可单击该图层的“线型”项，打开如图 4-7 所示的“选择线型”对话框，其中列出了当前可用的线型，用户可从中选取。

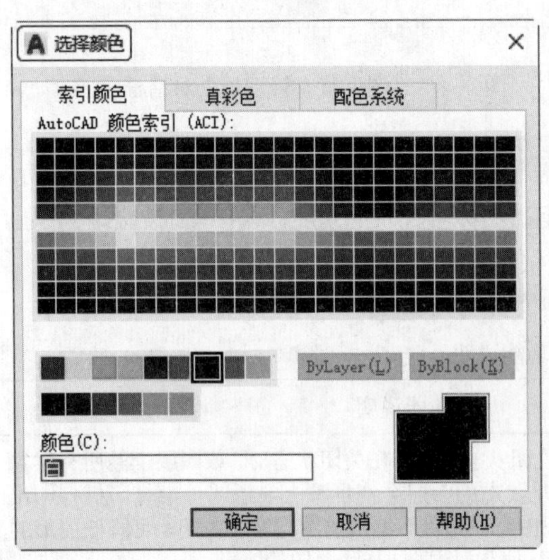

图 4-6　“选择颜色”对话框

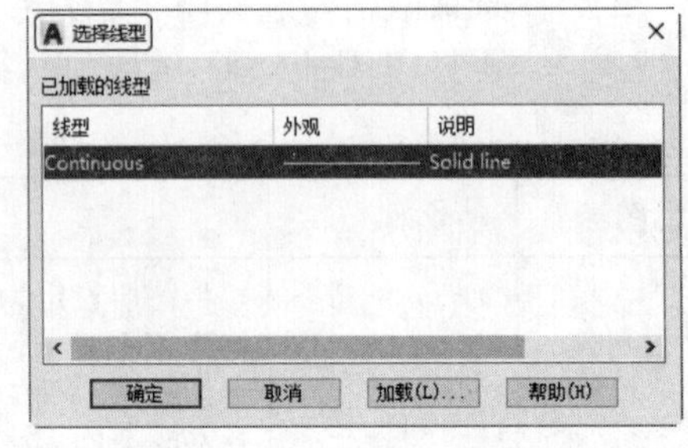

图 4-7　“选择线型”对话框

- 线宽：显示和修改图层的线宽。如果要修改某一图层的线宽，可单击该图层的“线宽”项，打开如图 4-8 所示的“线宽”对话框，其中列出了 AutoCAD 设定的线宽，用户可从中选取。
- 打印样式：修改图层的打印样式。所谓打印样式是指打印图形时各项属性的设置。

2. 利用功能区设置图层

AutoCAD 提供了一个“特性”面板，如图 4-9 所示。用户能够控制和使用面板上的图标快速地察看和改变所选对象的图层、颜色、线型和线宽等特性。“特性”面板上的图层颜色、线型、线宽和打印样式增强了察看和编辑对象属性命令。在绘图屏幕上选择任何对象都将在面板上自动显示它所在图层、颜色、线型等属性。

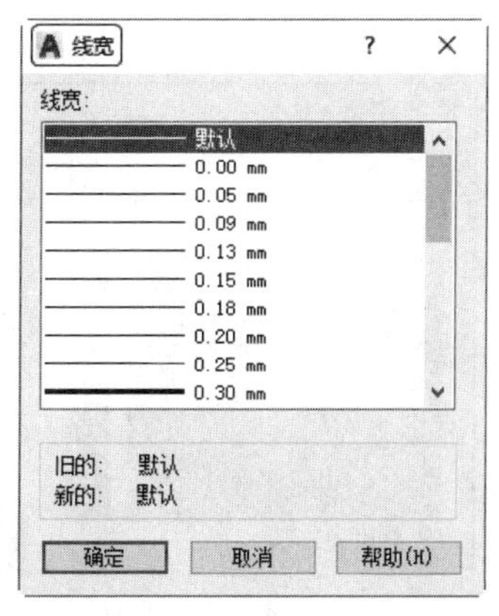

图 4-8 “线宽”对话框

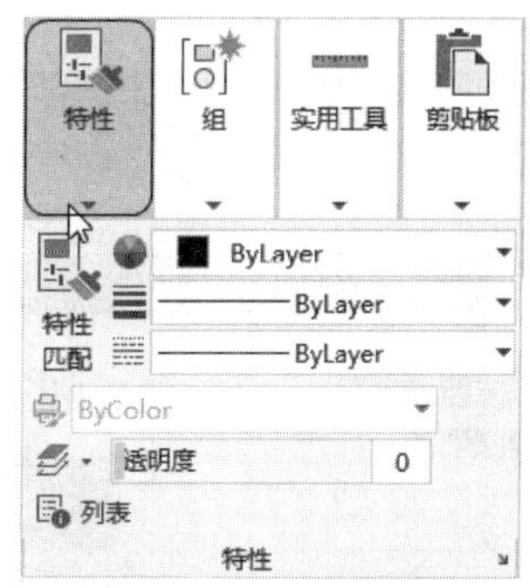

图 4-9 “特性”面板

4.1.2 颜色的设置

AutoCAD 绘制的图形对象都具有一定的颜色，为使绘制的图形清晰明了，可把同一类的图形对象用相同的颜色绘制，而使不同类的对象具有不同的颜色以示区分。为此，需要适当地对颜色进行设置。AutoCAD 允许用户为图层设置颜色，为新建的图形对象设置当前颜色，还可以改变已有图形对象的颜色。

1. 执行方式

命令行：COLOR。

菜单栏：选择菜单栏中的“格式”→“颜色”命令。

功能区：单击“默认”选项卡❶“特性”面板上的❷“对象颜色”下拉菜单中的❸“更多颜色”按钮（见图 4-10）。

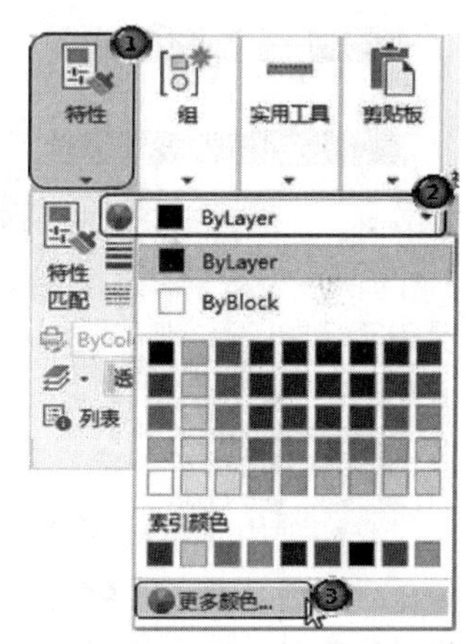

图 4-10 “对象颜色”下拉菜单

2. 操作格式

命令：COLOR↙

在命令行输入 COLOR 命令后按 Enter 键，AutoCAD 打开如图 4-6 所示的“选择颜色”对话框。也可在图层操作中打开此对话框，具体方法在 4.1.1 节已讲述。

3. 选项说明

（1）“索引颜色”选项卡　打开此选项卡，可以在系统所提供的 255 颜色索引表中选择所需要的颜色，如图 4-11 所示。

（2）“真彩色”选项卡　打开此选项卡，可以选择需要的任意颜色，如图 4-12 所示。

在此选项卡的右边，有一个“颜色模式”下拉列表框，默认的颜色模式为 HSL 模式，即如图 4-12 所示。如果选择 RGB 模式，则打开的选项卡如图 4-13 所示，在该模式下选择颜色的方式与 HSL 模式下类似。

（3）“配色系统”选项卡　打开此选项卡，可以从标准配色系统（如 Pantone）中选择预定义的颜色，如图 4-14 所示。

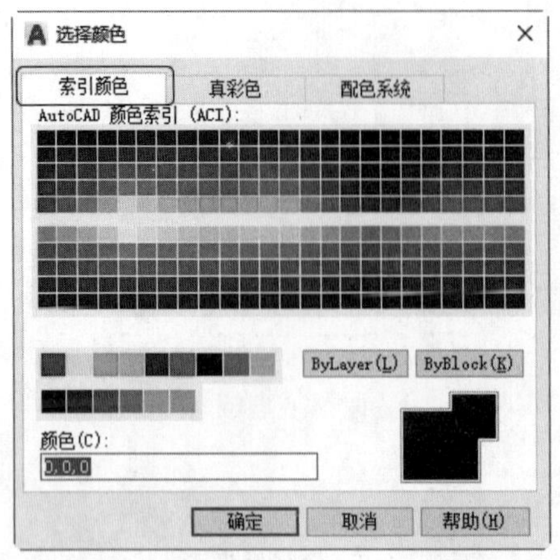

图 4-11 “索引颜色”选项卡

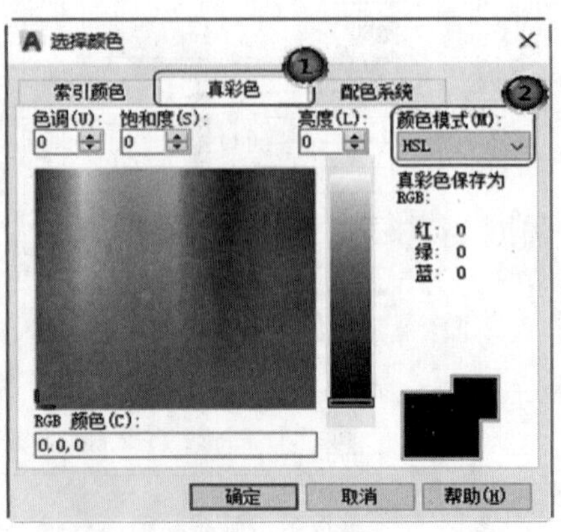

图 4-12 “真彩色”选项卡

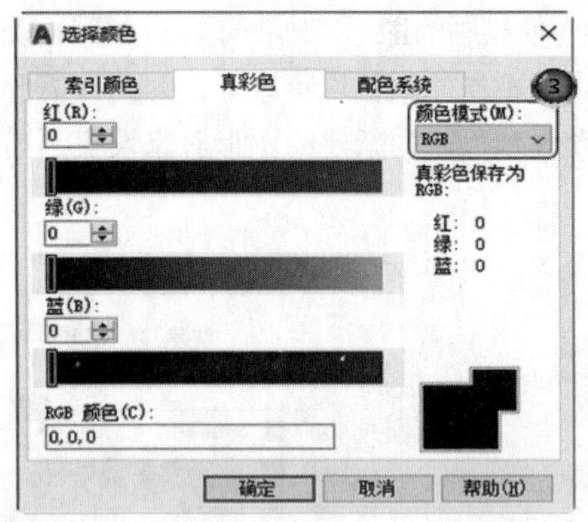

图 4-13 RGB 模式

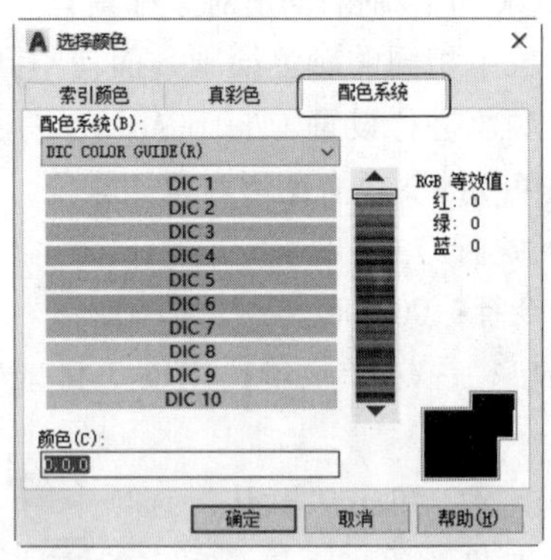

图 4-14 “配色系统”选项卡

4.1.3 图层的线型

在国家标准中对机械图样中使用的各种图线的名称、线型、线宽以及在图样中的应用做了规定，见表 4-2，其中常用的图线有 4 种，即粗实线、细实线、虚线、细点画线。图线分为粗、细两种，粗线的宽度 b 应按图样的大小和图形的复杂程度，在 0.5～2mm 之间选择，细线的宽度约为 b/2。

1. 在“图层特性管理器”中设置线型

按照 4.1.1 节讲述的方法，打开“图层特性管理器”对话框，如图 4-2 所示。在图层列表的“线型”栏中单击线型名，❶系统打开“选择线型”对话框，如图 4-15 所示。❷单击“加载”按钮，❸系统打开“加载或重载线型”对话框，如图 4-16 所示。

2. 直接设置线型

用户也可以直接设置线型。

命令行：LINETYPE。

功能区：单击“默认”选项卡❶“特性”面板上的“线型”下拉菜单中的❷“其他”按钮其他...（见图 4-17）。

表 4-2　图线的线型及主要用途

图线名称	线　型	线 宽	主要用途
粗实线		b	可见轮廓线、可见过渡线
细实线		约 $b/2$	尺寸线、尺寸界线、剖面线、引出线、弯折线、牙底线、齿根线、辅助线等
细点画线		约 $b/2$	轴线、对称中心线、齿轮节线等
虚线		约 $b/2$	不可见轮廓线、不可见过渡线
波浪线		约 $b/2$	断裂处的边界线、剖视与视图的分界线
双折线		约 $b/2$	断裂处的边界线
粗点画线		b	有特殊要求的线或面的表示线
双点画线		约 $b/2$	相邻辅助零件的轮廓线、极限位置的轮廓线、假想投影的轮廓线

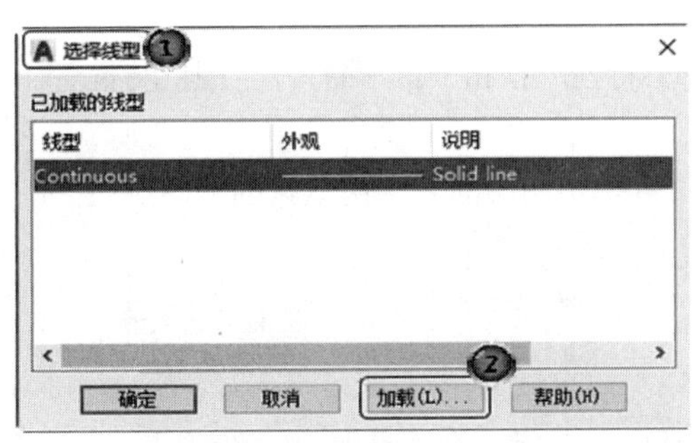

图 4-15　“选择线型”对话框

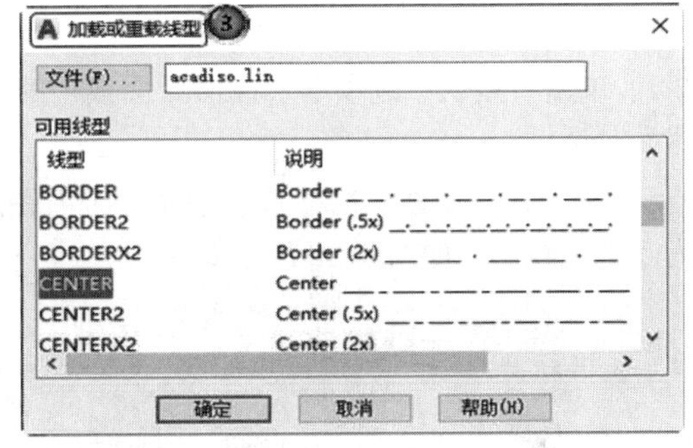

图 4-16　“加载或重载线型”对话框

执行上述命令后，系统打开“线型管理器”对话框，如图 4-18 所示。

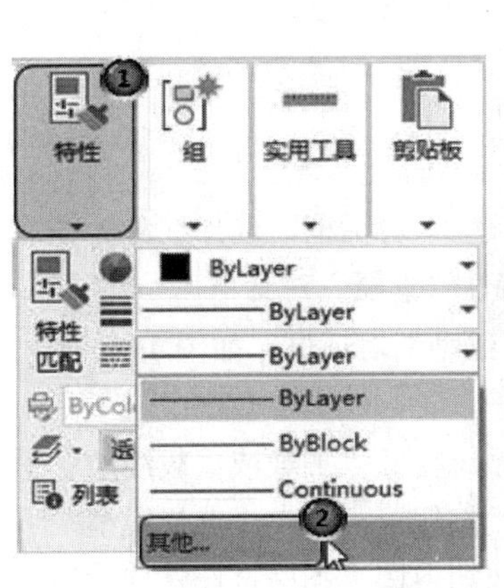

图 4-17　“线型”下拉菜单

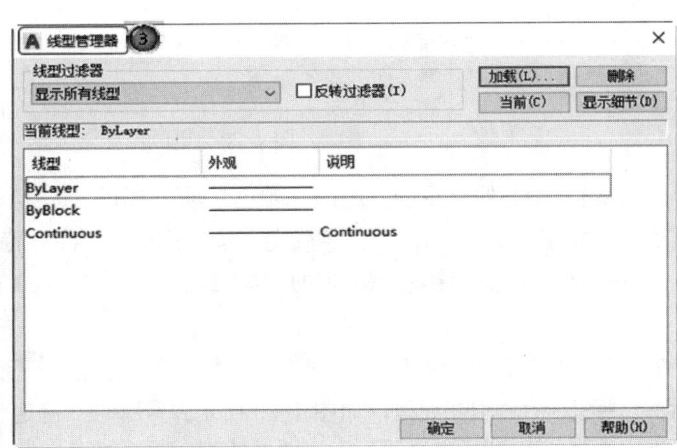

图 4-18　“线型管理器”对话框

4.1.4 实例——机械零件图

使用图层命令绘制图 4-19 所示的机械零件图。

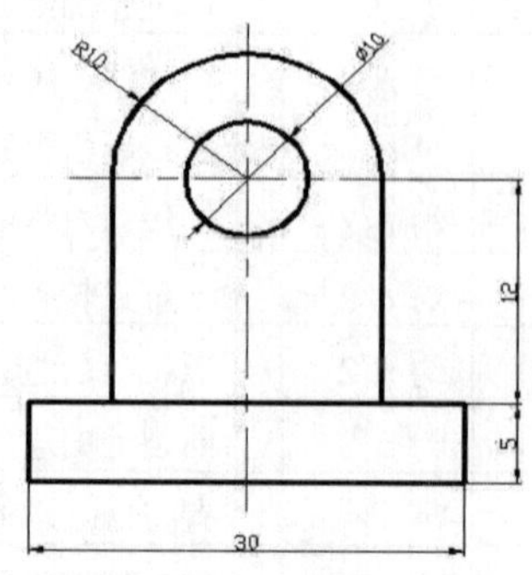

图 4-19 机械零件图

操作步骤

1）单击“默认”选项卡“图层”面板中的“图层特性”按钮，❶打开“图层特性管理器”对话框。

2）❷单击“新建图层”按钮创建一个新图层，❸把该图层的名字由默认的“图层 1”改为“中心线”，如图 4-20 所示。

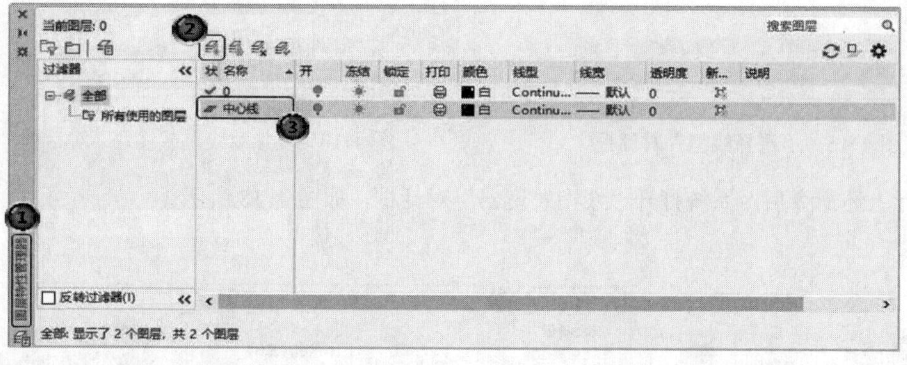

图 4-20 更改图层名

3）单击“中心线”图层对应的“颜色”项，打开“选择颜色”对话框，选择红色为该图层颜色，如图 4-21 所示。单击“确定”按钮，返回“图层特性管理器”对话框。

4）单击“中心线”图层对应的“线型”项，❶打开“选择线型”对话框，如图 4-22 所示。

5）在“选择线型”对话框中，❷单击“加载”按钮，❸系统打开“加载或重载线型”对话框，❹选择 CENTER 线型，如图 4-23 所示。❺单击“确定”按钮退出。在“选择线型”对话框中选择 CENTER（中心线）为该图层线型，单击“确定”按钮返回“图层特性管理器”对话框。

6）单击“中心线”图层对应的“线宽”项，❶打开“线宽”对话框，❷选择 0.09mm

线宽，如图 4-24 所示。❸单击“确定”按钮退出。

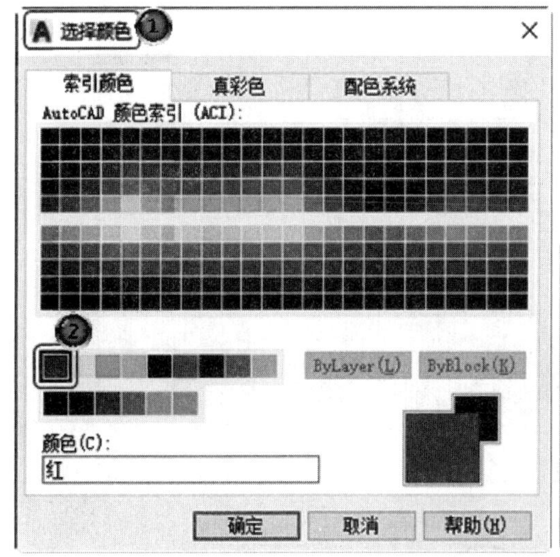

图 4-21　“选择颜色”对话框

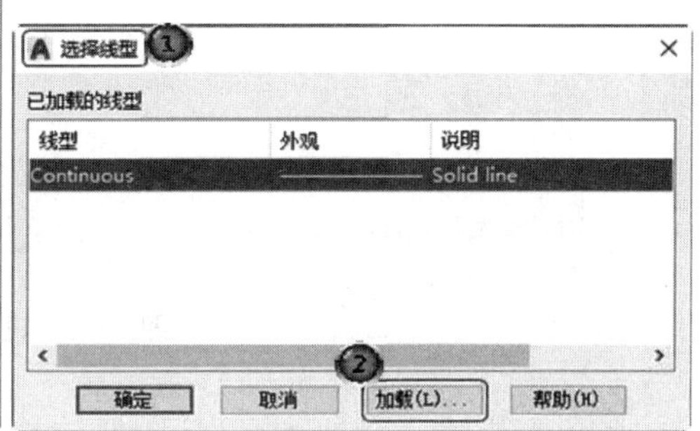

图 4-22　“选择线型”对话框

7）用相同的方法再建立两个新图层，分别命名为“轮廓线”和“尺寸线”。 设置“轮廓线”图层的颜色为白色，线型为 Continuous（实线），线宽为 0.30mm；设置“尺寸线”图层的颜色为蓝色，线型为 Continuous，线宽为 0.09mm。然后设置 3 个图层均处于打开、解冻和解锁状态，如图 4-25 所示。

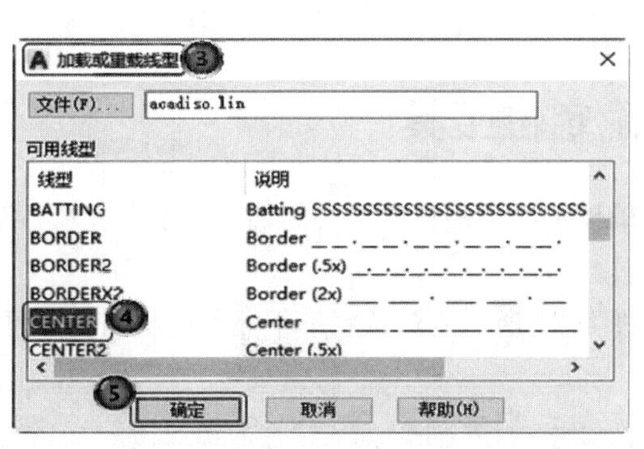

图 4-23　“加载或重载线型”对话框

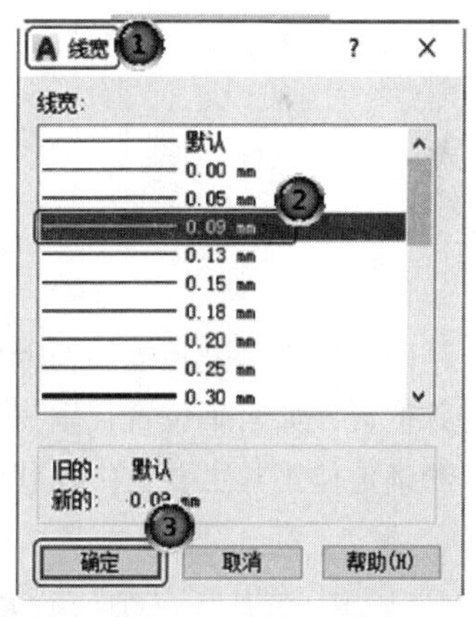

图 4-24　“线宽”对话框

8）选中“中心线”图层，单击“置为当前”按钮，将其设置为当前图层，然后确认关闭“图层特性管理器”对话框。

9）在当前图层“中心线”图层上绘制两条中心线，如图 4-26a 所示。

10）单击“图层”工具栏中图层下拉列表的下拉按钮，将“轮廓线”图层设置为当前图层，并在其上绘制图 4-19 所示的主体图形，如图 4-26b 所示。

11）将当前图层设置为“尺寸线”图层，并在“尺寸线”图层上进行尺寸标注（将在后面讲述）。

执行结果如图 4-19 所示。

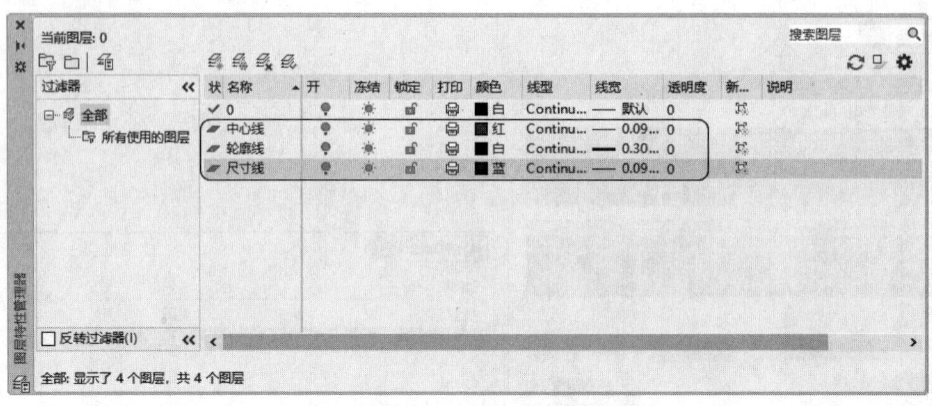

图 4-25　设置图层

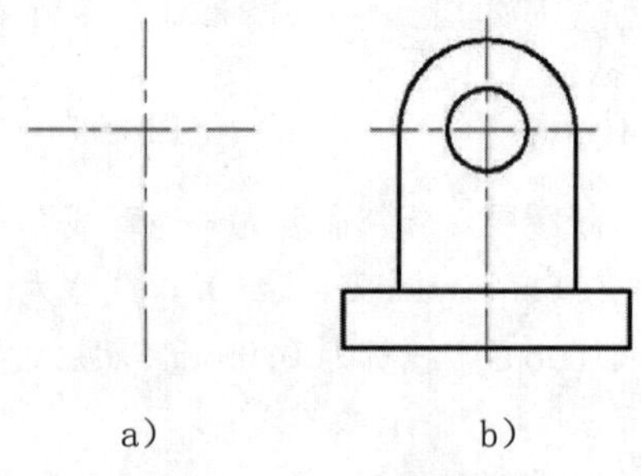

图 4-26　绘制中心线

4.2　精确定位工具

精确定位工具是指能够帮助用户快速准确地定位某些特殊点（如端点、中点、圆心等）和特殊位置（如水平位置、垂直位置）的工具。

精确定位工具主要集中在状态栏上，如图 4-27 所示为默认状态下显示的状态栏按钮。

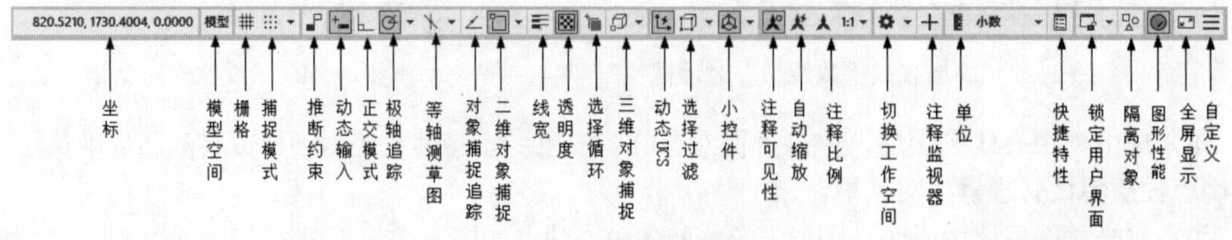

图 4-27　状态栏按钮

4.2.1　正交模式

在用 AutoCAD 绘图的过程中，经常需要绘制水平直线和垂直直线，但是用鼠标拾取线段

的端点时很难保证两个点严格沿水平或垂直方向，为此，AutoCAD 提供了正交功能，当启用正交模式时，画线或移动对象时只能沿水平方向或垂直方向移动光标，因此只能画平行于坐标轴的正交线段。

1．执行方式

命令行：ORTHO。

状态栏：单击状态栏中的“正交模式”按钮。

快捷键：F8。

2．操作格式

命令：ORTHO↙

输入模式［开(ON)/关(OFF)］<开>：(设置开或关)

4.2.2　栅格工具

用户可以应用栅格工具使绘图区域上出现可见的网格，栅格工具是一个形象的画图工具，就像传统的坐标纸一样。下面介绍控制栅格的显示及设置栅格参数的方法。

1．执行方式

命令行：DSETTINGS。

菜单栏：选择菜单栏中的“工具”→“绘图设置”命令。

状态栏：单击状态栏中的“栅格”按钮（功能仅限于打开与关闭）。或①单击状态栏中的“捕捉模式”右侧的下拉按钮，②在弹出的下拉菜单中选择“捕捉设置”（见图 4-28）。

快捷键：F7（功能仅限于打开与关闭）。

快捷菜单：对象捕捉设置（见图 4-32）。

2．操作格式

按上述操作打开“草图设置”对话框，选择“捕捉和栅格”选项卡，如图 4-29 所示。

图 4-28　下拉菜单

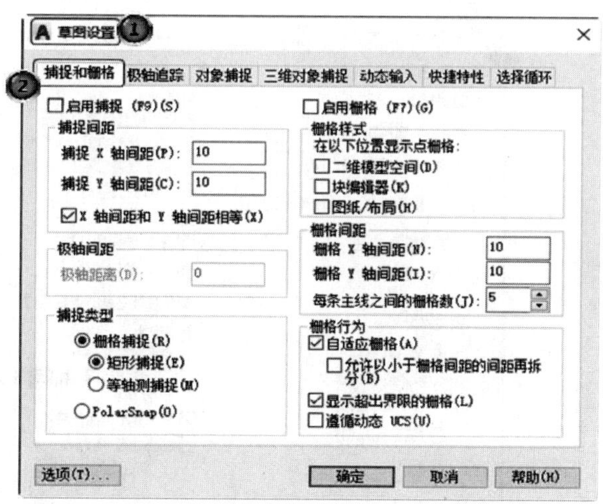

图 4-29　“草图设置”对话框

在“栅格 X 轴间距”和“栅格 Y 轴间距”文本框中输入数值时，若在“栅格 X 轴间距”文本框中输入一个数值后按 Enter 键，则 AutoCAD 自动传送这个值给“栅格 Y 轴间距”，这样可减少工作量。如果设置“栅格 X 轴间距”和“栅格 Y 轴间距”为 0，则 AutoCAD 会自动将捕捉栅格间距应用于栅格，且其原点和角度总是和捕捉栅格的原点和角度相同。

4.2.3 捕捉工具

为了准确地在屏幕上捕捉点，AutoCAD 提供了捕捉工具，可以在屏幕上生成一个隐含的栅格（捕捉栅格），这个栅格能够捕捉光标，约束它只能落在栅格的某一个节点上，使用户能够精确地捕捉和选择这个栅格上的点。下面介绍捕捉栅格的参数设置方法。

1．执行方式

命令行：DSETTINGS。

菜单栏：选择菜单栏中的“工具”→“绘图设置”命令。

状态栏：单击状态栏中的“捕捉模式”按钮（仅限于打开与关闭）。或单击状态栏中的“捕捉模式”右侧的下拉按钮，在弹出的下拉菜单中选择“捕捉设置”（见图 4-28）。

快捷键：F9（仅限于打开与关闭）。

快捷菜单：对象捕捉设置（见图 4-32）。

2．操作格式

按上述操作打开“草图设置”对话框，选择“捕捉和栅格”选项卡，如图 4-30 所示。

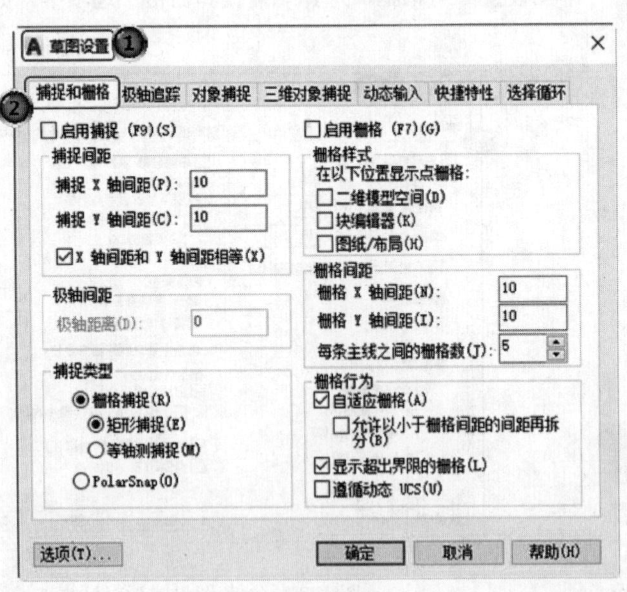

图 4-30 “捕捉和栅格”选项卡

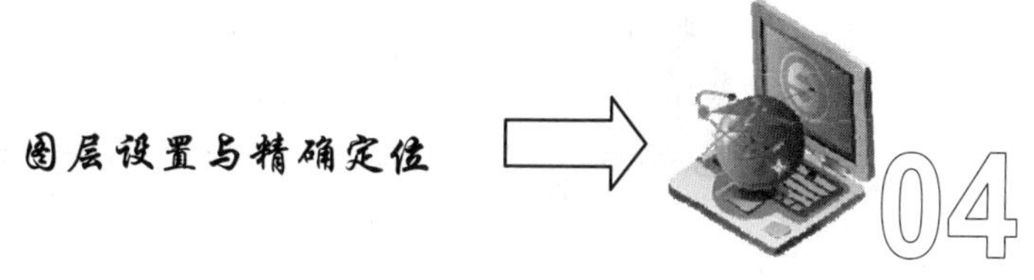

4.3 对象捕捉

在 AutoCAD 中，利用对象捕捉功能，可以迅速准确地捕捉到某些特殊点，从而迅速准确地绘出图形。

在利用 AutoCAD 画图时经常要用到一些特殊的点，如圆心、切点、线段或圆弧的端点、中点等，但是如果用鼠标拾取，要准确地找到这些点是十分困难的。为此，AutoCAD 提供了一些识别这些点的工具。

利用这些工具可以很容易地构造新的几何体，使创建的对象精确地画出来，其结果比传统手工绘图更精确且更容易维护。

4.3.1 特殊位置点捕捉

在绘制 AutoCAD 图形时，有时需要指定一些特殊位置的点，如圆心、端点、中点、平行线上的点等，见表 4-3。可以通过对象捕捉功能来捕捉这些点。

表 4-3 特殊位置点捕捉

名称	命令	含 义
临时追踪点	TT	建立临时追踪点
两点之间中点	M2P	捕捉两个独立点之间的中点
捕捉自	FRO	与其他捕捉方式配合使用建立一个临时参考点，作为指出后继点的基点
端点	END	线段或圆弧的端点
中点	MID	线段或圆弧的中点
交点	INT	线、圆弧或圆等的交点
外观交点	APP	图形对象在视图平面上的交点
延长线	EXT	指定对象的延长线上的点
圆心	CET	圆或圆弧的圆心
象限点	QUA	距光标最近的圆或圆弧上可见部分象限点，即圆周上 0°、90°、180°、270° 位置点
切点	TAN	最后生成的一个点到选中的圆或圆弧上引切线的切点位置
垂足	PER	在线段、圆、圆弧或其延长线上捕捉一个点，使最后生成的对象与原对象正交
平行线	PAR	指定对象平行的图形对象上的点
节点	NOD	捕捉用 Point 或 DIVIDE 等命令生成的点
插入点	INS	文本对象和图块的插入点
最近点	NEA	离拾取点最近的线段、圆、圆弧等对象上的点
无	NON	取消对象捕捉
对象捕捉设置	OSNAP	设置对象捕捉

注意

AutoCAD 对象捕捉功能中捕捉垂足（Perpendicular）和捕捉交点（Intersection）等项有延伸捕捉的功能，即如果对象没有相交，AutoCAD 会假想把线或弧延长，从而找出相应的点。

AutoCAD 提供了命令方式、工具栏方式和右键快捷菜单方式 3 种特殊点对象捕捉的方法。

1．命令方式

绘图时，当在命令行中提示输入一点时，输入相应的特殊位置点命令，然后根据提示操作即可。

2．工具栏方式

使用如图 4-31 所示的“对象捕捉”工具栏可以使用户更方便地实现捕捉点的目的。当命令行提示输入一点时，在“对象捕捉”工具栏上单击相应的按钮（当把光标放在某一按钮上时，会显示出该按钮功能的提示），然后根据提示操作即可。

图 4-31　“对象捕捉”工具栏

3．右键快捷菜单方式

快捷菜单可通过按下 Shift 键同时单击鼠标右键来激活。菜单中列出了 AutoCAD 提供的对象捕捉模式，如图 4-32 所示。右键快捷菜单方式的操作方法与工具栏方式相似，只要在 AutoCAD 提示输入点时单击快捷菜单上相应的菜单项，然后按提示操作即可。

4.3.2　实例——绘制圆公切线

结合绘图命令和特殊位置点捕捉绘制如图 4-33 所示的圆公切线。

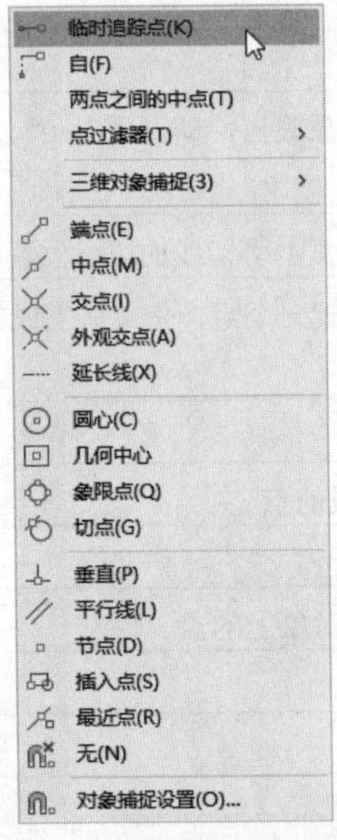

图 4-32　对象捕捉快捷菜单

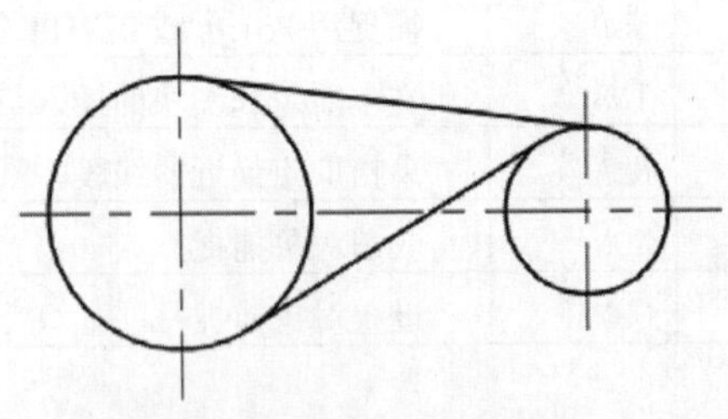

图 4-33　圆公切线

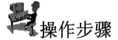

操作步骤

1）单击“默认”选项卡“图层”面板中的“图层特性”按钮，新建两个图层：中心线图层，线型为CENTER，其余属性默认；粗实线图层，线宽为0.30mm，其余属性默认。

2）将中心线图层设置为当前图层，单击“默认”选项卡“绘图”面板中的“直线”按钮，适当长度的垂直相交中心线，结果如图4-34所示。

3）转换到粗实线图层，单击“默认”选项卡“绘图”面板上的“圆”下拉菜单中的“圆心，半径”按钮，分别以水平中心线与竖直中心线交点为圆心，以适当半径绘制两个圆，结果如图4-35所示。

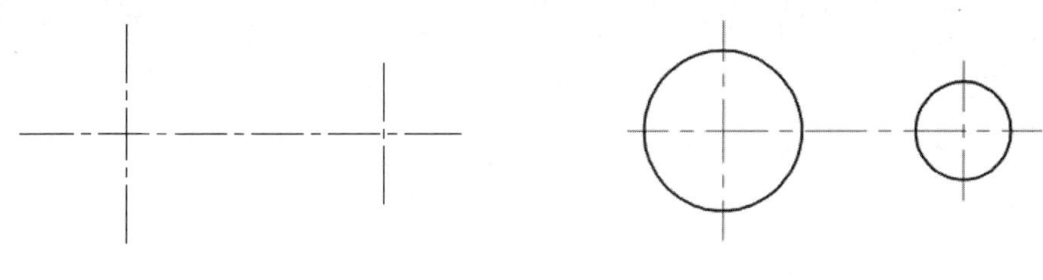

图4-34　绘制中心线　　图4-35　绘制圆

4）单击“默认”选项卡“绘图”面板中的“直线”按钮，绘制公切线。命令行提示与操作如下：

命令：_LINE

指定第一个点：(同时按下 Shift 键同时单击鼠标右键，在弹出的快捷菜单中单击“切点”按钮)

_tan 到：（指定左边圆上一点，系统自动显示“递延切点”提示，如图4-36所示）

指定下一点或 [放弃(U)]：(按下Shift键同时单击鼠标右键，在弹出的快捷菜单中单击“切点”按钮)

_tan 到：（指定右边圆上一点，系统自动显示“递延切点”提示，如图4-37所示）

指定下一点或 [放弃(U)]：↙

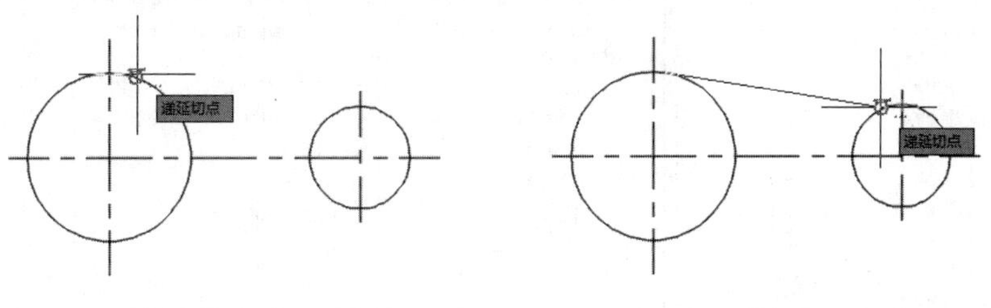

图4-36　捕捉切点　　图4-37　捕捉另一切点

5）单击“默认”选项卡“绘图”面板中的“直线”按钮，绘制公切线。采用同样方法捕捉下方公切线切点，如图4-38所示。

6）系统自动捕捉到切点的位置，绘制公切线，结果如图4-33所示。

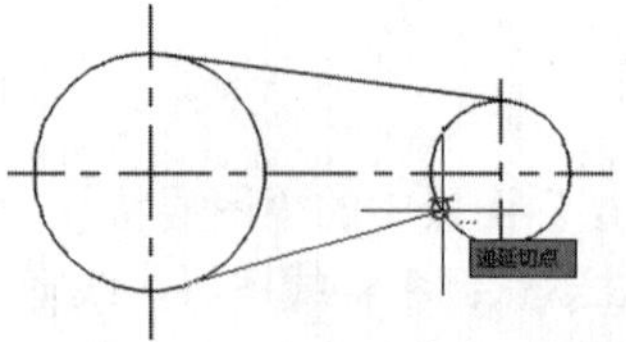

图 4-38 捕捉下方公切线切点

注意

不管用户指定圆上哪一点作为切点，系统都会自动根据圆的半径和指定的大致位置确定准确的切点，并且根据大致指定的点与内外切点的距离，依据距离趋近原则判断是绘制外切线还是内切线。

4.3.3 对象捕捉设置

在用 AutoCAD 绘图之前，可以根据需要事先设置运行一些对象捕捉模式，在绘图时 AutoCAD 即可自动捕捉特殊点，从而加快绘图速度，提高绘图质量。

1. 执行方式

命令行：DDOSNAP。

菜单栏：选择菜单栏中的“工具”→“绘图设置”命令。

工具栏：单击“对象捕捉”工具栏中的“对象捕捉设置”按钮。

状态栏：对象捕捉（功能仅限于打开与关闭），或❶单击“二维对象捕捉”右侧的下拉按钮，❷在弹出的下拉菜单中选择“对象捕捉设置”（见图 4-39）。

快捷键：F3（功能仅限于打开与关闭）。

快捷菜单：对象捕捉设置（见图 4-32）。

2. 操作格式

命令:DDOSNAP↙

❶系统打开“草图设置”对话框，在该对话框中❷单击“对象捕捉”标签打开“对象捕捉”选项卡，如图 4-40 所示。在此选项卡中可以对对象捕捉方式进行设置。

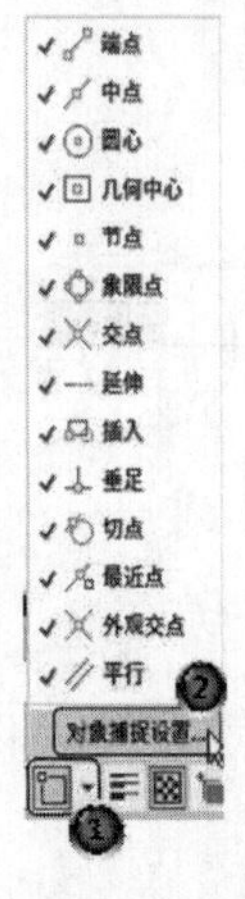

图 4-39 下拉菜单

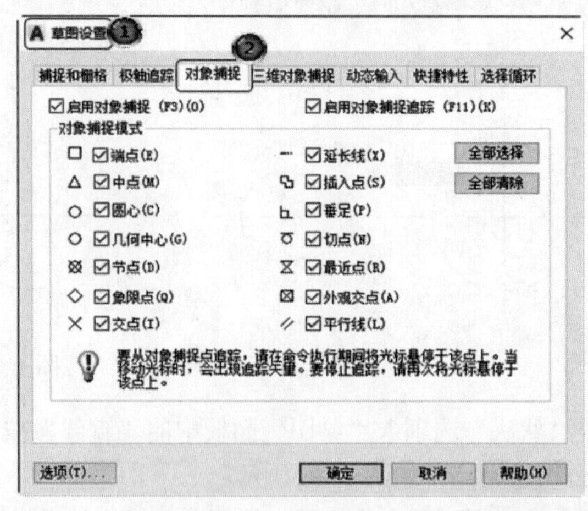

图 4-40 “草图设置”对话框的“对象捕捉”选项卡

4.3.4 实例——盘盖

绘制如图 4-41 所示的盘盖。

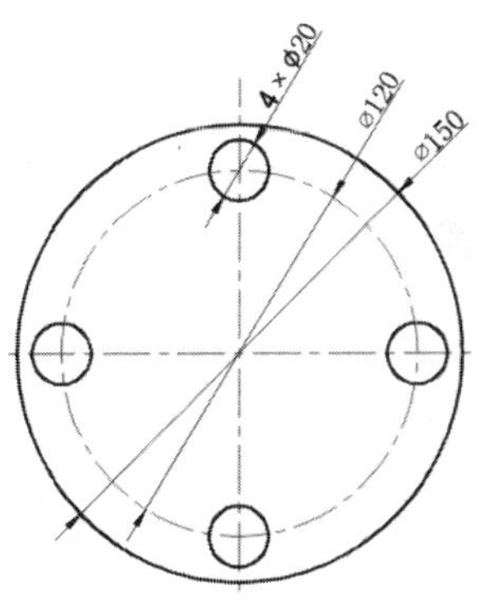

图 4-41 盘盖

操作步骤

1）单击“默认”选项卡“图层”面板中的“图层特性”按钮，设置两个图层：中心线图层，线型为 CENTER，颜色为红色，其余属性默认；粗实线图层，线宽为 0.30mm，其余属性默认。

2）将中心线图层设置为当前图层，单击“默认”选项卡“绘图”面板中的“直线”按钮，绘制相互垂直的两条中心线。

3)在命令行中输入“DDOSNAP”命令，❶打开“草图设置”对话框中的❷“对象捕捉”选项卡，❸单击“全部选择”按钮，选择所有的捕捉模式，❹并勾选“启用对象捕捉”复选框，如图 4-42 所示。❺单击“确定”按钮退出。

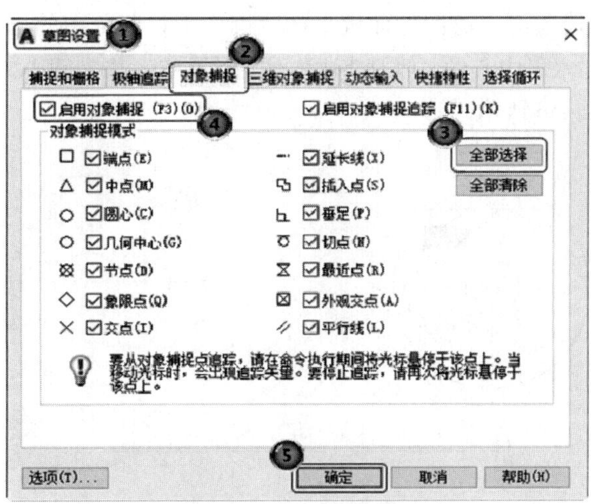

图 4-42 对象捕捉设置

4）单击“默认”选项卡“绘图”面板上的“圆”下拉菜单中的“圆心，半径”按钮，捕捉中心线的交点，作为圆心，如图 4-43a 所示，绘制圆形中心线，结果如图 4-43b 所示。

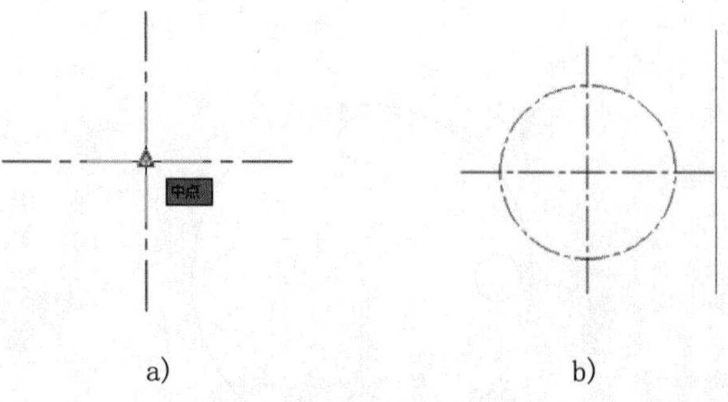

图 4-43　绘制中心线

5）转换到粗实线图层，单击“默认”选项卡“绘图”面板上的“圆”下拉菜单中的“圆心，半径”按钮，捕捉中心线的交点，作为圆心，如图 4-44a 所示，绘制盘盖外圆和内孔，结果如图 4-44b 所示。

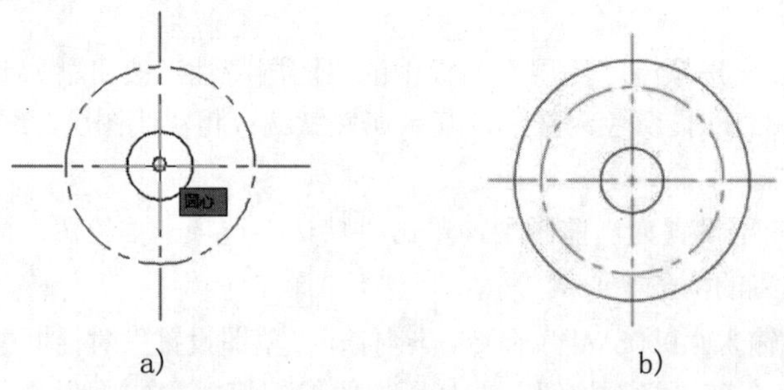

图 4-44　绘制盘盖外圆和内孔

6）单击“默认”选项卡“绘图”面板上的“圆”下拉菜单中的“圆心，半径”按钮，捕捉圆形中心线与水平中心线（或垂直中心线）的交点，作为圆心，如图 4-45a 所示，绘制螺孔，结果如图 4-45b 所示。

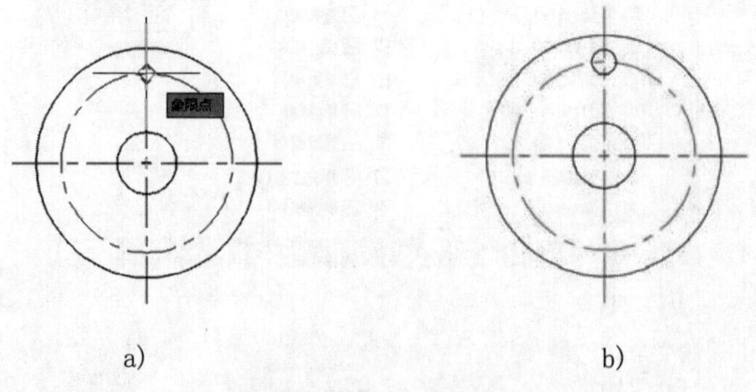

图 4-45　绘制螺孔

7）采用同样方法绘制其他 3 个螺孔，结果如图 4-41 所示。

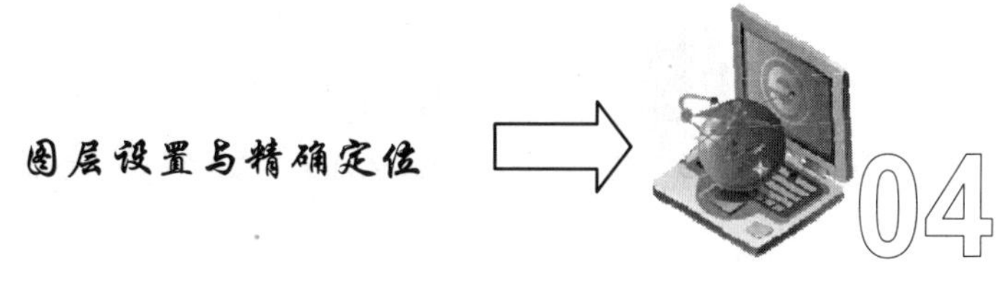

4.4 对象追踪

对象追踪是指按指定角度或与其他对象的指定关系绘制对象。可以结合对象捕捉功能进行自动追踪，也可以指定临时点进行临时追踪。

4.4.1 自动追踪

利用自动追踪功能，可以对齐路径，有助于以精确的位置和角度创建对象。自动追踪包括两种追踪选项："极轴追踪"和"对象捕捉追踪"。"极轴追踪"是指按指定的极轴角或极轴角的倍数对齐要指定点的路径；"对象捕捉追踪"是指以捕捉到的特殊位置点为基点，按指定的极轴角或极轴角的倍数对齐要指定点的路径。

"对象捕捉追踪"必须配合"二维对象捕捉"功能一起使用，即同时开启状态栏上的"二维对象捕捉"功能和"对象捕捉追踪"功能。

1. 对象捕捉追踪

（1）执行方式

命令行：DDOSNAP。

菜单栏：选择菜单栏中的"工具"→"绘图设置"命令。

工具栏：单击"对象捕捉"工具栏中的"对象捕捉设置"按钮。

状态栏：单击状态栏中的"二维对象捕捉"按钮和"对象捕捉追踪"按钮或单击"极轴追踪"右侧的下拉按钮，在弹出的下拉菜单中选择"正在追踪设置"命令（见图4-46）。

快捷键：F11。

快捷菜单：对象捕捉设置（见图 4-32)。

（2）操作格式　执行上述命令，系统打开"草图设置"对话框的"对象捕捉"选项卡，选中"启用对象捕捉追踪"复选框，即可完成对象捕捉追踪设置。

2. 极轴追踪设置

（1）执行方式

命令行：DDOSNAP。

菜单栏：选择菜单栏中的"工具"→"绘图设置"命令。

工具栏：单击"对象捕捉"工具栏中的"对象捕捉设置"按钮。

状态栏：对象捕捉+按指定角度限制光标（极轴追踪），或❶单击"极轴追踪"右侧的下拉按钮，❷在弹出的下拉菜单中选择"正在追踪设置"（见图 4-46）。

快捷键：F10。

快捷菜单：对象捕捉设置（见图 4-32）。

（2）操作格式　执行上述命令，或者右击"极轴追踪"按钮，在弹出的快捷菜单中选择"正在追踪设置"命令，❶系统打开如图 4-47 所示的"草图设置"对话框中的❷"极轴追踪"选项卡。

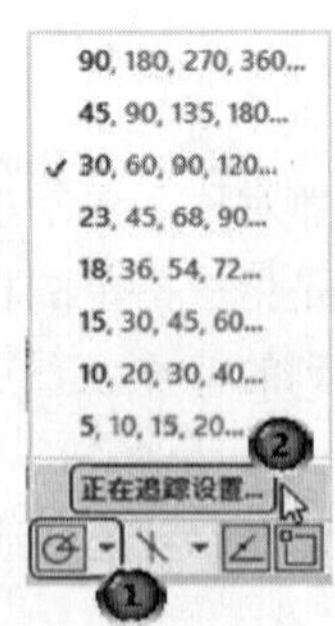

图 4-46　下拉菜单

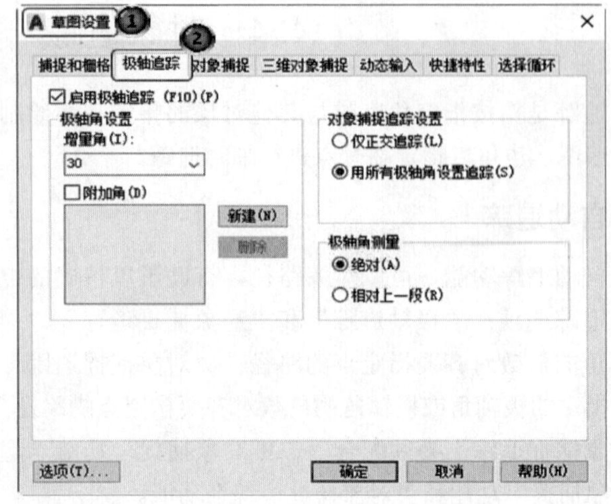

图 4-47　“草图设置”对话框“极轴追踪”选项卡

4.4.2　实例——方头平键 2

绘制如图 4-48 所示的方头平键 2。

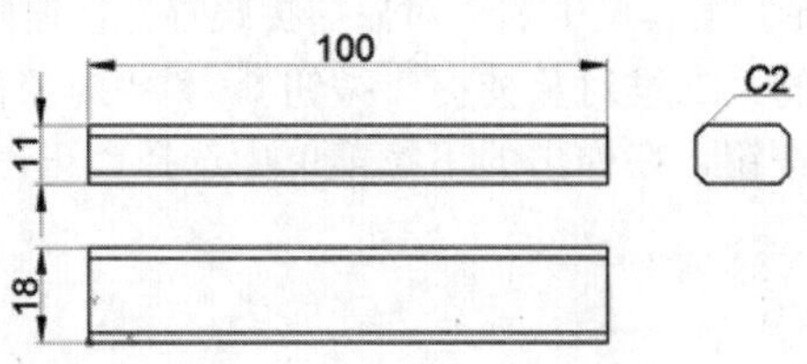

图 4-48　方头平键 2

操作步骤

1）绘制主视图外形。单击“默认”选项卡“绘图”面板中的“矩形”按钮□，首先在屏幕上适当位置指定一个角点，然后指定第二个角点坐标为（@100,11），绘制主视图外形，结果如图 4-49 所示。

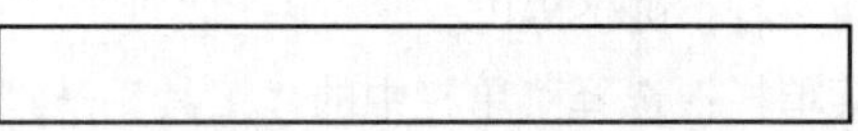

图 4-49　绘制主视图外形

2）打开状态栏上的“二维对象捕捉”和“对象捕捉追踪”按钮，启动对象捕捉追踪功能。单击“默认”选项卡“绘图”面板中的“直线”按钮╱，绘制主视图棱线。命令行提示与操作如下：

```
命令: _LINE
指定第一个点:FROM↙
基点: (捕捉矩形左上角点, 如图 4-50 所示)
<偏移>: @0,-2↙
指定下一点或 [放弃(U)]:(右移光标, 捕捉矩形右边上的垂足, 如图 4-51 所示)
```

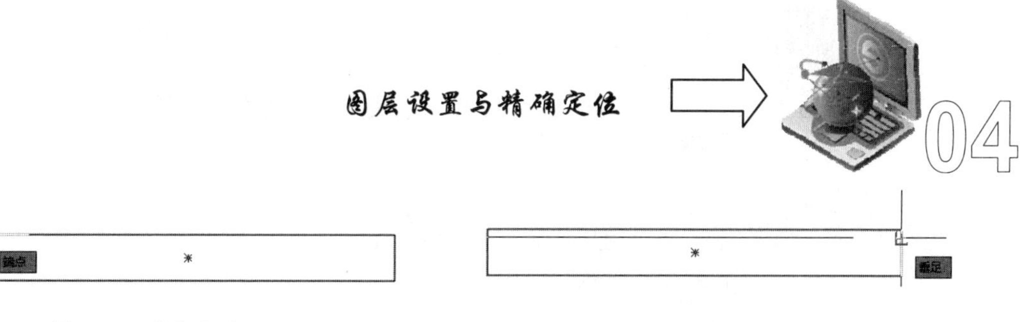

图 4-50　捕捉角点　　　　图 4-51　捕捉垂足

采用相同方法，以矩形左下角点为基点，设置向上偏移距离为 2，结合基点捕捉功能绘制下边的一条棱线，结果如图 4-52 所示。

3）打开“草图设置”对话框“极轴追踪”选项卡，将“增量角”设置为 90，设置“对象捕捉追踪设置”为“仅正交追踪”。

4）绘制俯视图外形。单击“默认”选项卡“绘图”面板中的“矩形”按钮 ▭，捕捉矩形左下角点，系统显示追踪线，沿追踪线向下在适当位置指定一点为矩形角点，如图 4-53 所示。设置另一角点坐标为（@100,18），绘制俯视图外形，结果如图 4-54 所示。

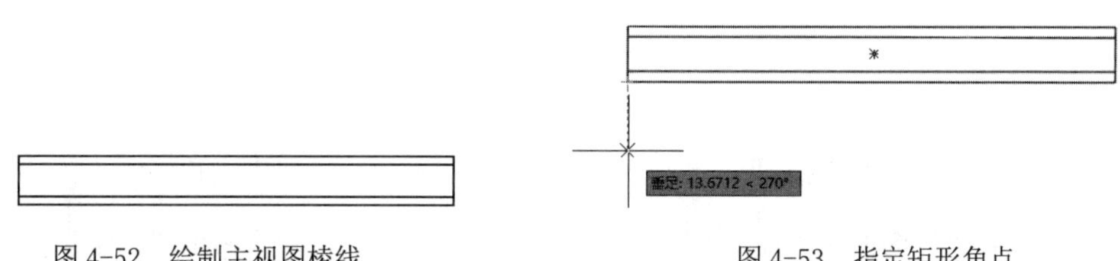

图 4-52　绘制主视图棱线　　　　图 4-53　指定矩形角点

5）单击“默认”选项卡“绘图”面板中的“直线”按钮╱，设置偏移距离为 2，结合基点捕捉功能绘制俯视图棱线，结果如图 4-55 所示。

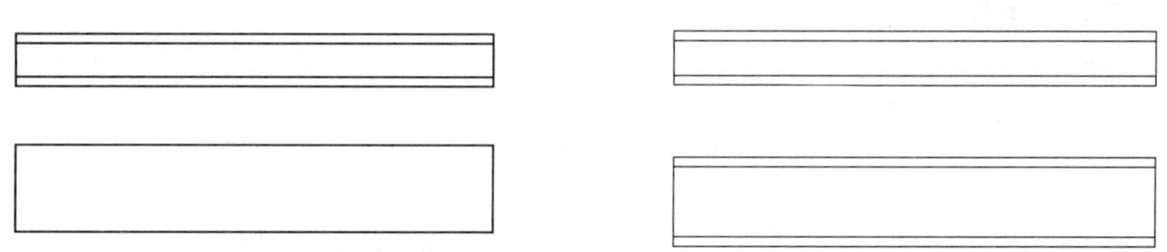

图 4-54　绘制俯视图外形　　　　图 4-55　绘制俯视图棱线

6）绘制左视图构造线。单击“默认”选项卡“绘图”面板中的“构造线”按钮⤢，首先指定适当一点绘制-45 °构造线。继续绘制构造线，命令行提示与操作如下：

命令: _XLINE

指定点或 [水平(H)/垂直(V)/角度(A)/二等分(B)/偏移(O)]:（捕捉俯视图右上角点，在水平追踪线上指定一点，如图 4-56 所示）

指定通过点:（开启状态栏上的“正交模式”功能，指定水平方向一点）

采用同样方法绘制另一条水平构造线。再捕捉两水平构造线与-45 °斜构造线的交点为指定点，绘制两条竖直构造线，如图 4-57 所示。

7）单击“默认”选项卡“绘图”面板中的“矩形”按钮 ▭，绘制左视图。命令行提示与操作如下：

命令: _RECTANG

指定第一个角点或 [倒角(C)/标高(E)/圆角(F)/厚度(T)/宽度(W)]: C↙

指定矩形的第一个倒角距离 <0.0000>: 2↙

指定矩形的第一个倒角距离 <0.0000>:2↙

指定第一个角点或 [倒角(C)/标高(E)/圆角(F)/厚度(T)/宽度(W)]:(捕捉主视图矩形上边延长线与第一条竖直构造线交点，如图 4-58 所示)

指定另一个角点或 [面积(A)/尺寸(D)/旋转(R)]: (捕捉主视图矩形下边延长线与第二条竖直构造线交点)

结果如图 4-59 所示。

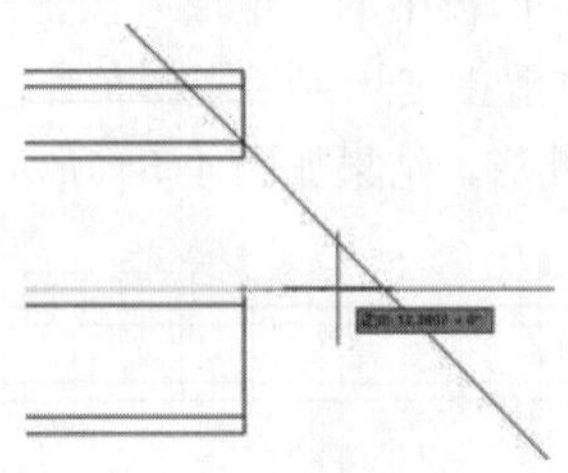

图 4-56　绘制左视图构造线

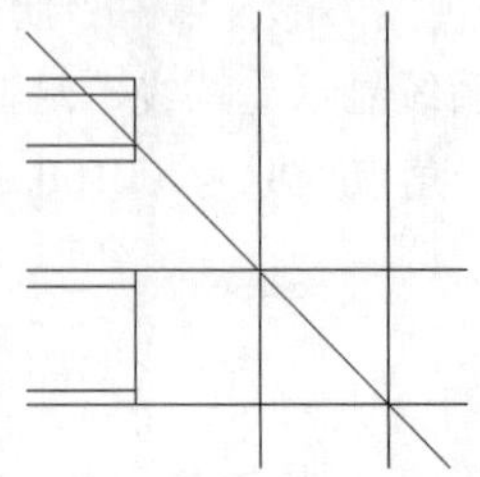

图 4-57　绘制左视图构造线

8）单击“默认”选项卡“修改”面板中的“删除”按钮，删除构造线，结果如图 4-48 所示。

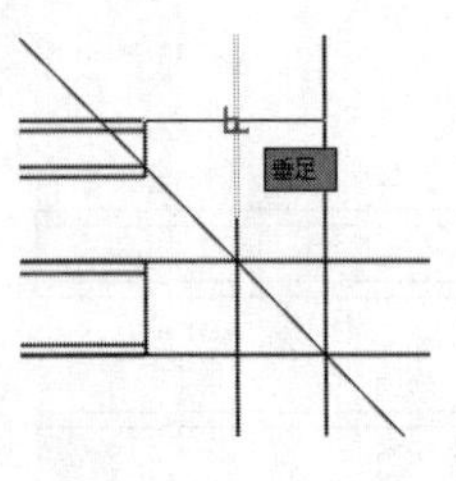

图 4-58　捕捉交点

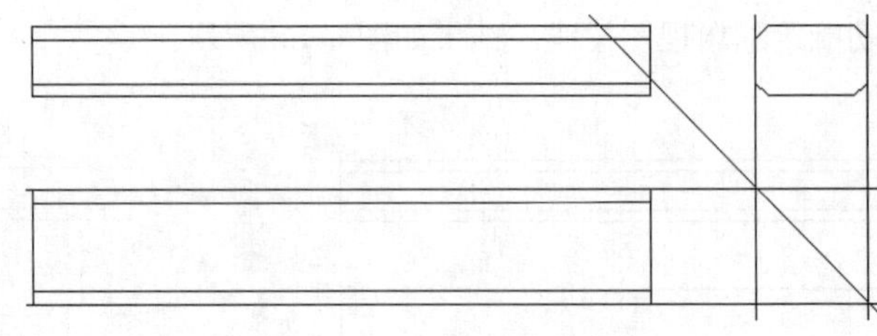

图 4-59　绘制左视图

4.5　对象约束

约束能够用于精确地控制草图中的对象。草图约束有两种类型：尺寸约束和几何约束。

几何约束建立起草图对象的几何特性（如要求某一直线具有固定长度）或是两个或更多草图对象的关系类型（如要求两条直线垂直或平行，或是几个弧具有相同的半径）。在图形区用户可以使用“参数化”选项卡内的“全部显示”“全部隐藏”或“显示”来显示有关信息，并显示代表这些约束的直观标记，如图 4-60 所示的水平标记和共线标记。

尺寸约束建立起草图对象的大小（如直线的长度、圆弧的半径等）或是两个对象之间的关系（如两点之间的距离）。如图 4-61 所示为带有尺寸约束的示例。

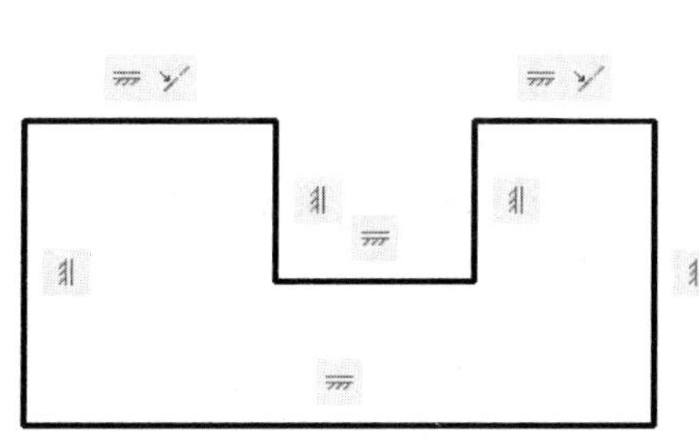

图 4-60 “几何约束”示意图

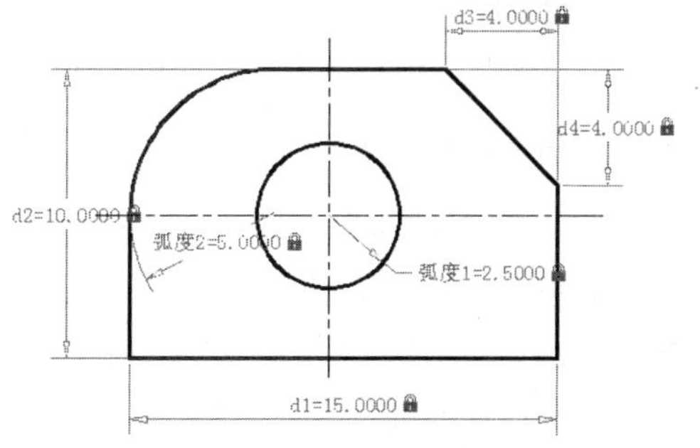

图 4-61 “尺寸约束”示意图

4.5.1 建立几何约束

使用几何约束，可以指定草图对象必须遵守的条件，或是草图对象之间必须维持的关系。几何约束面板（❶“参数化”选项卡中的❷“几何”面板）及工具栏如图 4-62 所示，约束模式及其功能见表 4-4。

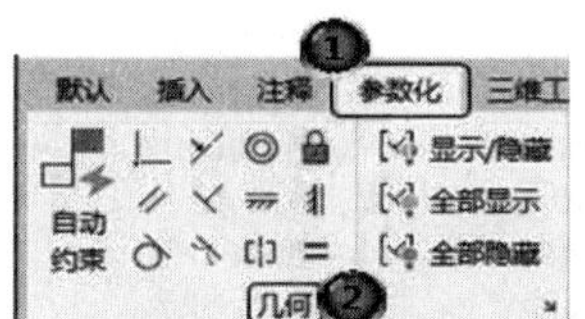

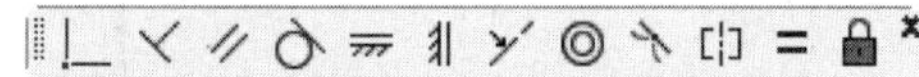

图 4-62 几何约束面板及工具栏

表 4-4 约束模式及其功能

约束模式	功能
重合	约束两个点使其重合，或者约束一个点，使其位于曲线（或曲线的延长线）上。可以使对象上的约束点与某个对象重合，也可以使其与另一对象上的约束点重合
共线	使两条或多条直线段沿同一直线方向
同心	将两个圆弧、圆或椭圆约束到同一个中心点。结果与将重合约束应用于曲线的中心点所产生的结果相同
固定	将几何约束应用于一对对象时，选择对象的顺序以及选择每个对象的点可能会影响对象彼此间的放置方式
平行	使选定的直线位于彼此平行的位置。平行约束在两个对象之间应用
垂直	使选定的直线位于彼此垂直的位置。垂直约束在两个对象之间应用
水平	使直线或点对位于与当前坐标系的 X 轴平行的位置。默认选择类型为对象
竖直	使直线或点对位于与当前坐标系的 Y 轴平行的位置
相切	将两条曲线约束为保持彼此相切或其延长线保持彼此相切。相切约束在两个对象之间应用
平滑	将样条曲线约束为连续，并与其他样条曲线、直线、圆弧或多段线保持 G2 连续性
对称	使选定对象受对称约束，相对于选定直线对称
相等	将选定圆弧和圆的尺寸重新调整为半径相同，或将选定直线的尺寸重新调整为长度相同

绘图中可指定二维对象或对象上的点之间的几何约束，之后编辑受约束的几何图形时，将保留约束。因此，通过使用几何约束，可以在图形中包含设计要求。

4.5.2 几何约束设置

在用 AutoCAD 绘图时，利用“约束设置”对话框，可控制约束栏上显示或隐藏的几何约束类型。单独或全局显示/隐藏几何约束和约束栏，可执行以下操作：

- 显示（或隐藏）所有的几何约束。
- 显示（或隐藏）指定类型的几何约束。
- 显示（或隐藏）所有与选定对象相关的几何约束。

1. 执行方式

命令行：CONSTRAINTSETTINGS。

菜单栏：选择菜单栏中的“参数”→“约束设置”命令。

工具栏：单击“参数化”工具栏中的“约束设置”按钮。

功能区：单击“参数化”选项卡“几何”面板中的“对话框启动器”按钮。

快捷键：CSETTINGS。

2. 操作格式

命令: CONSTRAINTSETTINGS↙

①系统打开“约束设置”对话框，②单击“几何”标签打开“几何”选项卡，如图 4-63 所示。利用此对话框可以控制约束栏上约束类型的显示。

约束设置 ①
几何 标注 自动约束 ②
☐推断几何约束(I)
约束栏显示设置
☑垂直(P) ☑平行(L) 全部选择(S)
☑水平(Z) ☑竖直(V) 全部清除(A)
☑相切(T) ☑平滑(G2)(M)
☑共线(R) ☑同心(E)
☑对称(Y) ☑相等(Q)
☑重合(N) ☑固定(F)
☐仅为处于当前平面中的对象显示约束栏(O)
约束栏透明度(B)
50
☑将约束应用于选定对象后显示约束栏(W)
☑选定对象时显示约束栏(C)
确定 取消 帮助(H)

图 4-63 “约束设置”对话框

4.5.3 实例——绘制相切圆及同心圆

绘制如图 4-64 所示的相切圆及同心圆。

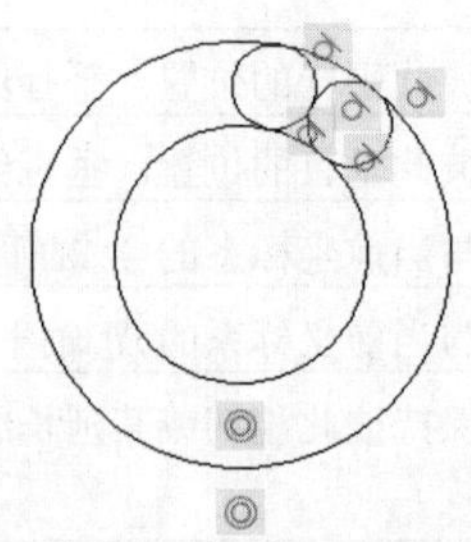

图 4-64 绘制相切圆及同心圆

操作步骤

1）单击“默认”选项卡“绘图”面板上的“圆”下拉菜单中的“圆心，半径”按钮，以适当半径绘制 4 个圆，结果如图 4-65 所示。

2）单击“参数化”选项卡“几何”面板中的“相切”按钮，使两圆相切。命令行提示与操作如下：

```
命令：_GcTangent
选择第一个对象：(使用光标选择圆 1)
选择第二个对象：（使用光标选择圆 2)
```

3）系统自动移动圆 2，使其与圆 1 相切，结果如图 4-66 所示。

4）单击“参数化”选项卡“几何”面板中的“同心”按钮，使圆 1 与圆 3 同心。命令行提示与操作如下：

```
命令：_GcConcentric
选择第一个对象：(选择圆 1)
选择第二个对象：(选择圆 3)
```

系统自动建立同心的几何关系，如图 4-67 所示。

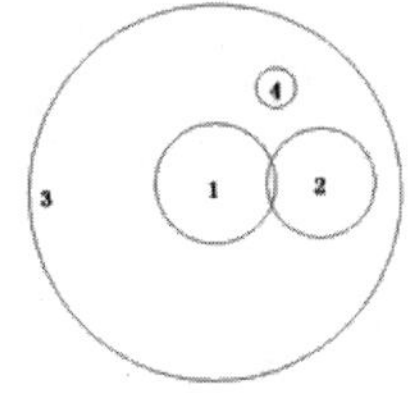

图 4-65　绘制圆

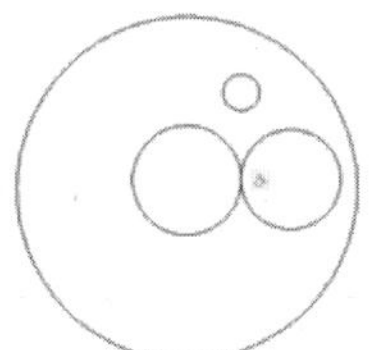

图 4-66　建立相切几何关系

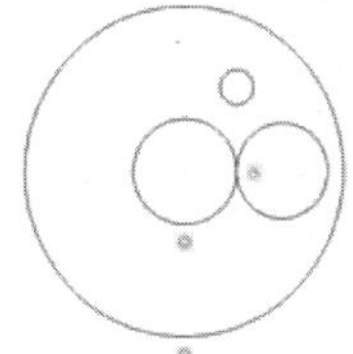

图 4-67　建立同心几何关系

5）使用同样方法，使圆 3 与圆 2 建立相切几何约束，如图 4-68 所示。

6）使用同样方法，使圆 1 与圆 4 建立相切几何约束，如图 4-69 所示。

7）使用同样方法，使圆 4 与圆 2 建立相切几何约束，如图 4-70 所示。

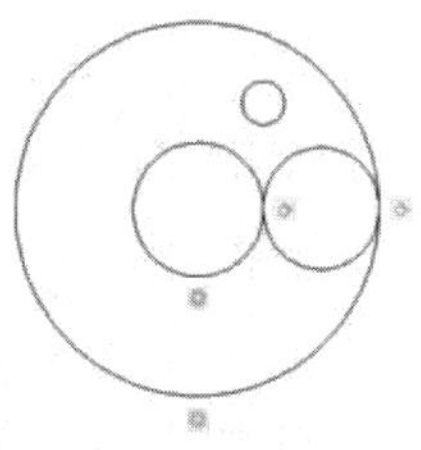

图 4-68　圆 3 与圆 2 相切

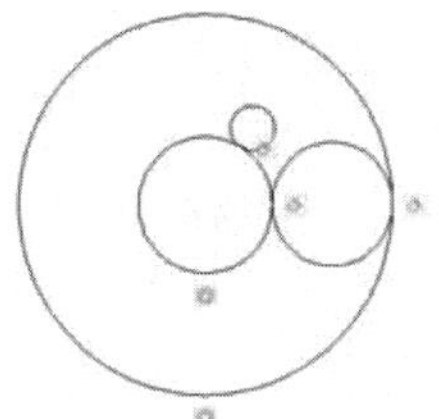

图 4-69　圆 1 与圆 4 相切

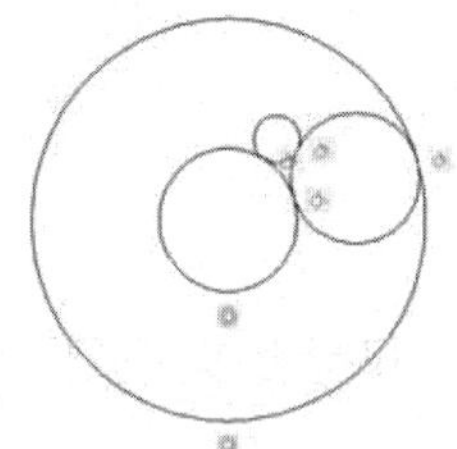

图 4-70　圆 4 与圆 2 相切

8）使用同样方法，使圆 3 与圆 4 建立相切几何约束，结果如图 4-64 所示。

4.5.4 建立尺寸约束

建立尺寸约束即限制图形几何对象的大小，它与在草图上标注尺寸相似，如同样需要设置尺寸标注线，建立相应的表达式，不同的是可以在后续的编辑工作中实现尺寸的参数化驱动。标注约束面板（“参数化”选项卡中的“标注”面板）及工具栏如图 4-71 所示。

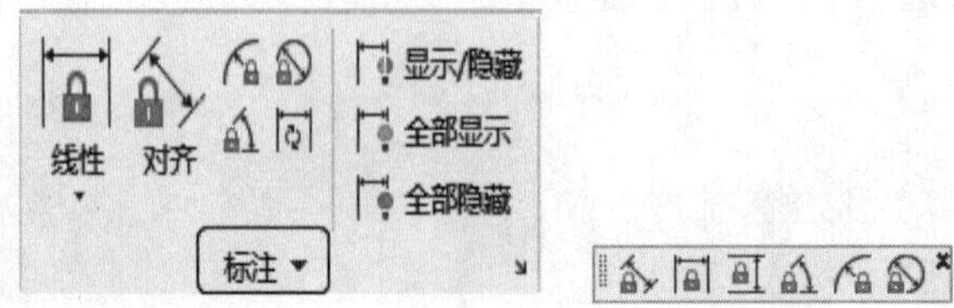

图 4-71　标注约束面板及工具栏

在生成尺寸约束时，用户可以选择草图曲线、边、基准平面或基准轴上的点，生成水平、竖直、平行、垂直和角度尺寸。

生成尺寸约束时，系统会生成一个表达式，其名称和值显示在弹出的文本框中，如图 4-72 所示。用户可以编辑该表达式的名称和值。

生成尺寸约束时，只要选中了几何体，其尺寸及其延伸线和箭头就会全部显示出来。完成尺寸约束后，用户还可以随时更改尺寸约束，只需在图形区选中尺寸双击，就可以使用与生成过程相同的方式编辑其名称、值或位置。

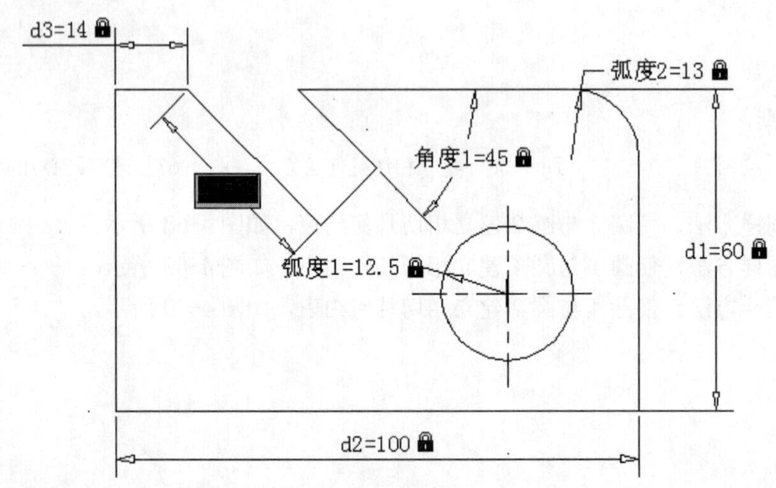

图 4-72　“尺寸约束编辑”示意图

4.5.5 尺寸约束设置

在用 AutoCAD 绘图时，通过“约束设置”对话框中的“标注”选项卡，可控制显示标注约束时的系统配置。标注约束控制设计的大小和比例，可以约束以下内容：

- 对象之间或对象上的点之间的距离。
- 对象之间或对象上的点之间的角度。

1. 执行方式

命令行：CONSTRAINTSETTINGS。

菜单栏：选择菜单栏中的“参数”→“约束设置”命令

工具栏：单击“参数化”工具栏中的“约束设置”按钮。

功能区：单击“参数化”选项卡“标注”面板中的“对话框启动器”按钮。

快捷键：CSETTINGS。

2. 操作格式

命令：CONSTRAINTSETTINGS↙

①系统打开“约束设置”对话框，②单击“标注”标签打开“标注”选项卡，如图 4-73 所示。利用此对话框可以控制约束栏上约束类型的显示。

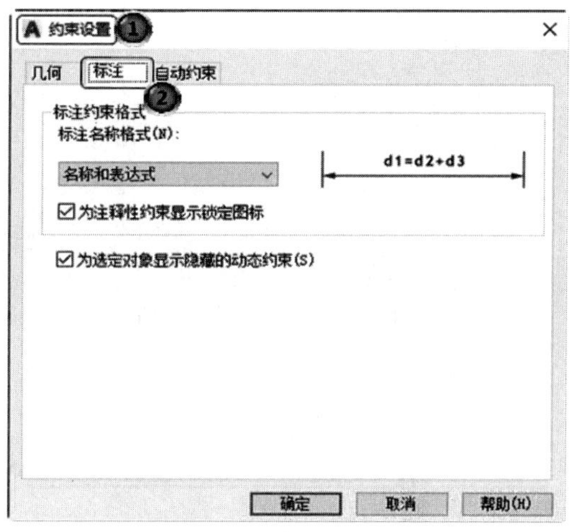

图 4-73 “约束设置”对话框

4.5.6 实例——方头平键 3

利用尺寸驱动绘制如图 4-74 所示的方头平键 3。

操作步骤

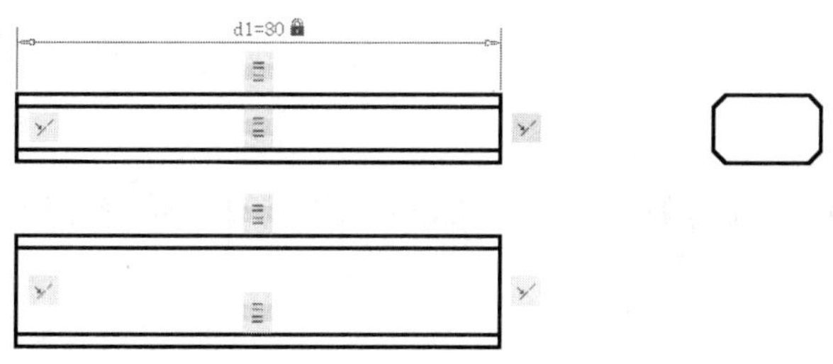

图 4-74 方头平键 3（键 B18×80）

1）绘制方头平键（键 B18×100），如图 4-75 所示。

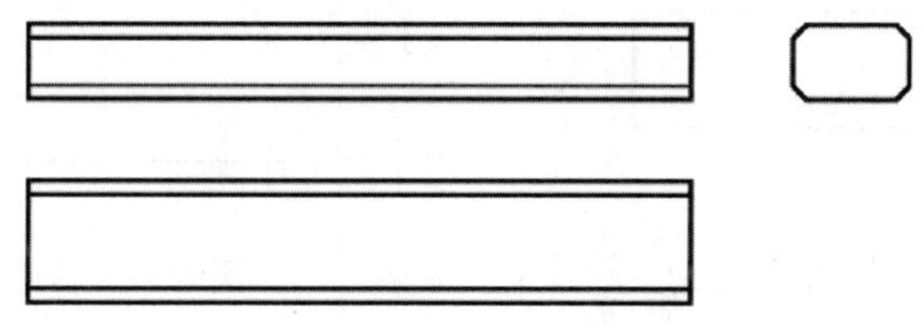

图 4-75 绘制方头平键（键 B18×100）

2）单击“参数化”选项卡“几何”面板中的“共线”按钮，使左端各竖直直线建立共线的几何约束。采用同样的方法创建右端各直线共线的几何约束。

3）单击“参数化”选项卡“几何”面板中的“相等”按钮 =，使最上端水平线与下面各条水平线建立相等的几何约束。

4）单击“参数化”选项卡“标注”面板中的“水平”按钮，更改水平尺寸。命令行提示与操作如下：

```
命令：_DcHorizontal
指定第一个约束点或［对象(O)］<对象>:（单击最上端直线左端）
指定第二个约束点：（单击最上端直线右端）
指定尺寸线位置（在合适位置单击）
标注文字 = 100（输入长度 80）
```

系统自动将长度 100 调整为 80，最终结果如图 4-74 所示。

4.6　上机实验

本节将通过几个上机实验，使读者进一步掌握本章的知识要点。

实验 1　利用图层命令绘制螺栓（见图 4-76）

操作提示：

1）设置 3 个新图层。

2）绘制中心线。

3）绘制螺栓轮廓线。

4）绘制螺纹牙底线。

实验 2　过四边形（见图 4-77）上下边延长线交点作四边形右边平行线

操作提示：

1）打开“对象捕捉”快捷菜单。

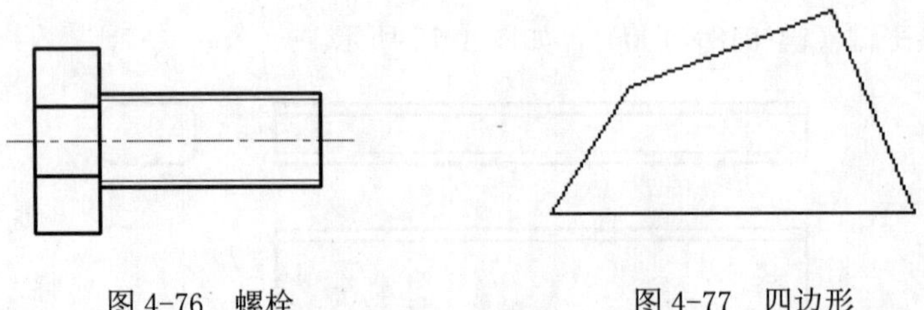

图 4-76　螺栓　　　　图 4-77　四边形

2）利用“对象捕捉”工具栏中的“捕捉到交点”按钮，捕捉四边形上下边的延长线交点作为直线起点。

3）利用“对象捕捉”工具栏中的“捕捉到平行线”按钮，捕捉一点作为直线终点。

实验 3　利用对象追踪功能绘制特殊位置直线

基本图形如图 4-78a 所示，绘制结果如图 4-78b 所示。

a）　　　　b）

图 4-78　绘制直线

操作提示：

1）打开对象追踪与对象捕捉功能。

2）在三角形左边延长线上捕捉一点作为直线起点。

3）结合对象追踪与对象捕捉功能，在三角形右边延长线上捕捉一点作为直线终点。

4.7　思考与练习

本节将通过几个思考练习题使读者进一步掌握本章的知识要点。

1. 试分析在绘图时如果不设置图层，将给绘图带来什么样的后果。

2. 试分析图层的三大控制功能（打开/关闭、冻结/解冻和锁住/开锁）有什么不同之处。

3. 新建图层的方法有

（1）命令行：LAYER

（2）菜单：格式→图层

（3）工具栏：物体特性→图层

（4）命令行：-LAYER

4. 绘制图形时，需要添加一种前面没有用到过的线型，请给出解决方法。

5. 设置或修改图层颜色的方法有

（1）命令行：LAYER

（2）命令行：-LAYER

（3）菜单：　格式→图层

（4）菜单：　格式→颜色

（5）功能区：单击“默认”选项卡“图层”面板中的“图层特性”按钮

（6）功能区：单击“默认”选项卡“特性”面板中的“对象颜色”

（7）工具栏：特性→图层

（8）工具栏：特性→颜色下拉箭头

6. 试比较栅格与捕捉栅格的异同点。

7. 对象捕捉的方法有

（1）命令行方式
（2）菜单栏方式
（3）快捷菜单方式
（4）工具栏方式

8．正交模式设置的方法有
（1）命令行：ORTHO
（2）状态栏："正交模式"按钮
（3）快捷键：F8

9．绘制两个圆，并用线段连接其圆心。

10．设置图层并绘制如图 4-79 所示的螺母。

11．设置对象捕捉功能，并绘制如图 4-80 所示的塔形三角形。

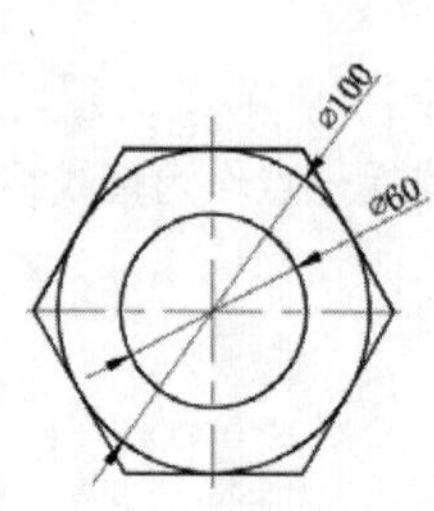

图 4-79　螺母

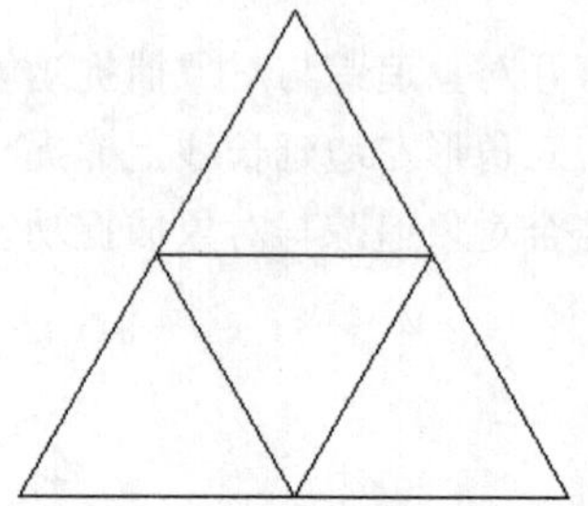
图 4-80　塔形三角形

第 5 章 平面图形的编辑

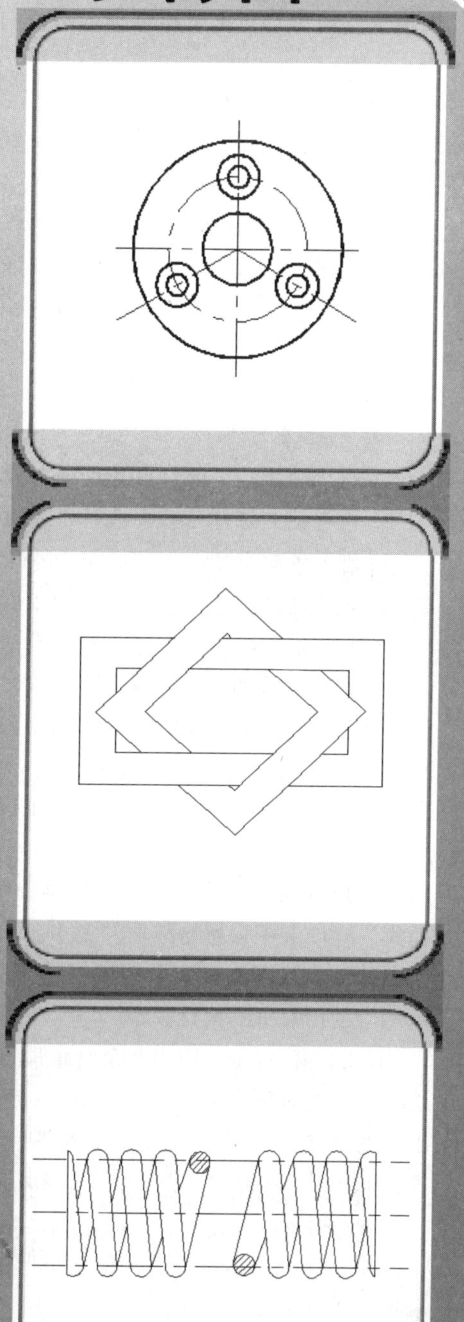

图形绘制完毕后，通常要对其进行审核，对有错误和有变化的地方进行修改，以使之准确无误，这就是图形的编辑与修改。AutoCAD 2022 提供了丰富的图形编辑修改功能，可以最大限度地满足工程技术上的绘图要求。将这些编辑命令配合绘图命令使用，可以完成复杂图形的绘制工作，并可使用户合理安排和组织图形，保证作图准确，减少重复，提高设计和绘图的效率。

本章主要讲述了复制类命令、改变位置类命令、改变几何特性类命令与对象编辑命令等知识。

- 选择对象
- 基本编辑命令
- 改变几何特性类命令
- 对象编辑
- 删除及恢复类命令

5.1 选择对象

选择对象是进行对象编辑的前提。AutoCAD 提供了多种对象选择方法，如点取方法、用选择窗口选择对象、用选择线选择对象、用对话框选择对象和用套索选择工具选择对象等。

AutoCAD 可以把选择的多个对象组成整体（如选择集和对象组），进行整体编辑与修改。

AutoCAD 提供了两种执行效果相同的途径编辑图形：

1）先执行编辑命令，然后选择要编辑的对象。

2）先选择要编辑的对象，然后执行编辑命令。

下面结合 SELECT 命令说明选择对象的方法。

SELECT 命令可以单独使用，即在命令行中键入“SELECT”后按 Enter 键，也可以在执行其他编辑命令时被自动调用。此时，屏幕出现提示：

```
命令: SELECT↙
选择对象:
```

系统等待用户以某种方式选择对象作为回答。AutoCAD 提供了多种选择方式，可以键入“？”查看这些选择方式。选择“通过（T）”选项后，出现如下提示：

```
需要点或窗口(W)/上一个(L)/窗交(C)/框(BOX)/全部(ALL)/栏选(F)/圈围(WP)/圈交(CP)/编组(G)/添加(A)/删除(R)/多个(M)/前一个(P)/放弃(U)/自动(AU)/单个(SI)/子对象(SU)/对象(O)
选择对象:
```

各选项含义如下：

（1）点　该选项表示直接通过点取的方式选择对象。这是较常用也是系统默认的一种对象选择方法。用鼠标或键盘上的方向键移动拾取框，使其框住要选取的对象，然后单击，就会选中并高亮显示该对象。该点的选定也可以用键盘输入一个点坐标值来实现。当选定点后，系统将立即扫描图形，搜索并且选择穿过该点的对象。

用户可以单击“工具”下拉菜单中的“选项”，在打开的“选项”对话框中选择“选择集”选项卡中设置拾取框的大小。

移动“拾取框大小”选项组的滑动标尺可以调整拾取框的大小。左侧的空白区中会显示相应的拾取框的尺寸大小。

（2）窗口(W)　用由两个对角顶点确定的矩形窗口选取位于其范围内部的所有图形，与边界相交的对象不会被选中。指定对角顶点时应该按照从左向右的顺序。

在“选择对象:”提示下键入“W”，按 Enter 键。选择该选项后，出现如下提示：

```
指定第一个角点:（输入矩形窗口的第一个对角点的位置）
指定对角点:（输入矩形窗口的另一个对角点的位置）
```

指定两个对角顶点后，位于矩形窗口内部的所有图形会被选中并高亮显示。“窗口”对象选择方式如图 5-1 所示。

（3）上一个(L)　在“选择对象：”提示下键入“L”后按 Enter 键，系统会自动选取最后绘出的一个对象。

（4）窗交(C)　该方式与上述“窗口”方式类似，区别在于它不但选择矩形窗口内部的

对象，也选中与矩形窗口边界相交的对象。

在“选择对象：”提示下键入“C”，按 Enter 键，系统提示：

指定第一个角点:（输入矩形窗口的第一个对角点的位置）
指定对角点:（输入矩形窗口的另一个对角点的位置）

“窗交”对象选择方式如图 5-2 所示。

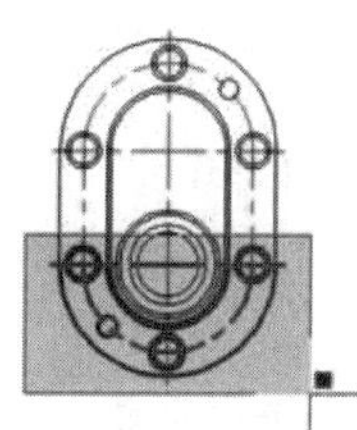

下部方框为选择框

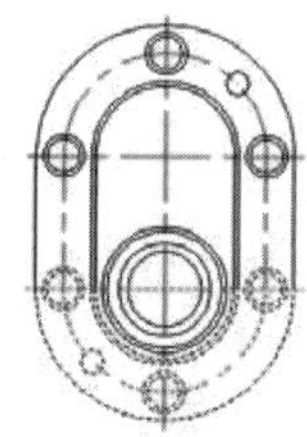

选择对象后的图形

图 5-1 “窗口”对象选择方式

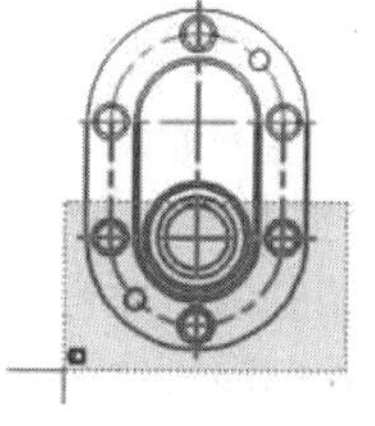

下部虚线框为选择框

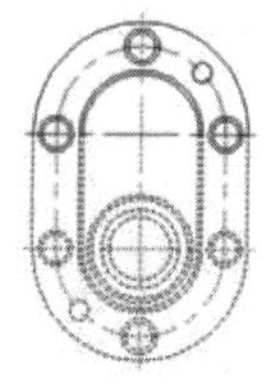

选择对象后的图形

图 5-2 “窗交”对象选择方式

（5）框(BOX) 该方式没有命令缩写字母。使用时，系统根据用户在屏幕上给出的两个对角点的位置自动引用“窗口”或“窗交”选择方式。若从左向右指定对角点，为“窗口”方式；反之，为“窗交”方式。

（6）全部(ALL) 选取图面上所有对象。在“选择对象:”提示下键入“ALL”后按 Enter 键，绘图区域内的所有对象均会被选中。

（7）栏选(F) 用户临时绘制一些直线，这些直线不必构成封闭图形，凡是与这些直线相交的对象均被选中。这种方式对选择相距较远的对象比较有效。在“选择对象:”提示下键入“F”后按 Enter 键，选择该选项后，出现如下提示：

指定第一个栏选点或拾取/拖动光标:（指定交线的第一点）
指定下一个栏选点或 [放弃(U)]:（指定交线的第二点）
指定下一个栏选点或 [放弃(U)]:（指定下一条交线的端点）
……
指定下一个栏选点或 [放弃(U)]:（按 Enter 键结束操作）

“栏选”对象选择方式如图 5-3 所示。

（8）圈围(WP) 使用一个不规则的多边形来选择对象。在“选择对象:”提示下键入“WP”，系统提示：

第一个圈围点或拾取/拖动光标::（输入不规则多边形的第一个顶点坐标）
指定直线的端点或 [放弃(U)]:（输入第二个顶点坐标）
指定直线的端点或 [放弃(U)]:（按 Enter 键结束操作）

根据提示，顺次输入构成多边形所有顶点的坐标，按 Enter 键结束操作，系统将自动连接第一个顶点与最后一个顶点形成封闭的多边形。多边形的边不能接触或穿过其本身。若键入“U”，则取消刚才定义的坐标点并且重新指定。凡是被多边形围住的对象均被选中（不包括边界）。“圈围”对象选择方式如图 5-4 所示。

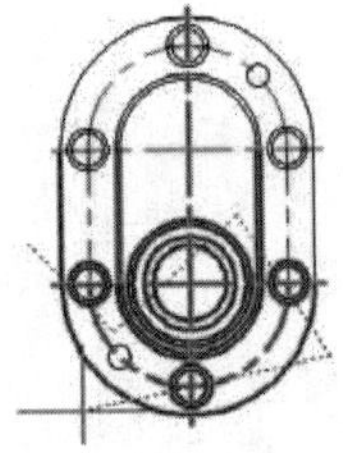

虚线为选择栏

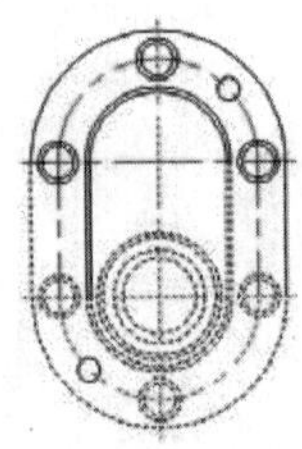

选择对象后的图形

图 5-3 “栏选”对象选择方式

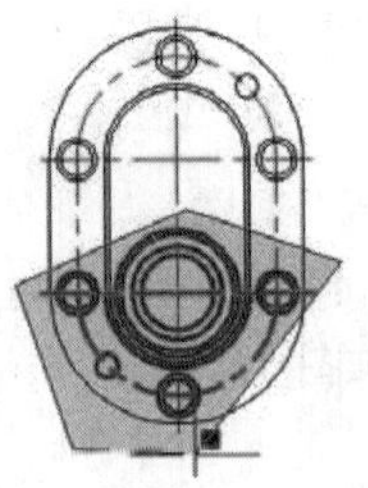

十字线拉出的多边形为选择框

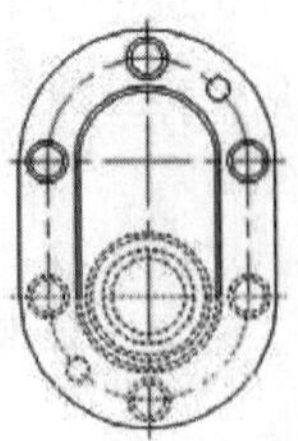

选择对象后的图形

图 5-4 “圈围”对象选择方式

（9）圈交(CP) 类似于“圈围”方式，在提示下键入“CP”，后续操作与“WP”方式相同。区别在于与多边形边界相交的对象也被选中。

其他几种对象选择方式与前面讲述的方式类似，读者可以自行练习，这里不再赘述。

5.2 基本编辑命令

AutoCAD 中，有一些编辑命令不改变对象的形状和大小，只改变对象的相对位置和数量。利用这些编辑命令，可以方便地编辑绘制的图形。

5.2.1 复制链接对象

1. 执行方式

命令行：COPYLINK。

菜单栏：选择菜单栏中的“编辑”→“复制链接”命令。

2. 操作格式

```
命令：COPYLINK↙
```

对象链接和嵌入的操作与用剪贴板粘贴的操作类似，但其内部运行机制有很大的差异。链接对象及其创建应用程序之间始终保持联系。例如，在Word文档中链接一个AutoCAD图形对象，在 Word 中双击该对象，Windows 会自动将其装入 AutoCAD 中，以供用户进行编辑。如果对原始 AutoCAD 图形做了修改，则 Word 文档中的图形也随之发生相应的变化。如果是用剪切后粘贴上的图形，则它只是 AutoCAD 图形的一个复制图形，粘贴之后将不再与 AutoCAD 图形保持任何联系，原始图形的变化不会对它产生任何作用。

5.2.2 实例——链接图形

将 AutoCAD 图形对象链接到 Word 文档，如图 5-5 所示。

操作步骤

1）启动 Word，打开一个文件，在编辑窗口将光标移到要插入 AutoCAD 图形的位置。

2）启动 AutoCAD 2022，打开（或绘制）AutoCAD 图形对象，如图 5-6 所示。

3）在命令行中输入“COPYLINK”命令。

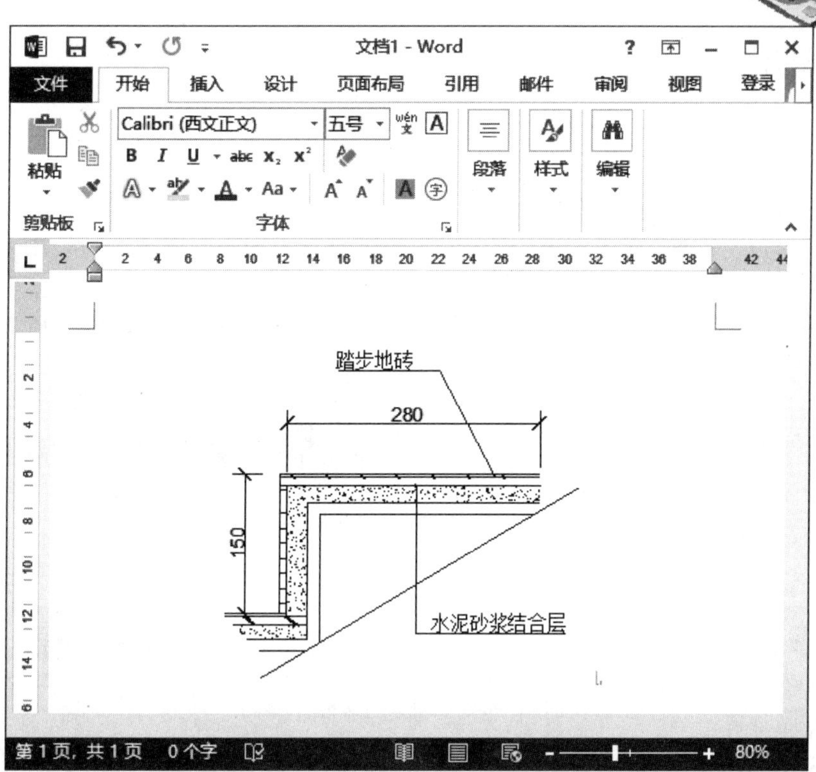

图 5-5 将 AutoCAD 图形对象链接到 Word 文档

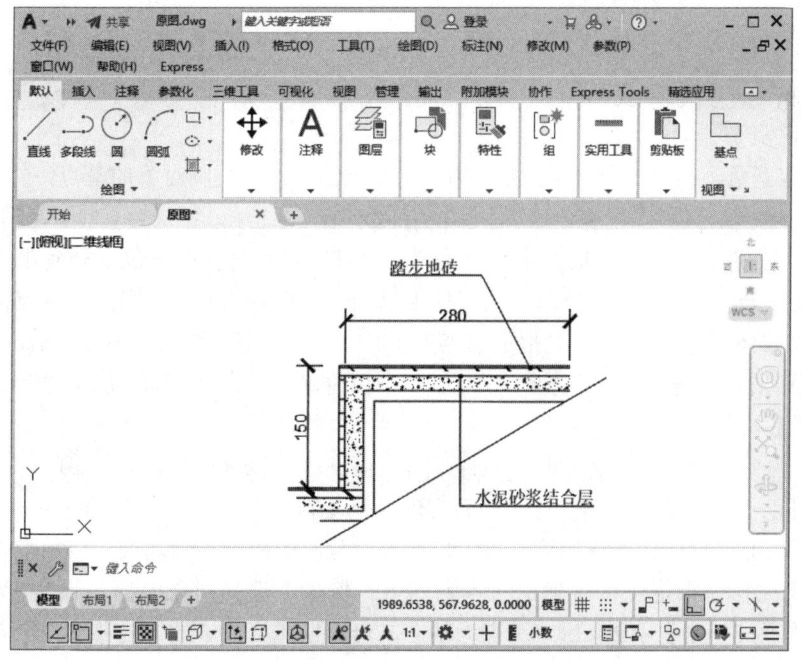

图 5-6 AutoCAD 图形对象

4）重新切换到 Word 中，选取粘贴选项，AutoCAD 图形就粘贴到 Word 文档中了，如图

5-5 所示。

5.2.3 复制命令

1. 执行方式

命令行：COPY。

菜单栏：选择菜单栏中的“修改”→“复制”命令。

工具栏：单击“修改”工具栏中的“复制”按钮 （见图 5-7）。

功能区：①单击“默认”选项卡②“修改”面板中的③“复制”按钮（见图 5-8）。

快捷菜单：选择要复制的对象，在绘图区右击，在弹出的快捷菜单中选择“复制选择”命令。

图 5-7 “修改”工具栏

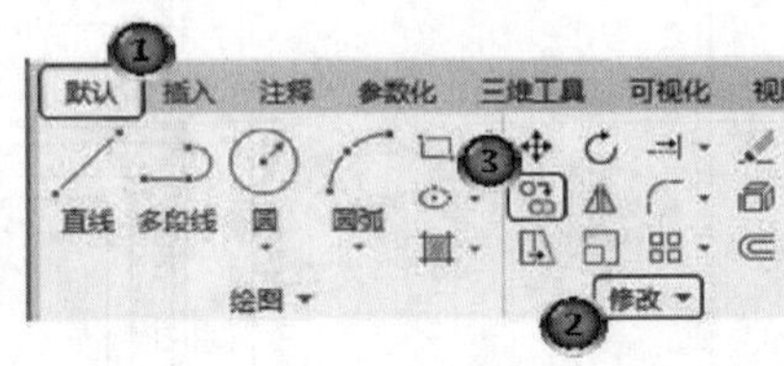

图 5-8 “修改”面板

2. 操作格式

```
命令: COPY↙
选择对象: (选择要复制的对象)
```

用前面介绍的对象选择方法选择一个或多个对象，按 Enter 键结束选择操作。系统继续提示：

```
当前设置: 复制模式 = 多个
指定基点或 [位移(D)/模式(O)] 〈位移〉:(指定基点或位移)
```

3. 选项说明

（1）指定基点　指定一个坐标点后，AutoCAD 把该点作为复制对象的基点，并提示：

```
指定第二个点或 [阵列(A)]〈使用第一个点作为位移〉:
```

指定第二个点后，系统将根据这两点确定的位移矢量把选择的对象复制到第二点处。如果此时直接按 Enter 键，即选择默认的“使用第一个点作为位移”，则第一个点被当作相对于 X、Y、Z 的位移。例如，如果指定基点为（2，3）并在下一个提示下按 Enter 键，则该对象从它当前的位置开始在 X 方向上移动 2 个单位，在 Y 方向上移动 3 个单位。

复制完成后，系统会继续提示：

```
指定第二个点或 [阵列(A)/退出(E)/放弃(U)] 〈退出〉:
```

这时，可以不断指定新的第二点，从而实现多重复制。

（2）位移(D)　直接输入位移值，表示以选择对象时的拾取点为基准，以拾取点坐标为移动方向纵横比移动指定位移后确定的点为基点。例如，选择对象时拾取点坐标为（2，3），输入位移为 5，则表示以（2，3）点为基准，沿纵横比为 3:2 的方向移动 5 个单位所确定的点为基点。

（3）模式(O)　控制是否自动重复该命令。选择该项后，系统提示：

```
输入复制模式选项 [单个(S)/多个(M)] 〈多个〉:
```

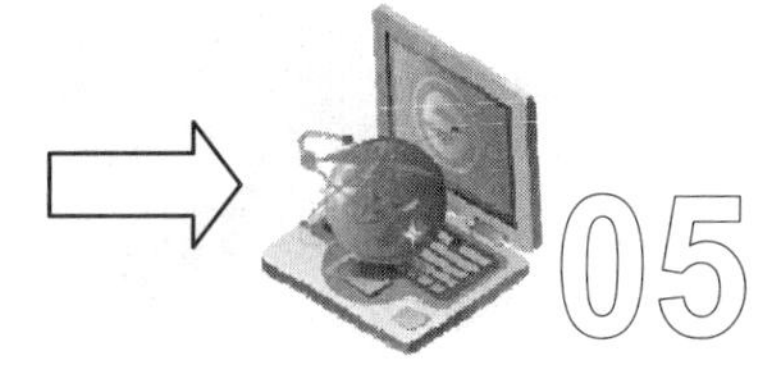

可以设置复制模式是单个或多个。

5.2.4 实例——洗手台

绘制如图 5-9 所示的洗手台。

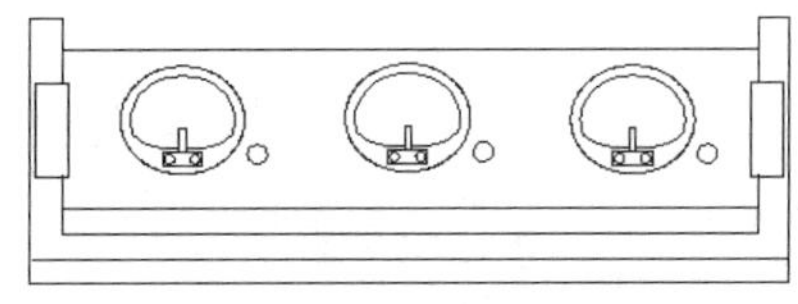

图 5-9 洗手台

操作步骤

1）单击“默认”选项卡“绘图”面板中的“直线”按钮和“矩形”按钮，绘制洗手台架，如图 5-10 所示。

2）单击“默认”选项卡“绘图”面板中的“直线”按钮、“圆”下拉菜单中的“圆心，半径”按钮、“圆弧”下拉菜单中的 “三点”按钮以及“椭圆”下拉菜单中的“椭圆弧”按钮等命令绘制一个洗手盆及肥皂盒，如图 5-11 所示。

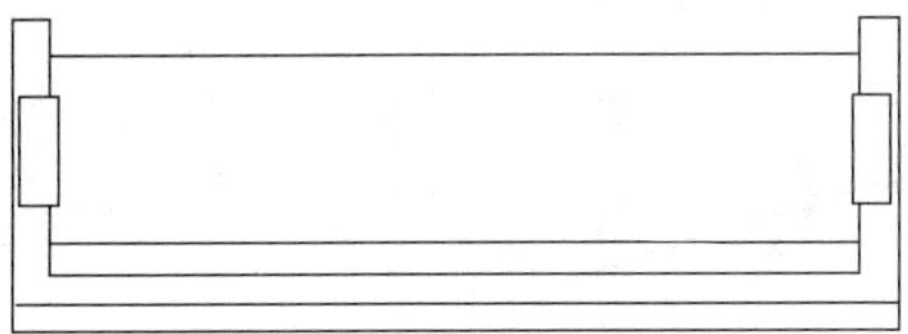

图 5-10 绘制洗手台架

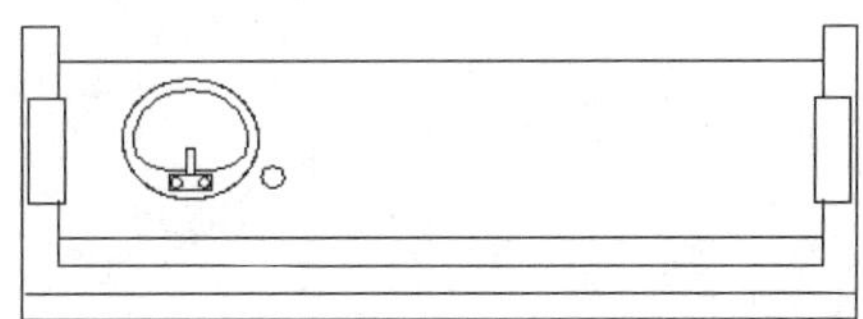

图 5-11 绘制一个洗手盆及肥皂盒

3）单击“默认”选项卡“修改”面板中的“复制”按钮，复制另两个洗手盆及肥皂盒，命令行提示与操作如下：

命令：_COPY

选择对象：(框选上面绘制的洗手盆及肥皂盒)

找到 23 个

选择对象：↙

当前设置： 复制模式 = 多个

指定基点或 [位移(D)/模式(O)] <位移>：(指定一点为基点)

指定第二个点或 [阵列(A)]或 <使用第一个点作为位移>：(打开状态栏上的“正交模式”，指定适当位置一点)

指定第二个点或 [阵列(A)/退出(E)/放弃(U)] <退出>：(指定适当位置一点)

结果如图 5-9 所示。

5.2.5 镜像命令

镜像对象是指把选择的对象围绕一条镜像线做对称复制。镜像操作完成后，可以保留原对象也可以将其删除。

1. 执行方式

命令行：MIRROR。

菜单栏：选择菜单栏中的“修改”→“镜像”命令。

工具栏：单击“修改”工具栏中的“镜像”按钮⚠。

功能区：单击“默认”选项卡“修改”面板中的“镜像”按钮⚠。

2. 操作格式

```
命令：MIRROR↙
选择对象：（选择要镜像的对象）
选择对象：↙
指定镜像线的第一点：（指定镜像线的第一个点）
指定镜像线的第二点：（指定镜像线的第二个点）
要删除源对象吗？[是(Y)/否(N)]〈否〉：（确定是否删除原对象）
```

指定的两点确定一条镜像线，被选择的对象以该线为对称轴进行镜像。包含该线的镜像平面与用户坐标系统的 XY 平面垂直，即镜像操作工作在与用户坐标系统的 XY 平面平行的平面上。

5.2.6 实例——压盖

绘制如图 5-12 所示的压盖。

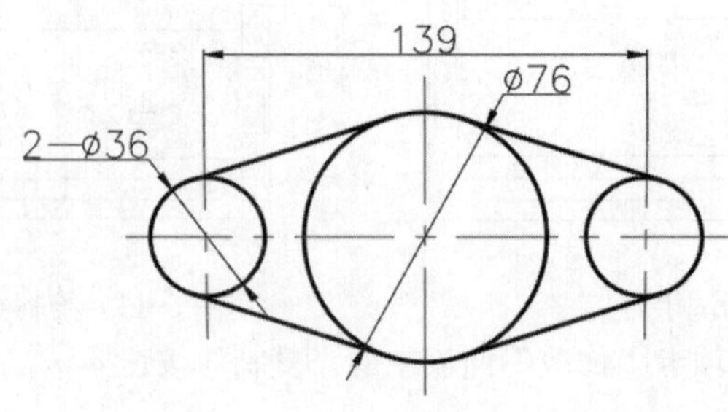

图 5-12 压盖

操作步骤

1）单击“默认”选项卡“图层”面板中的“图层特性”按钮，设置如下图层：第一图层命名为“轮廓线”，线宽为 0.3mm，其余属性默认；第二图层命名为“中心线”，颜色为红色，线型为 CENTER，其余属性默认。

2）绘制中心线。设置“中心线”图层为当前图层。在屏幕上适当位置指定直线端点坐标，绘制一条水平中心线和两条竖直中心线，如图 5-13 所示。

3）将“轮廓线”图层设置为当前图层，单击“默认”选项卡“绘图”面板上的“圆”下拉菜单中的“圆心，半径”按钮，分别捕捉两中心线交点为圆心，以适当的半径绘制两个圆，如图 5-14 所示。

4）单击“默认”选项卡“绘图”面板中的“直线”按钮，结合对象捕捉功能，绘制一条切线，如图 5-15 所示。

5）单击“默认”选项卡“修改”面板中的“镜像”按钮⚠，以水平中心线为镜像线镜

像刚绘制的切线。命令行提示与操作如下：

```
命令: _MIRROR
选择对象:（选择切线）
选择对象:↙
指定镜像线的第一点:
指定镜像线的第二点:（在中间的中心线上选取两点）
要删除源对象吗? [是(Y)/否(N)] <否>:↙
```

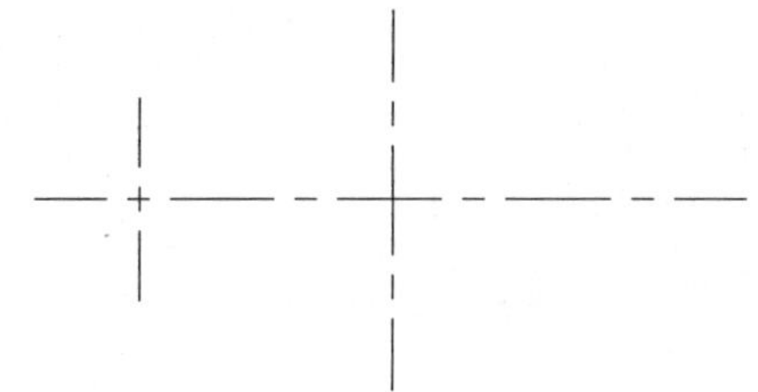

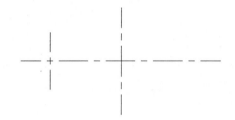

图 5-13　绘制中心线

图 5-14　绘制圆

结果如图 5-16 所示。

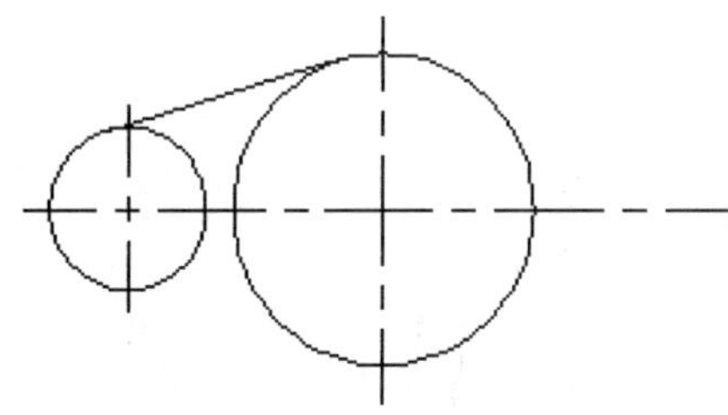

图 5-15　绘制切线

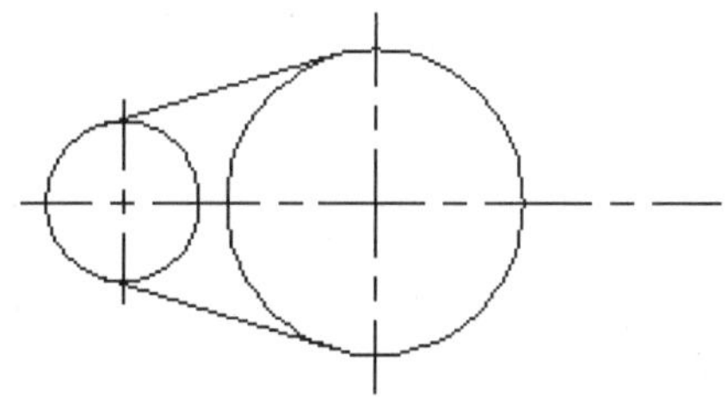

图 5-16　镜像切线

6）同样，利用“镜像”命令，以右侧竖直中心线为镜像线，选择镜像线左边的图形对象进行镜像，结果如图 5-12 所示。

5.2.7　偏移命令

偏移对象是指保持选择的对象的形状，按指定的距离和方向在其他位置创建一个新的对象。

1．执行方式

命令行：OFFSET。

菜单栏：选择菜单栏中的“修改”→“偏移”命令。

工具栏：单击“修改”工具栏中的“偏移”按钮。

功能区：单击“默认”选项卡“修改”面板中的“偏移”按钮。

2．操作格式

```
命令: OFFSET↙
当前设置: 删除源=否　图层=源　OFFSETGAPTYPE=0
指定偏移距离或 [通过(T)/删除(E)/图层(L)] <通过>:（指定距离值）
选择要偏移的对象, 或 [退出(E)/放弃(U)] <退出>:（选择要偏移的对象, 按 Enter 键结束操作）
```

指定要偏移的那一侧上的点，或［退出(E)/多个(M)/放弃(U)］<退出>：(指定偏移方向)

3. 选项说明

（1）指定偏移距离　输入一个距离值，或按 Enter 键使用当前的距离值，系统把该距离值作为偏移距离，如图 5-17 所示。

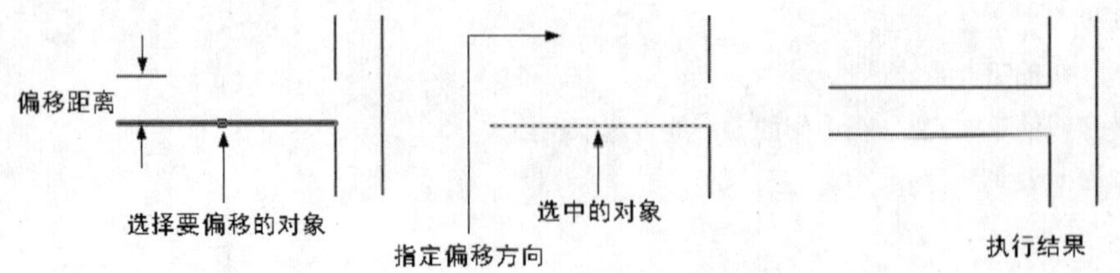

图 5-17　指定距离偏移对象

（2）通过(T)　指定偏移的通过点。选择该选项后出现如下提示：

选择要偏移的对象，或［退出(E)/放弃(U)］<退出>：(选择要偏移的对象。按 Enter 键会结束操作)

指定通过点或［退出(E)/多个(M)/放弃(U)］<退出>：(指定偏移对象的一个通过点)

操作完毕后系统将根据指定的通过点绘出偏移对象，如图 5-18 所示。

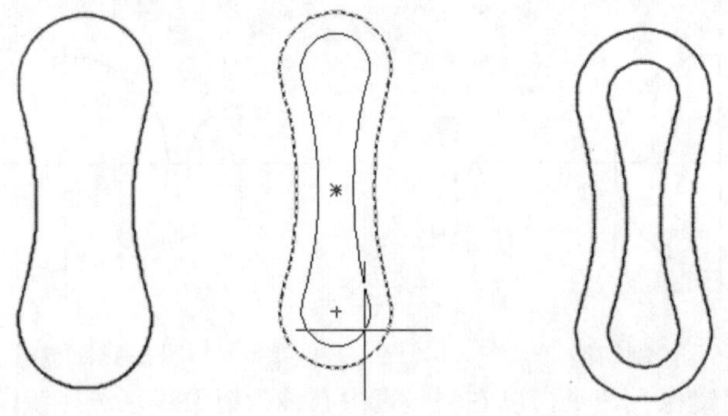

图 5-18　指定通过点偏移对象

（3）图层(L)　确定将偏移对象创建在当前图层上还是源对象所在的图层上。选择该选项后出现如下提示：

输入偏移对象的图层选项［当前(C)/源(S)］<源>：

操作完毕后系统将根据指定的图层绘出偏移对象。

5.2.8　实例——挡圈

绘制如图 5-19 所示的挡圈。

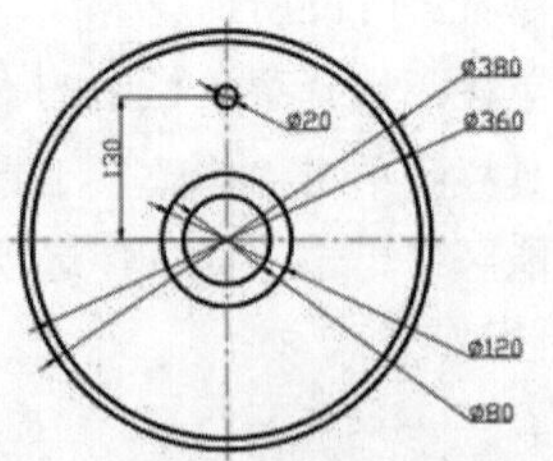

图 5-19　挡圈

操作步骤

1）设置图层。单击“默认”选项卡“图层”面板中的“图层特性”按钮，设置两个图层：粗实线图层，线宽为 0.3mm，其余属性默认；中心线图层，线型为 CENTER，其余属性默认。

2）设置中心线图层为当前图层，单击“默认”选项卡“绘图”面板中的“直线”按钮，绘制中心线，如图 5-20 所示。

3）设置粗实线图层为当前图层，单击“默认”选项卡“绘图”面板上的“圆”下拉菜单中的“圆心，半径”按钮，啥子圆心为下面中心线交点、半径为 8，绘制挡圈内孔，如图 5-21 所示。

4）单击“默认”选项卡“修改”面板中的“偏移”按钮，偏移绘制的圆。命令行提示与操作如下：

```
命令: _OFFSET
当前设置: 删除源=否  图层=源  OFFSETGAPTYPE=0
指定偏移距离或 [通过(T)/删除(E)/图层(L)] <通过>: 6↙
选择要偏移的对象，或 [退出(E)/放弃(U)] <退出>: (指定绘制的圆)
指定要偏移的那一侧上的点，或 [退出(E)/多个(M)/放弃(U)] <退出>: (指定圆外侧)
选择要偏移的对象，或 [退出(E)/放弃(U)] <退出>:↙
```

采用相同方法，指定偏移距离为 38 和 40，以初始绘制的圆为对象向外偏移，绘制轮廓线，如图 5-22 所示。

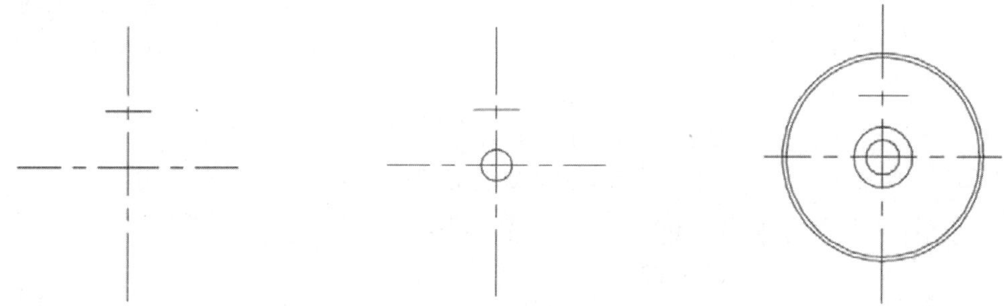

图 5-20　绘制中心线　　图 5-21　绘制内孔　　图 5-22　绘制轮廓线

5）单击“默认”选项卡“绘图”面板上的“圆”下拉菜单中的“圆心，半径”按钮，以上面的中心线交点为圆心、半径为 4，绘制小孔，结果如图 5-19 所示。

注意

本例绘制同心圆也可以采用绘制圆的方式。一般在绘制结构相同并且要求保持恒定的相对位置时，可以采用偏移命令实现。

5.2.9　阵列命令

建立阵列是指多重复制选择的对象并把这些副本按矩形、路径或环形排列。把副本按矩形排列称为建立矩形阵列，把副本按路径排列称为建立路径阵列，把副本按环形排列称为建立极阵列。建立极阵列时，应该控制复制对象的次数和对象是否被旋转；建立矩形阵列时，应该控制行和列的数量以及对象副本之间的距离。

1. 执行方式

命令行：ARRAY。

菜单栏：选择菜单栏中的“修改”→“阵列”命令。

工具栏：单击“修改”工具栏中的“矩形阵列”按钮，或单击“修改”工具栏中的“路径阵列”按钮，或单击“修改”工具栏中的“环形阵列”按钮。

功能区：单击“默认”选项卡“修改”面板中的“矩形阵列”按钮/“路径阵列”按钮/“环形阵列”按钮（见图 5-23）。

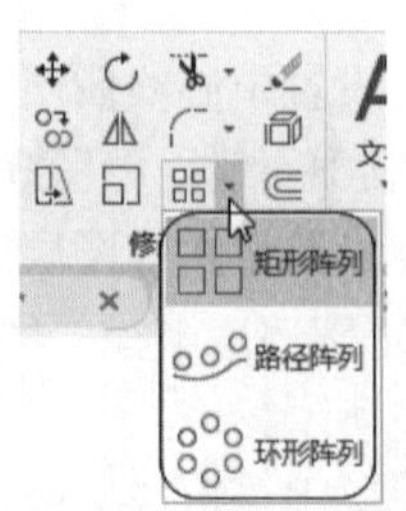

图 5-23 “修改”面板

2. 操作格式

命令：ARRAY↙

选择对象：（使用对象选择方法）

选择对象：↙

输入阵列类型[矩形（R）/路径（PA）/极轴（PO）]<矩形>:

3. 选项说明

（1）矩形（R） 将选定对象的副本分布到行数、列数和层数的任意组合。选择该选项后出现如下提示：

类型 = 矩形 关联 = 是

选择夹点以编辑阵列或［关联(AS)/基点(B)/计数(COU)/间距(S)/列数(COL)/行数(R)/层数(L)/退出(X)］<退出>：（通过夹点，调整阵列间距、列数、行数和层数；也可以分别选择各选项输入数值）

（2）路径（PA） 沿路径或部分路径均匀分布选定对象的副本。选择该选项后出现如下提示：

选择路径曲线:（选择一条曲线作为阵列路径）

选择夹点以编辑阵列或［关联(AS)/方法(M)/基点(B)/切向(T)/项目(I)/行(R)/层(L)/对齐项目(A)/Z 方向(Z)/退出(X)］<退出>:（通过夹点，调整阵列行数和层数；也可以分别选择各选项输入数值）

（3）极轴（PO） 在绕中心点或旋转轴的环形阵列中均匀分布对象副本。选择该选项后出现如下提示：

指定阵列的中心点或［基点(B)/旋转轴(A)］:（选择中心点、基点或旋转轴）

选择夹点以编辑阵列或［关联(AS)/基点(B)/项目(I)/项目间角度(A)/填充角度(F)/行(ROW)/层(L)/旋转项目(ROT)/退出(X)］<退出>:（通过夹点，调整角度，填充角度；也可以分别选择各选项输入数值）

5.2.10 实例——轴承端盖

绘制如图 5-24 所示的轴承端盖。

操作步骤

1）图层设定。单击“默认”选项卡“图层”面板中的“图层特性”按钮，新建三个图层：粗实线图层，线宽为 0.50mm，其余属性默认；细实线图层，线宽为 0.30mm，其余属性默认；中心线图层，线宽为 0.30mm，颜色为红色，线型为 CENTER，其余属性默认。

2）绘制左视图中心线。将线宽显示打开。将当前图层设置为中心线图层。单击“默认”选项卡“绘图”面板中的“直线”按钮和“圆”下拉菜单中的“圆心，半径”按钮，并结合“正交”“对象捕捉”和“对象捕捉追踪”等工具选取适当尺寸绘制，如图

5-25 所示的中心线。

3）绘制左视图的轮廓线。将当前图层设置为粗实线图层。单击“默认”选项卡“绘图”面板上的“圆”下拉菜单中的“圆心，半径”按钮，并结合“对象捕捉”工具选取适当尺寸绘制如图 5-26 所示的圆。

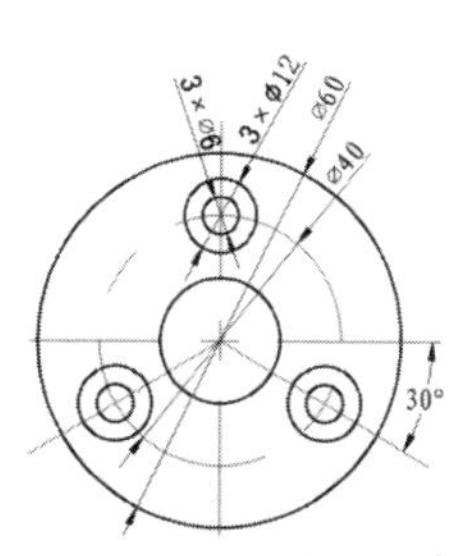

图 5-24　轴承端盖

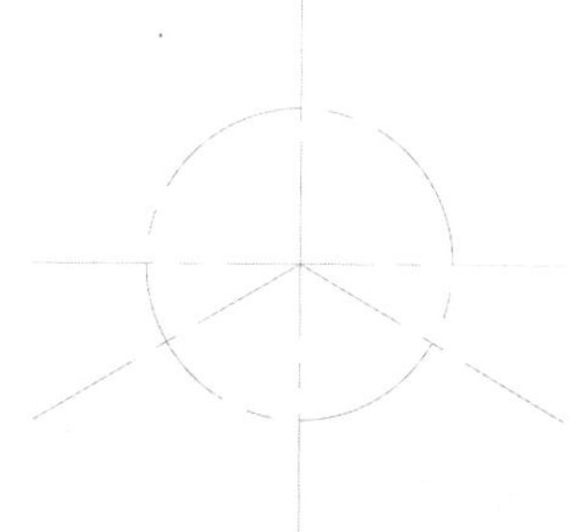

图 5-25　绘制左视图中心线

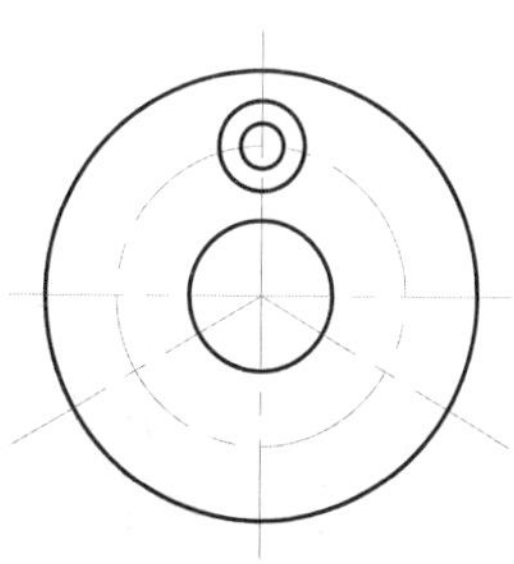

图 5-26　绘制左视图轮廓线

4）阵列圆。单击“默认”选项卡“修改”面板中的“环形阵列”按钮，项目数设置为 3，填充角度设置为 360，选择两个同心的小圆作为阵列对象，捕捉中心线圆的圆心为阵列中心。命令行提示与操作如下：

命令：_ARRAYPOLAR

选择对象：（选择两个同心小圆）

选择对象：↙

类型 = 极轴　关联 = 是

指定阵列的中心点或［基点(B)/旋转轴(A)］：（捕捉中心线圆的圆心）

选择夹点以编辑阵列或［关联(AS)/基点(B)/项目(I)/项目间角度(A)/填充角度(F)/行(ROW)/层(L)/旋转项目(ROT)/退出(X)］<退出>:I↙

输入阵列中的项目数或［表达式(E)］<6>：3↙

选择夹点以编辑阵列或［关联(AS)/基点(B)/项目(I)/项目间角度(A)/填充角度(F)/行(ROW)/层(L)/旋转项目(ROT)/退出(X)］<退出>：F↙

指定填充角度(+=逆时针、-=顺时针)或［表达式(EX)］<360>:↙

选择夹点以编辑阵列或［关联(AS)/基点(B)/项目(I)/项目间角度(A)/填充角度(F)/行(ROW)/层(L)/旋转项目(ROT)/退出(X)］<退出>:↙

阵列结果如图 5-24 所示。

5.2.11　移动命令

1．执行方式

命令行：MOVE。

菜单栏：选择菜单栏中的“修改”→“移动”命令。

快捷菜单：选择要移动对象，在绘图区域右击，从弹出的快捷菜单中选择“移动”命令。

工具栏：单击“修改”工具栏中的“移动”按钮。

功能区：单击“默认”选项卡“修改”面板中的“移动”按钮。

2．操作格式

```
命令：MOVE↙
选择对象：（选择对象）
```

用前面介绍的对象选择方法选择要移动的对象，按 Enter 键结束选择。系统继续提示：

```
指定基点或[位移(D)] <位移>:（指定基点或移至点）
指定第二个点或 <使用第一个点作为位移>:
```

各选项功能与 COPY 命令相关选项功能相同。不同的是对象被移动后，原位置的对象消失。

5.2.12 旋转命令

1．执行方式

命令行：ROTATE。

菜单栏：选择菜单栏中的“修改”→“旋转”命令。

快捷菜单：选择要旋转的对象，在绘图区右击，在弹出的快捷菜单中选择“旋转”命令。

工具栏：单击“修改”工具栏中的“旋转”按钮。

功能区：单击“默认”选项卡“修改”面板中的“旋转”按钮。

2．操作格式

```
命令：ROTATE↙
UCS 当前的正角方向： ANGDIR=逆时针  ANGBASE=0
选择对象：（选择要旋转的对象）
选择对象：↙
指定基点:（指定旋转的基点。在对象内部指定一个坐标点）
指定旋转角度，或 [复制(C)/参照(R)] <0>:（指定旋转角度或其他选项）
```

3．选项说明

（1）复制（C）　选择该项，在旋转对象的同时保留原对象，如图 5-27 所示。

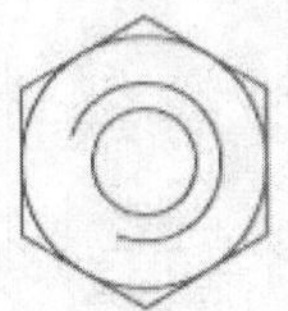

旋转前

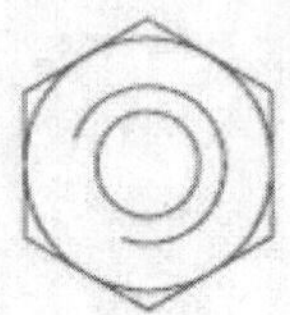

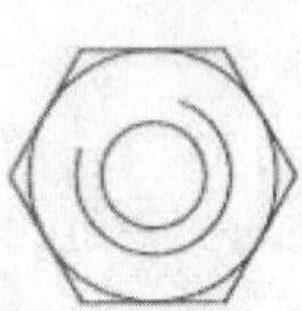

旋转后

图 5-27　复制旋转

（2）参照（R）　采用参照方式旋转对象时，系统提示：

```
指定参照角 <0>:（指定要参考的角度，默认值为 0）
指定新角度或[点(P)] <0>：（输入旋转后的角度值）
```

操作完毕后，对象被旋转至指定的角度位置。

注意

可以用拖动鼠标的方法旋转对象。选择对象并指定基点后，从基点到当前光标位置会出现一条连线，移动选择的对象，其会动态地随着该连线与水平方向的夹角的变化而旋转，按 Enter 键会确认旋转操作，如图 5-28 所示。

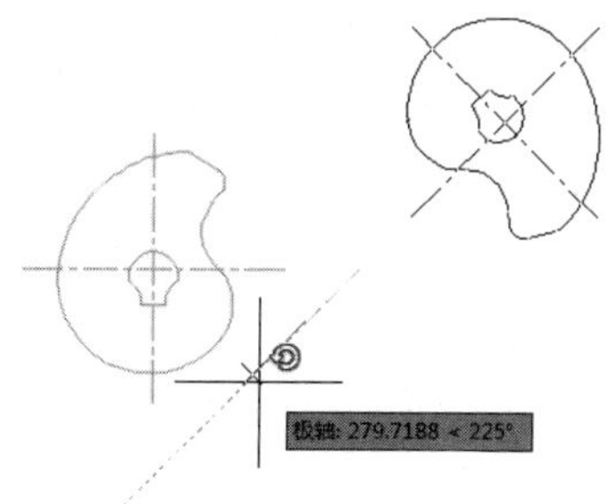

图 5-28　拖动鼠标旋转对象

5.2.13　实例——曲柄

绘制如图 5-29 所示的曲柄。

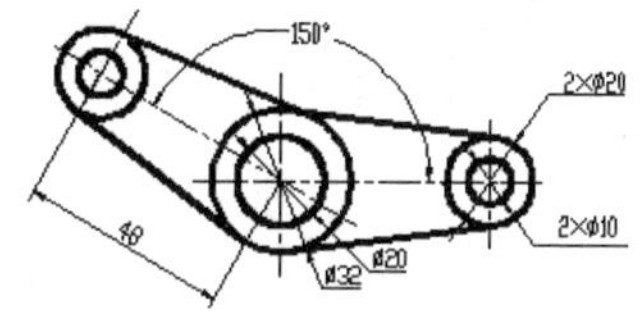

图 5-29　曲柄

操作步骤

1）单击“默认”选项卡“图层”面板中的“图层特性”按钮，新建两个图层：中心线图层，线型为 CENTER，其余属性默认；粗实线图层，线宽为 0.30mm，其余属性默认。

2）将中心线图层设置为当前图层，单击“默认”选项卡“绘图”面板中的“直线”按钮。设置坐标分别为{(100,100)，(180,100)}和{(120,120)，(120,80)}，绘制中心线，结果如图 5-30 所示。

3）单击“默认”选项卡“修改”面板中的“偏移”按钮，设置偏移距离为 48，绘制另一条中心线，结果如图 5-31 所示。

图 5-30　绘制中心线　　图 5-31　偏移中心线

4）转换到粗实线图层，单击“默认”选项卡“绘图”面板上的“圆”下拉菜单中的“圆心，半径”按钮，以水平中心线与左边竖直中心线交点为圆心，以 32 和 20 为直径绘制同心圆，以水平中心线与右边竖直中心线交点为圆心，以 20 和 10 为直径绘制同心圆，结果如图 5-32 所示。

5）单击“默认”选项卡“绘图”面板中的“直线”按钮，分别捕捉左、右外圆的切点为端点，绘制上、下两条切线，结果如图 5-33 所示。

6）单击“默认”选项卡“修改”面板中的“旋转”按钮，将所绘制的图形进行复制旋转，命令行提示与操作如下：

```
命令: _ROTATE
UCS 当前的正角方向:  ANGDIR=逆时针  ANGBASE=0
选择对象: (选择图形中要旋转的部分，如图 5-34 所示)
找到 1 个，总计 6 个
选择对象:↙
指定基点: _int 于 (捕捉左边中心线的交点)
指定旋转角度，或 [复制(C)/参照(R)] <0>:C↙
旋转一组选定对象。
指定旋转角度，或 [复制(C)/参照(R)] <0>: 150↙
```

结果如图 5-29 所示。

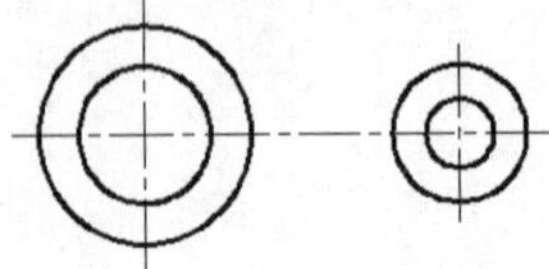

图 5-32　绘制同心圆

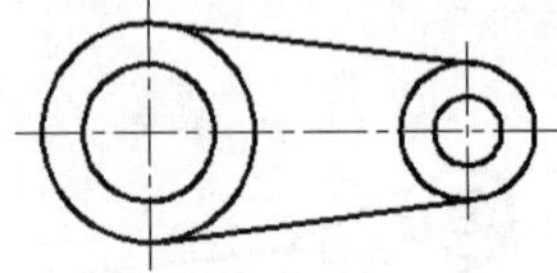

图 5-33　绘制切线

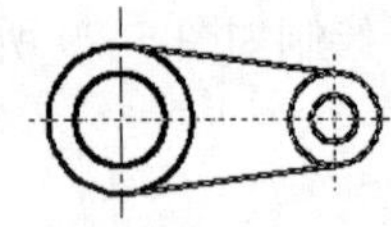

图 5-34　选择复制对象

5.2.14　缩放命令

1．执行方式

命令行：SCALE。

菜单栏：选择菜单栏中的“修改”→“缩放”命令。

快捷菜单：选择要缩放的对象，在绘图区右击，在弹出的快捷菜单中选择“缩放”命令。

工具栏：单击“修改”工具栏中的“缩放”按钮。

功能区：单击“默认”选项卡“修改”面板中的“缩放”按钮。

2．操作格式

```
命令: SCALE↙
选择对象: (选择要缩放的对象)
选择对象: ↙
指定基点: (指定缩放操作的基点)
指定比例因子或 [复制(C)/参照(R)] <1.0000>:
```

3．选项说明

1）采用参照方向缩放对象时，系统提示：

```
指定参照长度 <1>: (指定参照长度值)
指定新的长度或[点 (P) ]<1.0000>: (指定新长度值)
```

若新长度值大于参照长度值，则放大对象；否则缩小对象。操作完毕后，系统以指定的基点按指定比例因子缩放对象。如果选择“点(P)”选项，则指定两点来定义新的长度。

2）可以用拖动鼠标的方法缩放对象。选择对象并指定基点后，从基点到当前光标位置会出现一条连线，线段的长度即为比例大小。移动选择的对象，其会动态地随着该连线长度的变化而缩放，按 Enter 键可确认缩放操作。

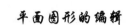

5.3 改变几何特性类命令

这一类编辑命令在对指定对象进行编辑后，会使编辑对象的几何特性发生改变。包括倒斜角、倒圆角、断开、修剪、延长、加长、伸展等命令。

5.3.1 修剪命令

1. 执行方式

命令行：TRIM。

菜单栏：选择菜单栏中的“修改”→“修剪”命令。

工具栏：单击“修改”工具栏中的“修剪”按钮。

功能区：单击“默认”选项卡“修改”面板中的“修剪”按钮。

2. 操作格式

命令：TRIM↙

当前设置:投影=UCS，边=无，模式=标准

选择剪切边...

选择对象或［模式(O)］<全部选择>：（选择一个或多个对象并按 Enter 键，或者按 Enter 键选择所有显示的对象）

按 Enter 键结束对象选择，系统提示：

选择要修剪的对象，或按住 Shift 键选择要延伸的对象，或[剪切边(T)/栏选(F)/窗交(C)/模式(O)/投影(P)/边(E)/删除(R)/放弃(U)]:

3. 选项说明

1）在选择对象时，如果按住 Shift 键，系统会自动将“修剪”命令转换成“延伸”命令。

2）选择“边”选项时，可以选择对象的修剪方式包括：

- 延伸(E)：延伸边界进行修剪。在此方式下，如果剪切边没有与要修剪的对象相交，系统会延伸剪切边直至与对象相交，然后再修剪，如图 5-35 所示。

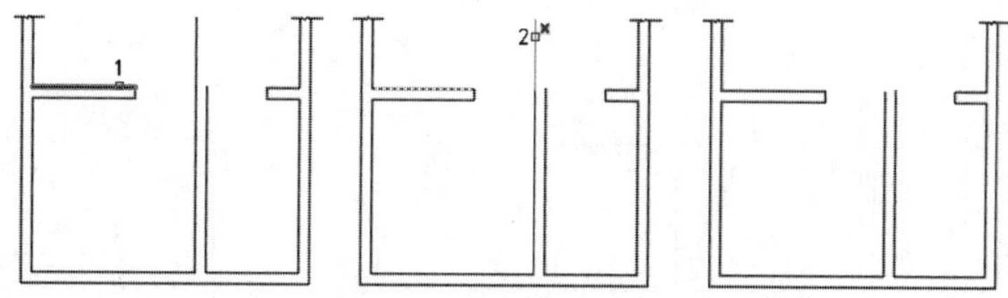

图 5-35 延伸方式修剪对象

- 不延伸(N)：不延伸边界修剪对象，只修剪与剪切边相交的对象。

3）选择“栏选（F）”选项时，系统以栏选的方式选择被修剪的对象，如图 5-36 所示。

4）选择“窗交（C）”选项时，系统以窗交的方式选择被修剪的对象，如图 5-37 所示。

5）被选择的对象可以互为边界和被修剪对象，此时系统会在选择的对象中自动判断边界。

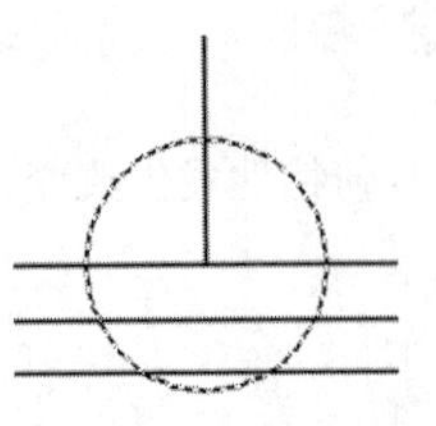
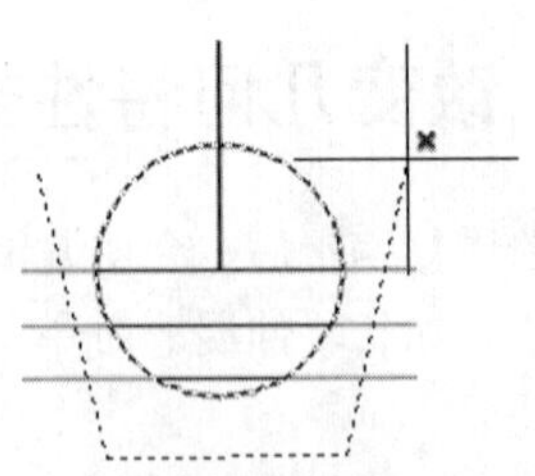
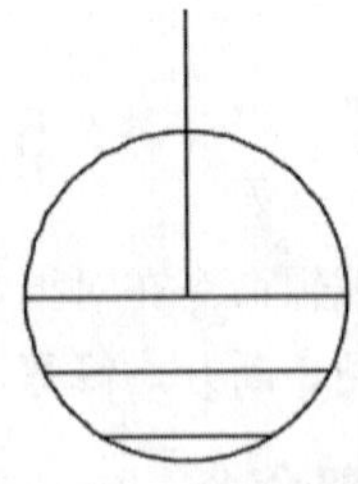

选择剪切边　　选择要修剪的对象　　修剪后的结果

图 5-36　栏选方式修剪对象

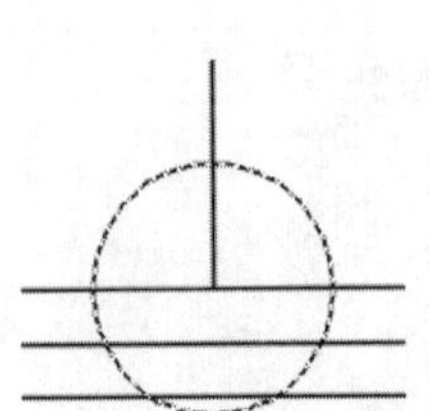
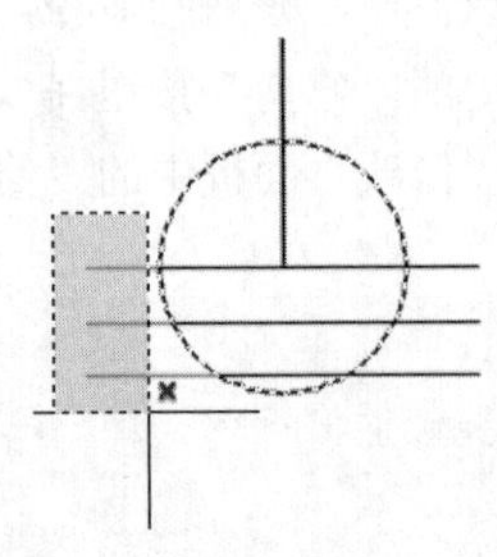
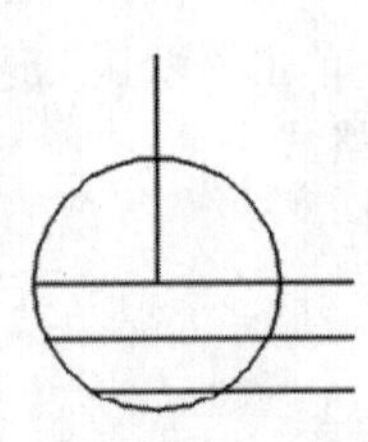

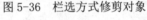

选择剪切边　　选择要修剪的对象　　修剪后的结果

图 5-37　窗交方式修剪对象

5.3.2　实例——铰套

绘制如图 5-38 所示的铰套。

操作步骤

1）单击“默认”选项卡“绘图”面板中的“矩形”按钮和“多边形”按钮，绘制两个四边形，如图 5-39 所示。

2）单击“默认”选项卡“修改”面板中的“偏移”按钮，绘制铰套。指定适当值为偏移距离，分别指定两个矩形为对象，向内偏移，结果如图 5-40 所示。

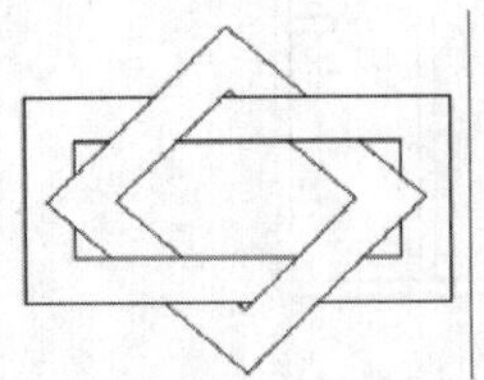

图 5-38　铰套

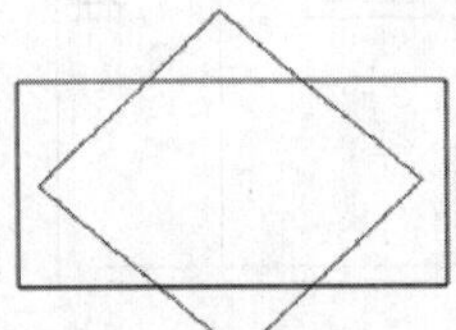

图 5-39　绘制四边形

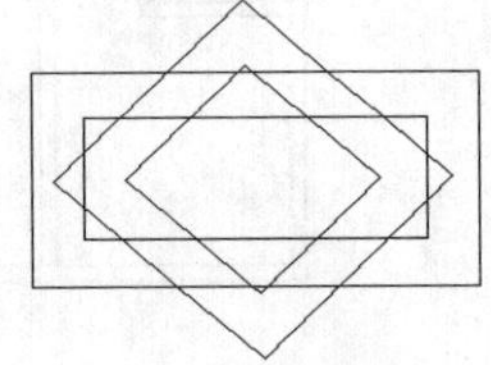

图 5-40　绘制方形套

3）单击“默认”选项卡“修改”面板中的“修剪”按钮，剪切出层次关系。命令行提示与操作如下：

```
命令: _TRIM
当前设置:投影=UCS, 边=延伸,模式=标准
```

选择剪切边...

选择对象或 [模式(O)] <全部选择> : ↙

选择要修剪的对象，或按住 Shift 键选择要延伸的对象，或[剪切边(T)/栏选(F)/窗交(C)/模式(O)/投影(P)/边(E)/删除(R)]:（按层次关系依次选择要剪切掉的部分图线）

……

选择要修剪的对象，或按住 Shift 键选择要延伸的对象，或[剪切边(T)/栏选(F)/窗交(C)/模式(O)/投影(P)/边(E)/删除(R)/放弃(U)]: ↙

结果如图 5-38 所示。

5.3.3 延伸命令

延伸命令可延伸对象到另一个对象的边界线，如图 5-41 所示。

1. 执行方式

命令行：EXTEND。

菜单栏：选择菜单栏中的“修改”→“延伸”命令。

工具栏：单击“修改”工具栏中的“延伸”按钮。

功能区：单击“默认”选项卡“修改”面板中的“延伸”按钮。

2. 操作格式

命令：EXTEND↙

当前设置:投影=UCS，边=无，模式=标准

选择边界的边...

选择对象或[模式(O)] <全部选择>:（选择边界对象）

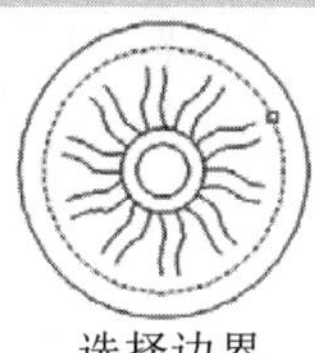

选择边界

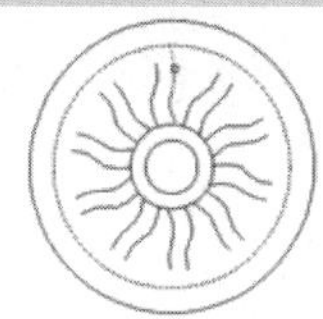

选择要延伸的对象

执行结果

图 5-41 延伸对象

此时可以选择对象来定义边界。若直接按 Enter 键，则选择所有对象作为可能的边界对象。

AutoCAD 规定可以用作边界对象的有：直线段、射线、双向无限长线、圆弧、圆、椭圆、二维和三维多段线、样条曲线、文本、浮动的视口、区域。如果选择二维多段线作为边界对象，系统会忽略其宽度而把对象延伸至多段线的中心线。

选择边界对象后，系统继续提示:

选择要延伸对象，或按 Shift 键选择要修剪的对象，或[边界边(B)/栏选(F)/窗交(C)/模式(O)/投影(P)/边(E)/放弃(U)]:

3. 选项说明

1）如果要延伸的对象是适配样条多段线，则延伸后会在多段线的控制框上增加新节点。如果要延伸的对象是锥形的多段线，AutoCAD 2022 会修正延伸端的宽度，使多段线从起始端平滑地延伸至新终止端。如果延伸操作导致终止端的宽度可能为负值，则取宽度值为 0，

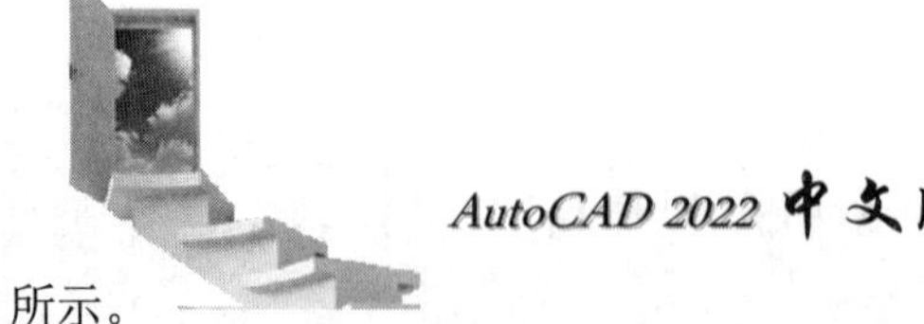

如图 5-42 所示。

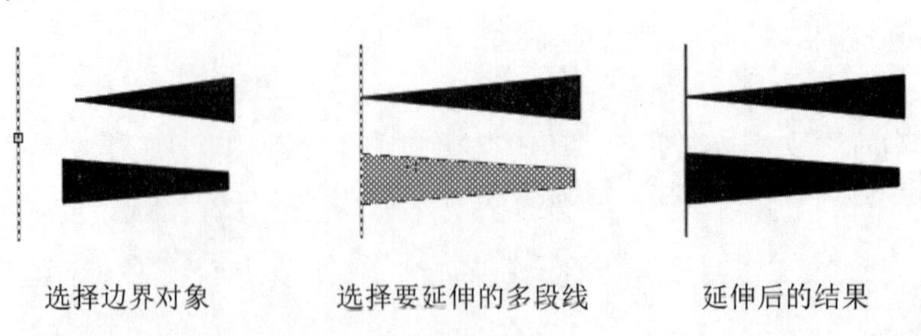

图 5-42　延伸对象

2)选择对象时，如果按住 Shift 键，系统会自动将“延伸”命令转换成“修剪”命令。

5.3.4　实例——螺钉

绘制如图 5-43 所示的螺钉。

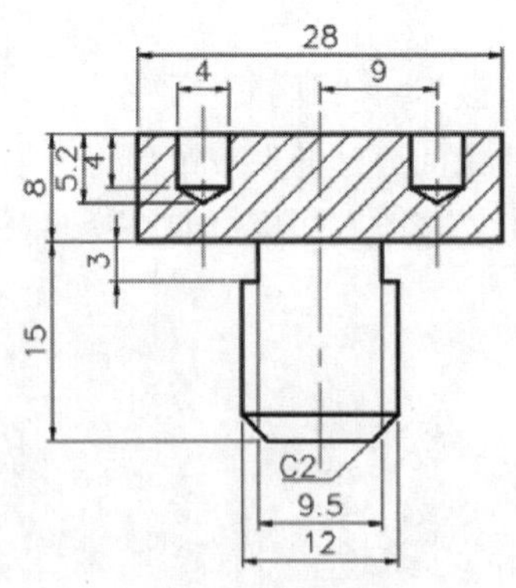

图 5-43　螺钉

操作步骤

1）单击“默认”选项卡“图层”面板中的“图层特性”按钮，设置 3 个新图层：粗实线图层，线宽为 0.3mm，其余属性默认；细实线图层：线宽为 0.09mm，所有属性默认；中心线图层，颜色为红色，线型为 CENTER，其余属性默认。

2）设置中心线图层为当前图层，单击“默认”选项卡“绘图”面板中的“直线”按钮，设置坐标分别为{(930,460)，(930,430)}和{(921,445)、(921,457)}，绘制中心线，结果如图 5-44 所示。

3）转换到粗实线图层，单击“默认”选项卡“绘图”面板中的“直线”按钮，设置坐标分别为{(930,455)、(916,455)，(916,432)}，绘制轮廓线，结果如图 5-45 所示。

4）单击“默认”选项卡“修改”面板中的“偏移”按钮，将刚绘制的竖直轮廓线分别向右偏移 3、7、8 和 9.25，将刚绘制的水平轮廓线分别向下偏移 4、8、11、21 和 23，结果如图 5-46 所示。

5）分别选取适当的界限和对象，单击“默认”选项卡“修改”面板中的“修剪”按钮，修剪偏移产生的轮廓线，结果如图 5-47 所示。

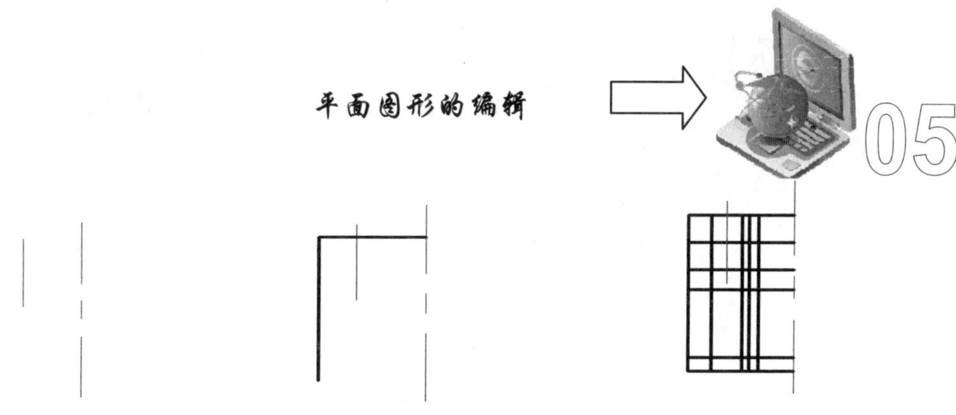

图 5-44 绘制中心线　　图 5-45 绘制轮廓线　　图 5-46 偏移轮廓线

6）单击“默认”选项卡“修改”面板中的“倒角”按钮，对螺钉端部进行倒角（倒角命令将在 5.3.7 节中介绍），命令行提示与操作如下：

```
命令:_CHAMFER
（“修剪”模式）当前倒角距离 1 = 0.0000，距离 2 = 0.0000
选择第一条直线或 [放弃(U)/多段线(P)/距离(D)/角度(A)/修剪(T)/方式(E)/多个(M)]:D↙
指定第一个倒角距离 <0.0000>: 2↙
指定第二个倒角距离 <2.0000>:↙
选择第一条直线或 [放弃(U)/多段线(P)/距离(D)/角度(A)/修剪(T)/方式(E)/多个(M)]:（选择图 5-47 最下边的直线）
选择第二条直线，或按住 Shift 键选择直线以应用角点或 [距离(D)/角度(A)/方法(M)]:（选择与其相交的侧面直线）
```

结果如图 5-48 所示。

7）单击“默认”选项卡“绘图”面板中的“直线”按钮，设置坐标分别是{(919,451)，@10<-30)}和{(923,451)，(@10<210)}，绘制螺孔底部，结果如图 5-49 所示。

8）单击“默认”选项卡“修改”面板中的“修剪”按钮，将刚绘制的两条斜线多余部分剪切掉，结果如图 5-50 所示。

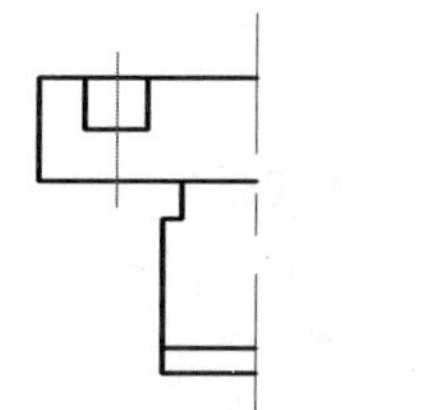

图 5-47 修剪轮廓线

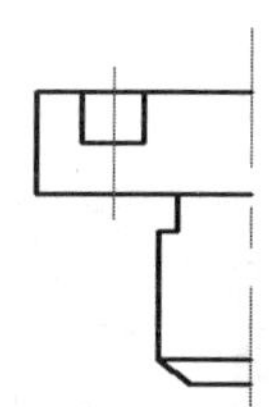

图 5-48 倒角处理

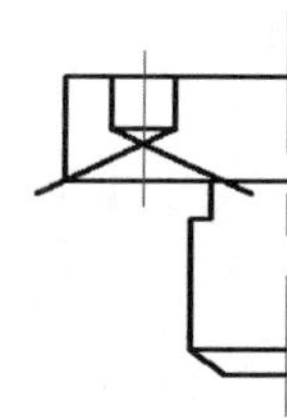

图 5-49 绘制螺孔底部

9）转换到细实线图层，单击“默认”选项卡“绘图”面板中的“直线”按钮，绘制螺纹牙底线，如图 5-51 所示。

10）单击“默认”选项卡“修改”面板中的“延伸”按钮，将螺纹牙底线延伸至倒角处，命令行提示与操作如下：

```
命令: _EXTEND
当前设置:投影=UCS，边=无,模式=标准
选择边界的边...
选择对象或[模式(O)]<全部选择>:（选择倒角生成的斜线）
```

找到 1 个

选择对象：↙

选择要延伸的对象，或按住 Shift 键选择要修剪的对象，或[边界边(B)/栏选(F)/窗交(C)/模式(O)/投影(P)/边(E)]：(选择刚绘制的细实线)

选择要延伸的对象，或按住 Shift 键选择要修剪的对象，或[边界边(B)/栏选(F)/窗交(C)/模式(O)/投影(P)/边(E)/放弃(U)]：↙

结果如图 5-52 所示。

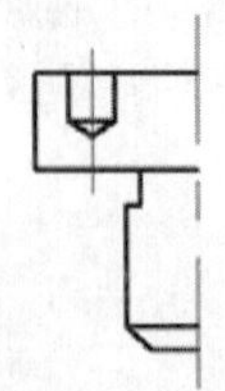

图 5-50　修剪螺孔底部图线

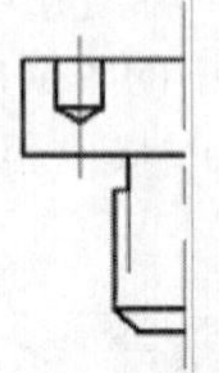

图 5-51　绘制螺纹牙底线

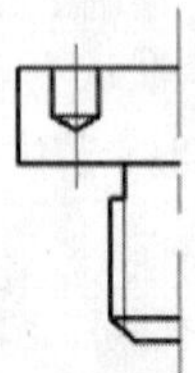

图 5-52　延伸螺纹牙底线

11）单击“默认”选项卡“修改”面板中的“镜像”按钮 以长中心线为轴，以该中心线左边所有的图线为对象进行镜像，结果如图 5-53 所示。

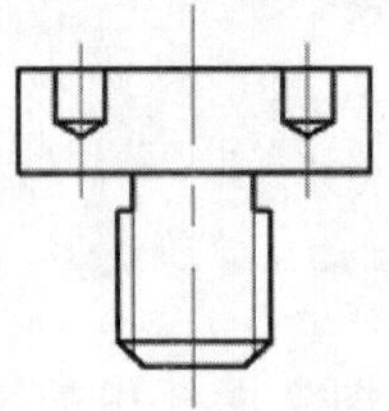

图 5-53　镜像对象

12）单击“默认”选项卡“绘图”面板中的“图案填充”按钮，绘制剖面，❶打开如图 5-54 所示的“图案填充创建”选项卡，❷设置“图案填充类型”为“用户定义”，❸“图案填充角度”为 45、❹“图案填充间距”为 1.5，❺单击“拾取点”按钮，在图形中选择要填充的区域，按 Enter 键，结果如图 5-43 所示。

图 5-54　“图案填充创建”选项卡

5.3.5　圆角命令

圆角是指用指定半径生成的一段平滑圆弧连接两个对象。AutoCAD 2022 规定可以圆滑连接一对直线段、非圆弧的多段线、样条曲线、双向无限长线、射线、圆、圆弧和椭圆。可以在任何时刻圆滑连接多段线的每个节点。

1. 执行方式

命令行：FILLET。

菜单栏：选择菜单栏中的“修改”→“圆角”命令。

工具栏：单击“修改”工具栏中的“圆角”按钮。

功能区：单击“默认”选项卡“修改”面板中的“圆角”按钮。

2. 操作格式

命令：FILLET↙

当前设置：模式 = 修剪，半径 = 0.0000

选择第一个对象或［放弃(U)/多段线(P)/半径(R)/修剪(T)/多个(M)］：(选择第一个对象或其他选项)

选择第二个对象，或按住 Shift 键选择对象以应用角点或［半径(R)］：(选择第二个对象)

3. 选项说明

（1）多段线(P)　在一条二维多段线的两段直线段的节点处插入圆滑的弧。选择多段线后系统会根据指定的圆弧的半径把多段线各顶点用圆滑的弧连接起来。

（2）修剪(T)　确定在圆滑连接两条边时是否修剪这两条边，如图 5-55 所示。

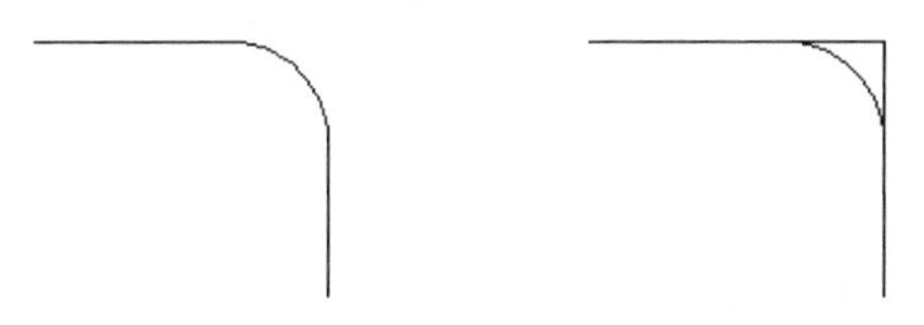

修剪方式　　不修剪方式

图 5-55　圆角连接

（3）多个(M)　同时对多个对象进行圆角编辑。而不必重新启用命令。

（4）快速创建零距离倒角或零半径圆角　按住 Shift 键并选择两条直线，可以快速创建零距离倒角或零半径圆角。

5.3.6　实例——吊钩

绘制如图 5-56 所示的吊钩。

操作步骤

1）单击“默认”选项卡“图层”面板中的“图层特性”按钮，新建两个图层：轮廓线图层，线宽为 0.3mm，其余属性默认；辅助线图层，颜色为红色，线型为 CENTER，其余属性默认。

2）将辅助线图层设置为当前图层，单击“默认”选项卡“绘图”面板中的“直线”按钮，绘制两条互相垂直的辅助线，结果如图 5-57 所示。

3）单击“默认”选项卡“修改”面板中的“偏移”按钮，将竖直直线向右分别偏移 142、160，将水平直线分别向下偏移 180、210，结果如图 5-58 所示。

4）将轮廓线图层设置为当前图层，单击“默认”选项卡“绘图”面板上的“圆”下拉菜单中的“圆心，半径”按钮，以图 5-59 中点 1 为圆心、120 为半径绘制圆。

重复上述操作，绘制半径为 40 的同心圆，再以点 2 为圆心绘制半径为 96 的圆，以点 3 为圆心绘制半径为 80 的圆，以点 4 为圆心绘制半径为 42 的圆，结果如图 5-59 所示。

5）单击“默认”选项卡“修改”面板中的“偏移”按钮，将线段 5 向两侧分别偏移

22.5 和 30，将线段 6 向上偏移 80，结果如图 5-60 所示。

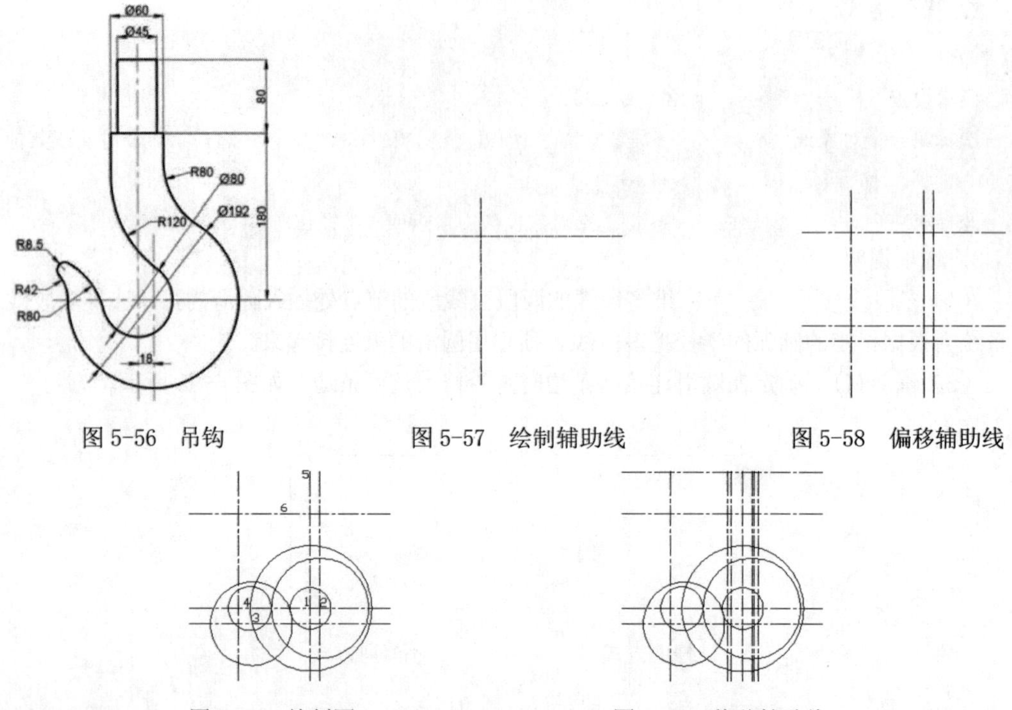

图 5-56　吊钩　　图 5-57　绘制辅助线　　图 5-58　偏移辅助线

图 5-59　绘制圆　　图 5-60　偏移辅助线

6）单击“默认”选项卡“修改”面板中的“修剪”按钮，将图 5-60 修剪成如图 5-61 所示的图形。

7）单击“默认”选项卡“修改”面板中的“圆角”按钮，进行圆角处理。命令行提示与操作如下：

```
命令：_FILLET
当前设置：模式 = 修剪，半径 = 0.0000
选择第一个对象或 [放弃(U)/多段线(P)/半径(R)/修剪(T)/多个(M)]：R↙
指定圆角半径 <1.0000>：80↙
选择第一个对象或 [放弃(U)/多段线(P)/半径(R)/修剪(T)/多个(M)]：（选择线段 7）
选择第二个对象，或按住 Shift 键选择对象以应用角点或 [半径(R)]：（选择半径为 96 的圆）
```

重复上述命令，选择线段 8 和半径为 40 的圆，设置半径为 120，进行圆角。结果如图 5-62 所示。

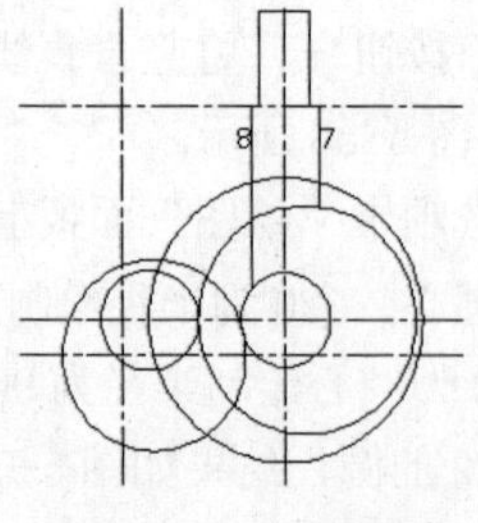

图 5-61　修剪图形

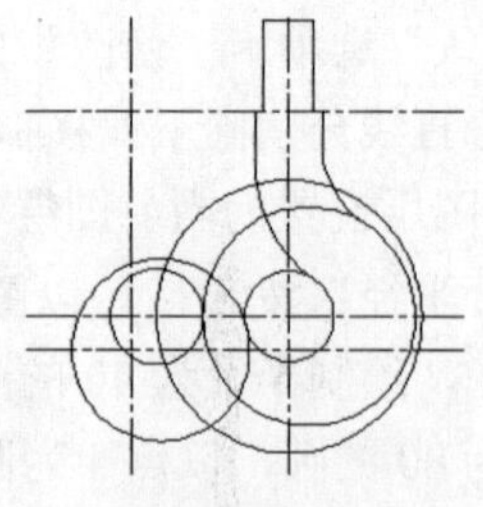

图 5-62　圆角处理

8）单击“默认”选项卡“绘图”面板上的“圆”下拉菜单中的“圆心，半径”按钮，绘制圆。命令行提示与操作如下：

```
命令: _CIRCLE
指定圆的圆心或 [三点(3P)/两点(2P)/切点、切点、半径(T)]: 3P↙
指定圆上的第一个点:tan↙
到（选择半径为 42 的圆）
指定圆上的第二个点:tan↙
到（选择半径为 96 的圆）
指定圆上的第三个点:tan↙
到（选择半径为 80 的圆）
```

结果如图 5-63 所示。

9）修剪处理。单击“默认”选项卡“修改”面板中的“修剪”按钮，对多余线段进行修剪，结果如图 5-64 所示。

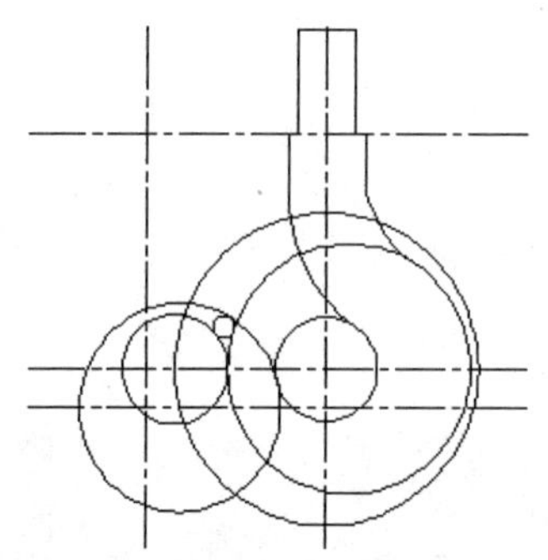

图 5-63　绘制圆

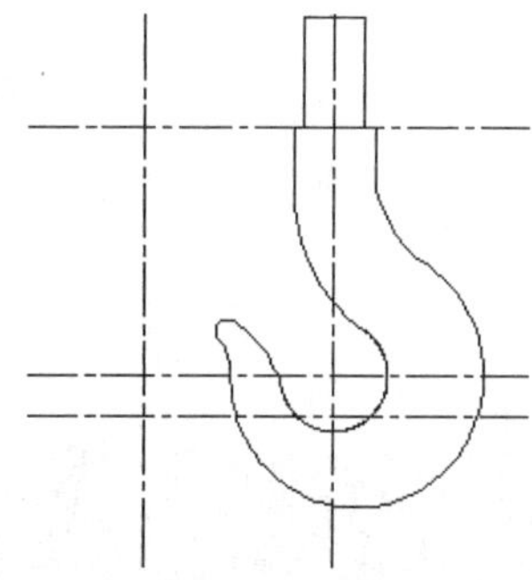

图 5-64　修剪多余线段

10）单击“默认”选项卡“修改”面板中的“删除”按钮，删除多余线段。命令行提示与操作如下：

```
命令: _ERASE
选择对象:（选择多余的线段）
选择对象:↙
```

结果如图 5-56 所示。

5.3.7　倒角命令

倒角是指用斜线连接两个不平行的线性对象。可以用斜线连接直线段、双向无限长线、射线和多段线。

AutoCAD 提供了两种方法确定连接两个线性对象的斜线：指定斜线距离、指定斜线角度和一个斜线距离。下面分别介绍这两种方法。

（1）指定斜线距离　斜线距离是指从被连接的对象与斜线的交点到被连接的两对象的可能的交点之间的距离，如图 5-65 所示。

（2）指定斜线角度和一个斜线距离　采用这种方法以斜线连接对象时，需要输入两个参数，即斜线与一个对象的夹角和斜线与该对象的斜线距离，如图 5-66 所示。

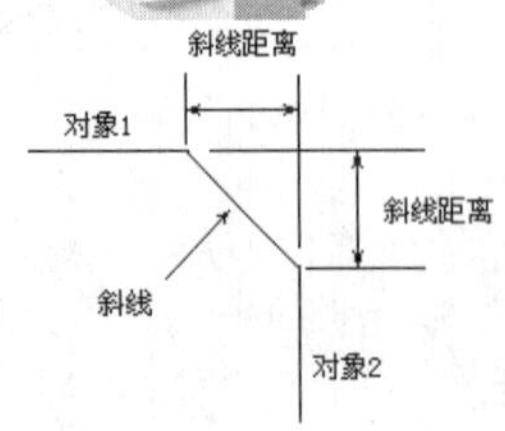

图 5-65　斜线距离

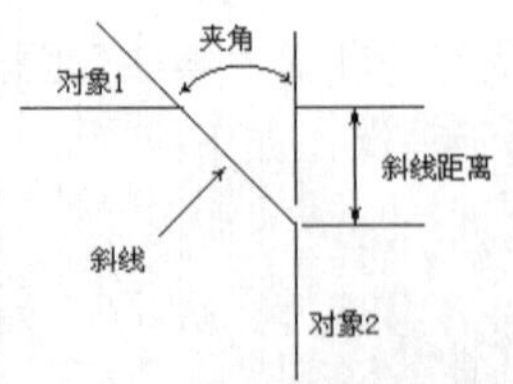

图 5-66　斜线距离和夹角

1．执行方式

命令行：CHAMFER。

菜单栏：选择菜单栏中的“修改”→“倒角”命令。

工具栏：选择“修改”工具栏中的“倒角”按钮。

功能区：单击“默认”选项卡“修改”面板中的“倒角”按钮。

2．操作格式

命令：CHAMFER↙

（“不修剪”模式）当前倒角距离 1 = 0.0000，距离 2 = 0.0000

选择第一条直线或 [放弃(U)/多段线(P)/距离(D)/角度(A)/修剪(T)/方式(E)/多个(M)]：（选择第一条直线或其他选项）

选择第二条直线，或按住 Shift 键选择直线以应用角点或 [距离(D)/角度(A)/方法(M)]：（选择第二条直线）

注意

有时用户在执行圆角和倒角命令时，有时会发现命令不执行后或执行没什么变化，那是因为系统默认圆角半径和倒角距离均为 0，如果不事先设定圆角半径或斜角距离，系统就会以默认值执行命令，所以看起来好像没有执行命令。

3．选项说明

（1）多段线（P）　对多段线的各个交叉点进行倒角。为了得到最好的连接效果，一般设置斜线是相等的值。系统会根据指定的斜线距离把多段线的每个交叉点都用斜线连接，连接的斜线成为多段线新添加的构成部分，如图 5-67 所示。

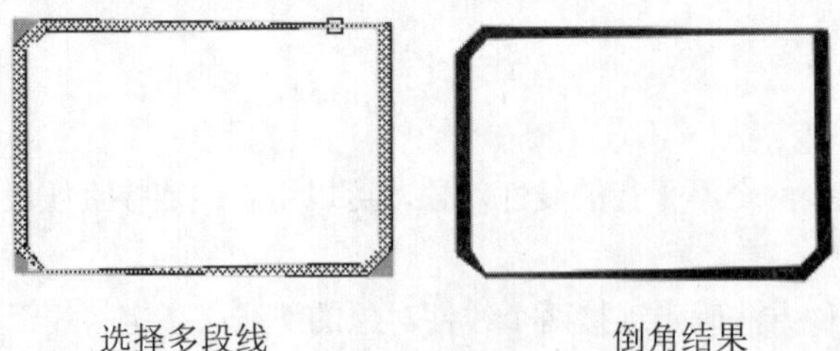

选择多段线　　倒角结果

图 5-67　斜线连接多段线

（2）距离(D)　选择倒角的两个斜线距离。这两个斜线距离可以相同或不相同，若二者均为 0，则系统不绘制连接的斜线，而是把两个对象延伸至相交并修剪超出的部分。

（3）角度(A)　选择第一条直线的斜线距离和第一条直线的倒角角度。

（4）修剪(T)　与圆角连接命令 FILLET 相同，该选项可确定连接对象后是否剪切原对

象。

（5）方式(E)　确定采用“距离”方式还是“角度”方式来倒斜角。

（6）多个(M)　同时对多个对象进行倒斜角编辑。

5.3.8　实例——齿轮轴

绘制如图 5-68 所示的齿轮轴。

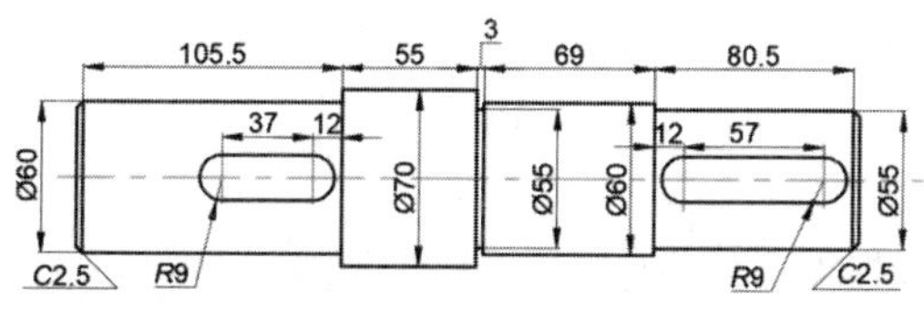

图 5-68　齿轮轴

操作步骤

1）单击“默认”选项卡“图层”面板中的“图层特性”按钮，新建两个图层：轮廓线图层，线宽为 0.3mm，其余属性默认；中心线图层，颜色为红色，线型为 CENTER，其余属性默认。

2）将中心线图层设置为当前图层，单击“默认”选项卡“绘图”面板中的“直线”按钮，绘制中心线，再将轮廓线图层设置为当前图层。重复上述命令绘制竖直线，结果如图 5-69 所示。

3）单击“默认”选项卡“修改”面板中的“偏移”按钮，将水平直线向上分别偏移 25、27.5、30、35，将竖直线向右分别偏移 2.5、108、163、166、235、315.5、318，然后选择偏移生成的 4 条水平点画线，将其所在图层修改为轮廓线图层，将其线型转换成实线，结果如图 5-70 所示。

图 5-69　绘制定位直线

图 5-70　偏移直线

4)单击“默认”选项卡“修改”面板中的“修剪”按钮，将图 5-70 修剪成如图 5-71 所示的图形。

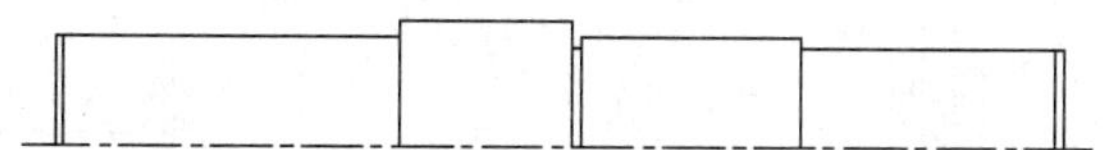

图 5-71　修剪处理

5）单击“默认”选项卡“修改”面板中的“倒角”按钮，对图形进行倒角处理。命令行提示与操作如下：

```
命令: _CHAMFER
(“修剪”模式) 当前倒角距离 1 = 0.0000，距离 2 = 0.0000
```

选择第一条直线或 [放弃(U)/多段线(P)/距离(D)/角度(A)/修剪(T)/方式(E)/多个(M)]: D↙

指定 第一个 倒角距离 <0.0000>: 2.5↙

指定 第二个 倒角距离 <2.5000>:↙

选择第一条直线或 [放弃(U)/多段线(P)/距离(D)/角度(A)/修剪(T)/方式(E)/多个(M)]: (选择最左侧的竖直线)

选择第二条直线，或按住 Shift 键选择直线以应用角点或 [距离(D)/角度(A)/方法(M)]: (选择与竖直线相连的上侧的水平线

重复上述命令，对右端进行倒角处理，结果如图 5-72 所示。

6)单击“默认”选项卡“修改”面板中的“镜像”按钮，镜像水平中心线上的对象，结果如图 5-73 所示。

7）单击“默认”选项卡“修改”面板中的“偏移”按钮，将线段 1 向左分别偏移 12、49，将线段 2 向右分别偏移为 12、69，结果如图 5-74 所示。

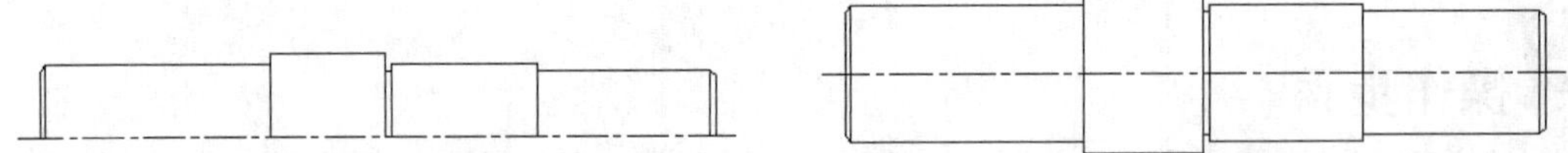

图 5-72 倒角处理　　　图 5-73 镜像处理

8）单击“默认”选项卡“绘图”面板上的“圆”下拉菜单中的“圆心，半径”按钮，分别选取偏移后的线段与水平中心线的交点为圆心，指定半径为 9，绘制圆，结果如图 5-75 所示。

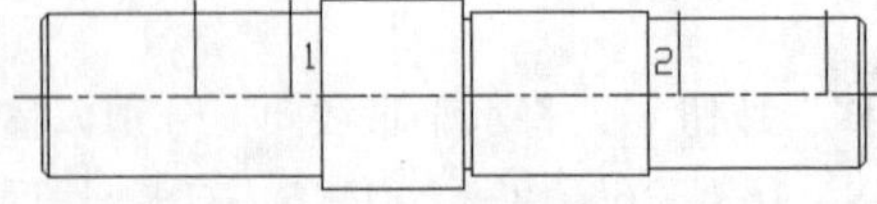

图 5-74 偏移处理

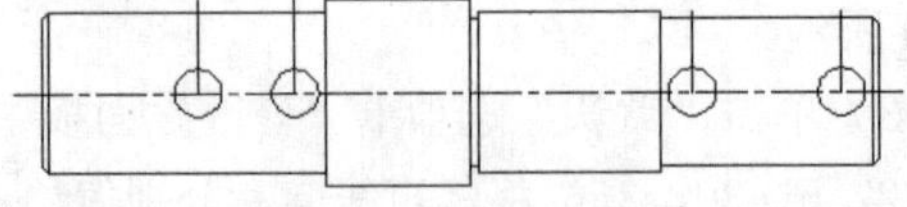

图 5-75 绘制圆

9）单击“默认”选项卡“绘图”面板中的“直线”按钮，绘制与圆相切的直线，结果如图 5-76 所示。

10）单击“默认”选项卡“修改”面板中的“删除”按钮，删除并修剪步骤 7）偏移的线段。命令行提示与操作如下：

命令: _ERASE

选择对象:（选择步骤 7）偏移的线段）

选择对象:↙

结果如图 5-77 所示。

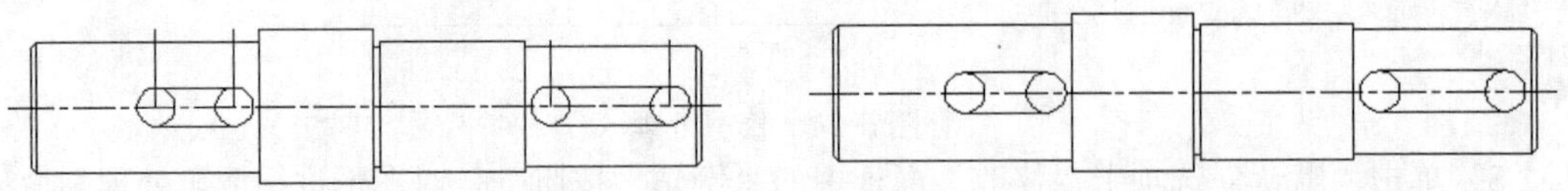

图 5-76 绘制切线　　　图 5-77 删除结果

11）单击“默认”选项卡“修改”面板中的“修剪”按钮，将多余的线段进行修剪，结果如图 5-68 所示。

5.3.9 拉伸命令

拉伸对象是指拖拉选择的对象，使对象的形状发生改变，如图 5-78 所示。拉伸对象时应指定拉伸的基点和移至点。利用一些辅助工具（如捕捉、钳夹功能及相对坐标等）可以提高拉伸的精度。

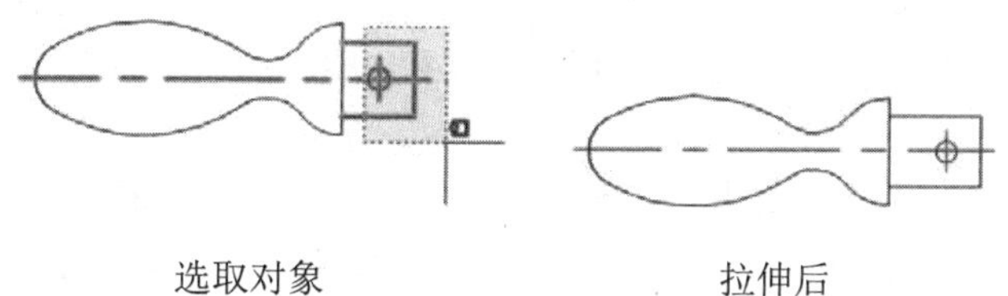

选取对象　　　　拉伸后

图 5-78　拉伸

1. 执行方式

命令行：STRETCH。

菜单栏：选择菜单栏中的“修改”→“拉伸”命令。

工具栏：单击“修改”工具栏中的“拉伸”按钮。

功能区：单击“默认”选项卡“修改”面板中的“拉伸”按钮。

2. 操作格式

```
命令：STRETCH ↙
以交叉窗口或交叉多边形选择要拉伸的对象...
选择对象：C↙
指定第一个角点：指定对角点：找到 2 个（采用交叉窗口的方式选择要拉伸的对象）
选择对象：↙
指定基点或 [位移(D)]<位移>：(指定拉伸的基点)
指定第二个点或 <使用第一个点作为位移>：(指定拉伸的移至点)
```

此时，若指定第二个点，系统将根据第一点和第二点确定的矢量拉伸对象。若直接按 Enter 键，则系统会把第一个点的坐标值作为 X 和 Y 轴的分量值。

注意

用交叉窗口选择拉伸对象后，落在交叉窗口内的端点会被拉伸，落在外部的端点则保持不变。

5.3.10 实例——手柄

绘制如图 5-79 所示的手柄。

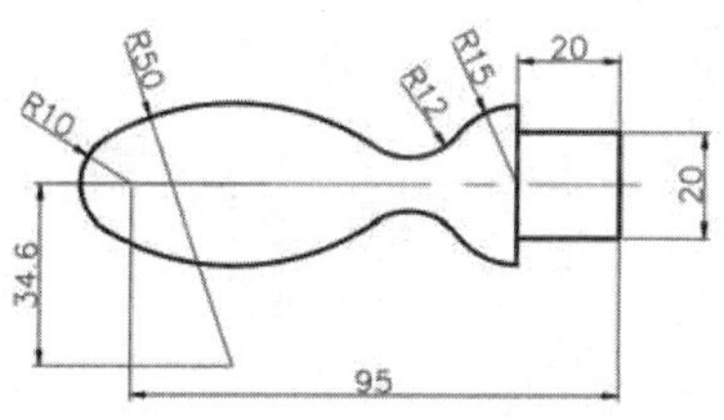

图 5-79　手柄

操作步骤

1）单击“默认”选项卡“图层”面板中的“图层特性”按钮。新建两个图层：轮廓线图层，线宽为 0.3mm，其余属性默认；中心线图层，颜色为红色，线型为 CENTER，其余属性默认。

2）将中心线图层设置为当前图层。单击“默认”选项卡“绘图”面板中的“直线”按钮，设置直线的两个端点坐标为（150,150）和（@100,0），绘制直线，结果如图 5-80 所示。

3）将轮廓线图层设置为当前图层。单击“默认”选项卡“绘图”面板上的“圆”下拉菜单中的“圆心，半径”按钮，以点（160,150）为圆心、半径为 10 绘制圆，再以点（235,150）为圆心、半径为 15 绘制圆，然后绘制半径为 50 的圆与刚绘制的两个圆相切，结果如图 5-81 所示。

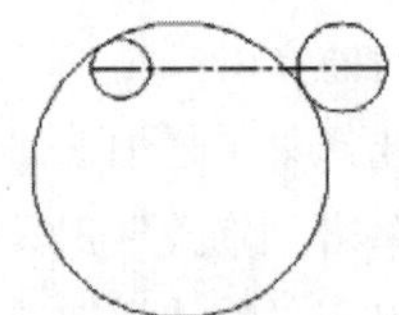

图 5-80　绘制直线　　　图 5-81　绘制圆

4）单击“默认”选项卡“绘图”面板中的“直线”按钮，设置端点坐标为{（250,150），（@10<90），（@15<180）}，绘制直线，然后重复“直线”命令，绘制从点（235,165）到点（235,150）的直线，结果如图 5-82 所示。

5）单击“默认”选项卡“修改”面板中的“修剪”按钮，将图 5-82 修剪成如图 5-83 所示的图形。

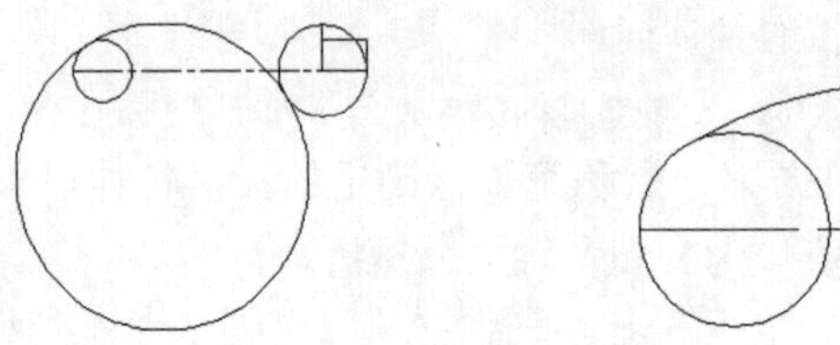

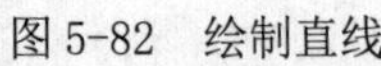

图 5-82　绘制直线　　　图 5-83　修剪处理

6）单击“默认”选项卡“绘图”面板上的“圆”下拉菜单中的“圆心，半径”按钮，设置半径为 12，绘制与圆弧 1 和圆弧 2 相切的圆，结果如图 5-84 所示。

7）单击“默认”选项卡“修改”面板中的“修剪”按钮，对多余的圆弧进行修剪，结果如图 5-85 所示。

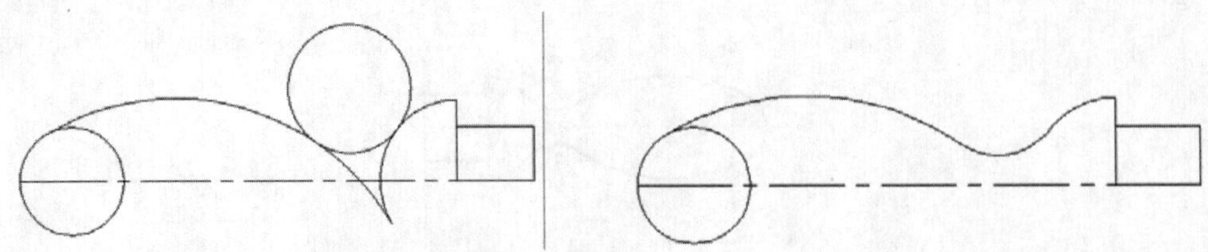

图 5-84　绘制圆　　　图 5-85　修剪处理

8）单击“默认”选项卡“修改”面板中的“镜像”按钮，以中心线为对称轴，不删

除原对象，将绘制的中心线以上的对象进行镜像，结果如图 5-86 所示。

9）单击“默认”选项卡“修改”面板中的“修剪”按钮，进行修剪处理，结果如图 5-87 所示。

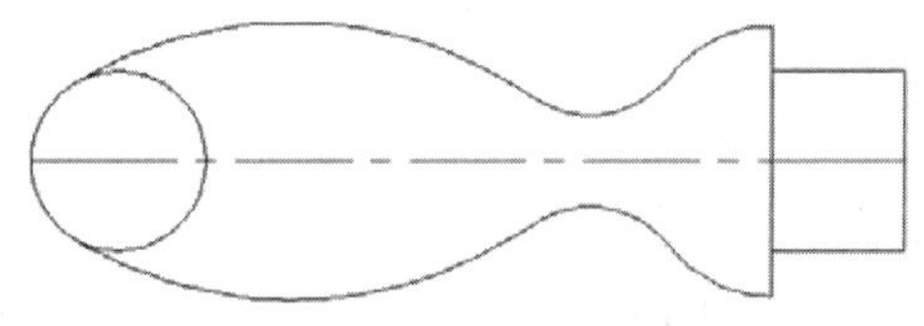

图 5-86　镜像处理

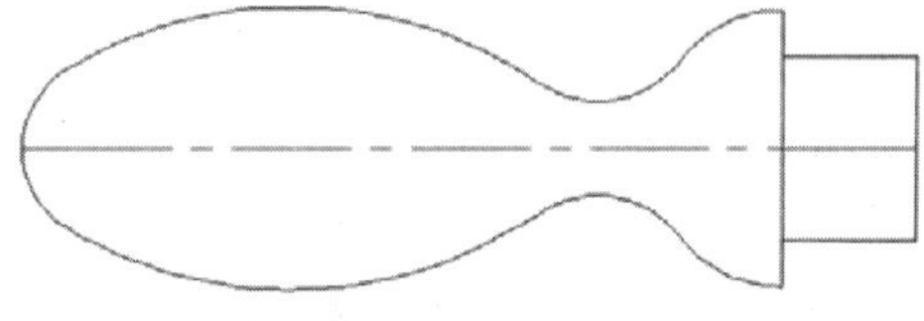

图 5-87　修剪结果

10）单击“默认”选项卡“修改”面板中的“拉伸”按钮，拉长接头部分。命令行提示与操作如下：

```
命令: _STRETCH
以交叉窗口或交叉多边形选择要拉伸的对象...
选择对象: C↙
指定第一个角点: （框选手柄接头部分，如图 5-88 所示）
指定对角点: 找到 5 个
选择对象: ↙
指定基点或 [位移(D)] <位移>:100，100↙
指定位移的第二个点或 <用第一个点作位移>:105，100↙
```

结果如图 5-89 所示。

11）单击“默认”选项卡“修改”面板中的“拉长”按钮，拉长中心线。命令行提示与操作如下：

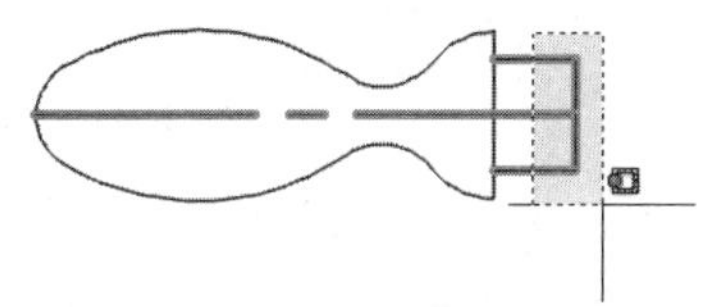

图 5-88　选择对象

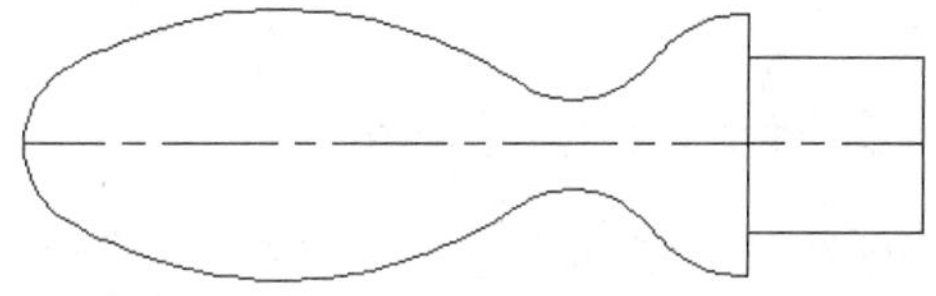

图 5-89　拉伸结果

```
命令: _LENGTHEN
选择要测量的对象或 [增量(DE)/百分比(P)/总计(T)/动态(DY)] <总计(T)>: DE↙
输入长度增量或 [角度(A)] <0.0000>:4↙
选择要修改的对象或 [放弃(U)]:（选择中心线右端）
选择要修改的对象或 [放弃(U)]: （选择中心线左端）
选择要修改的对象或 [放弃(U)]: ↙
```

结果如图 5-79 所示。

5.3.11　拉长命令

1．执行方式

命令行：LENGTHEN。

菜单栏：选择菜单栏中的“修改”→“拉长”命令。

功能区：单击“默认”选项卡“修改”面板中的“拉长”按钮。

2. 操作格式

```
命令:LENGTHEN↙
选择要测量的对象或 [增量(DE)/百分比(P)/总计(T)/动态(DY)] <总计(T)>:(选定对象)
```

3. 选项说明

（1）增量(DE)　用指定增加量的方法改变对象的长度或角度。

（2）百分比(P)　用指定占总长度的百分比的方法改变圆弧或直线段的长度。

（3）总计(T)　用指定新的总长度或总角度值的方法来改变对象的长度或角度。

（4）动态(DY)　打开动态拖拉模式。在这种模式下，可以使用拖拉鼠标的方法来动态地改变对象的长度或角度。

5.3.12　打断命令

1. 执行方式

命令行：BREAK。

菜单栏：选择菜单栏中的“修改”→“打断”命令。

工具栏：单击“修改”工具栏中的“打断”按钮。

功能区：单击“默认”选项卡“修改”面板中的“打断”按钮。

2. 操作格式

```
命令：BREAK↙
选择对象：(选择要打断的对象)
指定第二个打断点或 [第一点(F)]:(指定第二个断开点或键入 F)
```

3. 选项说明

如果选择“第一点(F)”，AutoCAD 将丢弃前面的第一个选择点，重新提示用户指定两个断开点。

5.3.13　实例——打断中心线

将图 5-90a 所示图形中过长的中心线打断。

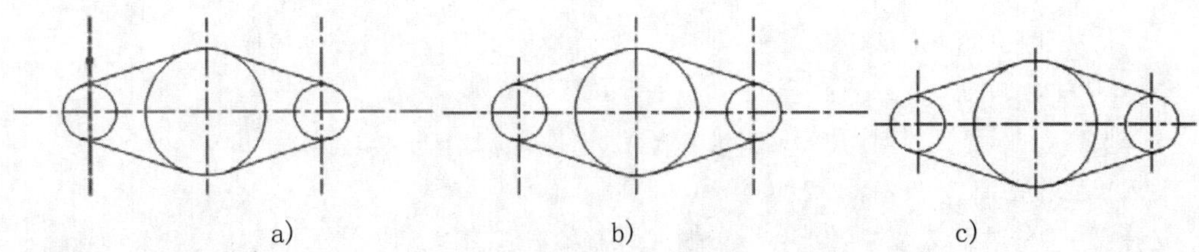

图 5-90　打断对象

操作步骤

1）打开电子资料包中的源文件/第 5 章/原图。

2）单击“默认”选项卡“修改”面板中的“打断”按钮，执行“打断”命令。

3）按命令行提示选择过长的中心线需要打断的地方，如图 5-90a 所示。

4）被选中的中心线亮显，在中心线的延长线上选择第二点，中心线多余的部分即可被

删除，结果如图 5-95b 所示。

5）用相同方法删除掉其他中心线多余的部分，结果如图 5-90c 所示。

5.3.14 打断于点命令

打断于点命令可用于在对象上指定一点，从而把对象在此点拆分成两部分。此命令与打断命令类似。

1. 执行方式

命令行：BREAK。

工具栏：单击“修改”工具栏中的“打断于点”按钮。

功能区：单击“默认”选项卡“修改”面板中的“打断于点”按钮。

2. 操作格式

输入此命令后，命令行提示：

```
命令: _BREAKATPOINT
选择对象:（选择要打断的对象）
指定打断点:（选择打断点）
```

5.3.15 分解命令

1. 执行方式

命令行：EXPLODE。

菜单栏：选择菜单栏中的“修改”→“分解”命令。

工具栏：单击“修改”工具栏中的“分解”按钮。

功能区：单击“默认”选项卡“修改”面板中的“分解”按钮。

2. 操作格式

```
命令：EXPLODE↙
选择对象：（选择要分解的对象）
```

选择一个对象后，该对象会被分解。系统将继续提示该信息，允许分解多个对象。

3. 选项说明

选择的对象不同，分解的结果不同。下面列出了几种对象的分解结果。

（1）二维和优化多段线　放弃所有关联的宽度或切线信息。对于宽多段线，将沿多段线中心放置结果直线和圆弧。

（2）三维多段线　分解成直线段，为三维多段线指定的线型将应用到每一个得到的线段。

（3）三维实体　将平整面分解成面域，将非平整面分解成曲面。

（4）注释性对象　分解一个包含属性的块将删除属性值并重显示属性定义。无法分解使用 MINSERT 命令和外部参照插入的块及其依赖块。

（5）体　分解成一个单一表面的体（非平面表面）、面域或曲线。

（6）圆　如果位于非一致比例的块内，则分解为椭圆。

（7）引线　根据引线的不同，可分解成直线、样条曲线、实体（箭头）、块插入（箭头、注释块）、多行文字或公差对象。

（8）网格对象　将每个面分解成独立的三维面对象，将保留指定的颜色和材质。

（9）多行文字　分解成文字对象。

（10）多行　分解成直线和圆弧。

（11）多面网格　单顶点网格分解成点对象。双顶点网格分解成直线，三顶点网格分解成三维面。

（12）面域　分解成直线、圆弧或样条曲线。

5.3.16　合并命令

合并命令可以将直线、圆、椭圆弧和样条曲线等独立的线段合并为一个对象，如图 5-91 所示。

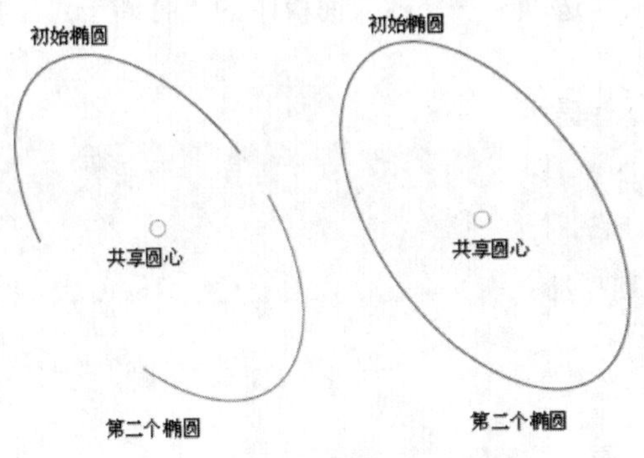

图 5-91　合并对象

1. 执行方式

命令行：JOIN。

菜单栏：选择菜单栏中的“修改”→“合并”命令。

工具栏：单击“修改”工具栏中的“合并”按钮 。

功能区：单击“默认”选项卡“修改”面板中的“合并”按钮 。

2. 操作格式

```
命令：JOIN↙
选择源对象或要一次合并的多个对象：（选择一个对象）
选择要合并的对象：（选择另一个对象）
选择要合并的对象：↙
```

5.3.17　光顺曲线命令

光顺曲线命令可在两条开放曲线的端点之间创建相切或平滑的样条曲线。

1. 执行方式

命令行：BLEND。

菜单栏：选择菜单栏中的“修改”→“ 光顺曲线”命令。

工具栏：单击“修改”工具栏中的“光顺曲线”按钮 。

功能区：单击“默认”选项卡“修改”面板中的“光顺曲线”按钮 。

2. 操作步骤

```
命令: BLEND↙
连续性 = 相切
选择第一个对象或 [连续性(CON)]: CON↙
输入连续性 [相切(T)/平滑(S)] <相切>:
选择第一个对象或 [连续性(CON)]:
选择第二个点:
```

3. 选项说明

（1）连续性（CON） 在两种过渡类型中指定一种。

（2）相切（T） 创建一条 3 阶样条曲线，在选定对象的端点处具有相切 (G1) 连续性 。

（3）平滑（S）创建一条 5 阶样条曲线，在选定对象的端点处具有曲率 (G2) 连续性。

如果使用“平滑”选项，请勿将显示从控制点切换为拟合点。此操作将样条曲线更改为 3 阶，这会改变样条曲线的形状。

5.3.18 反转命令

反转命令可用于反转选定直线、多段线、样条曲线和螺旋的顶点，对于具有包含文字的线型或具有不同起点宽度和端点宽度的宽多段线，此命令非常有用。

1. 执行方式

命令行：REVERSE。

功能区：单击“默认”选项卡“修改”面板中的“反转”按钮⇄。

2. 操作步骤

```
命令: REVERSE↙
选择要反转方向的直线、多段线、样条曲线或螺旋:
选择对象:
```

5.3.19 复制嵌套对象

该命令可用于复制包含在外部参照、块或 DGN 参考底图中的对象。

1. 执行方式

命令行：NCOPY。

功能区：单击“默认”选项卡“修改”面板中的“复制嵌套对象”按钮 。

2. 操作步骤

```
命令: NCOPY↙
当前设置: 插入
选择要复制的嵌套对象或 [设置(S)]: S↙
输入用于复制嵌套对象的设置 [插入(I)/绑定(B)] <插入>:
```

3. 选项说明

（1）插入 将选定对象复制到当前图层，而不考虑命名对象。此选项与 COPY 命令类似。

（2）绑定 将命名对象（如与复制的对象关联的块、标注样式、图层、线型和文字样

式）复制到图形中。

5.3.20 删除重复对象

该命令可用于删除重复或重叠的直线、圆弧和多段线，还可合并局部重叠或连续的对象。

1. 执行方式

命令行：OVERKILL。

功能区：单击“默认”选项卡“修改”面板中的“删除重复对象”按钮。

2. 操作步骤

命令: OVERKILL↙

选择对象:（选择图形）

选择对象:（按 Enter 键，弹出如图 5-92 所示的“删除重复对象”对话框）

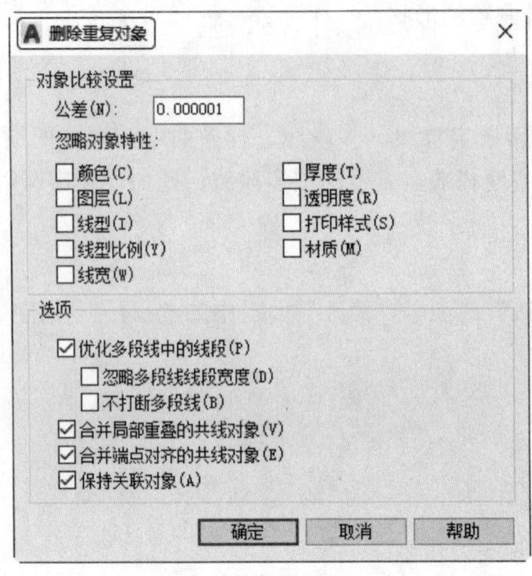

图 5-92 “删除重复对象”对话框

3. 选项说明

（1）公差 控制精度，OVERKILL 命令通过该精度进行数值比较。如果该值为 0，则在 OVERKILL 命令修改或删除其中一个对象之前，被比较的两个对象必须匹配。

（2）忽略对象特性 选择这些对象特性以在比较过程中忽略它们。

（3）优化多段线中的线段 选定后，将检查选定的多段线中单独的直线段和圆弧段，重复的顶点和线段将被删除。此外，OVERKILL 命令将各个多段线与完全独立的直线段和圆弧段相比较。如果多段线与直线或圆弧对象重复，其中一个会被删除。

- 忽略多段线线段宽度：忽略线段宽度，同时优化多段线。
- 不打断多段线：多段线对象将保持不变。

（4）合并局部重叠的共线对象 重叠的对象被合并到单个对象。

（5）合并端点对齐的共线对象 将具有公共端点的对象合并为单个对象。

（6）保持关联对象 不会删除或修改关联对象。

5.4 对象编辑

对象编辑是指直接对对象本身的参数或图形要素进行编辑，包括钳夹功能、对象属性和特性匹配等。

5.4.1 钳夹功能

利用钳夹功能可以快速方便地编辑对象。AutoCAD 在图形对象上定义了一些特殊点，称为夹持点。利用夹持点可以灵活地控制对象，如图 5-93 所示。

要使用钳夹功能编辑对象必须先打开钳夹功能，打开的方法是：在菜单中选择“工具”→“选项”→“选择集”命令，在“选择集”选项卡的夹点选项组下面勾选“显示夹点”复选框。在该页面上还可以设置代表夹点的小方格的尺寸和颜色。也可以通过 GRIPS 系统变量控制是否打开钳夹功能，1 代表打开，0 代表关闭。

打开了钳夹功能后，应该在编辑对象之前先选择对象。夹点表示了对象的控制位置。

使用夹点编辑对象，首先要选择一个夹点作为基点（称为基准夹点），然后选择一种编辑操作，如删除、移动、复制选择、拉伸和缩放。可以用空格键、Enter 键或键盘上的快捷键循环选择这些功能。

下面仅以其中的拉伸对象操作为例进行讲述，其他操作类似。

在图形上拾取一个夹点，该夹点马上改变颜色，此点为夹点编辑的基准点。这时系统提示：

** 拉伸 **

指定拉伸点或 [基点(B)/复制(C)/放弃(U)/退出(X)]:

在上述拉伸编辑提示下输入移动命令，或右击，在弹出的快捷菜单中选择“移动”命令，如图 5-94 所示。

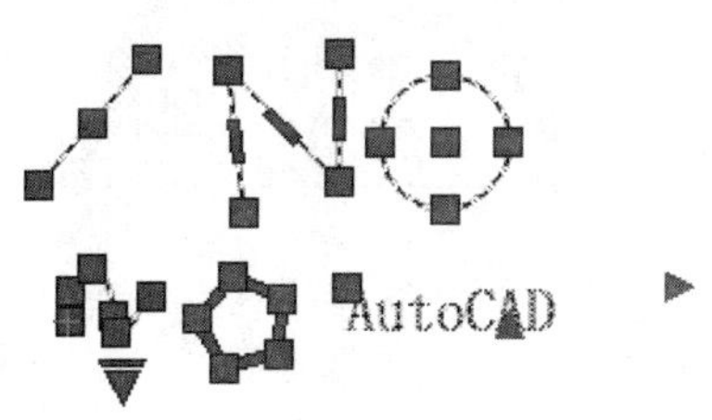

图 5-93　夹持点

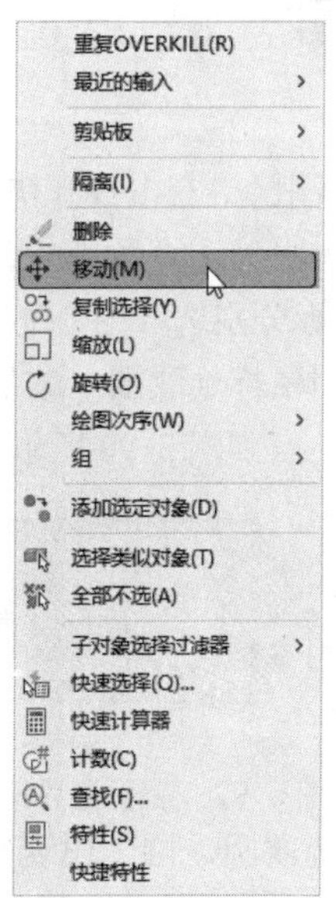

图 5-94　快捷菜单

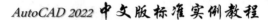

系统就会转换为“移动”操作。其他操作类似。

5.4.2 实例——编辑图形

绘制如图 5-95a 所示的图形，并利用钳夹功能将其编辑成图 5-95b 所示的图形。

a)绘制图形

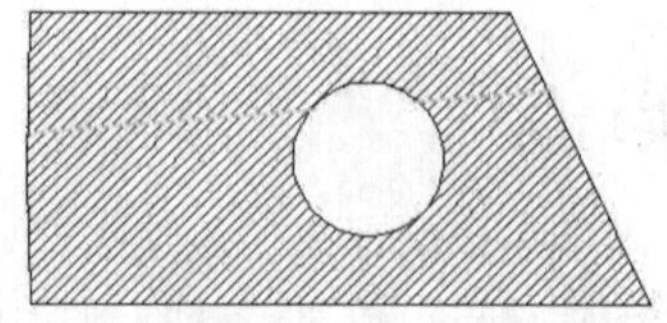

b) 编辑的图形

图 5-95 编辑图形

操作步骤

1）单击“默认”选项卡“绘图”面板中的“直线”按钮╱和“圆”下拉菜单中的“圆心，半径”按钮，绘制图形轮廓。

2）单击“默认”选项卡“绘图”面板中的“图案填充”按钮，❶打开“图案填充创建”选项卡，❷在“图案填充类型”下拉列表框中选择“用户定义”选项，❸设置“图案填充角度”为 45，❹“图案填充间距”为 20，如图 5-96 所示，填充图形，结果如图 5-95a 所示。

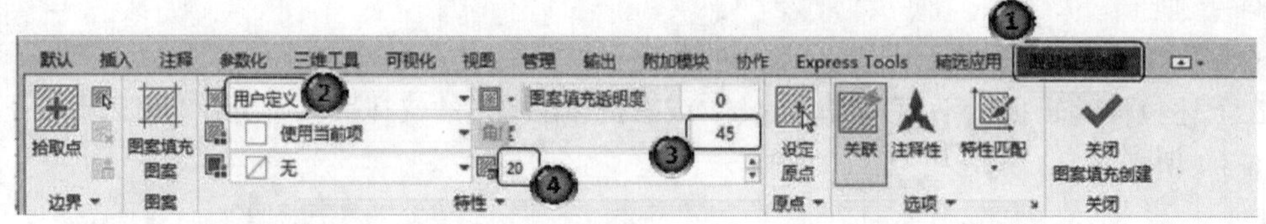

图 5-96 “图案填充创建”选项卡

3）在绘图区中右击打开快捷菜单，选择“选项”命令，打开“选项”对话框，在“选择集”选项组中勾选“显示夹点”复选框，并进行其他设置。单击“确定”按钮退出。

4）用鼠标分别选取图 5-97 所示图形中左边界的两线段，这两线段上显示出相应的特征点方框，再用鼠标选取图中最左边的特征点，使该点则以醒目方式显示（见图 5-97）。拖动鼠标，移动夹点到图 5-98 所示的相应位置，按 Esc 键确认，结果如图 5-99 所示。

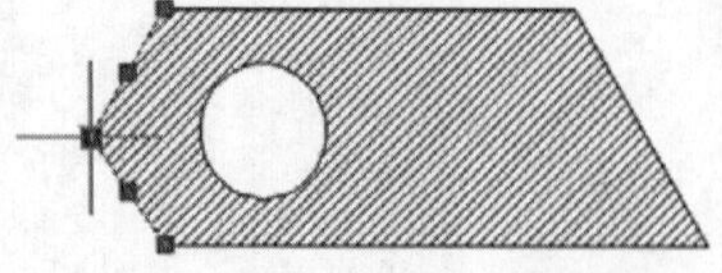

图 5-97 显示边界特征点

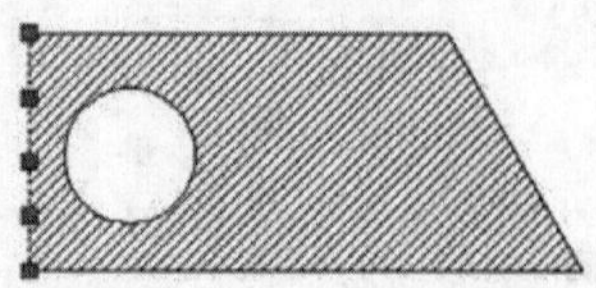

图 5-98 移动夹点到新位置

用鼠标选取圆，圆上出现相应的特征点，再用鼠标选取圆的圆心部位，则该特征点以醒目方式显示（见图 5-100）。拖动鼠标，移动夹点到如图 5-101 所示的位置，然后按 Esc 键确认，结果图 5-95b 所示。

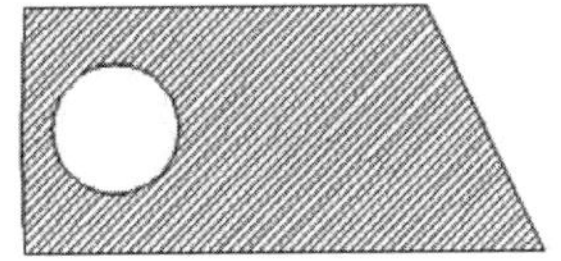

图 5-99　编辑后的图形

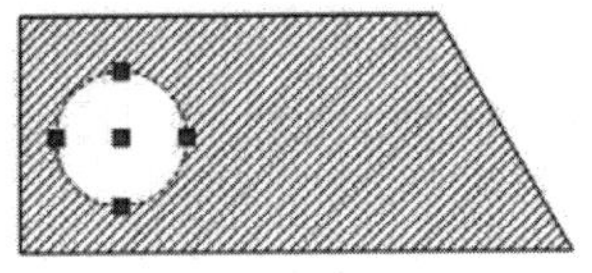

图 5-100　显示圆上特征点

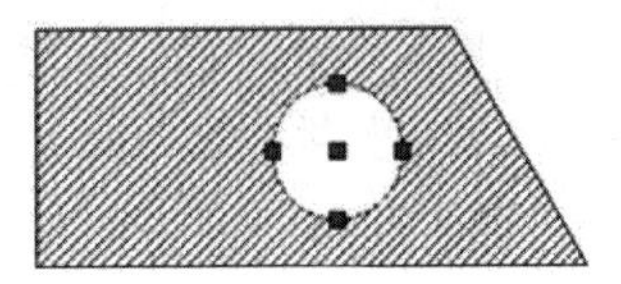

图 5-101　夹点移动到新位置

5.4.3　修改对象属性

1．执行方式

命令行：DDMODIFY 或 PROPERTIES。

菜单栏：选择菜单栏中的“修改”→“特性”命令或选择菜单栏中的“工具”→“选项板”→“特性”命令。

工具栏：单击标准工具栏中的“特性”按钮。

快捷键：Ctrl+1。

功能区：❶单击“视图”选项卡❷“选项板”面板中的❸“特性”按钮（见图 5-102）或单击“默认”选项卡“特性”面板中的“对话框启动器”按钮。

2．操作格式

命令：DDMODIFY↙

AutoCAD 打开“特性”选项板，如图 5-103 所示，在其中可以方便地设置或修改对象的各种属性。

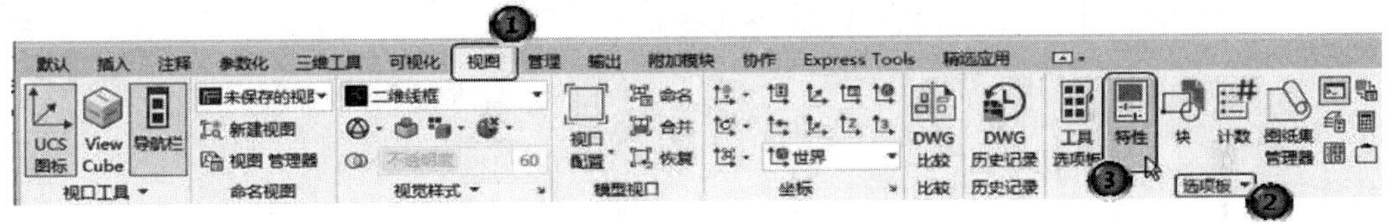

图 5-102　“选项板”面板

图 5-103　“特性”选项板

5.4.4 特性匹配

特性匹配命令可将目标对象属性与源对象的属性进行匹配，使目标对象与源对象的属性相同。利用特性匹配功能可以方便快捷地修改对象属性，并使不同对象的属性相同。

1. 执行方式

命令行：MATCHPROP。

菜单栏：选择菜单栏中的“修改”→“特性匹配”命令。

工具栏：单击标准工具栏中的“特性匹配”按钮。

功能区：单击“默认”选项卡“特性”面板中的“特性匹配”按钮。

2. 操作格式

命令：MATCHPROP↙

选择源对象：(选择源对象)

当前活动设置： 颜色 图层 线型 线型比例 线宽 透明度 厚度 打印样式 标注 文字 图案填充 多段线 视口 表格 材质 多重引线 中心对象

选择目标对象或[设置(S)]：(选择目标对象)

图 5-104a 所示为两个不同属性的对象，以左边的圆为源对象，对右边的矩形进行属性匹配，结果如图 5-104b 所示。

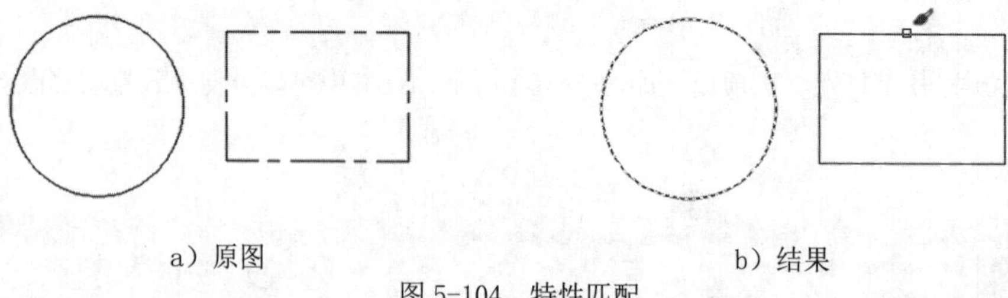

a）原图　　b）结果

图 5-104　特性匹配

5.5 删除及恢复类命令

这一类命令主要用于删除图形的某部分或对已被删除的部分进行恢复，包括删除、恢复、重做、清除等命令。

5.5.1 删除命令

如果所绘制的图形不符合要求或不小心错绘了图形，可以使用删除命令“ERASE”把它删除。

1. 执行方式

命令行：ERASE。

菜单栏：选择菜单栏中的“修改”→“删除”命令。

快捷菜单：选择要删除的对象，在绘图区域右击，从弹出的快捷菜单上选择“删除”命令。

工具栏：单击“修改”工具栏中的“删除”按钮。

功能区：单击“默认”选项卡“修改”面板中的“删除”按钮。

2. 操作格式

可以先选择对象后调用删除命令，也可以先调用删除命令然后再选择对象。选择对象时可以使用前面介绍的对象选择的各种方法。当选择多个对象时，多个对象会都被删除。若选择的对象属于某个对象组，则该对象组的所有对象都会被删除。

5.5.2 恢复命令

若不小心误删除了图形，可以使用恢复命令（OOPS）恢复误删除的对象。

1. 执行方式

命令行：OOPS 或 U。

工具栏：单击快速访问工具栏中的“放弃”按钮或单击标准工具栏中的“放弃”按钮。

快捷键：Ctrl+Z。

2. 操作格式

在命令行窗口的提示行中输入“OOPS”，按 Enter 键。

5.5.3 实例——弹簧

绘制如图 5-105 所示的弹簧。

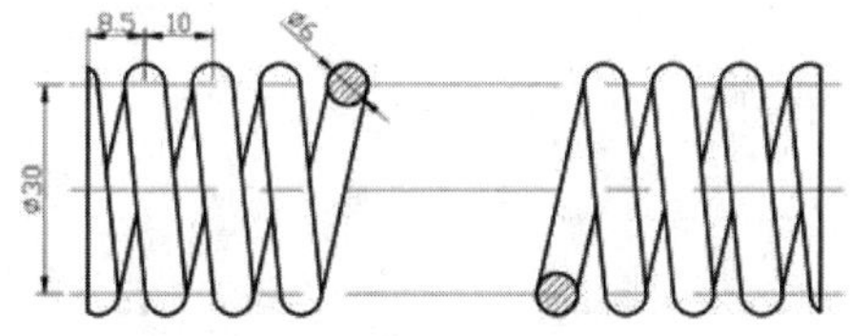

图 5-105　弹簧

操作步骤

1）单击“默认”选项卡“图层”面板中的“图层特性”按钮，新建三个图层：轮廓线图层，线宽为 0.3mm，其余属性默认；中心线图层，颜色为红色，线型为 CENTER，其余属性默认；细实线图层，线宽为 0.09mm，颜色为蓝色，其余属性默认。

2）将中心线图层设置为当前图层，单击“默认”选项卡“绘图”面板中的“直线”按钮，用鼠标在水平方向上取两点为端点，绘制中心线，结果如图 5-106 所示。

3）单击“默认”选项卡“修改”面板中的“偏移”按钮，将中心线分别向上、下偏移 15，结果如图 5-107 所示。

图 5-106　绘制中心线

图 5-107　偏移中心线

4）单击“默认”选项卡“绘图”面板中的“直线”按钮，在水平直线下方任取一点为起点，设置终点坐标为（@45<96），绘制辅助线，结果如图 5-108 所示。

5）将轮廓线图层设置为当前图层，分别以点 1 和点 2 为圆心绘制半径为 3 的圆，结果如图 5-109 所示。

图 5-108　绘制辅助线

图 5-109　绘制圆

6）单击“默认”选项卡“绘图”面板中的“直线”按钮╱，绘制两条与两个圆相切的直线，结果如图 5-110 所示。

7）单击“默认”选项卡“修改”面板中的“矩形阵列”按钮，选择刚绘制的对象，在命令行中输入列数为 4、列之间的距离为 10，进行阵列，结果如图 5-111 所示。

图 5-110　绘制直切线（一）

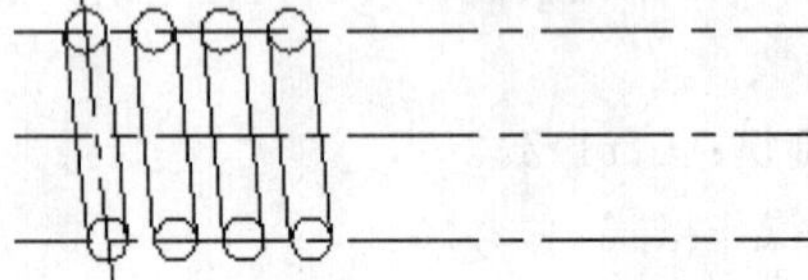

图 5-111　阵列处理（一）

8）单击“默认”选项卡“绘图”面板中的“直线”按钮╱，绘制与圆相切的线段 3 和线段 4，结果如图 5-112 所示。

9）单击“默认”选项卡“修改”面板中的“矩形阵列”按钮，选择对象为线段 3 和线段 4，进行阵列处理，结果如图 5-113 所示。

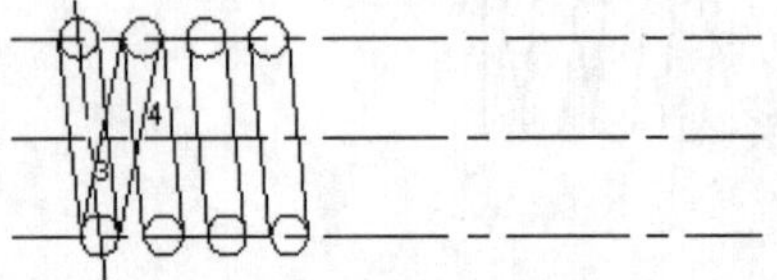

图 5-112　绘制切线（二）

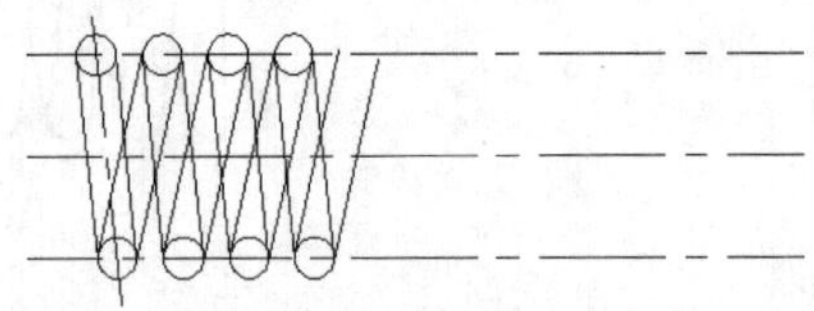

图 5-113　阵列处理（二）

10）单击“默认”选项卡“修改”面板中的“复制”按钮，复制图形上侧最右边的圆到右边，结果如图 5-114 所示。

11）单击“默认”选项卡“绘图”面板中的“直线”按钮╱，绘制辅助直线 5，结果如图 5-115 所示。

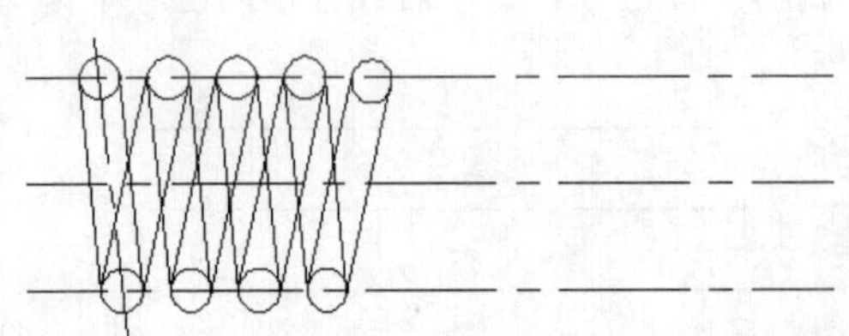

图 5-114　复制圆

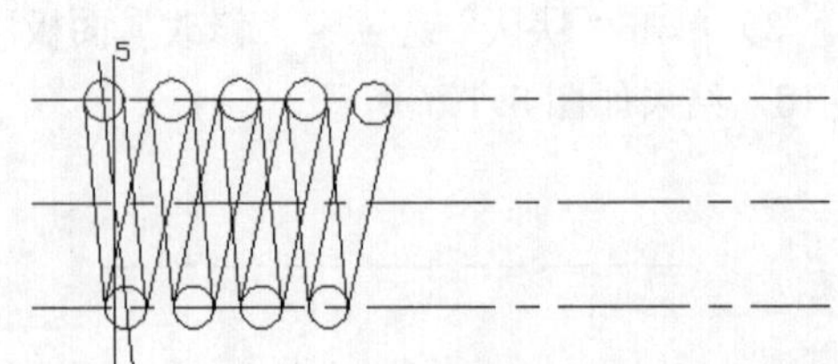

图 5-115　绘制辅助直线

12）单击“默认”选项卡“修改”面板中的“修剪”按钮，进行修剪处理，结果如图 5-116 所示。

13）单击“默认”选项卡“修改”面板中的“删除”按钮，删除多余直线，结果如图 5-117 所示。

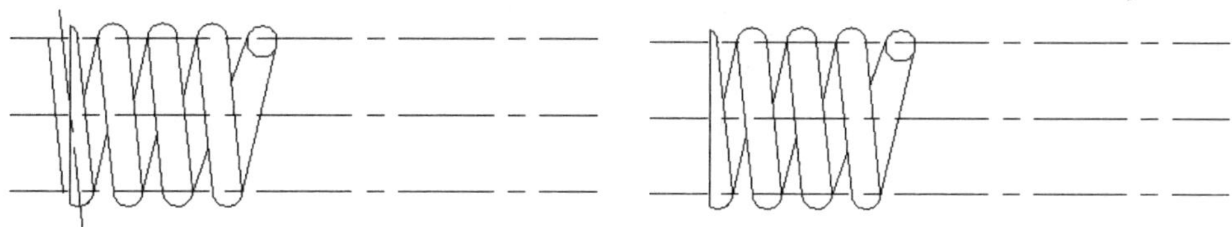

图 5-116　修剪处理　　　　图 5-117　删除多余直线

14）单击“默认”选项卡“修改”面板中的“旋转”按钮，进行旋转处理。命令行提示与操作如下：

```
命令: _ROTATE
UCS 当前的正角方向:  ANGDIR=逆时针   ANGBASE=0
选择对象: （选择右侧的图形）
找到 25 个
选择对象: ↙
指定基点:（在水平中心线上取一点）
指定旋转角度，或 [复制(C)/参照(R)] <0>:C↙
指定旋转角度，或 [复制(C)/参照(R)] <0>:180↙
```

结果如图 5-118 所示。

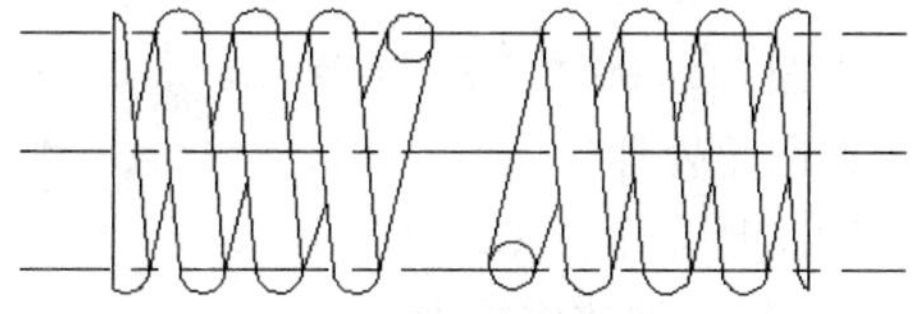

图 5-118　旋转处理

15）将细实线图层设置为当前图层，单击“默认”选项卡“绘图”面板中的“图案填充”按钮，打开“图案填充创建”选项卡，选择“用户定义”类型，设置角度为 45°、间距为 1，选择相应的填充区域按 Enter 键，结果如图 5-105 所示。

5.6　上机实验

本节将通过 4 个上机实验，使读者进一步掌握本章的知识要点。

实验 1　绘制紫荆花（见图 5-119）

操作提示：

1）利用“多段线”和“圆弧”命令绘制花瓣外形。

2）利用“多边形”“直线”和“修剪”等命令绘制五角星。

3）阵列花瓣。

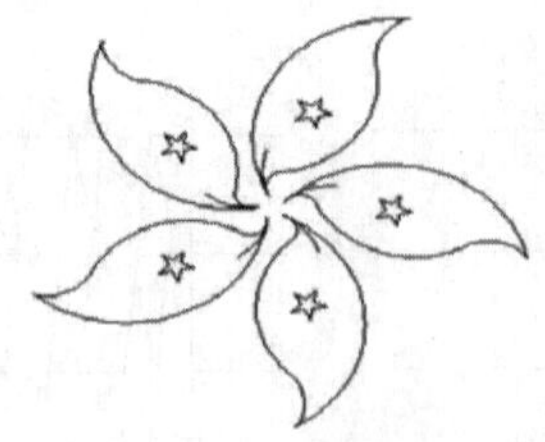

图 5-119　紫荆花

实验 2　绘制餐厅桌椅（见图 5-120）

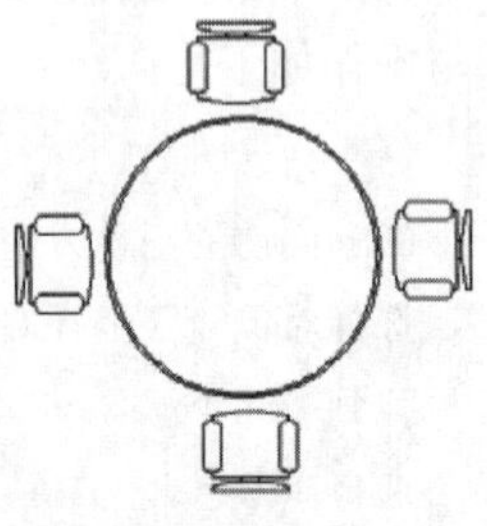

图 5-120　餐厅桌椅

操作提示：

1）利用“直线”“圆弧”“复制”等命令绘制椅子。

2）利用“圆”“偏移”等命令绘制桌子。

3）利用“旋转”“平移”“环形阵列”等命令完成桌椅的绘制。

实验 3　绘制轴承座（见图 5-121）

操作提示：

1）利用“图层”命令设置 3 个图层。

2）利用“直线”命令绘制中心线。

3）利用“直线”命令和“圆”命令绘制左侧轮廓线。

4）利用“圆角”命令进行圆角处理。

5）利用“直线”命令绘制左侧螺孔。

6）利用“镜像”命令对左侧局部结构进行镜像。

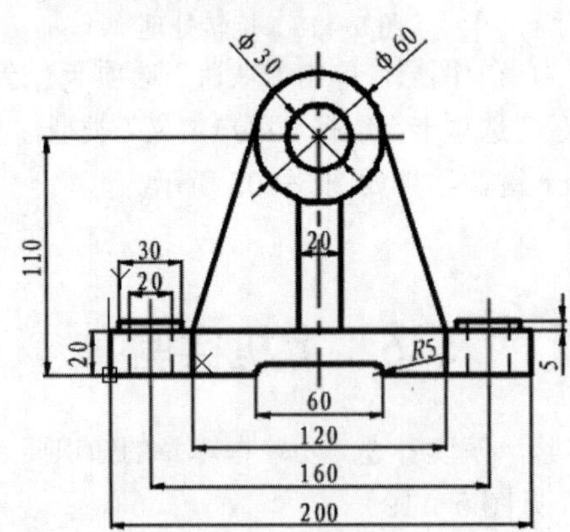

图 5-121　轴承座

实验 4　绘制挂轮架（见图 5-122）

操作提示：

1）利用“图层”命令设置图层。

2）利用“直线”“圆”“偏移”以及“修剪”命令绘制中心线。

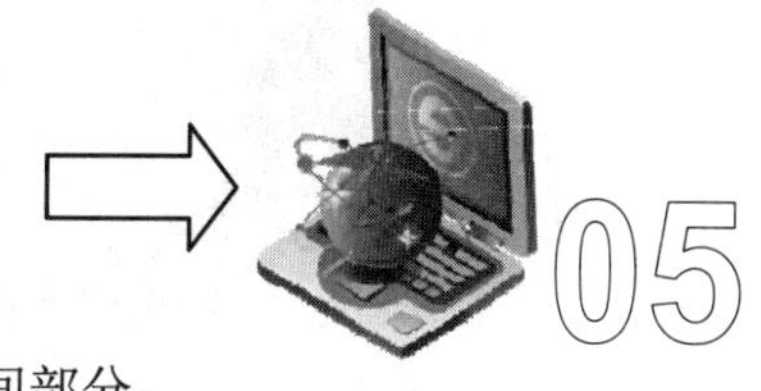

3）利用“直线”“圆”以及“偏移”命令绘制挂轮架的中间部分。

4）利用“圆弧”“圆角”以及“剪切”命令继续绘制挂轮架中间图形。

5）利用“圆弧”“圆”命令绘制挂轮架右侧。

6）利用“修剪”“圆角”命令修剪与倒圆角。

7）利用“偏移”“圆”命令绘制 *R*30 圆弧。在这里为了找到 *R*30 圆弧的圆心，需要以偏移距离 23 向右偏移竖直对称中心线，并捕捉图 5-123 上边第二条水平中心线与竖直中心线的交点，以该点为圆心绘制 *R*26 辅助圆，以所偏移中心线与辅助圆交点为 *R*30 圆弧的圆心。

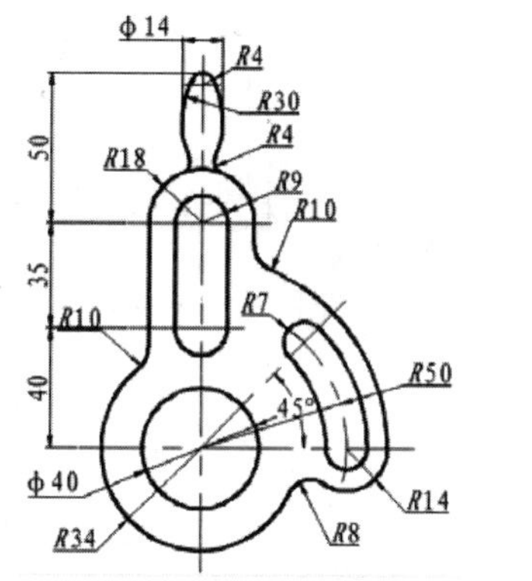

图 5-122　挂轮架

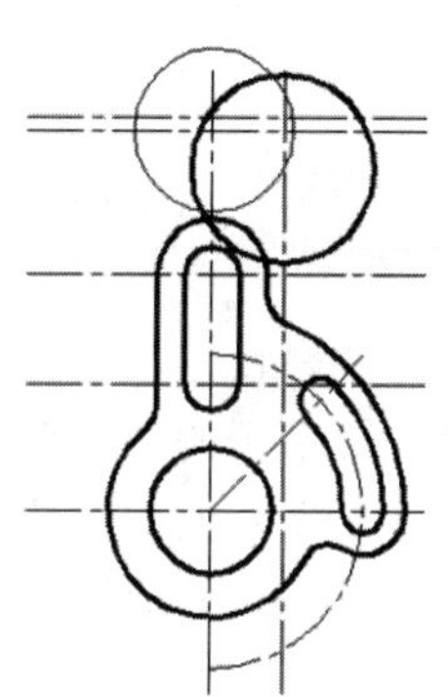

图 5-123　绘制圆

8）利用“删除”“修剪”“镜像”“圆角”等命令绘制把手图形部分。

9）利用“打断”“拉长”和“删除”命令对图形中的中心线进行整理。

5.7　思考与练习

本节将通过几个思考练习题，使读者进一步掌握本章的知识要点。

1．能够改变一条线段长度的命令有

（1）DDMODIFY　（2）LENTHEN　（3）EXTEND　（4）TRIM

（5）STRETCH　（6）SCALE　（7）BREAK　（8）MOVE

2．能够将物体的某部分进行复制且大小不变的命令有

（1）MIRROR　（2）COPY

（3）ROTATE　（4）ARRAY

3．将下列命令与其命令名连线。

CHAMFER　伸展

LENGTHEN　圆角

FILLET　加长

STRETCH　倒角

4．下面命令中哪一个命令在选择物体时必须采取交叉窗口或交叉多边形窗口进行选择？

（1）LENTHEN　（2）STRETCH　（3）ARRAY　（4）MIRROR

5．下列命令中哪些可以用来去掉图形中不需要的部分？

（1）删除　　（2）清除　　（3）剪切　　（4）恢复

6．请分析COPYCLIP与COPYLINK两个命令的异同。

7．在利用修剪命令对图形进行修剪时，有时无法实现修剪，试分析可能的原因。

8．绘制如图5-124所示的沙发图形。

9．绘制如图5-125所示的洗菜盆。

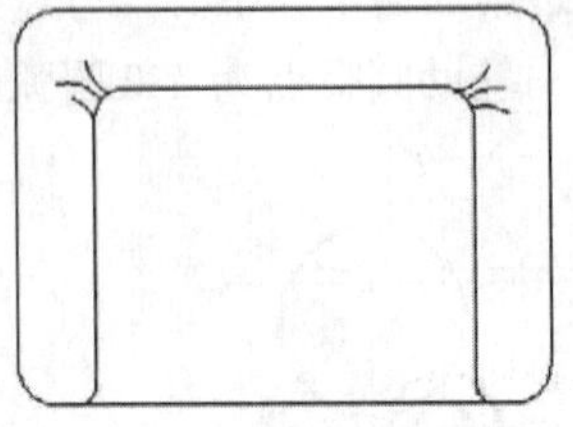

图5-124　沙发图形

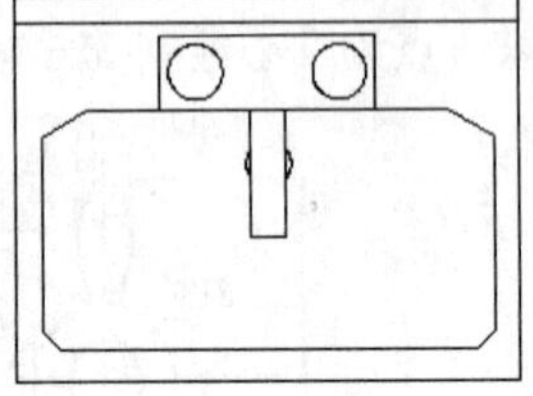

图5-125　洗菜盆

10．绘制如图5-126所示的圆头平键。

11．绘制如图5-127所示的均布结构图形。

12．绘制如图5-128所示的圆锥滚子轴承。

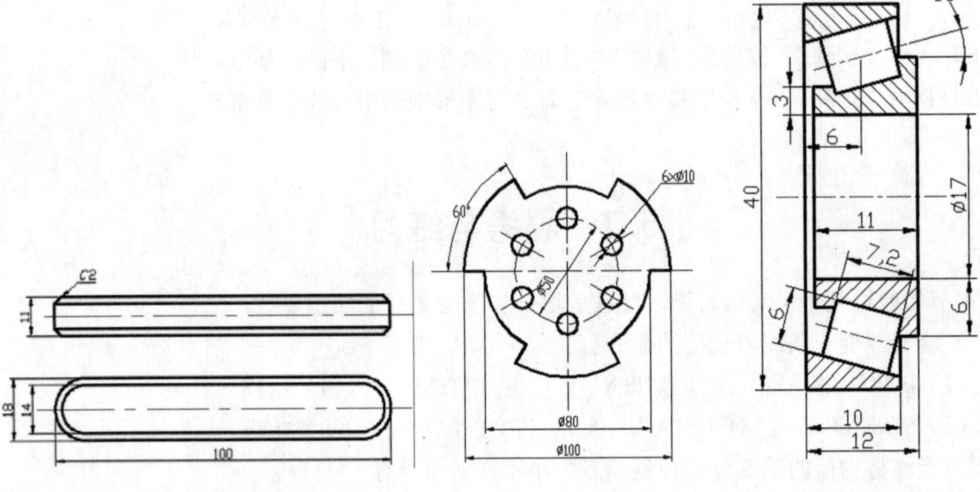

图5-126　圆头平键　　图5-127　均布结构图形　　图5-128　圆锥滚子轴承

第 6 章 文字与表格

文字注释是图形中很重要的一部分内容，进行各种设计时，通常不仅要绘出图形，还要在图形中标注一些文字（如技术要求、注释说明等）对图形对象加以解释。表将在 AutoCAD2022 图形中也有大量的应用，如明细栏、参数表和标题栏等。

本章主要讲述了文字标注与表格绘制的有关知识。

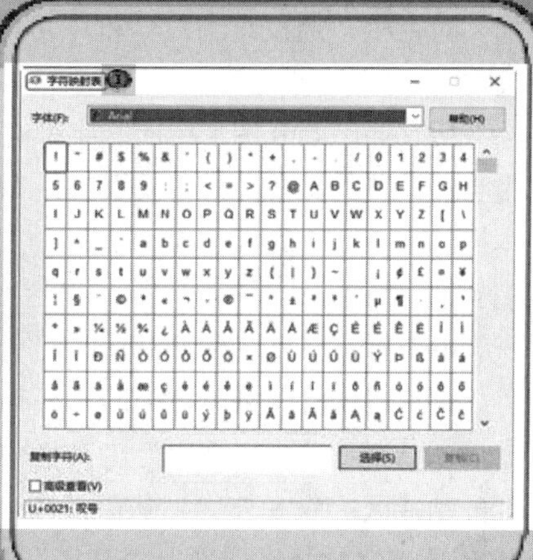

- 文本样式
- 文本标注
- 文本编辑
- 表格

齿 数	Z	24
模 数	m	3
压力角	a	30°
公差等级及配合类别	6H-GE	T3478.1-1995
作用齿槽宽最小值	Evmin	4.7120
实际齿槽宽最大值	Emax	4.8370
实际齿槽宽最小值	Emin	4.7590
作用齿槽宽最大值	Evmax	4.7900

6.1 文本样式

AutoCAD 中的文本样式是用来控制文字基本形状的一组设置。AutoCAD 提供了“文字样式”对话框，通过这个对话框中可方便直观地设置需要的文本样式，或是对已有样式进行修改。

所有 AutoCAD 图形中的文字都有与其相对应的文本样式。当输入文字对象时，AutoCAD 使用当前设置的文本样式。模板文件 ACAD.DWT 和 ACADISO.DWT 中包含了名叫 STANDARD 的默认文本样式。

1. 执行方式

命令行：STYLE 或 DDSTYLE。

菜单栏：选择菜单栏中的“格式”→“文字样式”命令。

工具栏：单击“文字”工具栏中的“文字样式”按钮。

功能区：❶单击“默认”选项卡“注释”面板中的❷“文字样式”按钮（见图 6-1），或❶单击“注释”选项卡“文字”面板上的“文字样式”下拉菜单中的❷“管理文字样式”按钮（见图 6-2）或单击“注释”选项卡“文字”面板中的“对话框启动器”按钮。

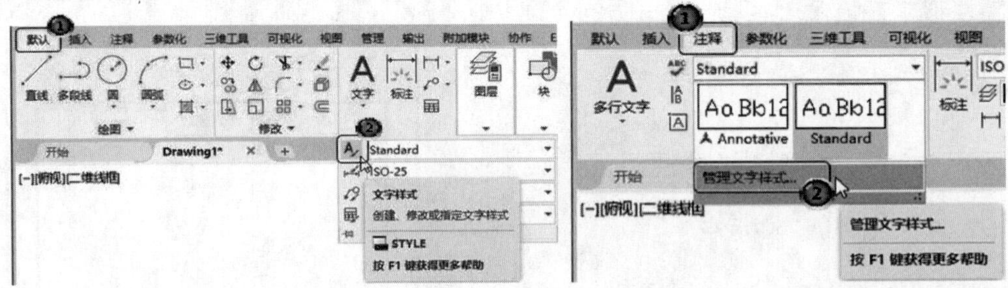

图 6-1 “注释”面板　　　　图 6-2 “文字”面板

2. 操作格式

命令：STYLE↙

执行上述命令后，AutoCAD 打开“文字样式”对话框，如图 6-3 所示。

3. 选项说明

（1）“字体”选项组　确定字体样式。文字字体可确定字符的形状。在 AutoCAD 中，除了固有的 SHX 形状字体文件外，还可以使用 TrueType 字体（如宋体、楷体等）。一种字体可以设置不同的效果从而被多种文本样式使用，例如，图 6-4 所示为同一种字体（宋体）的不同样式。

（2）“大小”选项组

1）“注释性”复选框：指定文字为注释性文字。

2）“使文字方向与布局匹配”复选框：指定图纸空间视口中的文字方向与布局方向匹配。如果不勾选“注释性”选项，则该选项不可用。

3）“高度”文本框：设置文字高度。如果输入 0.0，则每次用该样式输入文字时，文字高度默认值为 0.2。

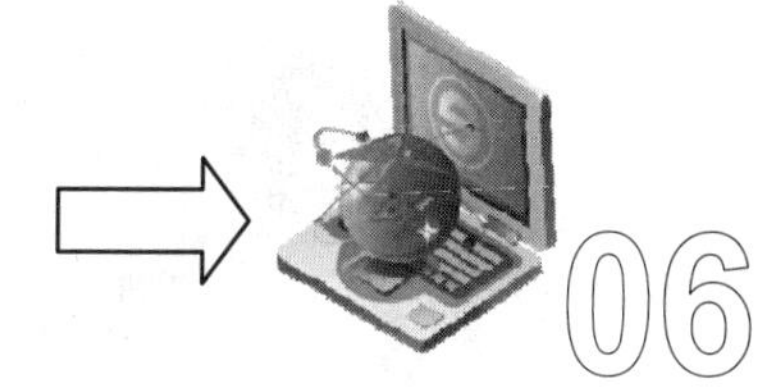

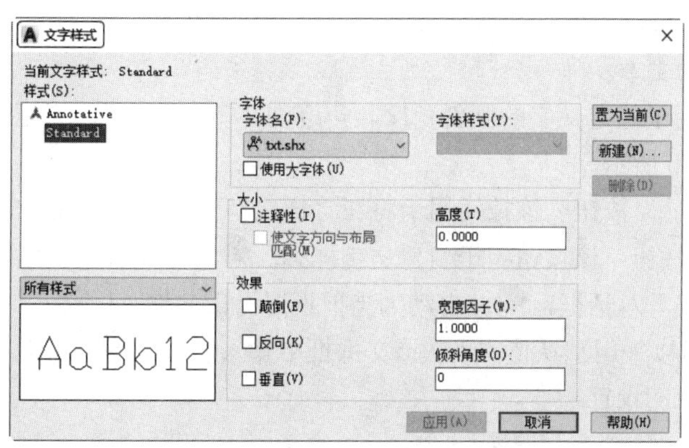

图 6-3 “文字样式”对话框

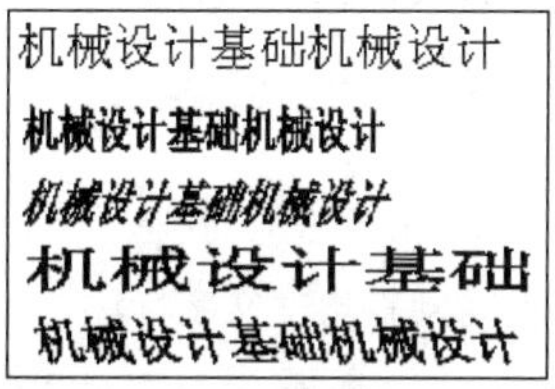

机械设计基础机械设计
机械设计基础机械设计
机械设计基础机械设计
机械设计基础
机械设计基础机械设计

图 6-4 同一种字体的不同样式

（3）“效果”选项组 此选项组中的各项用于设置字体的特殊效果。

1）“颠倒”复选框：选中此复选框，表示将文本文字倒置标注，如图 6-5a 所示。

2）“反向”复选框：确定是否将文本文字反向标注。图 6-5b 所示为标注效果。

3）“垂直”复选框：确定文本是水平标注还是垂直标注。

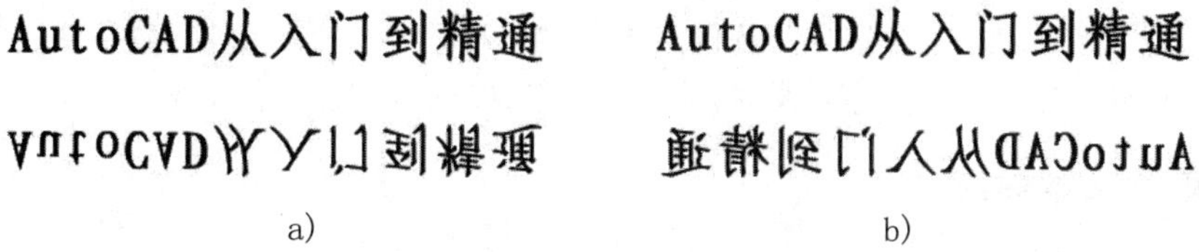

AutoCAD从入门到精通　　AutoCAD从入门到精通

a)　　b)

图 6-5 文字倒置标注与反向标注

选中此复选框时为垂直标注，否则为水平标注，如图 6-6 所示。

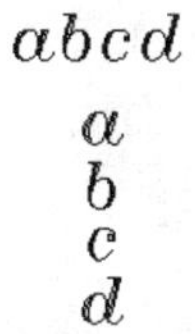

abcd

a
b
c
d

图 6-6 垂直标注文字

注意

该复选框只有在 SHX 字体下才可用。

4）宽度因子：设置宽度系数，确定文本字符的宽高比。当宽度因子为 1 时表示将按字体文件中定义的宽高比标注文字；当宽度因子小于 1 时字会变窄，反之变宽。图 6-7a 所示为不同宽度因子下标注的文本。

5)倾斜角度：用于确定文字的倾斜角度。角度为 0° 时不倾斜，为正时向右倾斜，为负时向左倾斜，如图 6-7b 所示。

（4）“置为当前”按钮　该按钮用于将在“样式”下选定的样式设置为当前。

（5）“新建”按钮　该按钮用于新建文字样式。❶单击此按钮，系统会弹出如图 6-8 所示的“新建文字样式”对话框，❷并自动为当前设置提供名称“样式 n”（其中 n 为所提供样式的编号）。名称可以采用默认值，或在该文本框中输入名称，❸然后单击“确定”按钮使新样式名使用当前样式的设置。

机械工业出版社
机械工业出版社
机械工业出版社

a)

机械工业出版社
机械工业出版社
机械工业出版社

b)

图 6-7　不同宽度因子的文字标注与不同倾斜角度文字标注

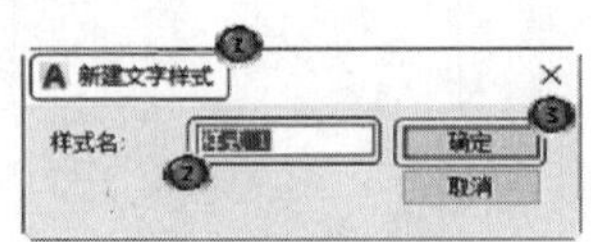

图 6-8　“新建文字样式”对话框

（6）“删除”按钮　该按钮用于删除未使用的文字样式。

6.2　文本标注

在制图过程中，标注的文字可以传递很多设计信息，它可能是一个很长、很复杂的说明，也可能是一段简短的文字。当需要标注的文本不太长时，可以利用 TEXT 命令创建单行文本；当需要标注很长、很复杂的文字信息时，可以用 MTEXT 命令创建多行文本。

6.2.1　单行文本标注

1. 执行方式

命令行：TEXT。

菜单栏：选择菜单栏中的“绘图”→“文字”→“单行文字”命令。

工具栏：单击“文字”工具栏中的“单行文字”按钮A。

功能区：单击“默认”选项卡“注释”面板中的“单行文字”按钮A，或单击“注释”选项卡“文字”面板中的“单行文字”按钮A。

2. 操作格式

```
命令：TEXT↙
当前文字样式： “Standard”  文字高度： 2.5000  注释性： 否  对正： 左
指定文字的起点或 [对正(J)/样式(S)]:
指定文字的旋转角度 <0>:
```

3. 选项说明

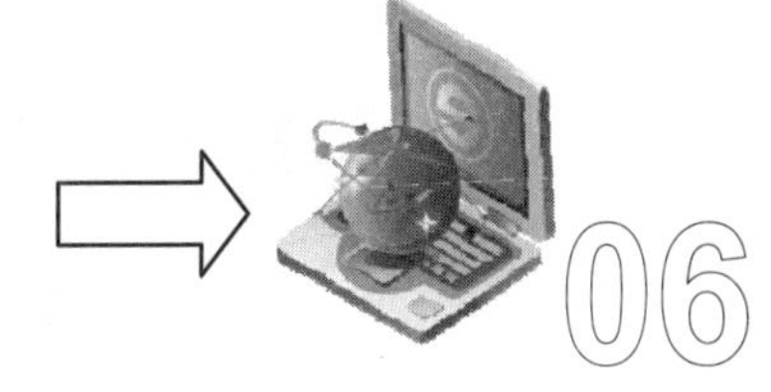

（1）指定文字的起点　在此提示下直接在作图屏幕上选取一点作为文本的起始点，AutoCAD 提示：

指定高度 <0.2000>:（确定字符的高度）
指定文字的旋转角度 <0>:（确定文本行的倾斜角度）
输入文字:（输入文本）

在此提示下输入一行文本后按 Enter 键，AutoCAD 继续显示“输入文字:”提示，可继续输入文本，全部输入完成后在此提示下直接按 Enter 键，则退出 TEXT 命令。可见，由 TEXT 命令也可创建多行文本，只是这种多行文本中的每一行都是一个对象，不能对多行文本同时进行操作。

注意

只有当前文本样式中设置的字符高度为 0 时，在使用 TEXT 命令时 AutoCAD 才出现要求用户确定字符高度的提示。AutoCAD 允许将文本行倾斜排列如图 6-9 所示为倾斜角度分别是 0°、30° 和 –30° 时的排列效果。在“指定文字的旋转角度 <0>:”提示下输入文本行的倾斜角度或在屏幕上拉出一条直线来指定倾斜角度，与图 6-7 所示的文字倾斜标注不同。

（2）对正(J)　在“输入文字:”提示下键入“J”，可确定文本的对齐方式。对齐方式决定文本的哪一部分与所选的插入点对齐。选择此选项，AutoCAD 提示：

输入选项 [左(L)/居中(C)/右(R)/对齐(A)/中间(M)/布满(F)/左上(TL)/中上(TC)/右上(TR)/左中(ML)/正中(MC)/右中(MR)/左下(BL)/中下(BC)/右下(BR)]:

在此提示下可选择一个选项作为文本的对齐方式。当文本串水平排列时，AutoCAD 为标注文本串定义了如图 6-10 所示的顶线、中线、基线和底线。各种文本的对齐方式如图 6-11 所示，图中大写字母对应上述提示中的命令。

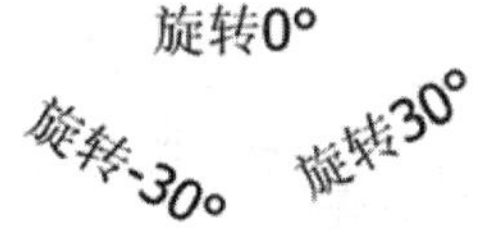

图 6-9　倾斜排列效果

图 6-10　底线、基线、中线和顶线

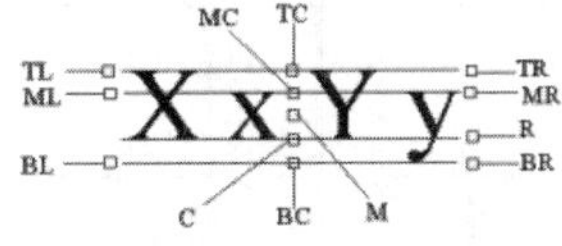

图 6-11　文本的对齐方式

下面以“对齐”为例进行简要说明：

对齐(A)：选择此选项，要求用户指定文本行基线的起始点与终止点的位置，AutoCAD 提示：

指定文字基线的第一个端点:（指定文本行基线的起点位置）
指定文字基线的第二个端点:（指定文本行基线的终点位置）

输入文字:（输入一行文本后按 Enter 键）

输入文字:（继续输入文本或直接按 Enter 键结束命令）

执行结果：所输入的文本字符均匀地分布于指定的两点之间，如果两点间的连线不水平，则文本行倾斜放置，倾斜角度由两点间的连线与 X 轴夹角确定；字高、字宽根据两点间的距离、字符的多少以及文本样式中设置的宽度因子自动确定。指定了两点之后，每行输入的字符越多，字宽和字高越小。

其他选项与“对齐”类似，不再赘述。

实际绘图时，有时需要标注一些特殊字符，如直径符号、上划线或下划线、温度符号等，这些符号不能直接从键盘上输入，为此 AutoCAD 提供了一些控制码来实现这些特殊字符的输入。控制码用两个百分号（%%）加一个字符构成，常用的控制码见表 6-1。

表 6-1 中，%%O 和%%U 分别用于绘制上划线和下划线，第一次出现此符号开始画上划线和下划线，第二次出现此符号则终止上划线和下划线的绘制。例如，在“Text:”提示后输入“I want to %%U go to Beijing%%U.”，则得到如图 6-12 上行所示的文本行，输入“50%%D+%%C75%%P12”，则得到如图 6-12 下行所示的文本行。

I want to go to Beijing.

50°+Ø75±12

图 6-12　文本行

用 TEXT 命令可以创建一个或若干个单行文本，也就是说用此命令可以标注行或多行文本。在“输入文本:”提示下输入一行文本后按 Enter 键，AutoCAD 继续提示“输入文本:”，用户可输入第二行文本，依次类推，直到文本全部输入完，再在此提示下直接按 Enter 键，结束文本输入命令。每一次按 Enter 键都会结束一个单行文本的输入。每一个单行文本是一个对象，可以单独修改其文本样式、字高、旋转角度和对齐方式等。

表 6-1　AutoCAD 常用控制码

符　号	功　能	符　号	功　能
%%O	上划线	\u+E101	流线
%%U	下划线	\u+2261	标识
%%D	“度”符号	\u+E102	界碑线
%%P	正负符号	\u+2260	不相等
%%C	直径符号	\u+2126	欧姆
%%%	百分号	\u+03A9	欧米伽
\u+2248	几乎相等	\u+214A	低界线
\u+2220	角度	\u+2082	下标 2
\u+E100	边界线	\u+00B2	上标 2
\u+2104	中心线	\u+0278	电相位
\u+0394	差值		

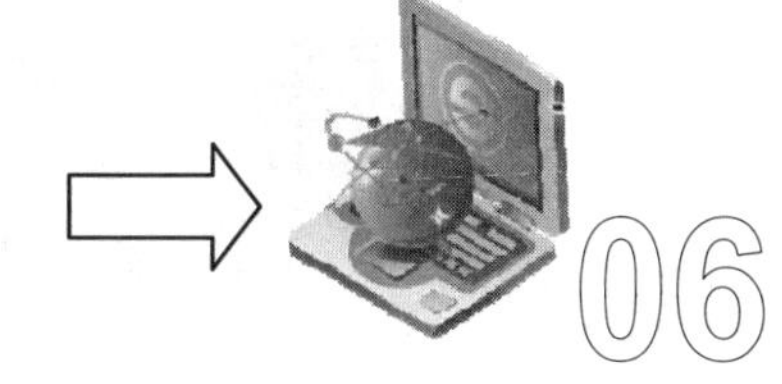

用 TEXT 命令创建文本时，在命令行中输入的文字会同时显示在屏幕上，而且在创建过程中可以随时改变文本的位置。如果将光标移到新的位置单击按 Enter 键，则当前行结束，随后输入的文本将显示在新的位置。用这种方法可以把多行文本标注到屏幕的任何地方。

6.2.2 多行文本标注

1. 执行方式

命令行：MTEXT（快捷命令：T 或 MT）。

菜单栏：选择菜单栏中的“绘图”→“文字”→“多行文字”命令。

工具栏：单击“绘图”工具栏中的“多行文字”按钮A，或单击“文字”工具栏中的“多行文字”按钮A。

功能区：单击“默认”选项卡“注释”面板中的“多行文字”按钮A或单击“注释”选项卡“文字”面板中的“多行文字”按钮A。

2. 操作格式

```
命令:MTEXT↙
当前文字样式: “Standard”文字高度:  2.5  注释性:  否
指定第一角点: (指定矩形框的第一个角点)
指定对角点或 [高度(H)/对正(J)/行距(L)/旋转(R)/样式(S)/宽度(W)/栏(C)]:
```

3. 选项说明

（1）指定对角点　直接在屏幕上拾取一个点作为矩形框的第二个角点，AutoCAD 以这两个点为对角点形成一个矩形区域，其宽度就是将要标注的多行文本的宽度，而且第一个点就是第一行文本顶线的起点。多行文字命令响应后，AutoCAD 打开“文字编辑器”选项卡和多行文字编辑器，利用此编辑器输入多行文本并对其格式进行设置。

（2）对正(J)　确定所标注文本的对齐方式。这些对齐方式与“TEXT”命令中的各对齐方式相同，在此不再重复。选择一种对齐方式后按 Enter 键，AutoCAD 会回到上一级提示。

（3）行距(L)　确定多行文本的行间距，这里所说的行间距是指相邻两文本行的基线之间的垂直距离。选择此选项，命令行中提示如下。

```
输入行距类型[至少(A)/精确(E)]<至少(A)>:
```

在此提示下有两种确定行间距的方式:“至少”方式和“精确”方式。“至少”方式下 AutoCAD 根据每行文本中最大的字符自动调整行间距。“精确”方式下 AutoCAD 给多行文本赋予一个固定的行间距。可以直接输入一个确切的间距值，也可以输入“nx”，其中“n”是一个具体数，表示行间距设置为单行文本高度的 n 倍，而单行文本高度是本行文本字符高度的 1.66 倍。

（4）旋转(R)　确定文本行的倾斜角度。选择此选项，命令行中提示如下：

```
指定旋转角度<0>: (输入倾斜角度)
```

输入角度值后按 Enter 键，返回“指定对角点或[高度(H)/对正(J)/行距(L)/旋转(R)/样式(S)/宽度(W)/栏（C）]：”提示。

（5）样式(S)　确定当前的文字样式。

(6) 宽度(W)　指定多行文本的宽度。可在屏幕上拾取一点，将其与前面确定的第一个角点组成的矩形框的宽度作为多行文本的宽度，也可以输入一个数值，精确设置多行文本的宽度。

高手支招

在创建多行文本时，只要指定文本行的起始点和宽度，AutoCAD 就会打开”文字编辑器”选项卡和多行文字编辑器，如图 6-13 和图 6-14 所示。该编辑器与 Word 编辑器界面相似。事实上该编辑器与 Word 编辑器在某些功能上趋于一致。这样既增强了多行文字的编辑功能，又能使用户熟悉和方便地使用。

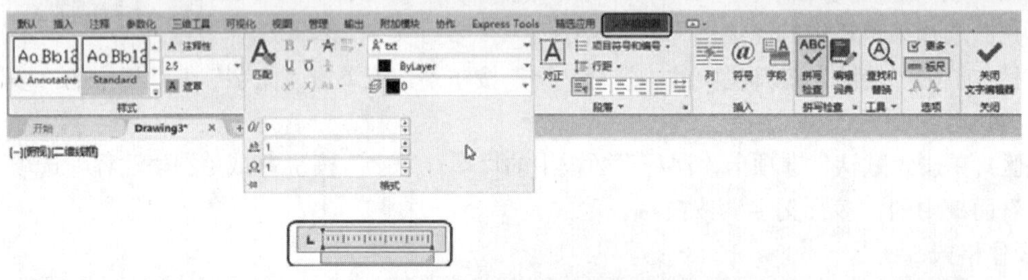

图 6-13　“文字编辑器”选项卡

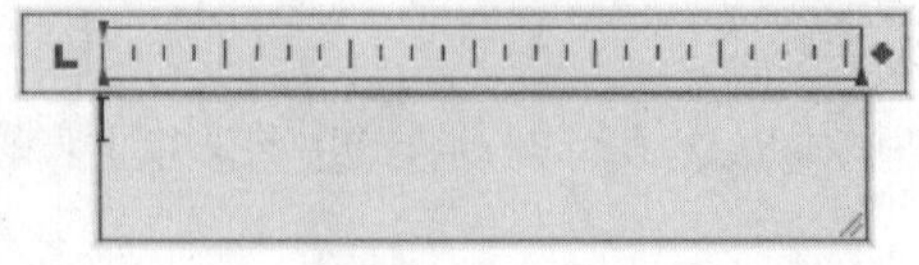

图 6-14　多行文字编辑器

(7) 栏(C)　可以将多行文字对象的格式设置为多栏。可以指定栏和栏之间的宽度、高度及栏数，以及使用夹点编辑栏宽和栏高。其中提供了 3 个栏选项：“不分栏”“静态栏”和“动态栏”。

“文字编辑器”选项卡可用来控制文本文字的显示特性。可以在输入文本文字前设置文本的特性，也可以改变已输入的文本文字特性。要改变已有文本文字显示特性，首先应选择要修改的文本，选择文本的方式有以下 3 种：

1) 将光标定位到文本文字开始处，按住鼠标左键，拖到文本末尾。

2) 双击某个文字，则该文字被选中。

3) 单击鼠标 3 次，则选中全部内容。

下面介绍选项卡中部分选项的功能。

(1)“文字高度”下拉列表框　用于确定文本的字符高度。可在文本编辑器中输入新的字符高度，也可从此下拉列表框中选择已设定过的高度值。

(2)“加粗”按钮**B**和“斜体”按钮*I*　用于设置加粗或斜体效果。这两个按钮只对 TrueType 字体有效。

(3)“删除线”按钮　用于在文字上添加水平删除线。

(4)“下划线”按钮U和“上划线”按钮Ō　用于添加或取消文字的下划线和上划线。

(5)“堆叠”按钮　层叠文本按钮用于层叠所选的文本文字，也就是创建分数形式。只有当文本中某处出现“/”“^”或“#”3 种层叠符号之一时，选中需层叠的文字，才可层叠文

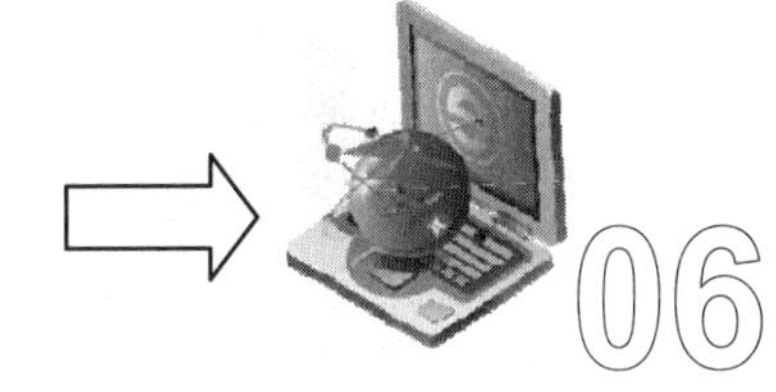

本。层叠文本时，将符号左边的文字作为分子，右边的文字作为分母进行层叠。

AutoCAD 提供了 3 种分数形式：

1）如果选中“abcd/efgh”后单击此按钮，则得到如图 6-15a 所示的分数形式。

2）如果选中“abcd^efgh”后单击此按钮，则得到如图 6-15b 所示的形式。此形式多用于标注公差。

3）如果选中“abcd # efgh”后单击此按钮，则创建斜排的分数形式，如图 6-15c 所示。

如果选中已经层叠的文本对象后单击此按钮，则恢复到非层叠形式。

（6）“倾斜角度”（0/）文本框　用于设置文字的倾斜角度。

举一反三

倾斜角度与斜体效果是两个不同的概念，前者可以设置任意倾斜角度，后者是在任意倾斜角度的基础上设置斜体效果，如图 6-16 所示。第一行倾斜角度为 0°，非斜体效果；第二行倾斜角度为 12°，非斜体效果；第三行倾斜角度为 12°，斜体效果。

（7）“符号”按钮@　用于输入各种符号。单击此按钮，系统打开如图 6-17 所示的符号列表，可以从中选择符号输入到文本中。

（8）“字段”按钮　用于插入一些常用或预设字段。单击此按钮，系统打开如图 6-18 所示的“字段”对话框，用户可从中选择字段，插入到标注文本中。

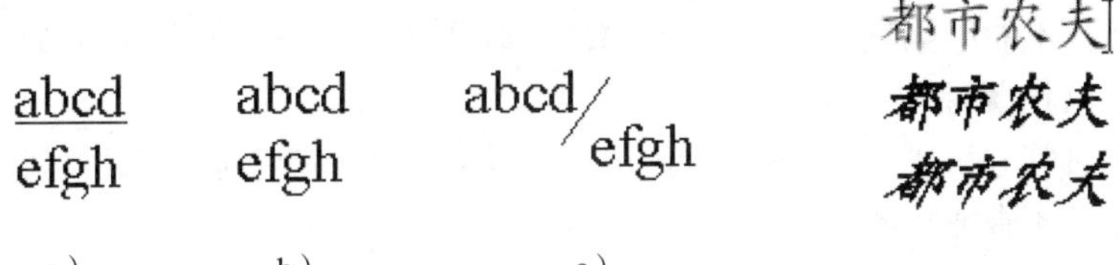

a）　b）　c）

图 6-15　文本层叠　　图 6-16　倾斜角度与斜体效果

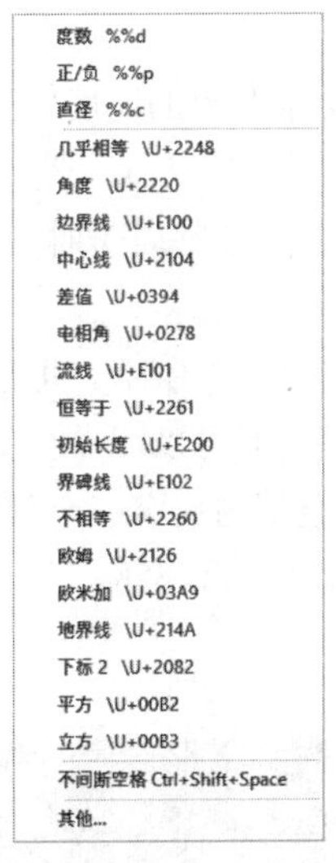

图 6-17　符号列表

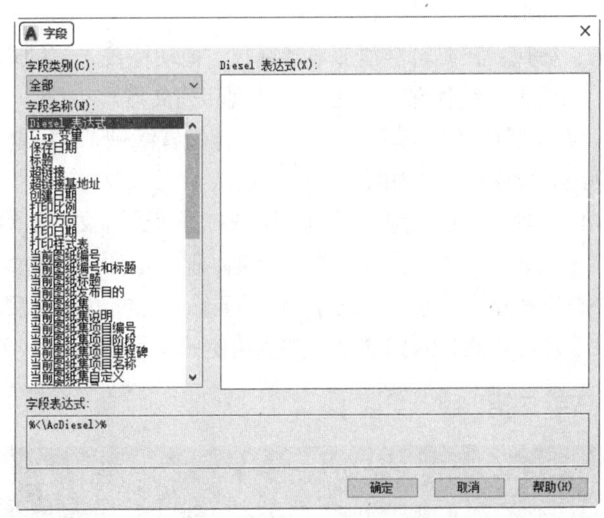

图 6-18　“字段”对话框

（9）“追踪”下拉列表框 用于增大或减小选定字符之间的空间。1.0 表示设置常规间距，大于 1.0 表示增大间距，小于 1.0 表示减小间距。

（10）“宽度因子”下拉列表框 用于扩展或收缩选定字符。1.0 表示设置代表此字体中字母的常规宽度，可以增大该宽度或减小该宽度。

（11）“上标”按钮 将选定文字转换为上标，即在键入线的上方设置稍小的文字。

（12）“下标”按钮 将选定文字转换为下标，即在键入线的下方设置稍小的文字。

（13）“项目符号和编号”下拉列表 删除选定字符的字符格式，或删除选定段落的段落格式，或删除选定段落中的所有格式。

- 关闭：如果选择此选项，将从应用了列表格式的选定文字中删除字母、数字和项目符号。不更改缩进状态。
- 以数字标记：应用将带有句点的数字用于列表中的项的列表格式。
- 以字母标记：应用将带有句点的字母用于列表中的项的列表格式。如果列表含有的项多于字母中含有的字母，可以使用双字母继续序列。
- 以项目符号标记：应用将项目符号用于列表中的项的列表格式。
- 起点：在列表格式中启动新的字母或数字序列。如果选定的项位于列表中间，则选定项下面的未选中的项也将成为新列表的一部分。
- 连续：将选定的段落添加到上面最后一个列表然后继续序列。如果选择了列表项而非段落，则选定项下面的未选中的项将继续序列。
- 允许自动项目符号和编号：在键入时应用列表格式。以下字符可以用作字母和数字后的标点但不能用作项目符号：句点（.）、逗号（,）、右括号（)）、右尖括号（>）、右方括号（]）和右花括号（}）。
- 允许项目符号和列表：如果选择此选项，列表格式将应用到外观类似列表的多行文字对象中的所有纯文本。
- 拼写检查：确定键入时拼写检查处于打开还是关闭状态。
- 编辑词典：显示“词典”对话框。从中可添加或删除在拼写检查过程中使用的自定义词典。
- 标尺：在编辑器顶部显示标尺。拖动标尺末尾的箭头可更改文字对象的宽度。列模式处于活动状态时，还显示高度和列夹点。

（14）段落 为段落和段落的第一行设置缩进。可指定制表位和缩进，控制段落对齐方式、段落间距和段落行距，如图 6-19 所示。

（15）输入文字 选择此项，系统打开“选择文件”对话框，如图 6-20 所示。可选择任意 ASCII 或 RTF 格式的文件。输入的文字保留原始字符格式和样式特性，但可以在多行文字编辑器中编辑和格式化输入的文字。选择要输入的文本文件后，可以替换选定的文字或全部文字，或在文字边界内将插入的文字附加到选定的文字中。输入文字的文件必须小于 32K。

高手支招

多行文字是由任意数目的文字行或段落组成的，布满指定的宽度，还可以沿垂直方向无限延伸。多在行文字中，单个编辑任务中创建的每个段落集将构成单个对象（无论行数是多少），用户可对其进行移动、旋转、删除、复制、镜像或缩放操作。

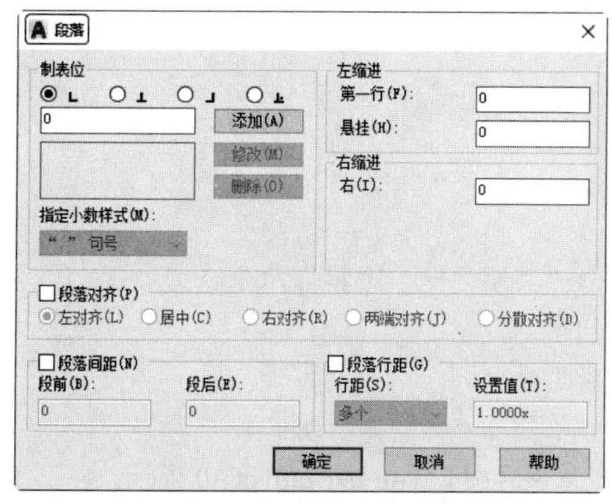

图 6-19 “段落”对话框

图 6-20 “选择文件”对话框

（16）编辑器设置 显示“文字格式”工具栏的选项列表。

6.2.3 实例——插入符号

操作步骤

1）❶在“文字编辑器”选项卡中单击“插入”面板中的“符号”下拉按钮@，在“符号”列表中❷单击“其他”，如图 6-21 所示，❸系统将打开如图 6-22 所示的“字符映射表”对话框，其中包含了当前字体的整个字符集。

2）选中要插入的字符，然后单击“选择”按钮。

3）选择要使用的所有字符，然后单击“复制”按钮。

4）在多行文字编辑器中右击，然后在弹出的快捷菜单中单击“粘贴”命令。

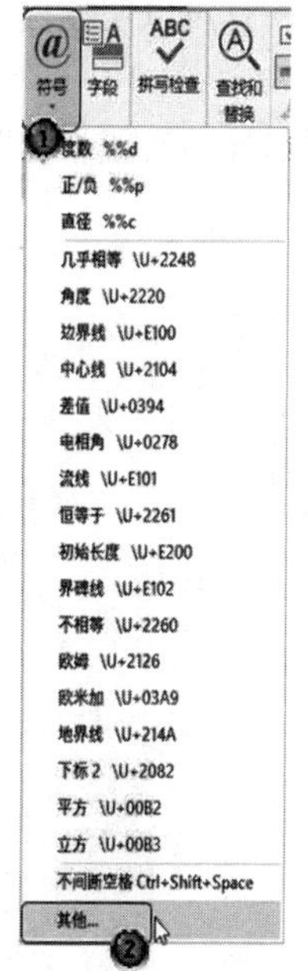

图 6-21 “符号”下拉菜单

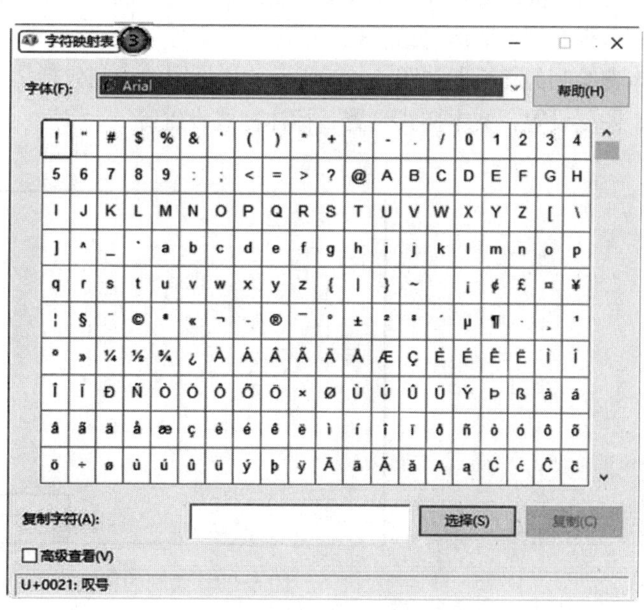

图 6-22 “字符映射表”对话框

6.3 文本编辑

6.3.1 文本编辑命令

1. 执行方式

命令行：DDEDIT 或 TEXTEDIT。

菜单栏：选择菜单栏中的“修改”→“对象”→“文字”→“编辑”命令。

工具栏：单击“文字”工具栏中的“编辑”按钮A。

快捷菜单：选择“修改多行文字”或“编辑文字”命令。

2. 操作格式

选择相应的菜单项，或在命令行中输入 DDEDIT 命令后按 Enter 键，AutoCAD 提示：

```
命令: DDEDIT↙
TEXTEDIT
当前设置: 编辑模式 = Multiple
选择注释对象或 [放弃(U)/模式(M)]:
```

选择想要修改的文本，同时光标变为拾取框。用拾取框单击对象，如果选取的文本是用 TEXT 命令创建的单行文本，则显示该文本，可对其进行修改。如果选取的文本是用 MTEXT 命令创建的多行文本，选取后则打开多行文字编辑器，可对各项设置或内容进行修改。

6.3.2 实例——样板图

所谓样板图就是在图纸中将通用的一些基本内容和参数事先设置好，并绘制出来，以.dwt 的格式保存起来作为样本。例如，可以按照 A3 图纸绘制好图框、标题栏，设置好图层、文字样式、标注样式等，然后作为样板图保存。以后需要绘制 A3 幅面的图样时，即需要绘制大量图样，利用样板图可打开此样板图，在此基础上绘图。如果有很多张图纸，就可以明显提高绘图效率，也有利于图形的标准化。

本例绘制的样板图如图 6-23 所示。样板图的绘制包括边框绘制、图形外围设置、标题栏绘制、图层设置、文本样式设置、标注样式设置等。

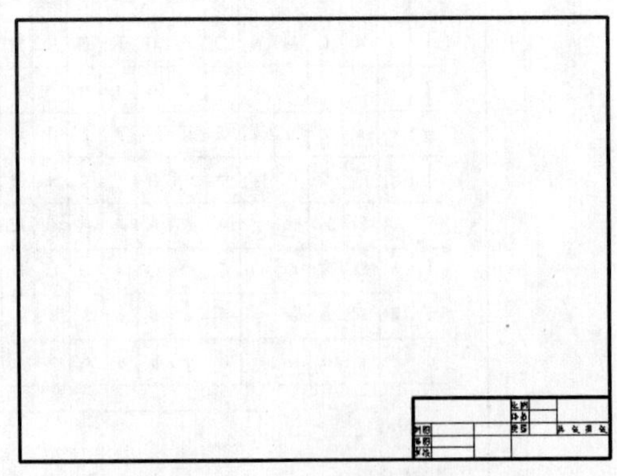

图 6-23 绘制的样板图

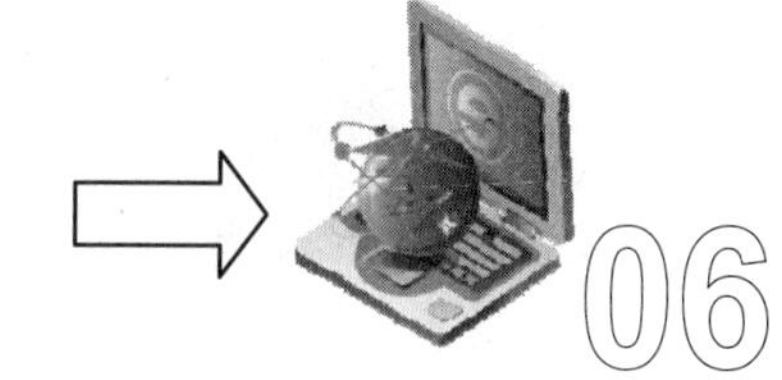

操作步骤

1）在命令行中输入“DDUNITS”命令，打开“图形单位”对话框，如图 6-24 所示。设置“长度”的类型为“小数”、“精度”为 0；设置“角度”的类型为“十进制度数”，“精度”为 0，系统默认逆时针方向为正，设置“插入时的缩放单位”为“毫米”。

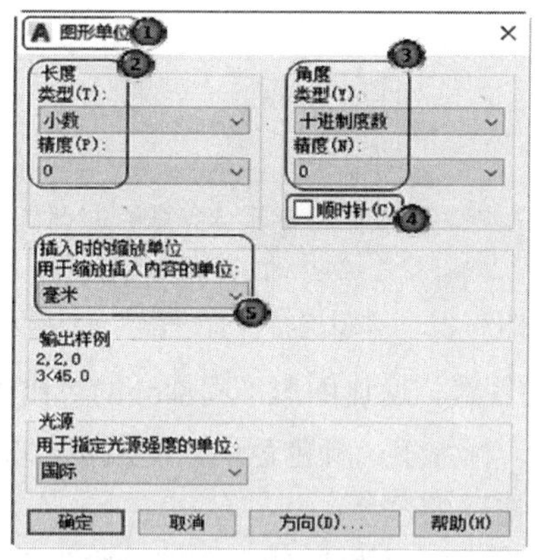

图 6-24 “图形单位”对话框

2）国家标准对图纸的幅面大小做了严格规定，这里按国家标准 A3 图纸幅面设置图形边界。A3 图纸的幅面为 420mm×297mm，故设置图形边界如下：

```
命令：LIMITS↙
重新设置模型空间界限：
指定左下角点或 [开(ON)/关(OFF)] <0.0000,0.0000>：↙
指定右上角点 <12.0000,9.0000>：420,297↙
```

3）设置图层（图层设置见表 6-2）。

表 6-2 图层设置

图 层 名	颜 色	线 型	线 宽	用 途
0	7（黑色）	CONTINUOUS	b	默认
实体层	1（黑色）	CONTINUOUS	b	可见轮廓线
细实线层	2（黑色）	HIDDEN	b/2	细实线隐藏线
中心线层	7（黑色）	CENTER	b/2	中心线
尺寸标注层	6（绿色）	CONTINUOUS	b/2	尺寸标注
波浪线层	4（青色）	CONTINUOUS	b/2	一般注释
剖面层	1（品红）	CONTINUOUS	b/2	填充剖面线
图框层	5（黑色）	CONTINUOUS	b/2	图框线
标题栏层	3（黑色）	CONTINUOUS	b/2	标题栏零件名
备层	2（白色）	CONTINUOUS	b/2	临时用辅助线

4）单击“默认”选项卡“图层”面板中的“图层特性”按钮，①打开“图层特性管理器”对话框，如图 6-25 所示。②在该对话框中单击“新建图层”按钮，建立不同图层名的新图层，这些不同的图层分别用于存放不同的图线或图形。

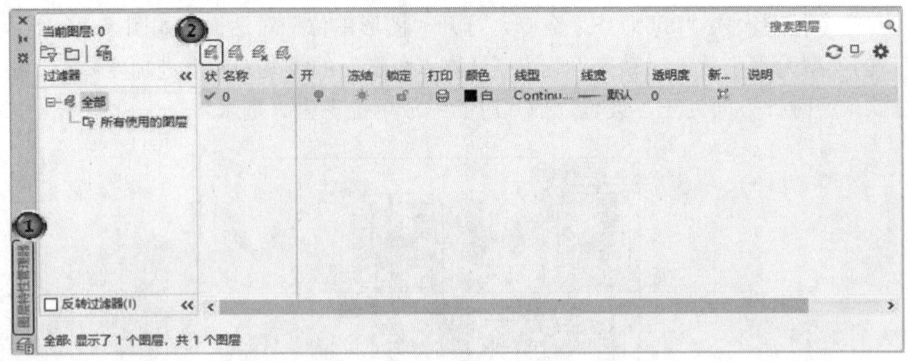

图 6-25 “图层特性管理器”对话框

5）为了区分不同图层上的图线，增加图形不同部分的对比性，可以在“图层特性管理器”对话框中单击对应图层“颜色”标签下的颜色色块，①打开“选择颜色”对话框，如图 6-26 所示。②在该对话框中的选择需要的颜色。

6）在常用的工程图中通常要用到不同的线型，这是因为不同的线型表示不同的含义。在“图层特性管理器”对话框中单击“线型”标签下的线型选项，①打开如图 6-27 所示的“选择线型”对话框，在该对话框中选择相应的线型。如果在“已加载的线型”列表框中没有需要的线型，②可以单击“加载”按钮，③打开如图 6-28 所示的“加载或重载线型”对话框加载线型。

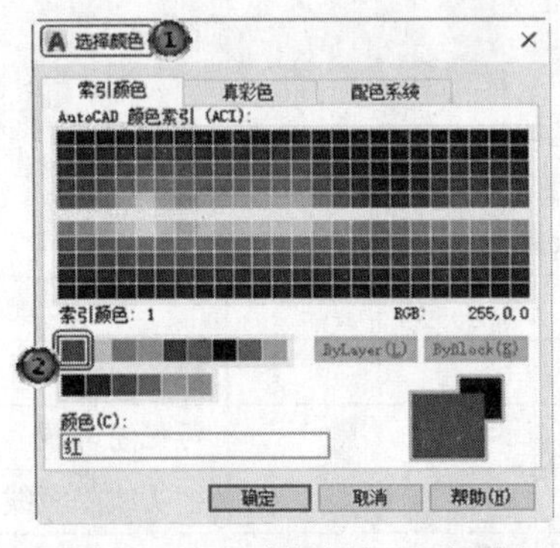

图 6-26 “选择颜色”对话框

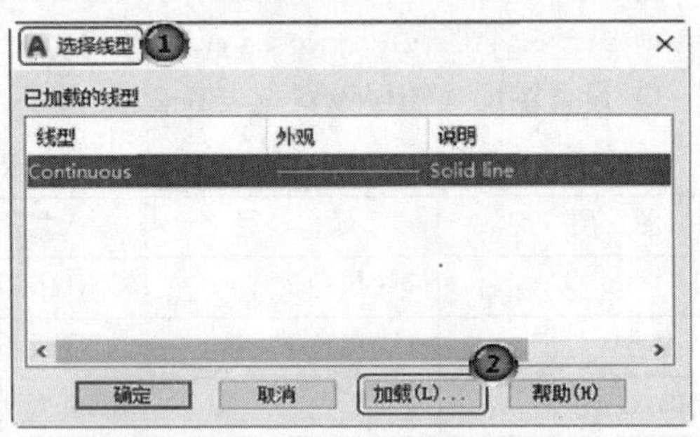

图 6-27 “选择线型”对话框

7）在工程图中，不同的线宽表示不同的含义，因此也要对不同图层的线宽进行设置，单击“图层特性管理器”对话框中“线宽”标签下的选项，打开如图 6-29 所示的“线宽”对话框，在该对话框中选择适当的线宽。需要注意的是，应尽量保持细线与粗线之间的线宽比例大约为 1:2。

8）设置文字样式等如下：文字高度为 7，零件名称为 10，标题栏中其他文字高度为 5，尺寸文字高度为 5，线型比例为 1，图纸空间线型比例为 1，单位十进制，尺寸保留小数点后 0 位，角度保留小数点后 0 位。

生成的 4 种文字样式可分别用于一般注释、标题块中零件名、标题栏注释及尺寸标注。

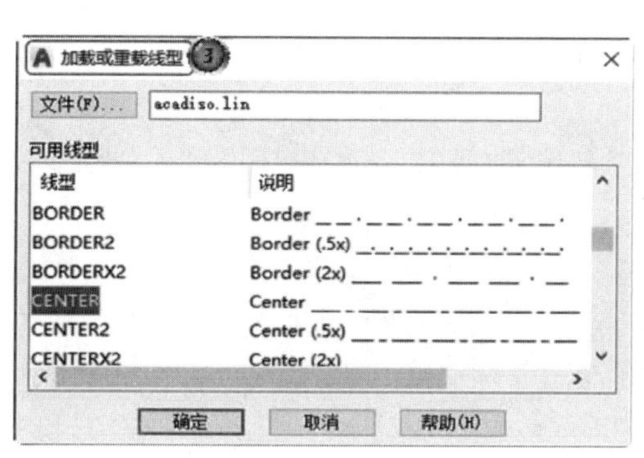

图 6-28 “加载或重载线型”对话框

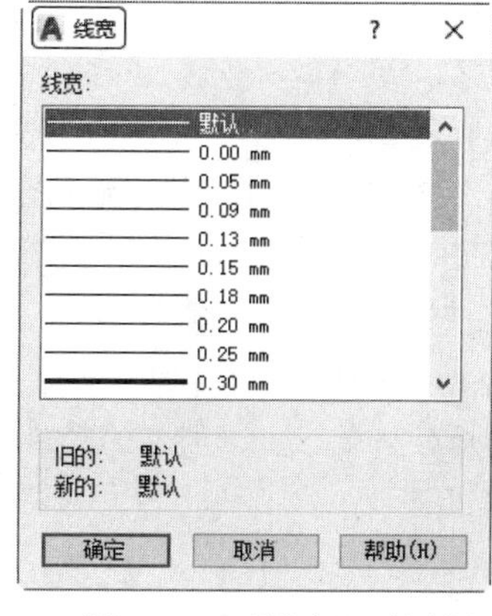

图 6-29 “线宽”对话框

9）单击“默认”选项卡“注释”面板中的“文字样式”按钮，打开“文字样式”对话框，单击“新建”按钮，❶系统打开如图 6-30 所示的“新建文字样式”对话框，❷采用默认的文字样式名“样式 1”，❸单击“确定”按钮退出。

10）❹系统回到“文字样式”对话框。❺在“字体名”下拉列表框中选择“宋体”选项，❻在“宽度因子”文本框中输入 1，❼将文字高度设置为 3，如图 6-31 所示。❽单击“应用”按钮，❾再单击“关闭”按钮。其他文字样式采用类似设置。

11）将 0 层设置为当前图层。单击“默认”选项卡“绘图”面板中的“直线”按钮，在该图层绘制图框线。命令行提示与操作如下：

```
命令: _LINE
指定第一个点: 25,5↙
指定下一点或 [放弃(U)]: 415,5↙
指定下一点或 [放弃(U)]: 415,292↙
指定下一点或 [闭合(C)/放弃(U)]: 25,292↙
指定下一点或 [闭合(C)/放弃(U)]: C ↙
```

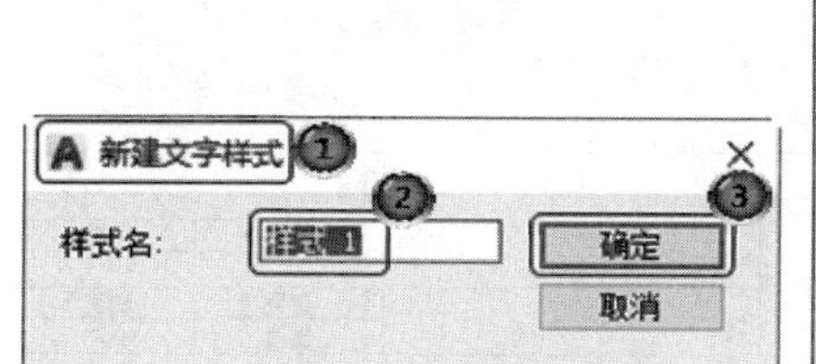

图 6-30 “新建文字样式”对话框

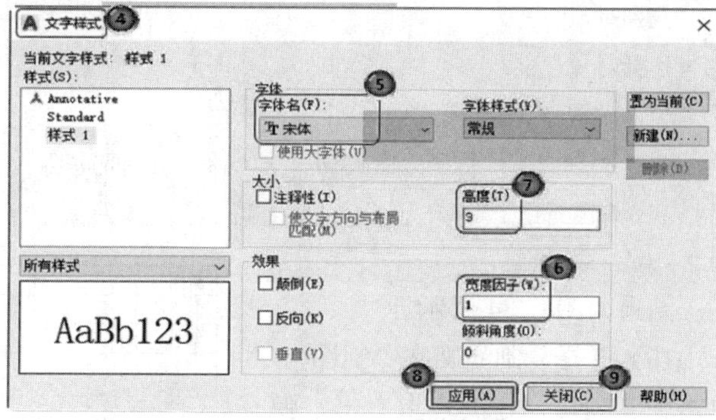

图 6-31 “文字样式”对话框

12）利用直线命令和相关编辑命令绘制标题栏图框，如图 6-32 所示。

13）单击“默认”选项卡“注释”面板中的“多行文字”按钮A，标注标题栏中的文字，单击“默认”选项卡“修改”面板中的“移动”按钮✥，将标注的文字移动到图框中间位置。命令行提示与操作如下：

命令：_MTEXT

当前文字样式：“样式 1”　文字高度：3.0000　注释性：　否

指定第一角点：(指定文字输入的第一个角点)

指定对角点或 [高度(H)/对正(J)/行距(L)/旋转(R)/样式(S)/宽度(W)/栏(C)]：（指定文字输入的对角点，然后输入文字“制图”）

命令：_MOVE

选择对象：(选择刚标注的文字)

找到 1 个

选择对象：↙

指定基点或 [位移(D)] 〈位移〉：(指定一点)

指定第二个点或 〈使用第一个点作为位移〉：(指定适当的一点，使文字刚好处于图框中间位置)

结果如图 6-33 所示。

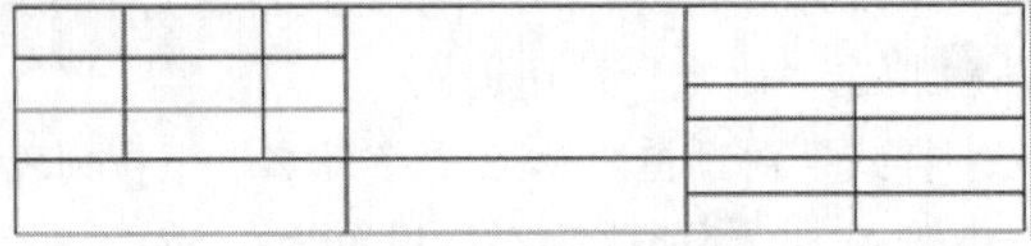

图 6-32　绘制标题栏图框

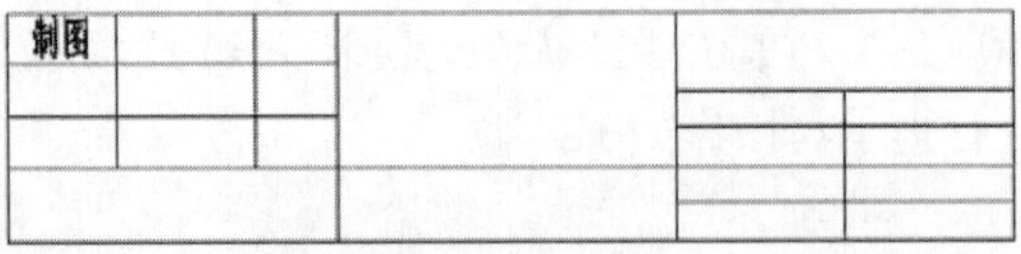

图 6-33　标注和移动文字

14）单击“默认”选项卡“修改”面板中的“复制”按钮，复制文字。命令行提示与操作如下：

命令：_COPY

选择对象：(选择文字“制图”)

找到 1 个

选择对象：↙

当前设置：　复制模式 = 多个

指定基点或 [位移(D)/模式(O)] 〈位移〉：(指定基点)

指定第二个点或 [阵列(A)] 〈使用第一个点作为位移〉：(指定第二点)

……

结果如图 6-34 所示。

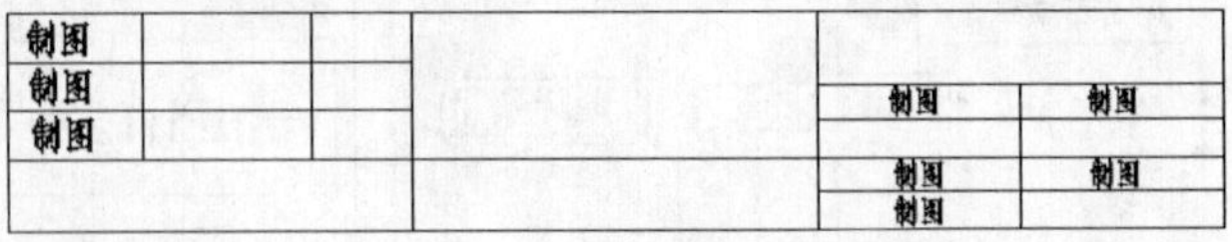

图 6-34　复制文字

15）选择复制的文字“制图”，单击使其亮显，在夹点上右击，弹出快捷菜单，选择“特性”选项，如图 6-35 所示，系统打开“特性”选项板，如图 6-36 所示。

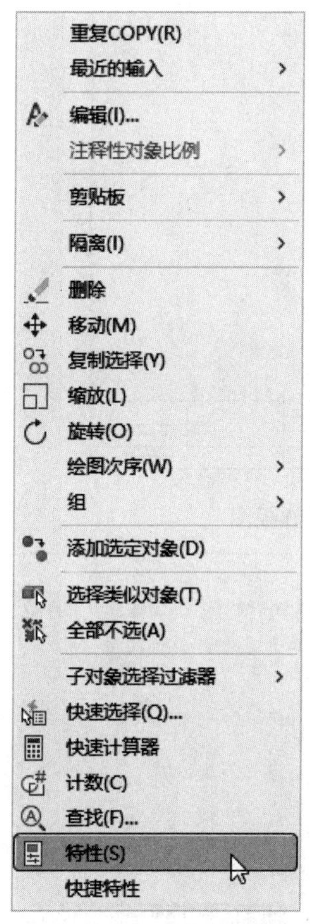

图 6-35　右键快捷菜单

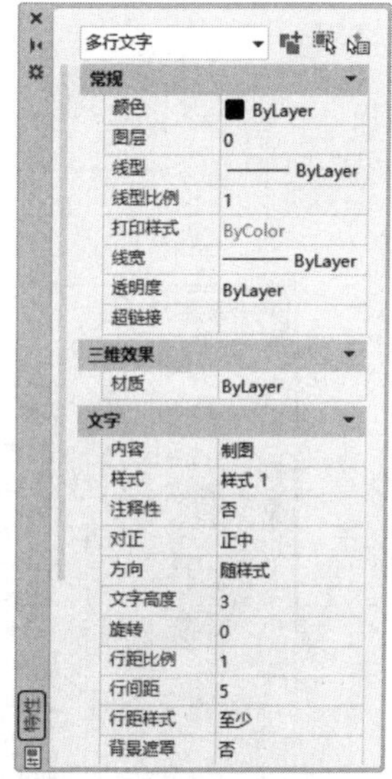

图 6-36　“特性”选项板

选择“文字”选项组中的“内容”选项，单击后面的按钮，打开多行文字编辑器，如图 6-37 所示。在编辑器中将其中的文字“制图”改为“校核”。用同样方法修改其他文字，结果如图 6-38 所示。

图 6-37　多行文字编辑器

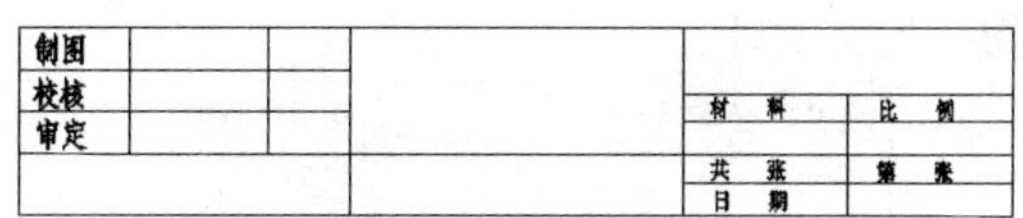

图 6-38　修改文字

绘制标题栏后的样板图如图 6-39 所示。

16）标注尺寸。有关尺寸标注的内容将在第 7 章中详细介绍，在此从略。

17）样板图绘制完成后，可以将其保存成样板图文件。单击快速访问工具栏中的“另存为”按钮，❶打开“图形另存为”对话框，如图 6-40 所示。

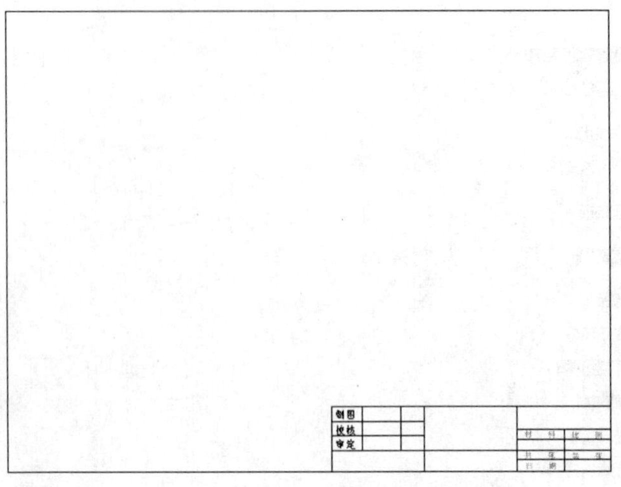

图 6-39　绘制标题栏后的样板图

图 6-40　“图形另存为”对话框

❷在“文件类型”下拉列表框中选择“AutoCAD 图形样板（*.dwt）”选项，❸输入文件名“样板图”，❹单击“保存”按钮，保存文件。❺系统打开“样板选项”对话框，如图 6-41 所示，❻单击“确定”按钮，保存文件。

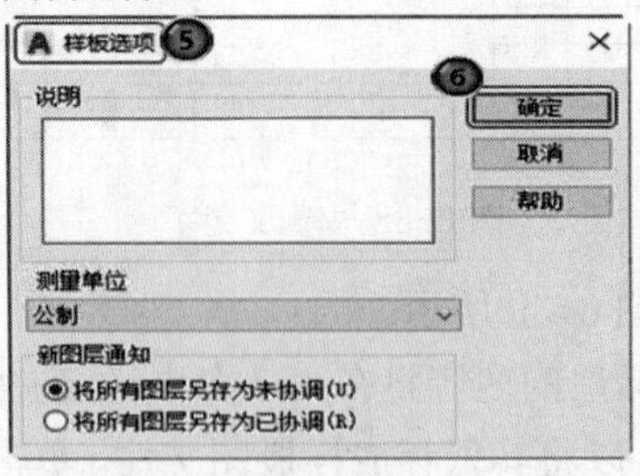

图 6-41　“样板选项”对话框

6.4 表格

在 AutoCAD 以前的版本中，要绘制表格必须采用绘制图线或者图线结合偏移或复制等编辑命令来完成。这样的操作过程烦琐而复杂，不利于提高绘图效率。AutoCAD 2022 的表格功能使创建表格变得非常容易，用户可以直接插入设置好样式的表格，而不用绘制组成表格的图线。

6.4.1 定义表格样式

和文字样式一样，所有 AutoCAD 图形中的表格都有和其相对应的表格样式。当插入表格对象时，AutoCAD 使用当前设置的表格样式。表格样式是用来控制表格基本形状和间距的一组设置。模板文件 ACAD.DWT 和 ACADISO.DWT 中包含了名叫 STANDARD 的默认表格样式。

1. 执行方式

命令行：TABLESTYLE。

菜单栏：选择菜单栏中的“格式”→“表格样式”命令。

工具栏：单击“样式”工具栏中的“表格样式管理器”按钮。

功能区：❶单击“默认”选项卡“注释”面板中的❷“表格样式”按钮（见图 6-42），或❶单击“注释”选项卡“表格”面板上的“表格样式”下拉菜单中的❷“管理表格样式”按钮（见图 6-43），或单击“注释”选项卡“表格”面板中“对话框启动器”按钮。

2. 操作格式

命令: TABLESTYLE↙

执行上述操作后，AutoCAD❶打开“表格样式”对话框，如图 6-44 所示。

3. 选项说明

（1）❷“新建”按钮　单击该按钮，❸系统打开“创建新的表格样式”对话框，如图 6-45 所示。❹输入新的表格样式名后，❺单击“继续”按钮，❻系统打开如图 6-46 所示的“新建表格样式”对话框，从中可以定义新的表格样式。

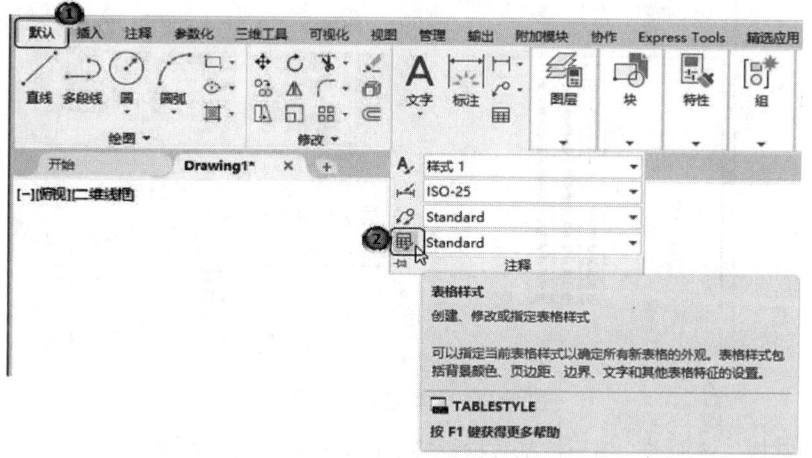

图 6-42　“注释”面板

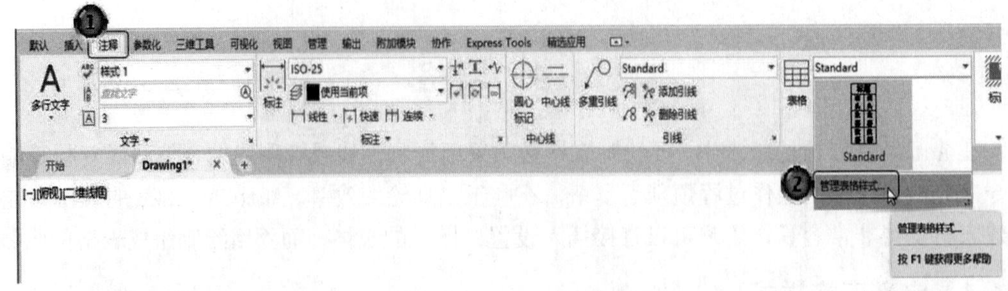

图 6-43 “表格”面板

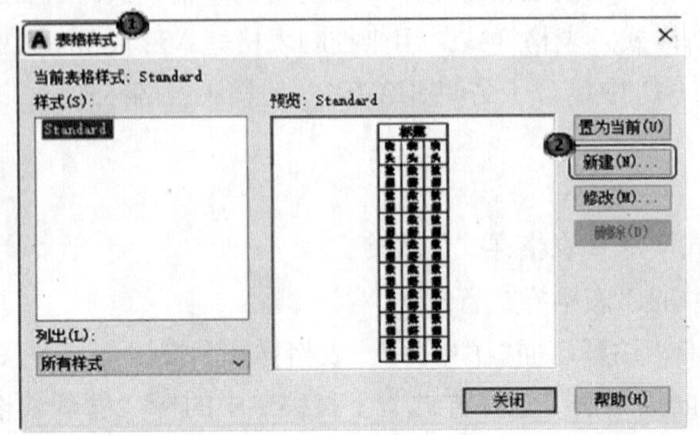

图 6-44 “表格样式”对话框

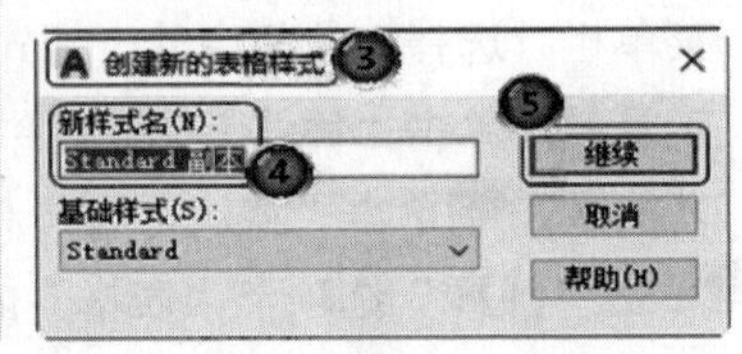

图 6-45 “创建新的表格样式”对话框

“新建表格样式”对话框的“单元样式”下拉列表框中有“数据”“表头”和“标题”3个重要的选项，分别控制表格中数据、列标题和总标题的有关参数，如图 6-47 所示。在“新建表格样式”对话框“单元样式”选项组中有3个重要的选项卡。

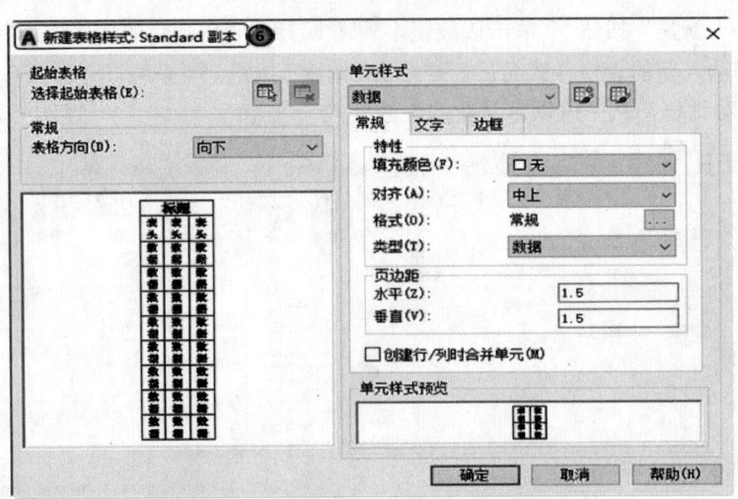

图 6-46 “新建表格样式”对话框

1）“常规”选项卡：用于控制数据栏格与标题栏格的上下位置关系。

2）“文字”选项卡：用于设置文字属性。选择此选项卡，在“文字样式”下拉列表框中可以选择已定义的文字样式并应用于数据文字，也可以单击右侧的 ... 按钮重新定义文字样式。

其中“文字高度”“文字颜色”和“文字角度”各选项设定的相应参数格式可供用户选择。

3)“边框”选项卡：用于设置表格的边框属性，下面的边框线按钮可控制数据边框线的各种形式，如绘制所有数据边框线、只绘制数据边框外部边框线、只绘制数据边框内部边框线、无边框线、只绘制底部边框线等。该选项卡中的“线宽”“线型”和“颜色”下拉列表框中的选项可控制边框线的线宽、线型和颜色，“间距”文本框用于控制单元边界和内容之间的间距。

图 6-48 所示为数据文字样式为“Standard”，文字高度为 4.5、文字颜色为“红色”、对齐方式为“右下”，标题文字样式为“Standard”、文字高度为 6、文字颜色为“蓝色”、对齐方式为“正中”、表格方向为“上”、水平单元边距和垂直单元边距均为 1.5 的表格样式。

标题		
页眉	页眉	页眉
数据	数据	数据
数据	数据	数据
数据	数据	数据
数据	数据	数据
数据	数据	数据
数据	数据	数据
数据	数据	数据
数据	数据	数据

图 6-47　表格样式

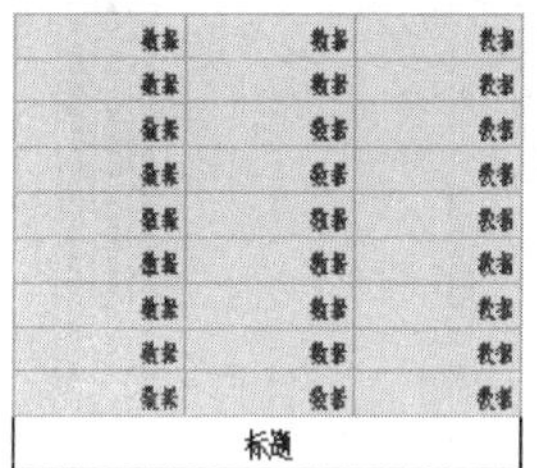

数据	数据	数据
数据	数据	数据
数据	数据	数据
数据	数据	数据
数据	数据	数据
数据	数据	数据
数据	数据	数据
数据	数据	数据
数据	数据	数据
标题		

图 6-48　表格示例

(2)“修改”按钮　单击该按钮，可对当前表格样式进行修改，方式与新建表格样式相同。

6.4.2　创建表格

在设置好表格样式后，用户即可利用 TABLE 命令创建表格。

1. 执行方式

命令行：TABLE。

菜单栏：选择菜单栏中的“绘图”→“表格”命令。

工具栏：单击“绘图”工具栏中的“表格”按钮▦。

功能区：单击“默认”选项卡“注释”面板中的“表格”按钮▦，或单击“注释”选项卡“表格”面板中的“表格”按钮▦。

2. 操作格式

```
命令：TABLE↙
```

执行上述操作后，Auto CAD 打开“插入表格”对话框，如图 6-49 所示。

3. 选项说明

(1)“表格样式”选项组　可以在“表格样式”下拉列表框中选择一种表格样式，也可以单击后面的按钮新建或修改表格样式。

(2)“插入方式”选项组

1)“指定插入点”单选按钮：指定表格左上角的位置。可以使用定点设备，也可以在命令行中输入坐标值指定插入点。如果表格样式将表的方向设置为由下而上读取，则插入点位于表格的左下角。

2)“指定窗口”单选按钮。指定表的大小和位置。可以使用定点设备，也可以在命令行中输入坐标值指定窗口。选择此选项时，行数、列数、列宽和行高取决于窗口的大小以及列和行

设置。

（3）“列和行设置”选项组　指定列和行的数目以及列宽与行高。

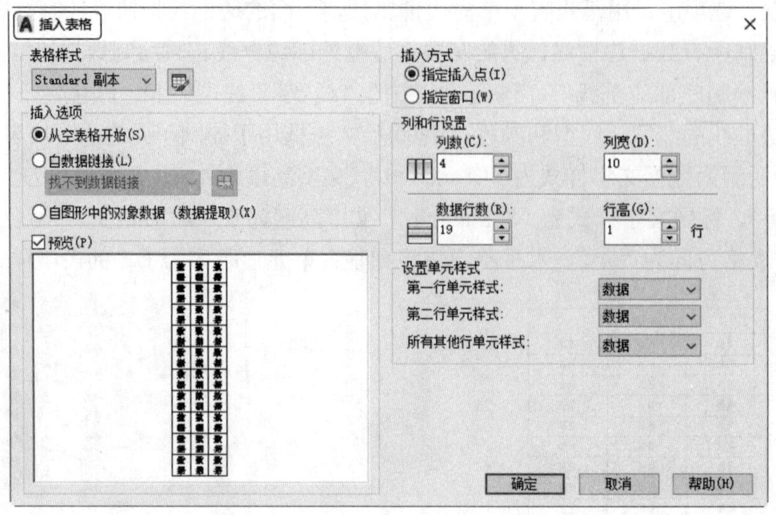

图 6-49　“插入表格”对话框

注意

在“插入方式”选项组中选择了“指定窗口”单选按钮后，“列和行设置”的两个参数中只能指定一个，另外一个由指定窗口大小自动等分确定。

在上面的“插入表格”对话框中进行相应设置后，单击“确定”按钮，①系统在指定的插入点或窗口自动插入一个空表格，②并显示“文字编辑器”选项卡，如图 6-50 所示，用户可以逐行逐列输入相应的文字或数据。

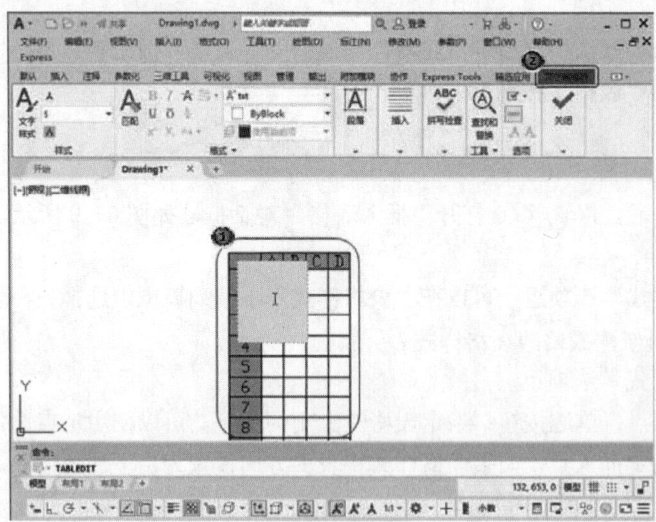

图 6-50　插入表格

注意

在插入后的表格中选择某一个单元格，单击后出现钳夹点，通过移动钳夹点可以改变单元格的大小,如图 6-51 所示。

6.4.3 表格文字编辑

1. 执行方式

命令行：TABLEDIT。

快捷菜单：选定表和一个或多个单元格后，单击右键，在弹出的快捷菜单上选择“编辑文字”，如图 6-52 所示。

2. 操作格式

命令：TABLEDIT↙

拾取表格单元:（选择任意一个单元格）

可以对指定表格单元格中的文字进行编辑。

图 6-51　改变单元格大小

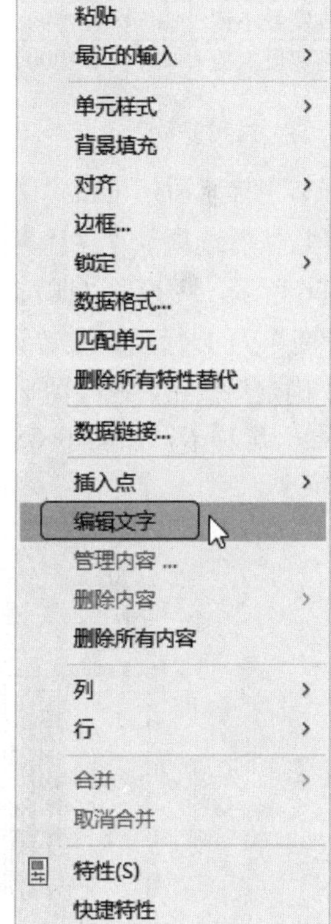

图 6-52　快捷菜单

6.4.4 实例——齿轮参数表

绘制如图 6-53 所示的齿轮参数表。

操作步骤

1）单击“默认”选项卡“注释”面板中的“表格样式”按钮，❶打开“表格样式”对话框，如图 6-54 所示。

2）❷单击“修改”按钮，❸系统打开“修改表格样式”对话框，如图 6-55 所示。在该对话框中进行如下设置：❹在“单元样式”下拉列表框中选择“数据”，设置数据文字样式为“Standard”、文字高度为 4.5、文字颜色为“ByBlock”、填充颜色为“无”，❺设置对齐方式为“正中”，在“边框”选项卡中设置栅格颜色为“洋红”；❻设置“表格方向”为“向下”，❼设置水平页边距和垂直页边距都为 1.5。

齿 数	Z	24
模 数	m	3
压力角	a	30°
公差等级及配合类别	6H-GE	T3478.1-1995
作用齿槽宽最小值	Evmin	4.7120
实际齿槽宽最大值	Emax	4.8370
实际齿槽宽最小值	Emin	4.7590
作用齿槽宽最大值	Evmax	4.7900

图 6-53　齿轮参数表

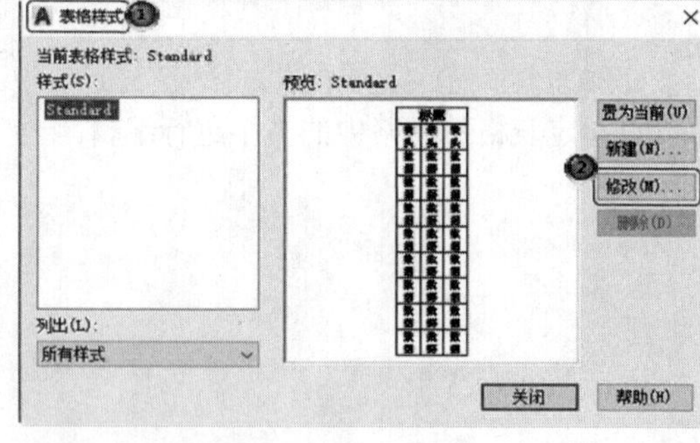

图 6-54　“表格样式”对话框

3）设置好文字样式后，单击“确定”按钮退出对话框。

4）单击“默认”选项卡“注释”面板中的“表格”按钮，❶系统打开“插入表格”对话框，如图 6-56 所示，❷设置“插入方式”为“指定插入点”，❸设置行和列为 8 行 3 列、“列宽”为 8、“行高”为 1 行，❹在“设置单元样式”选项组中设置所有行的单元样式都为“数据”。❺单击“确定”按钮，在绘图平面指定插入点，即可插入如图 6-57 所示的空表格，并显示“文字编辑器”选项卡，如图 6-58 所示，不输入文字，直接在绘图区空白处单击退出“文字编辑器”选项卡。

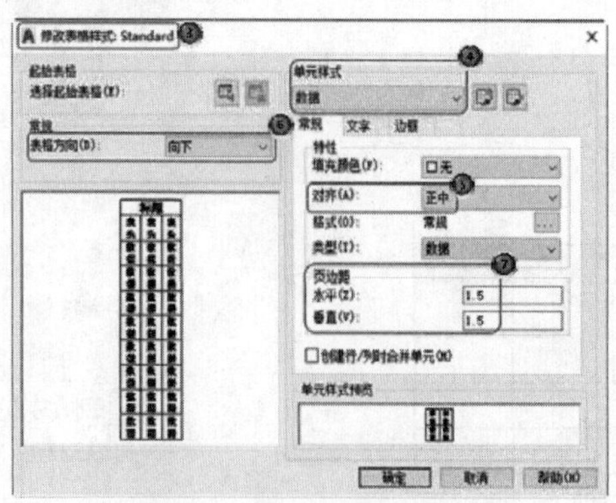

图 6-55　“修改表格样式”对话框

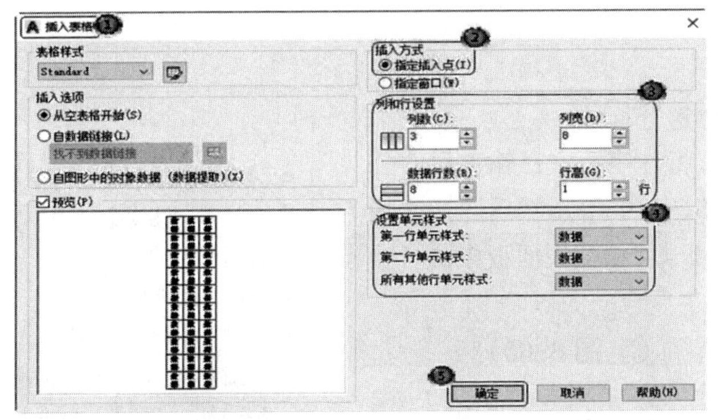

图 6-56　“插入表格”对话框

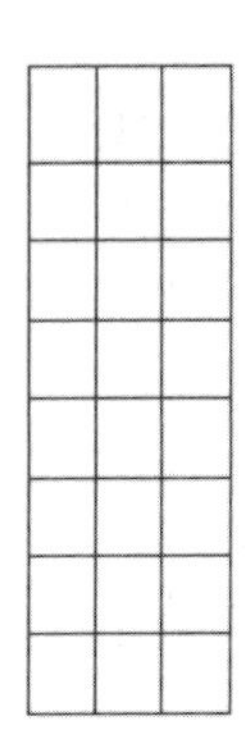

图 6-57　插入表格

5）单击第一列某一个单元格，出现钳夹点后，将右边钳夹点向右拉，使列宽变成大约 60，采用同样方法，将第二列和第三列的列宽拉成约 15 和 30。

6）双击单元格，重新打开“文字编辑器”选项卡，在各单元格中输入相应的文字或数据，结果如图 6-53 所示。

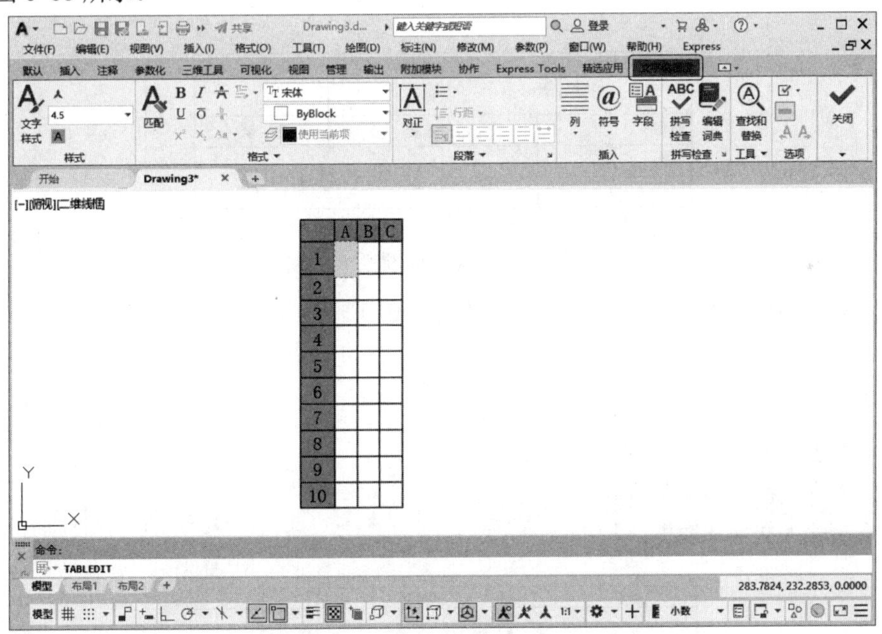

图 6-58　“文字编辑器”选项卡

6.5　上机实验

本节将通过 3 个上机实验，使读者进一步掌握本章的知识要点。

实验 1　标注技术要求（见图 6-59）

操作提示：

1）设置文字标注的样式。

2）利用“多行文字”命令进行标注。

3）利用右键快捷菜单输入特殊字符。在输入尺寸公差时要注意一定要输入“+0.05^-0.06”，然后选择这些文字，单击“文字编辑器”选项卡“格式”面板中的“堆叠”按钮 $\frac{b}{a}$ 。

1. 当无标准齿轮时，允许检查下列三项代替检查径向综合公差和一齿径向综合公差

   a. 齿圈径向跳动公差Fr为0.056

   b. 齿形公差ff为0.016

   c. 基节极限偏差 $\pm f_{pb}$ 为0.018

2. 用带凸角的刀具加工齿轮，但齿根不允许有凸台，允许下凹，下凹深度不大于0.2

3. 未注倒角 $C1$

4. 尺寸为 $\varnothing 30^{+0.05}_{-0.06}$ 的孔抛光处理。

图 6-59　技术要求

实验 2　绘制并填写标题栏（见图 6-60）

操作提示：

1）按照有关标准或规范设定的尺寸，利用直线命令和相关编辑命令绘制标题栏表格。

2）设置三种不同的文字样式。

3）注写标题栏中的文字。

阀体			比例		
			件数		
制图			重量		共 张 第 张
描图			三维书屋工作室		
审核					

图 6-60　标题栏

实验 3　绘制变速器组装图明细栏（见图 6-61）

操作提示：

1）设置表格样式。

2）插入空表格，并调整列宽。

3）重新输入文字和数据。

14	端盖	1	HT150	
13	端盖	1	HT150	
12	定距环	1	Q235A	
11	大齿轮	1	40	
10	键 16×70	1	Q275	GB 1095-79
9	轴	1	45	
8	轴承	2		30208
7	端盖	1	HT200	
6	轴承	2		30211
5	轴	1	45	
4	键8×50	1	Q275	GB 1095-79
3	端盖	1	HT200	
2	调整垫片	2组	08F	
1	减速器箱体	1	HT200	
序号	名　称	数量	材　料	备　注

图 6-61　变速器组装图明细栏

6.6 思考与练习

本节将通过几个思考练习题使读者进一步掌握本章的知识要点。

1. 定义一个名为“USER”，字体为楷体、字体高度为 5、倾斜角度为 15° 的文本样式，并在矩形框内输入下面一行文本。

欢迎使用AutuCAD2022中文版

2. 试用 MTEXT 命令输入如图 6-62 所示的文本。

3. 试用 DTEXT 命令输入如图 6-63 所示的文本。

技术要求：
1.Ø20的孔配做。
2.未注倒角*C*1。

图 6-62　MTEXT 命令练习

用特殊字符输入下划线
字体倾斜角度为15°

图 6-63　DTEXT 命令练习

4. 试用“编辑”命令修改练习 1 中的文本。

5. 试用“特性”选项板修改练习 3 中的文本。

6. 绘制如图 6-64 所示的明细栏。

<table>
<tr><td>11</td><td>hu11</td><td>橡胶密封圈</td><td>1</td><td></td></tr>
<tr><td>10</td><td>hu10</td><td>橡胶密封圈</td><td>1</td><td></td></tr>
<tr><td>9</td><td>hu9</td><td>卡环</td><td>1</td><td></td></tr>
<tr><td>8</td><td>hu8</td><td>卡环</td><td>1</td><td></td></tr>
<tr><td>7</td><td>hu7</td><td>离合器压板</td><td>1</td><td></td></tr>
<tr><td>6</td><td>hu6</td><td>外齿摩擦片</td><td>7</td><td></td></tr>
<tr><td>5</td><td>hu5</td><td>弹簧</td><td>20</td><td></td></tr>
<tr><td>4</td><td>hu4</td><td>离合器活塞</td><td>1</td><td></td></tr>
<tr><td>3</td><td>hu3</td><td>CNL离合器缸体</td><td>1</td><td></td></tr>
<tr><td>2</td><td>hu2</td><td>弹簧座总成</td><td>1</td><td></td></tr>
<tr><td>1</td><td>hu1</td><td>内齿摩擦片总成</td><td>7</td><td></td></tr>
<tr><td>序号</td><td>代　　号</td><td>名　　称</td><td>数量</td><td>备注</td></tr>
</table>

图 6-64　明细栏

第 7 章 尺寸标注

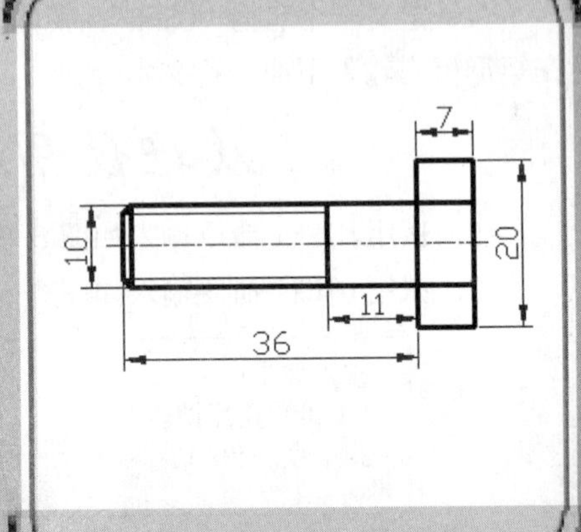

尺寸标注是设计绘图过程中相当重要的一个环节。因为图形的主要作用是表达物体的形状，而物体各部分的真实大小和各部分之间的确切位置只能通过尺寸标注来表达，因此没有正确的尺寸标注，绘制出的图样对于加工制造就没有意义。AutoCAD 2022 提供了方便、准确的标注尺寸功能。本章介绍 AutoCAD 2022 的尺寸标注功能。

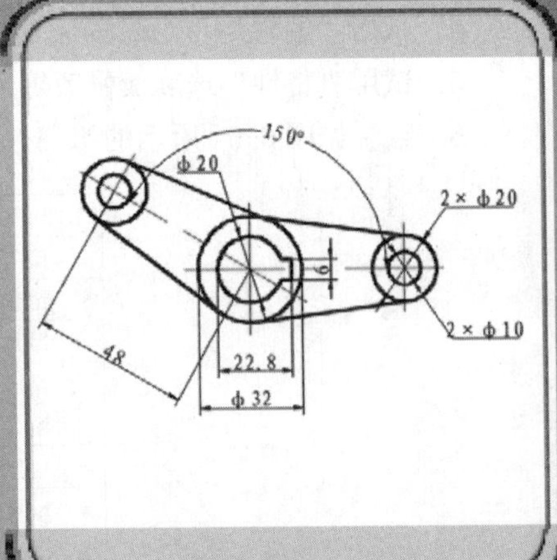

- 尺寸样式
- 标注尺寸
- 引线标注
- 几何公差

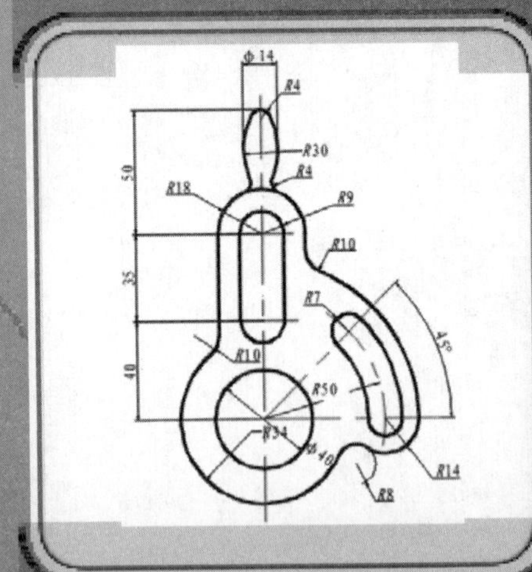

7.1　尺寸样式

在进行尺寸标注之前，要先建立尺寸标注的样式。如果用户不建立尺寸样式而直接进行标注，系统将使用默认的名称为 STANDARD 的样式。用户如果认为使用的标注样式中某些设置不合适，也可以对其进行修改。

1. 执行方式

命令行：DIMSTYLE（快捷命令：D）。

菜单栏：选择菜单栏中的“格式”→“标注样式”命令或“标注”→“标注样式”命令。

工具栏：单击“标注”工具栏中的“标注样式”按钮。

功能区：①单击“默认”选项卡“注释”面板中的②“标注样式”按钮（见图 7-1），或①单击“注释”选项卡“标注”面板上的“标注样式”下拉菜单中的②“管理标注样式”按钮（见图 7-2），或单击“注释”选项卡“标注”面板中“对话框启动器”按钮。

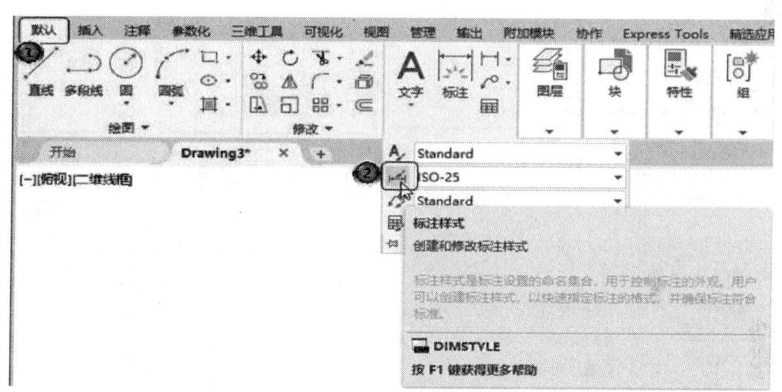

图 7-1　“注释”面板

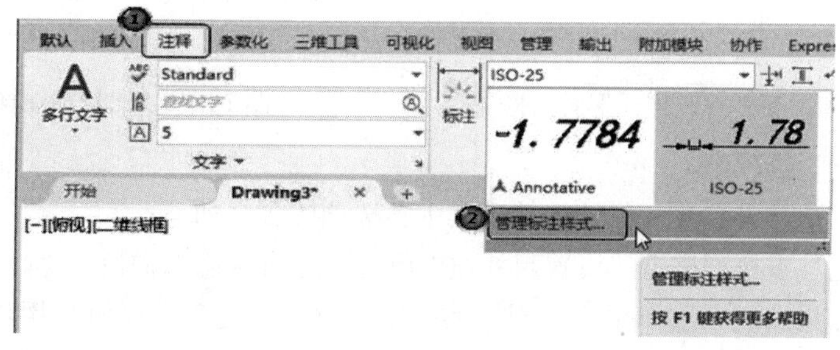

图 7-2　“标注”面板

2. 操作格式

命令：DIMSTYLE↙

AutoCAD 打开“标注样式管理器”对话框，如图 7-3 所示。在此对话框中可方便直观地设置和浏览尺寸标注样式，包括生成新的标注样式、修改已存在的样式、设置当前尺寸标注样式、样式重命名以及删除一个已有样式等。图 7-4 所示为“创建新标注样式”对话框。

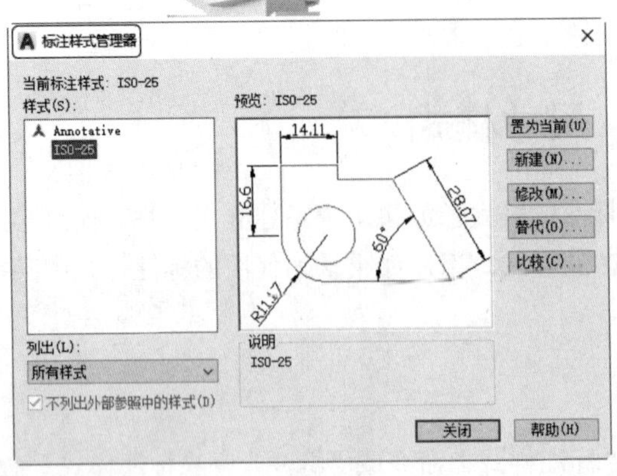

图 7-3 “标注样式管理器”对话框

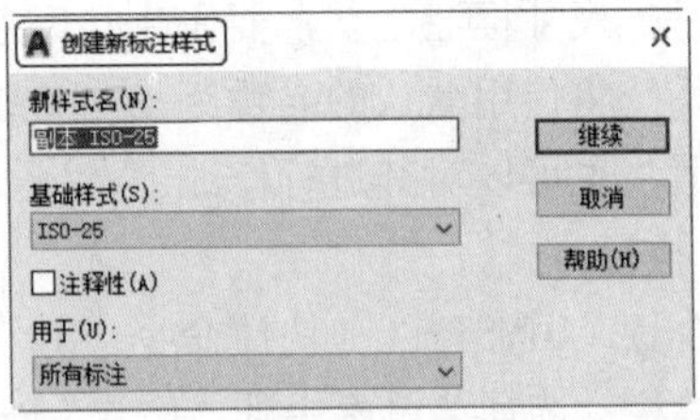

图 7-4 “创建新标注样式”对话框

7.1.1 线

①图 7-5 和③图 7-6 所示分别为“新建标注样式”对话框和“比较标注样式”对话框。在“新建标注样式”对话框中，②第一个选项卡就是“线”选项卡，如图 7-5 所示。在该选项卡中可设置尺寸线、尺寸界线的形式和特性。

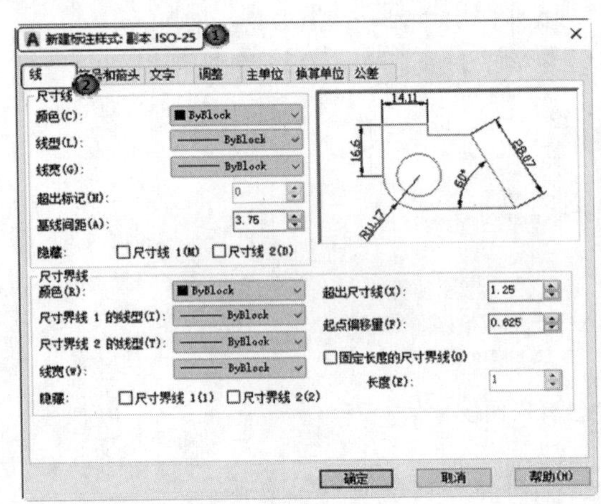

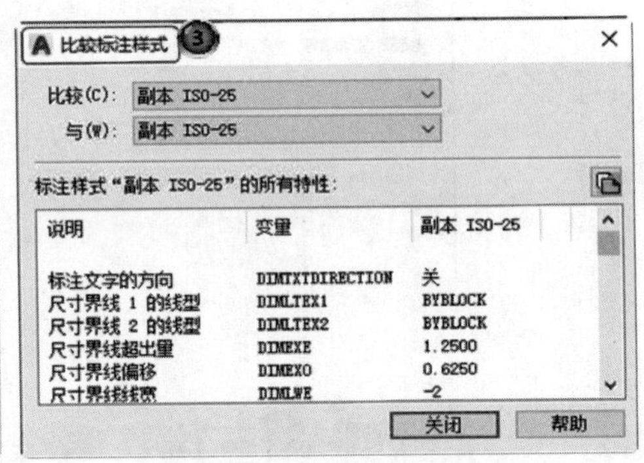

图 7-5 “新建标注样式”对话框

图 7-6 “比较标注样式”对话框

1.“尺寸线”选项组

在该选项卡中可设置尺寸线的特性。其中各选项的含义如下：

(1)“颜色”下拉列表框　设置尺寸线的颜色。可直接输入颜色名称，也可从下拉列表中选择颜色，如果选取“选择颜色”，则系统打开“选择颜色”对话框供用户选择其他颜色。

(2)“线宽”下拉列表框　设置尺寸线的线宽。下拉列表中列出了各种线宽的名称和宽度。

(3)“超出标记”微调框　当尺寸箭头设置为短斜线、短波浪线等或尺寸线上无箭头时，可利用此微调框设置尺寸线超出尺寸界线的距离。

(4)“基线间距”微调框　设置以基线方式标注尺寸时，相邻两尺寸线之间的距离。

(5)“隐藏”复选框组　确定是否隐藏尺寸线及相应的箭头。选中“尺寸线 1”复选框表示隐藏第一段尺寸线，选中“尺寸线 2”复选框表示隐藏第二段尺寸线。

2.“尺寸界线”选项组

该选项组用于确定尺寸界线的形式。其中各选项的含义如下：

（1）“颜色”下拉列表框　设置尺寸界线的颜色。

（2）“线宽”下拉列表框　设置尺寸界线的宽度。

（3）“超出尺寸线”微调框　确定尺寸界线超出尺寸线的距离。

（4）“起点偏移量”微调框　确定尺寸界线的实际起始点相对于指定的尺寸界线的起始点的偏移量。

（5）“隐藏”复选框组　确定是否隐藏尺寸界线。选中“尺寸界线 1” 复选框隐藏第一段尺寸界线，选中“尺寸界线 2” 复选框隐藏第二段尺寸界线。

3. 尺寸样式显示框

在“新建标注样式”对话框的右上方是一个尺寸样式显示框，该显示框以样例的形式显示用户设置的尺寸样式。

7.1.2　符号和箭头

❶在“新建标注样式”对话框中，❷第二个选项卡是“符号和箭头”选项卡，如图 7-7 所示。在该选项卡用于设置“箭头”“圆心标记”“弧长符号”和“半径折弯标注”的形式和特性。

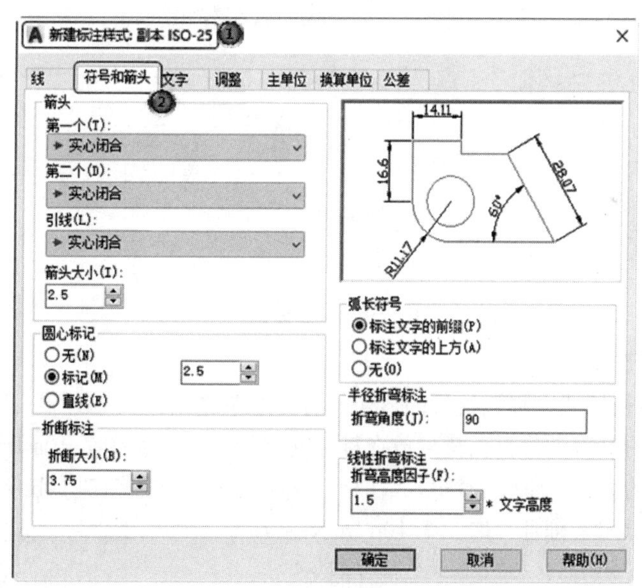

图 7-7　“符号和箭头”选项卡

1.“箭头”选项组

在该选项卡中可设置尺寸箭头的形式。AutoCAD 提供了多种箭头形状，列在“第一个”和“第二个”下拉列表框中。另外，还允许采用用户自定义的箭头形状。两个尺寸箭头可以采用相同的形式，也可采用不同的形式。

（1）“第一个”下拉列表框　用于设置第一个尺寸箭头的形式。可单击右侧的下拉箭头从下拉列表中选择，其中列出了各种箭头形式的名称以及各类箭头的形状。一旦确定了第一个箭头的类型，第二个箭头则自动与其匹配，要想第二个箭头采用不同的形状，可在“第二个”下拉列表框中设定。

如果在下拉列表中选择了“用户箭头”，将打开如图 7-8 所示的“选择自定义箭头块”对话框，可以事先把自定义的箭头存成一个图块，在此对话框中输入该图块名即可。

图 7-8　“选择自定义箭头块”对话框

（2）“第二个”下拉列表框　确定第二个尺寸箭头的形式，可与第一个箭头不同。

（3）“引线”下拉列表框　确定箭头引线的形式，与“第一个”下拉列表框的设置类似。

（4）“箭头大小”微调框　设置箭头的大小。

2.“圆心标记”选项组

（1）无　既不生成中心标记，也不生成中心线，如图 7-9a 所示。

（2）标记　中心标记为一个记号，如图 7-9b 所示。

（3）直线　中心标记采用中心线的形式，如图 7-9c 所示。

（4）“大小”微调框　设置中心标记和中心线的大小和粗细。

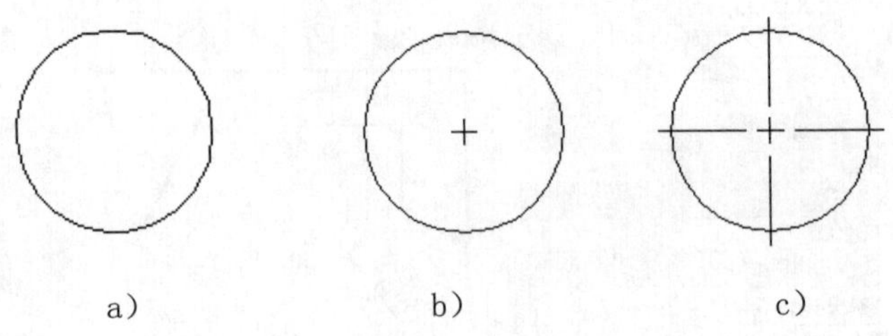

图 7-9　圆心标记

3.“弧长符号”选项组

该选项组控制弧长标注中圆弧符号的显示，有 3 个单选项。

（1）标注文字的前缀　将弧长符号放在标注文字的前面，如图 7-10a 所示。

（2）标注文字的上方　将弧长符号放在标注文字的上方，如图 7-10b 所示。

（3）无　不显示弧长符号，如图 7-10c 所示。

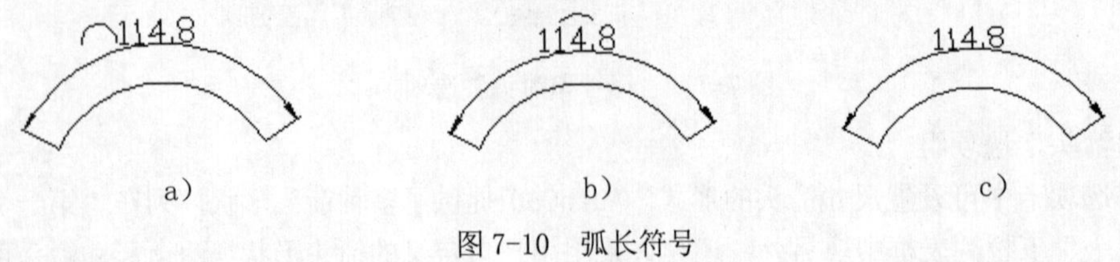

图 7-10　弧长符号

4.“半径标注折弯”选项组

该选项组控制折弯（Z 字形）半径标注的显示。折弯半径标注通常在中心点位于界面外部时创建。在“折弯角度”文本框中可以输入连接半径标注的尺寸界线和尺寸线横向直线的

角度，如图 7-11 所示。

7.1.3 文字

①在“新建标注样式”对话框中，②第三个选项卡是“文字”选项卡，如图 7-12 所示。在该选项卡中可设置尺寸文本的形式、布置和对齐方式等。

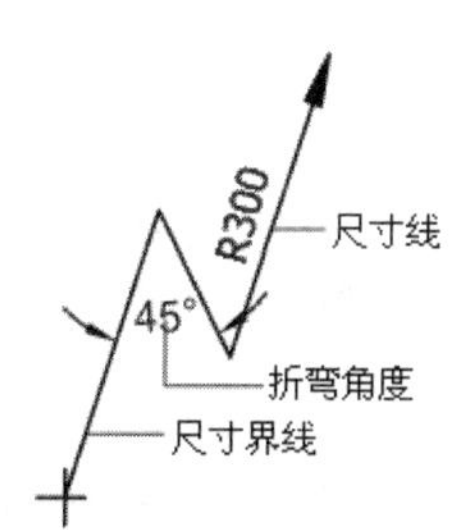

图 7-11 折弯角度

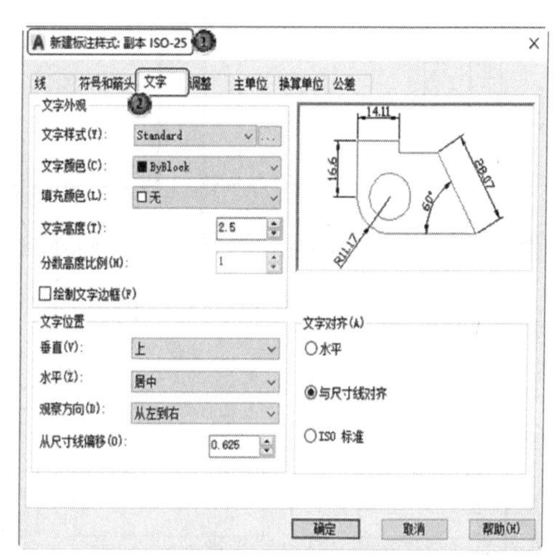

图 7-12 “文字”选项卡

1.“文字外观”选项组

（1）“文字样式”下拉列表框　选择当前尺寸文本采用的文本样式。可单击下拉箭头从下拉列表中选取一个样式，也可单击右侧的…按钮，打开“文字样式”对话框以创建新的文本样式或对文本样式进行修改。

（2）“文字颜色”下拉列表框　设置尺寸文本的颜色，其操作方法与设置尺寸线颜色的方法相同。

（3）“文字高度”微调框　设置尺寸文本的字高。如果选用的文本样式中已设置了具体的字高（不是 0），则此处的设置无效；如果文本样式中设置的字高为 0，则以此处的设置为准。

（4）“分数高度比例”微调框　确定尺寸文本的比例系数。

（5）“绘制文字边框”复选框　选中此复选框，AutoCAD 在尺寸文本周围加上边框。

2.“文字位置”选项组

（1）“垂直”下拉列表框　确定尺寸文本相对于尺寸线在垂直方向的对齐方式。单击右侧的下拉箭头，在弹出的下拉列表中可选择的对齐方式有以下 4 种。

1）居中：将尺寸文本放在尺寸线的中间，如图 7-13a 所示。

2）上：将尺寸文本放在尺寸线的上方，如图 7-13b 所示。

3）外部：将尺寸文本放在远离第一条尺寸界线起点的位置，即和所标注的对象分列于尺寸线的两侧，如图 7-13c 所示。

4）JIS：使尺寸文本的放置符合 JIS（日本工业标准）规则，如图 7-13d 所示。

（2）“水平”下拉列表框　确定尺寸文本相对于尺寸线和尺寸界线在水平方向的对齐方

式。单击右侧的下拉箭头，在弹出的下拉列表中列出了“居中”“第一条尺寸界线”“第二条尺寸界线”“第一条尺寸界线上方”“第二条尺寸界线上方”5 种对齐方式，如图 7-14 所示。

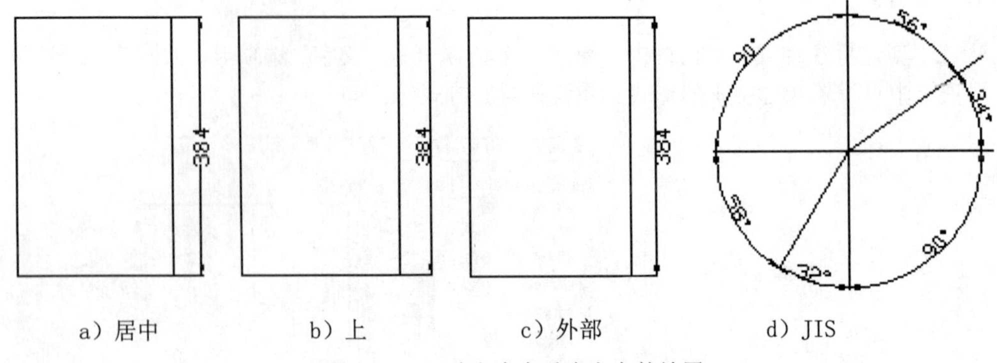

图 7-13　尺寸文本在垂直方向的放置

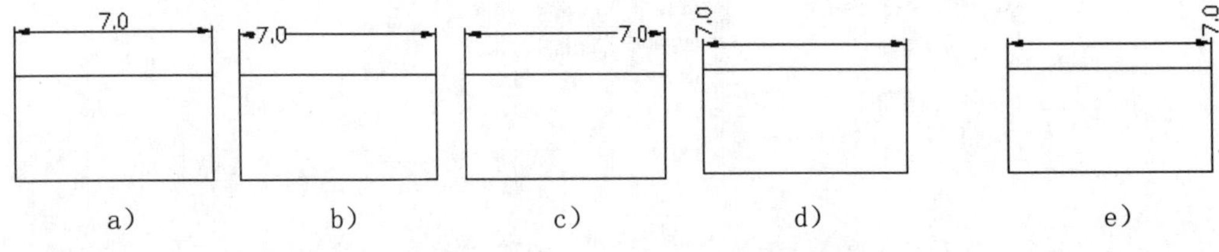

图 7-14　尺寸文本在水平方向的放置

（3）“从尺寸线偏移”微调框　当尺寸文本放在断开的尺寸线中间时，此微调框用来设置尺寸文本与尺寸线之间的距离（尺寸文本间隙）。

3. “文字对齐”选项组

用来控制尺寸文本排列的方向。

（1）“水平”单选按钮　尺寸文本沿水平方向放置。不论标注什么方向的尺寸，尺寸文本总保持水平。

（2）“与尺寸线对齐”单选按钮　尺寸文本沿尺寸线方向放置。

（3）“ISO 标准”单选按钮　当尺寸文本在尺寸界线之间时，沿尺寸线方向放置；在尺寸界线之外时，沿水平方向放置。

7.1.4　调整

①在“新建标注样式”对话框中，②第四个选项卡是“调整”选项卡，如图 7-15 所示。在该选项卡中根据两条尺寸界线之间的空间，设置将尺寸文本、尺寸箭头放在两尺寸界线的里边还是外边。当空间允许时，AutoCAD 总是把尺寸文本和箭头放在尺寸界线的里边；如果空间不够，则根据本选项卡中的各项设置进行放置。

1. “调整选项”选项组

（1）“文字或箭头（最佳效果）”单选按钮　选中此单选按钮，按以下方式放置尺寸文本和箭头：如果空间允许时，则把尺寸文本和箭头都放在两尺寸界线之间；如果两尺寸界线之间只够放置尺寸文本，则把文本放在尺寸界线之间，而把箭头放在尺寸界线的外边；如果只够放置箭头，则把箭头放在里边，把文本放在外边；如果两尺寸界线之间既放不下文本，

也放不下箭头，则把二者均放在外边。

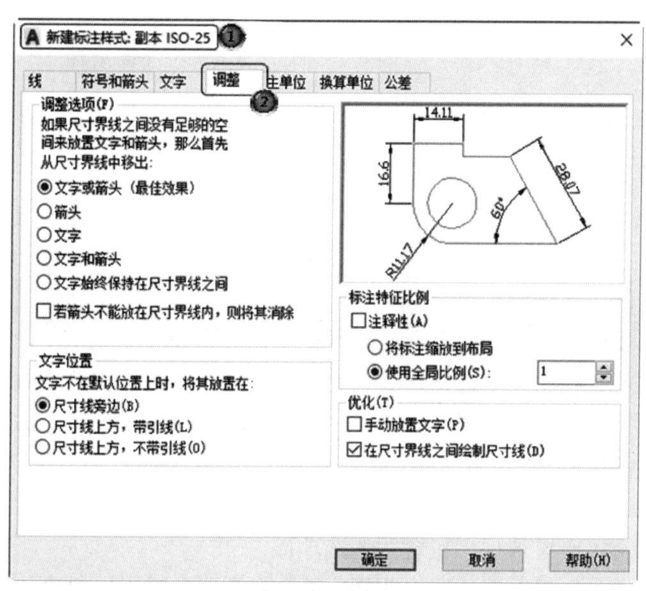

图 7-15　“新建标注样式”对话框的“调整”选项卡

（2）“箭头”单选按钮　选中此单选按钮，按以下方式放置尺寸文本和箭头：如果空间允许，则把尺寸文本和箭头都放在两尺寸界线之间；如果空间只够放置箭头，则把箭头放在尺寸界线之间，把文本放在外边；如果尺寸界线之间的空间放不下箭头，则把箭头和文本均放在尺寸界线外面。

（3）“文字”单选按钮　选中此单选按钮，按以下方式放置尺寸文本和箭头：如果空间允许，则把尺寸文本和箭头都放在两尺寸界线之间；否则把文本放在尺寸界线之间，把箭头放在外面；如果尺寸界线之间的空间放不下尺寸文本，则把文本和箭头都放在尺寸界线外面。

（4）“文字和箭头”单选按钮　选中此单选按钮，如果空间允许，则把尺寸文本和箭头都放在两尺寸界线之间，否则把文本和箭头都放在尺寸界线外面。

（5）“文字始终保持在尺寸界线之间”单选按钮　选中此单选按钮，AutoCAD 总是把尺寸文本放在两条尺寸界线之间。

（6）“若箭头不能放在尺寸界线内，则将其消除”复选框　选中此复选框，则尺寸界线之间的空间不够时省略尺寸箭头。

2.“文字位置”选项组

该选项组可用来设置尺寸文本的位置。其中 3 个单选按钮的含义如下：

（1）“尺寸线旁边”单选按钮　选中此单选按钮，把尺寸文本放在尺寸线的旁边，如图 7-16a 所示。

（2）“尺寸线上方，带引线”单选按钮　把尺寸文本放在尺寸线的上方，并用引线与尺寸线相连，如图 7-16b 所示。

（3）“尺寸线上方，不带引线”单选按钮　把尺寸文本放在尺寸线的上方，中间无引线，如图 7-16c 所示。

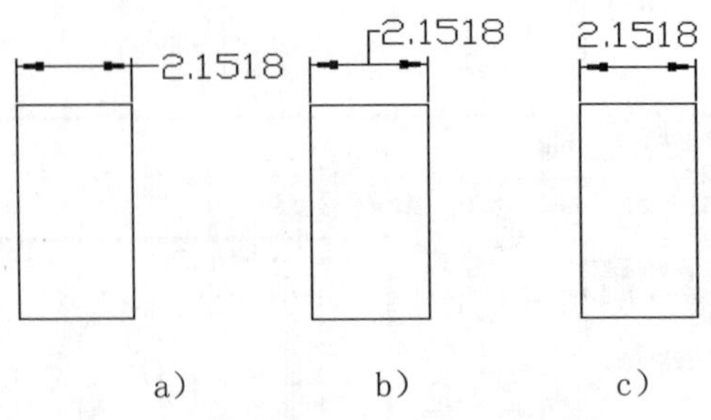

图 7-16　尺寸文本的位置

3．“标注特征比例”选项组

（1）“注释性”复选框　选择此复选框，则指定标注为 annotative。

（2）“将标注缩放到布局”单选按钮　确定图纸空间内的尺寸比例系数，默认值为 1。

（3）“使用全局比例”单选按钮　确定尺寸的整体比例系数。其后面的“比例值”微调框可以用来选择需要的比例。

4．“优化”选项组

设置附加的尺寸文本布置选项，包含两个选项：

（1）“手动放置文字”复选框　选中此复选框，标注尺寸时由用户确定尺寸文本的放置位置，忽略前面的对齐设置。

（2）“在尺寸界线之间绘制尺寸线”复选框　选中此复选框，不论尺寸文本在尺寸界线内部还是外面，AutoCAD 均在两尺寸界线之间绘出一尺寸线，否则当尺寸界线内放不下尺寸文本而将其放在外面时，尺寸界线之间无尺寸线。

7.1.5　主单位

❶在“新建标注样式”对话框中，❷第五个选项卡是“主单位”选项卡，如图 7-17 所示。在该选项卡中可设置尺寸标注的主单位和精度，以及给尺寸文本添加固定的前缀或后缀。

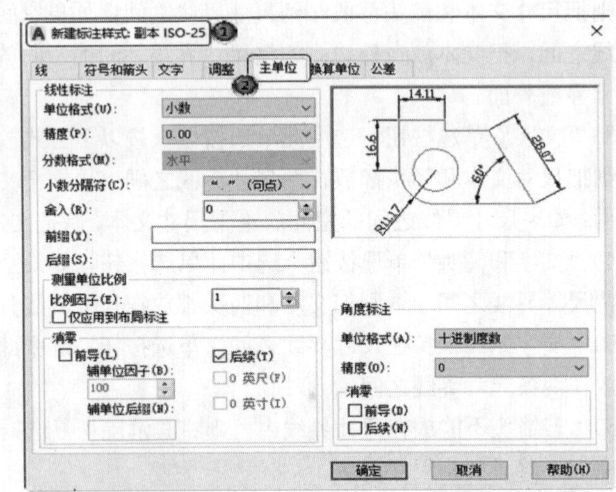

图 7-17　“主单位”选项卡

1．“线性标注”选项组

该选项组用来设置标注长度型尺寸时采用的单位和精度。

（1）“单位格式”下拉列表框　确定标注尺寸时使用的单位制（角度型尺寸除外）。在下拉菜单中提供了“科学”“小数”“工程”“建筑”“分数”和“Windows 桌面”6 种单位制，可根据需要选择。

（2）“分数格式”下拉列表框　设置分数的形式。AutoCAD 提供了“水平”“对角”和“非

堆叠”3 种形式供用户选用。

(3)“小数分隔符”下拉列表框　确定十进制单位（Decimal）的分隔符。AutoCAD 提供了 “.”(点)、“,”(逗点)和空格 3 种形式。

(4)“舍入”微调框　设置除角度之外的尺寸测量值的圆整规则。在文本框中输入一个值，如果输入 1 则所有测量值均圆整为整数。

(5)“前缀”文本框　设置固定前缀。可以输入文本，也可以用控制符生成特殊字符，这些文本将被加在所有尺寸文本之前。

(6)“后缀”文本框　给尺寸标注设置固定后缀。

(7)“测量单位比例”选项组　确定 AutoCAD 自动测量尺寸时的比例因子。其中“比例因子”微调框用来设置除角度之外所有尺寸测量的比例因子。例如，如果用户确定比例因子为 2，AutoCAD 则把实际测量为 1 的尺寸标注为 2。

如果选中“仅应用到布局标注”复选框，则设置的比例因子只适用于布局标注。

(8)“消零”选项组　用于设置是否省略标注尺寸时的 0。

1）前导：选中此复选框，省略尺寸值处于高位的 0。例如，0.50000 标注为 .50000。

2）后续：选中此复选框，省略尺寸值小数点后末尾的 0。例如，12.5000 标注为 12.5，30.0000 标注为 30。

3）0 英尺：采用“工程”和“建筑”单位制时，如果尺寸值小于 1ft 时，省略英尺。例如，0ft6 1/2in 标注为 6 1/2in。

4）0 英寸：采用“工程”和“建筑”单位制时，如果尺寸值是整数英尺时，省略英寸。例如，1ft0in 标注为 1ft。

2.“角度标注”选项组

该选项组用来设置标注角度时采用的角度单位。

(1)“单位格式”下拉列表框　设置角度单位制。AutoCAD 提供了“十进制度数”“度/分/秒”“百分度”和“弧度”4 种角度单位。

(2)“精度”下拉列表框　设置角度型尺寸标注的精度。

(3)“消零”选项组　设置是否省略标注角度时的 0。

7.1.6　换算单位

❶在“新建标注样式”对话框中，❷第六个选项卡是“换算单位”选项卡，如图 7-18 所示。在该选项卡中可对替换单位进行设置。

1.“显示换算单位”复选框

选中此复选框，则替换单位的尺寸值也同时显示在尺寸文本上。

2.“换算单位”选项组

该选项组用来设置替换单位。其中各选项的含义如下：

(1)“单位格式”下拉列表框　选取替换单位采用的单位制。

(2)“精度”下拉列表框　设置替换单位的精度。

(3)“换算单位倍数”微调框　指定主单位和替换单位的转换因子。

(4)“舍入精度”微调框　设定替换单位的圆整规则。

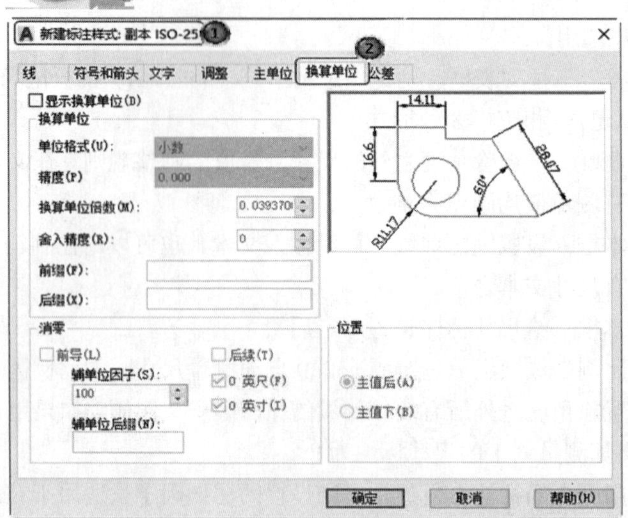

图 7-18　“新建标注样式”对话框的“换算单位”选项卡

（5）“前缀”文本框　设置替换单位文本的固定前缀。

（6）“后缀”文本框　设置替换单位文本的固定后缀。

3.“消零”选项组

该选项组用来设置是否省略尺寸标注中的 0。

4.“位置”选项组

该选项组用来设置替换单位尺寸标注的位置。

（1）“主值后”单选按钮　把替换单位尺寸标注放在主单位标注的后边。

（2）“主值下”单选按钮　把替换单位尺寸标注放在主单位标注的下边。

7.1.7　公差

①在“新建标注样式”对话框中，②第七个选项卡就是“公差”选项卡，如图 7-19 所示。在该选项卡用来确定标注公差的方式。

1.“公差格式”选项组

该选项组用来设置公差的标注方式。

（1）“方式”下拉列表框　设置以何种形式标注公差。单击右侧的下拉箭头，弹出一下拉列表，其中列出了 AutoCAD 提供的 5 种标注公差的形式，用户可从中选择。这 5 种形式分别是“无”“对称”“极限偏差”“极限尺寸”和“基本尺寸”，其中“无”表示不标注公差，其余 4 种标注情况如图 7-20 所示。

（2）“精度”下拉列表框　确定公差标注的精度。

（3）“上偏差”微调框　设置尺寸的上极限偏差。

（4）“下偏差”微调框　设置尺寸的下极限偏差。

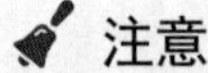 **注意**

系统自动在上极限偏差数值前加一“+”号，在下极限偏差数值前加一“-”号。如果上极限偏差是负值或下极限偏差是正值，都需要在输入的偏差值前加负号，如下极限偏差是 +0.005，需要在“下偏差”微调框中输入-0.005。

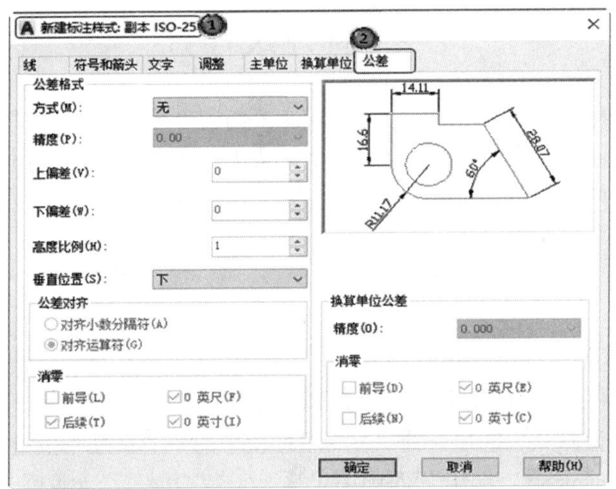

图 7-19 “新建标注样式”对话框的“公差”选项卡

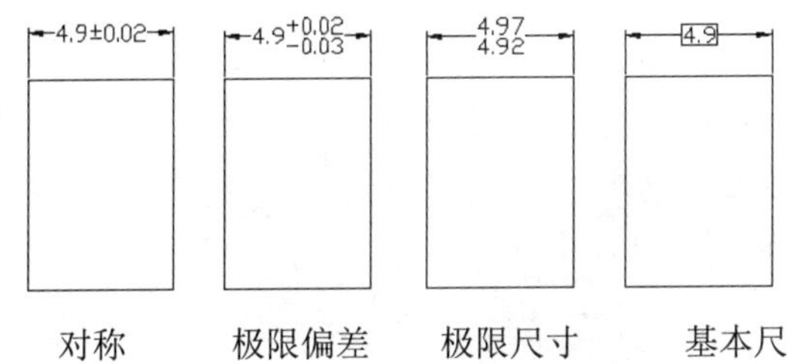

图 7-20 公差标注的形式

（5）“高度比例”微调框　设置公差文本的高度比例，即公差文本的高度与一般尺寸文本的高度之比。

（6）“垂直位置”下拉列表框　控制“对称”和“极限偏差”形式的公差标注的文本对齐方式。

1）上：公差文本的顶部与一般尺寸文本的顶部对齐。

2）中：公差文本的中线与一般尺寸文本的中线对齐。

3）下：公差文本的底线与一般尺寸文本的底线对齐。

这 3 种对齐方式如图 7-21 所示。

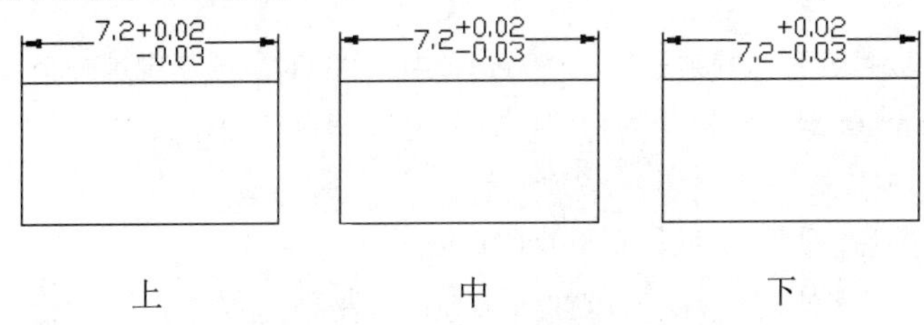

图 7-21 公差文本的对齐方式

（7）“消零”选项组　设置是否省略公差标注中的 0。

2. “换算单位公差”选项组

该选项组用来对几何公差标注的替换单位进行设置，设置方法与前面相同。

7.2 标注尺寸

正确地进行尺寸标注是设计绘图工作中非常重要的一个环节。AutoCAD 提供了方便快捷的尺寸标注方法，可通过执行命令、也可利用菜单或工具图标来实现尺寸标注。本节重点介绍了如何对各种类型的尺寸进行标注。

7.2.1 线性标注

1．执行方式

命令行：DIMLINEAR（缩写名 DIMLIN）。

菜单栏：选择菜单栏中的“标注”→“线性”命令。

功能区：①单击“默认”选项卡②“注释”面板中的③“线性”按钮（见图 7-22)，或①单击“注释”选项卡②“标注”面板中的③“线性”按钮（见图 7-23)。

工具栏：单击“标注”工具栏中的“线性”按钮。

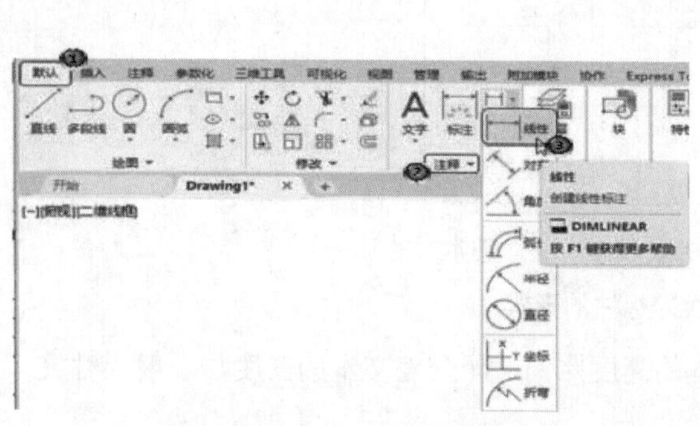

图 7-22 “注释”面板

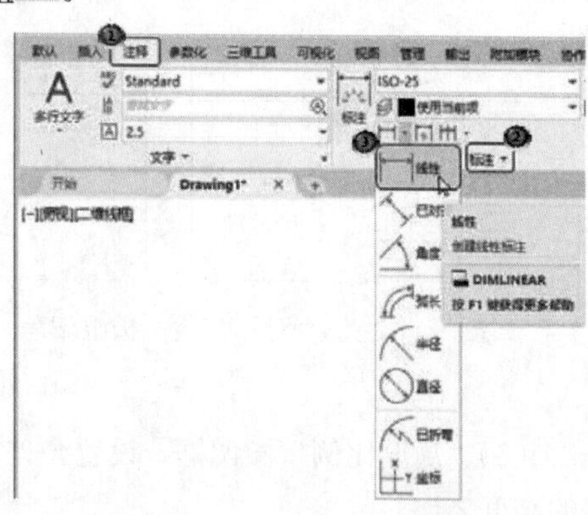

图 7-23 “标注”面板

2．操作格式

命令：DIMLIN↙

选择相应的菜单项或工具图标，或在命令行中输入“DIMLIN”后按 Enter 键，AutoCAD 提示：

指定第一个尺寸界线原点或 <选择对象>：

3．选项说明

在此提示下有两种选择，直接按 Enter 键选择要标注的对象或指定第一个尺寸界线起点。

（1）直接按 Enter 键　光标变为拾取框，并且在命令行提示：

选择标注对象：

用拾取框选取要标注尺寸的线段，AutoCAD 提示：

指定尺寸线位置或[多行文字(M)/文字(T)/角度(A)/水平(H)/垂直(V)/旋转(R)]：

各项的含义如下：

1）指定尺寸线位置：确定尺寸线的位置。用户可移动鼠标选择合适的尺寸线位置，然后按 Enter 键或单击，AutoCAD 则自动测量所标注线段的长度并标注出相应的尺寸。

2）多行文字(M)：用多行文本编辑器确定尺寸文本。

3）文字(T)：在命令行提示下输入或编辑尺寸文本。选择此选项后，AutoCAD 提示：

```
输入标注文字 <默认值>:
```

其中的默认值是 AutoCAD 自动测量得到的被标注线段的长度，直接按 Enter 键即可采用此长度值，也可输入其他数值代替默认值。当尺寸文本中包含默认值时，可使用尖括号“<>”表示默认值。

4）角度(A)：确定尺寸文本的倾斜角度。

5）水平(H)：水平标注尺寸。不论标注什么方向的线段，尺寸线均水平放置。

6）垂直(V)：垂直标注尺寸。不论被标注线段沿什么方向，尺寸线总保持垂直。

注意

要在公差尺寸前或后添加某些文本符号，必须输入尖括号“<>”表示默认值。例如，要将图 7-24a 中的原始尺寸改为图 7-24b 所示的尺寸，在进行线性标注时，在执行 M 或 T 命令后，可在“输入标注文字<默认值>:”提示下输入“%%c<>”。如果要将图 7-24a 中的尺寸文本改为图 7-24c 所示的文本则比较麻烦，因为后面的公差是堆叠文本，需要用多行文字命令 M 选项来执行，此时在多行文字编辑器中输入“5.8+0.1^-0.2”，然后堆叠处理一下即可。

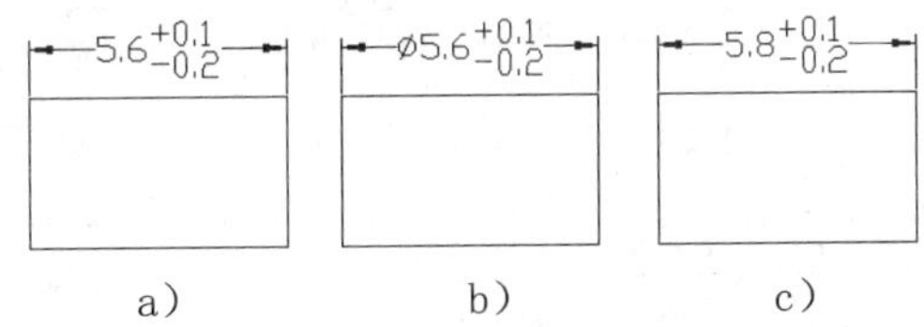

图 7-24　在公差尺寸前或后添加某些文本符号

7）旋转(R)：输入尺寸线旋转的角度值，旋转标注尺寸。

(2) 指定第一个尺寸界线起点　指定第一个与第二个尺寸界线的起始点。

7.2.2　实例——标注螺栓

标注如图 7-25 所示的螺栓。

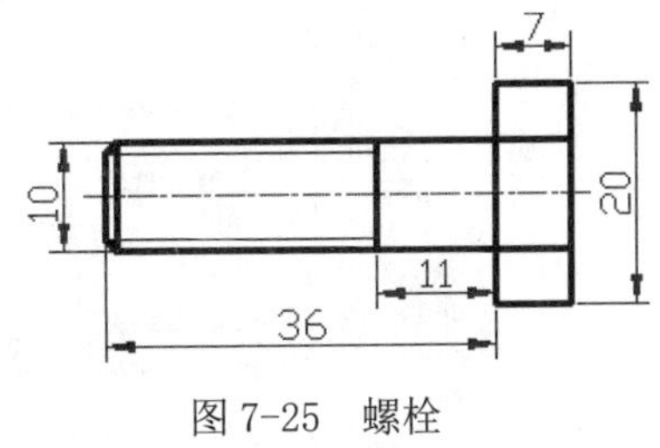

图 7-25　螺栓

操作步骤

1）打开电子资料包中的图形文件“螺栓.dwg”。

2）单击“默认”选项卡“注释”面板中的“标注样式”按钮，设置标注样式。命令行提示与操作如下：

```
命令: '_DIMSTYLE
```

按 Enter 键后，①打开“标注样式管理器”对话框，如图 7-26 所示（在功能区单击“注释”选项卡“标注”面板上的“标注样式”下拉菜单中的“管理标注样式”按钮，或者单击“注释”选项卡“标注”面板中的“对话框启动器”按钮，均可打开该对话框）。由于系统的标注样式有些不符合要求，因此需要根据图 7-25 所示进行线性标注样式的设置。

3）②单击“新建”按钮，③弹出“创建新标注样式”对话框，如图 7-27 所示，④单击“用于”后的下拉按钮，从中选择“线性标注”，⑤然后单击“继续”按钮，⑥将弹出“新建标注样式”对话框，⑦选择“文字”选项卡，进行如图 7-28 所示的设置，⑧单击“确定”按钮回到“标注样式管理器”对话框。

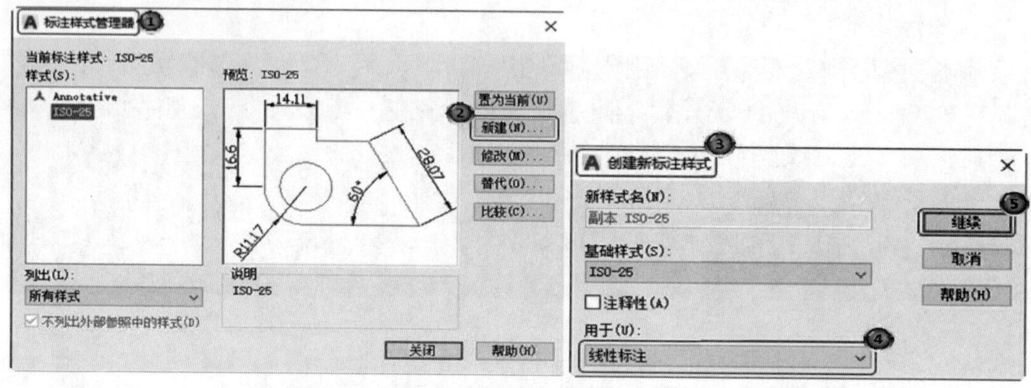

图 7-26 “标注样式管理器”对话框　　　　图 7-27 “创建新标注样式”对话框

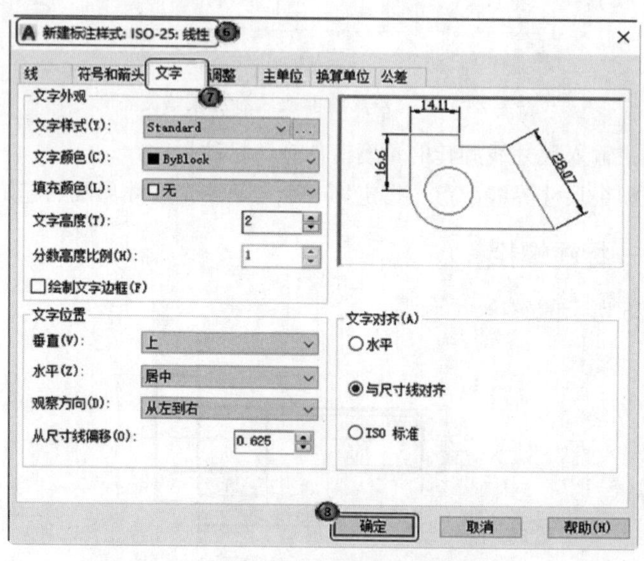

图 7-28 “新建标注样式”对话框

4）单击“默认”选项卡“注释”面板中的“线性”按钮，标注主视图高度。命令行提示与操作如下：

命令：_DIMLINEAR

指定第一个尺寸界线起点或 <选择对象>:_ENDP 于（捕捉尺寸标注为“11”的边的一个端点，作为第一条尺寸界线的起点）

指定第二条尺寸界线起点:_ENDP 于（捕捉尺寸标注为“11”的边的另一个端点，作为第二条尺寸界线的起点）

指定尺寸线位置或[多行文字(M)/文字(T)/角度(A)/水平(H)/垂直(V)/旋转(R)]:T↙（按 Enter 键后，系统在命令行显示尺寸的自动测量值，可以对尺寸值进行修改）

输入标注文字<11>:↙（按 Enter 键，采用尺寸的自动测量值“11”）

指定尺寸线位置或[多行文字(M)/文字(T)/角度(A)/水平(H)/垂直(V)/旋转(R)]:（指定尺寸线的位置。拖动鼠标，将出现动态的尺寸标注，在合适的位置按下鼠标左键，确定尺寸线的位置）

标注文字=11

5）单击“默认”选项卡“注释”面板中的“线性”按钮，标注其他水平方向尺寸（方法与前面相同）。

6）单击“默认”选项卡“注释”面板中的“线性”按钮，标注竖直方向尺寸（方法与前面相同）。

7.2.3 对齐标注

1. 执行方式

命令行：DIMALIGNED。

功能区：单击“默认”选项卡“注释”面板中的“对齐”按钮，或单击“注释”选项卡“标注”面板中的“已对齐”按钮。

菜单栏：选择菜单栏中的“标注”→“对齐”命令。

工具栏：单击“标注”工具栏中的“对齐”按钮。

2. 操作格式

命令：DIMALIGNED↙

指定第一个尺寸界线原点或 <选择对象>:

指定第二条尺寸界线原点:

指定尺寸线位置或[多行文字(M)/文字(T)/角度(A)]:

这种命令标注的尺寸线与所标注轮廓线平行，标注的是起始点到终点之间的距离尺寸。

7.2.4 角度尺寸标注

1. 执行方式

命令行：DIMANGULAR。

功能区：单击“默认”选项卡“注释”面板中的“角度”按钮，或单击“注释”选项卡“标注”面板中的“角度”按钮。

菜单栏：选择菜单栏中的“标注”→“角度”命令。

工具栏：单击“标注”工具栏中的“角度”按钮。

2. 操作格式

命令：DIMANGULAR↙

选择圆弧、圆、直线或 <指定顶点>:

3. 选项说明

（1）选择圆弧（标注圆弧的中心角） 当用户选取一段圆弧后，AutoCAD 提示:

指定标注弧线位置或 [多行文字(M)/文字(T)/角度(A) /象限点(Q)]：（确定尺寸线的位置或选取某一项）

在此提示下确定尺寸线的位置，AutoCAD 按自动测量得到的值标注出相应的角度，在此之前用户可以选择“多行文字(M)”项、“文字(T)”项、“角度(A)”项或“象限点（Q)”，通过多行文本编辑器或命令行来输入或定制尺寸文本以及指定尺寸文本的倾斜角度。

（2）选择圆（标注圆上某段弧的中心角）　当用户通过选取圆上一点选择该圆后，AutoCAD 提示选取第二点：

指定角的第二个端点:（选取另一点，该点可在圆上，也可不在圆上）

指定标注弧线位置或 [多行文字(M)/文字(T)/角度(A) /象限点(Q)]：

在此提示下确定尺寸线的位置，AutoCAD 标出一个角度值。该角度以圆心为顶点，两条尺寸界线通过所选取的两点，第二点可以不在圆周上。用户还可以选择“多行文字(M)”项、“文字(T)”项、“角度(A)”或“象限点（Q）”项编辑尺寸文本和指定尺寸文本的倾斜角度。标注角度的结果如图 7-29 所示。

（3）选择直线（标注两条直线间的夹角）　当用户选取一条直线后，AutoCAD 提示选取另一条直线：

选择第二条直线：（选取另外一条直线）

指定标注弧线位置或 [多行文字(M)/文字(T)/角度(A) /象限点(Q)]：

在此提示下确定尺寸线的位置，AutoCAD 标出这两条直线之间的夹角。该角以两条直线的交点为顶点，以两条直线为尺寸界线，所标注角度取决于尺寸线的位置，如图 7-30 所示。用户还可以利用“多行文字(M)”项、“文字(T)”项、“角度(A)” 或“象限点（Q)”项编辑尺寸文本和指定尺寸文本的倾斜角度。

（4）〈指定顶点〉　直接按 Enter 键，AutoCAD 提示：

指定角的顶点：（指定顶点）

指定角的第一个端点：（输入角的第一个端点）

指定角的第二个端点：（输入角的第二个端点）

创建了无关联的标注。

指定标注弧线位置或 [多行文字(M)/文字(T)/角度(A) /象限点(Q)]：（输入一点作为角的顶点）

在此提示下确定尺寸线的位置，AutoCAD 根据给定的三点标注出角度，如图 7-31 所示。另外，用户还可以用“多行文字(M)”项、“文字(T)”项、“角度(A)” 或“象限点（Q)”选项编辑尺寸文本和指定尺寸文本的倾斜角度。

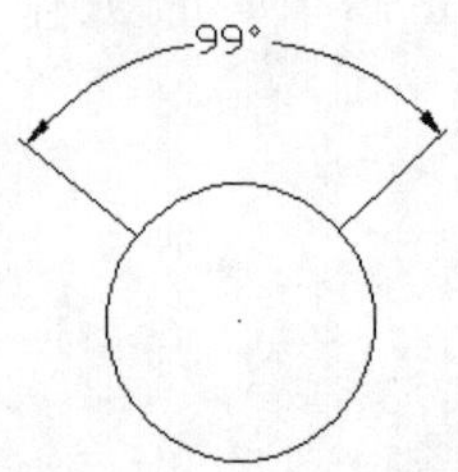

图 7-29　标注角度

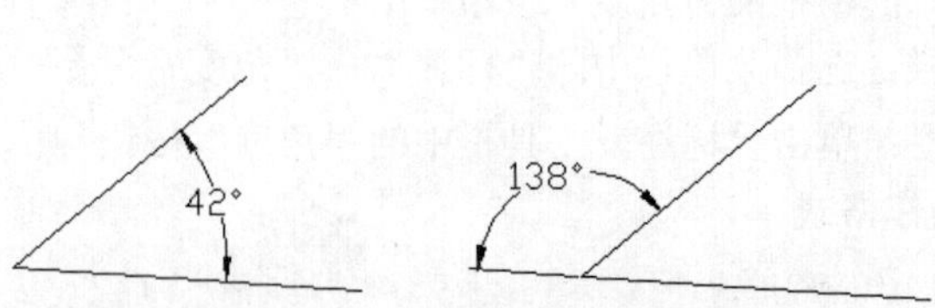

图 7-30　用 DIMANGULAR 命令标注两直线的夹角

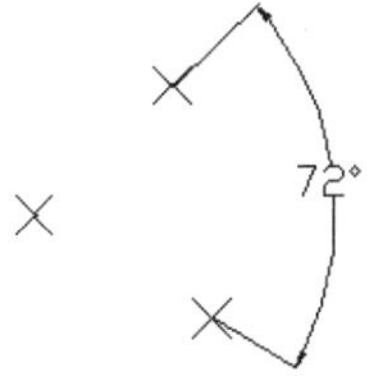

图 7-31　用 DIMANGULAR 命令标注三点确定的角度

7.2.5　直径标注

1. 执行方式

命令行：DIMDIAMETER。

功能区：单击“默认”选项卡“注释”面板中的“直径”按钮⃠，或单击“注释”选项卡“标注”面板中的“直径”按钮⃠。

菜单栏：选择菜单栏中的“标注”→“直径”命令。

工具栏：单击“标注”工具栏中的“直径”按钮⃠。

2. 操作格式

```
命令：DIMDIAMETER↙
选择圆弧或圆：（选择要标注直径的圆或圆弧）
指定尺寸线位置或 [多行文字(M)/文字(T)/角度(A)]：（确定尺寸线的位置或选择某一选项）
```

用户可以选择“多行文字(M)”项、“文字(T)”项或“角度(A)”项来输入、编辑尺寸文本或确定尺寸文本的倾斜角度，也可以直接确定尺寸线的位置标注出指定圆或圆弧的直径。

7.2.6　半径标注

1. 执行方式

命令行：DIMRADIUS。

功能区：单击“默认”选项卡“注释”面板中的“半径”按钮，或单击“注释”选项卡“标注”面板中的“半径”按钮。

菜单栏：选择菜单栏中的“标注”→“半径”命令。

工具栏：单击“标注”工具栏中的“半径”按钮。

2. 操作格式

```
命令：DIMRADIUS↙
选择圆弧或圆：（选择要标注半径的圆或圆弧）
指定尺寸线位置或 [多行文字(M)/文字(T)/角度(A)]：（确定尺寸线的位置或选择某一选项）
```

用户可以选择“多行文字(M)”项、“文字(T)”项或“角度(A)”项来输入、编辑尺寸文本或确定尺寸文本的倾斜角度，也可以直接确定尺寸线的位置标注出指定圆或圆弧的半径。

7.2.7　实例——标注曲柄

标注如图 7-32 所示的曲柄尺寸。

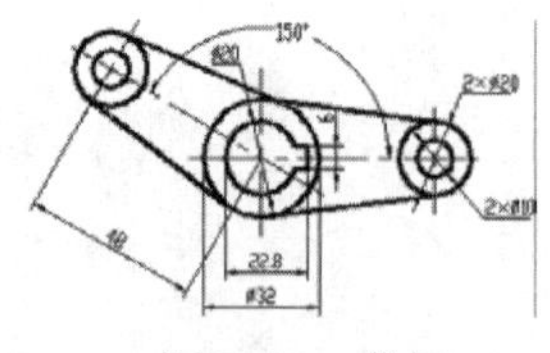

图 7-32　曲柄

操作步骤

1）打开电子资料包中的图形文件“曲柄. dwg”，进行局部修改，得到如图 7-32 所示的图形。

2）单击“默认”选项卡“图层”面板中的“图层特性”按钮，新建“BZ”图层，并将其设置为当前图层。单击“默认”选项卡“注释”面板中的“标注样式”按钮，弹出“标注样式管理器”对话框，根据标注样式，分别进行线型、角度、直径标注样式的设置。单击“新建”按钮，在弹出的“创建新标注样式”对话框中的“新样式名”文本框中输入“机械制图”，单击“继续”按钮，①弹出“新建标注样式：机械制图”对话框，分别按②图 7-33～⑤图 7-36 所示进行设置，然后单击“置为当前”按钮，将“机械制图”标注样式设置为当前标注样式。

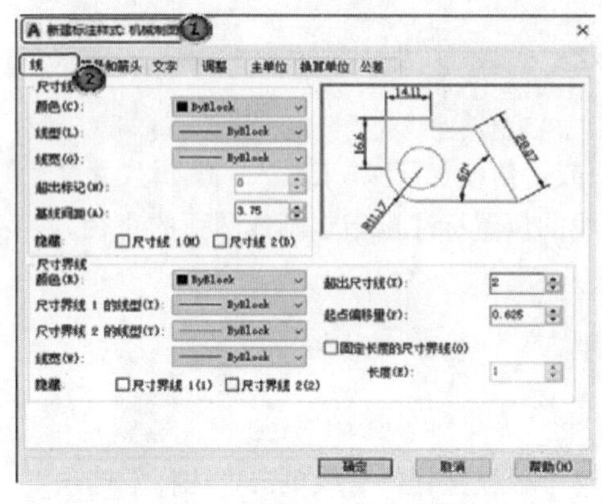

图 7-33　设置“线”选项卡

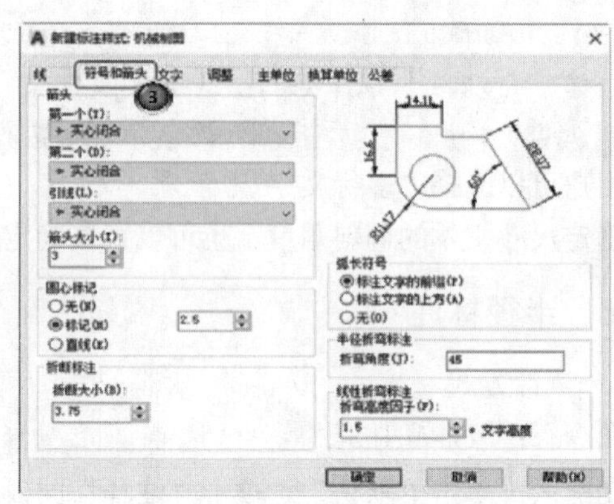

图 7-34　设置“符号和箭头”选项卡

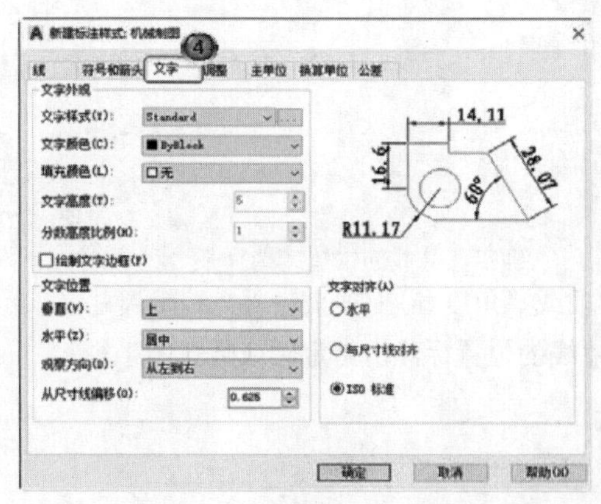

图 7-35　设置“文字”选项卡

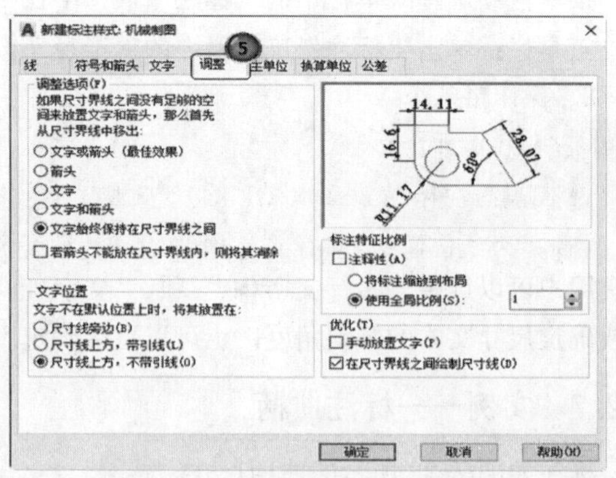

图 7-36　设置“调整”选项卡

3）单击“默认”选项卡“注释”面板中的“线性”按钮，标注曲柄中的线性尺寸 φ32。命令行提示与操作如下：

命令：_DIMLINEAR

指定第一个尺寸界线原点或 <选择对象>:

_int 于（捕捉 φ32 圆与水平中心线的左交点，作为第一个尺寸界线的起点）

指定第二条尺寸界线原点:

_int 于（捕捉 φ32 圆与水平中心线的右交点，作为第二条尺寸界线的起点）

指定尺寸线位置或[多行文字(M)/文字(T)/角度(A)/水平(H)/垂直(V)/旋转(R)]:T↙

输入标注文字 <32>: %%c32↙　　（输入标注文字。按 Enter 键，则取默认值，但是没有直径符号“φ”）

指定尺寸线位置或[多行文字(M)/文字(T)/角度(A)/水平(H)/垂直(V)/旋转(R)]:（指定尺寸线位置）

标注文字 =32

采用同样方法标注线性尺寸 22.8 和 6。

4）单击“默认”选项卡“注释”面板中的“对齐”按钮，标注曲柄中的对齐尺寸 48，命令行提示与操作如下：

命令：_DIMALIGNED

指定第一个尺寸界线原点或 <选择对象>:

_int 于（捕捉倾斜部分中心线的交点，作为第一条尺寸界线的起点）

指定第二条尺寸界线原点:

_int 于（捕捉中间中心线的交点，作为第二条尺寸界线的起点）

指定尺寸线位置或[多行文字(M)/文字(T)/角度(A)]:（指定尺寸线位置）

标注文字 =48

5）在“标注样式管理器”对话框中，单击“新建”按钮，在弹出的“创建新标注样式”对话框中的“新样式名”文本框中输入“直径”，在“用于”下拉列表中选择“直径标注”，单击“继续”按钮，弹出“修改标注样式”对话框，在“文字”选项卡的“文字对齐”选项组中选择“ISO 标准”选项，在“调整”选项卡的“文字位置”选项组中选择“尺寸线上方，带引线”选项，其他选项卡的设置保持不变。方法同前，设置“角度”标注样式，用于角度标注，在“文字”选项卡的“文字对齐”选项组中选择“与尺寸线对齐”选项。单击“默认”选项卡“注释”面板中的“直径”按钮，标注曲柄中的直径尺寸“2× φ10”。命令行提示与操作如下：

命令：_DIMDIAMETER

选择圆弧或圆:（选择右边 φ10 小圆）

标注文字 =10

指定尺寸线位置或 [多行文字(M)/文字(T)/角度(A)]:M↙　　（按 Enter 键后弹出“多行文字”编辑器，其中“<>”表示测量值，即“φ10”，在前面输入“2×”，即为“2×<>”）

指定尺寸线位置或 [多行文字(M)/文字(T)/角度(A)]:（指定尺寸线位置）

采用同样方法标注直径尺寸 φ20 和 2× φ20。

6）单击“默认”选项卡“注释”面板中的“角度”按钮△，标注曲柄中的角度尺寸“150° ”，命令行提示与操作如下：

```
命令：_DIMANGULAR
选择圆弧、圆、直线或 <指定顶点>：(选择标注为“150° ”角的一条边)
选择第二条直线：(选择标注为“150° ”角的另一条边)
指定标注弧线位置或 [多行文字(M)/文字(T)/角度(A) /象限点(Q)]：(指定尺寸线位置)
标注文字 =150
```

结果如图 7-32 所示。

7.2.8 基线标注

基线标注用于生成一系列基于同一条尺寸界线的尺寸标注，适用于长度尺寸标注、角度标注和坐标标注等。在使用基线标注方式之前，应该先标注出一个相关的尺寸。

1．执行方式

命令行：DIMBASELINE（快捷命令：DBA）。

菜单栏：选择菜单栏中的“标注”→“基线”命令。

工具栏：单击“标注”工具栏中的“基线”按钮。

功能区：单击“注释”选项卡“标注”面板中的“基线”按钮。

2．操作格式

```
命令：DIMBASELINE↙
指定第二个尺寸界线原点或 [放弃(U)/选择(S)] <选择>：
```

3．选项说明

（1）指定第二个尺寸界线原点　直接确定另一个尺寸的第二个尺寸界线的起点，AutoCAD 以上次标注的尺寸为基准标注出相应尺寸。

（2）<选择>　在该提示下直接按 Enter 键，AutoCAD 提示：

```
选择基准标注：(选取作为基准的尺寸标注)
```

7.2.9 连续标注

连续标注又叫尺寸链标注，用于生成一系列连续的尺寸标注，后一个尺寸标注均把前一个标注的第二个尺寸界线作为它的第一个尺寸界线。连续标注适用于长度型尺寸标注、角度型标注和坐标标注等。在使用连续标注方式之前，应该先标注出一个相关的尺寸。

1．执行方式

命令行：DIMCONTINUE（快捷命令：DCO）。

菜单栏：选择菜单栏中的“标注”→“连续”命令。

工具栏：单击“标注”工具栏中的“连续”按钮。

功能区：单击“注释”选项卡“标注”面板中的“连续”按钮。

2．操作格式

```
命令：DIMCONTINUE↙
指定第二个尺寸界线原点或 [放弃(U)/选择(S)] <选择>：
```

在此提示下的各选项与基线标注中完全相同，不再赘述。

注意

系统允许利用基线标注方式和连续标注方式进行角度标注。

7.2.10 实例——标注挂轮架

标注如图 7-37 所示的挂轮架尺寸。

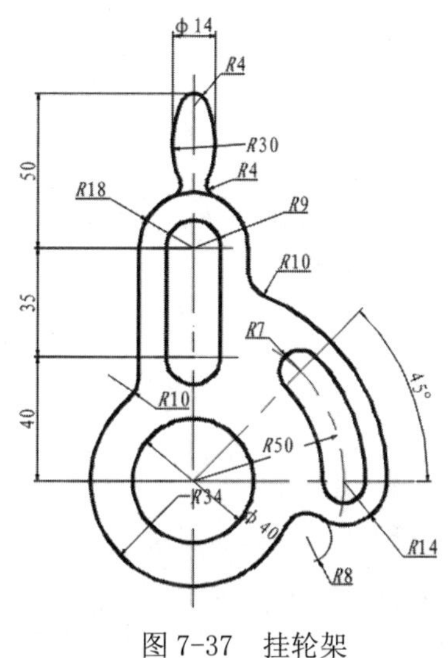

图 7-37 挂轮架

操作步骤

1）打开电子材料包中的图形文件“挂轮架.dwg”。

2）单击“默认”选项卡“图层”面板中的“图层特性”按钮，创建尺寸标注图层“BZ”， 并将其设置为当前图层。单击“默认”选项卡“注释”面板中的“标注样式”按钮，设置“机械制图”标注样式，并在此基础上设置“直径”标注样式、“半径”标注样式及“角度”标注样式，其中“半径”标注样式与“直径”标注样式设置一样。

3）单击“默认”选项卡“注释”面板中的“半径”按钮，标注图中的半径尺寸 *R*8，命令行提示与操作如下：

```
命令: _DIMRADIUS
选择圆弧或圆:(选择挂轮架下部的“R8”圆弧)
标注文字 =8
指定尺寸线位置或 [多行文字(M)/文字(T)/角度(A)]:(指定尺寸线位置)
……
```

方法同前，分别标注图中的半径尺寸。

4）单击“默认”选项卡“注释”面板中的“线性”按钮，标注图中的线性尺寸 φ14. 命令行提示与操作如下：

```
命令: _DIMLINEAR
指定第一个尺寸界线原点或 <选择对象>:
```

_qua 于（捕捉 R30 左边圆弧的象限点）

指定第二条尺寸界线原点:

_qua 于（捕捉 R30 右边圆弧的象限点）

指定尺寸线位置或[多行文字(M)/文字(T)/角度(A)/水平(H)/垂直(V)/旋转(R)]:T↙

输入标注文字 <14>: %%c14↙

指定尺寸线位置或[多行文字(M)/文字(T)/角度(A)/水平(H)/垂直(V)/旋转(R)]:（指定尺寸线位置）

标注文字 =14

……

方法同前，分别标注图中的线性尺寸。

5）单击“注释”选项卡“标注”面板中的“连续”按钮，标注图中的连续尺寸，命令行提示与操作如下：

命令: _DIMCONTINUE

指定第二个尺寸界线原点或 [放弃(U)/选择(S)] <选择>:（按 Enter 键，选择作为基准的尺寸标注）

选择连续标注:（选择线性尺寸 40 作为基准标注）

指定第二个尺寸界线原点或 [放弃(U)/选择(S)] <选择>:

_endp 于（捕捉上边的水平中心线端点，标注尺寸“35”）

标注文字 =35

指定第二个尺寸界线原点或 [放弃(U)/选择(S)] <选择>:

_endp 于（捕捉最上边的 R4 圆弧的端点，标注尺寸“50”）

标注文字 =50

指定第二个尺寸界线原点或 [放弃(U)/选择(S)] <选择>:↙

选择连续标注: ↙（按 Enter 键结束命令）

6）单击“默认”选项卡“注释”面板中的“直径”按钮，标注图中的直径尺寸 ϕ40，单击“默认”选项卡“注释”面板中的“角度”按钮，命令行提示与操作如下：

命令: _DIMDIAMETER

选择圆弧或圆:（选择中间 ϕ40 圆）

标注文字 =40

指定尺寸线位置或 [多行文字(M)/文字(T)/角度(A)]:（指定尺寸线位置）

命令: _DIMANGULAR

选择圆弧、圆、直线或 <指定顶点>:（选择标注为 45° 角的一条边）

选择第二条直线:（选择标注为 45° 角的另一条边）

指定标注弧线位置或 [多行文字(M)/文字(T)/角度(A) /象限点(Q)]:（指定尺寸线位置）

标注文字 =45

结果如图 7-37 所示。

其他几种尺寸标注方式，如快速尺寸标注、等距标注、折断标注、坐标尺寸标注、弧长标注、折弯标注、圆心标记和中心线标注等，读者可以自行练习，这里不再赘述。

7.3 引线标注

AutoCAD 提供了引线标注功能，利用该功能不仅可以标注特定的尺寸，如圆角、倒角等，还可以实现在图中添加多行旁注、说明。在引线标注中指引线可以是折线，也可以是曲线，指引线端部可以有箭头，也可以没有箭头。

7.3.1 一般引线标注

利用 LEADE 命令可以创建灵活多样的引线标注形式，可根据需要把指引线设置为折线或曲线，指引线可带箭头，也可不带箭头，注释文本可以是多行文本，也可以是几何公差，还可以从图形其他部位复制，还可以是一个图块。

1. 执行方式

命令行： LEADER

2. 操作格式

```
命令：LEADER↙
指定引线起点：(输入指引线的起始点)
指定下一点：(输入指引线的另一点)
```

AutoCAD 由上面两点画出指引线并继续提示：

```
指定下一点或 [注释(A)/格式(F)/放弃(U)] 〈注释〉:
```

3. 选项说明

（1）指定下一点　直接输入一点，AutoCAD 根据前面的点画出折线作为指引线。

（2）〈注释〉　输入注释文本。该选项为默认项。在上面提示下直接按 Enter 键，AutoCAD 提示：

```
输入注释文字的第一行或 〈选项〉:
```

1）输入注释文本：在此提示下输入第一行文本后按 Enter 键，可继续输入第二行文本，如此反复，直到输入全部注释文本，然后在此提示下直接按 Enter 键，AutoCAD 会在指引线终端标注出所输入的多行文本，并结束 LEADER 命令。

2）直接按 Enter 键：如果在上面的提示下直接按 Enter 键，AutoCAD 提示：

```
输入注释选项 [公差(T)/副本(C)/块(B)/无(N)/多行文字(M)] 〈多行文字〉:
```

在此提示下可选择一个注释选项或直接按 Enter 键选“多行文字”选项。其中各选项含义如下：

① 公差(T)：标注几何公差。几何公差的标注见 7.4 节。

② 副本(C)：把已由 LEADER 命令创建的注释复制到当前指引线的末端。执行该选项，AutoCAD 提示：

```
选择要复制的对象:
```

在此提示下选取一个已创建的注释文本，则 AutoCAD 把它复制到当前指引线的末端。

③ 块(B)：插入块，把已经定义好的图块插入到指引线末端。执行该选项，系统提示：

```
输入块名或 [?]:
```

在此提示下输入一个已定义好的图块名，AutoCAD 把该图块插入到指引线的末端。或键入“？”列出当前已有图块，用户可从中选择。

④ 无(N)：不进行注释，没有注释文本。

⑤ <多行文字>：用多行文本编辑器标注注释文本并定制文本格式。该选项为默认选项。

（3）格式(F)　确定指引线的形式。选择该项，AutoCAD 提示：

```
输入引线格式选项 [样条曲线(S)/直线(ST)/箭头(A)/无(N)] <退出>：
选择指引线形式，或直接按 Enter 键回到上一级提示。
```

1）样条曲线(S)：设置指引线为样条曲线。

2）直线(ST)：设置指引线为折线。

3）箭头(A)：在指引线的起始位置画箭头。

4）无(N)：在指引线的起始位置不画箭头。

5）<退出>：此项为默认选项，选取该项退出“格式”选项，返回“指定下一点或 [注释(A)/格式(F)/放弃(U)] <注释>:”提示，并且指引线形式按默认方式设置。

7.3.2　快速引线标注

利用 QLEADER 命令可快速生成指引线及注释，而且可以通过命令行优化对话框进行用户自定义，由此可以消除不必要的命令行提示，取得最高的工作效率。

1. 执行方式

命令行：QLEADER

2. 操作格式

```
命令：QLEADER↙
指定第一个引线点或 [设置(S)] <设置>：
```

3. 选项说明

（1）指定第一个引线点　在上面的提示下确定一点作为指引线的第一点，AutoCAD 提示：

```
指定下一点：（输入指引线的第二点）
指定下一点：（输入指引线的第三点）
```

AutoCAD 提示用户输入的点的数目由“引线设置”对话框确定。输入完指引线的点后 AutoCAD 提示：

```
指定文字宽度 <0.0000>：（输入多行文本的宽度）
输入注释文字的第一行 <多行文字(M)>：
```

此时，有两种命令输入选择，含义如下：

1）输入注释文字的第一行：在命令行输入第一行文本。系统继续提示：

```
输入注释文字的下一行：（输入另一行文本）
输入注释文字的下一行：（输入另一行文本或按 Enter 键）
```

2）<多行文字(M)>：打开多行文字编辑器，输入编辑多行文字。

输入全部注释文本后，在此提示下直接按 Enter 键，AutoCAD 结束 QLEADER 命令并把多行文本标注在指引线的末端附近。

（2）<设置>(S)　在上面提示下直接按 Enter 键或键入“S”，AutoCAD 打开“引线设置”对话框，允许对引线标注进行设置。该对话框包含“注释”“引线和箭头”“附着”3 个选项卡，下面分别进行介绍。

1）“注释”选项卡（见图 7-38）：用于设置引线标注中注释文本的类型、多行文本的格式并确定注释文本是否多次使用。

2）“引线和箭头”选项卡（见图 7-39）：用来设置引线标注中指引线和箭头的形式。其中“点数”选项组可用于设置执行 QLEADER 命令时 AutoCAD 提示用户输入的点的数目。例如，设置点数为 3，执行 QLEADER 命令时当用户在提示下指定 3 个点后，AutoCAD 自动提示用户输入注释文本(注意设置的点数要比用户希望的指引线的段数多 1)。可利用微调框进行设置，如果选择“无限制”复选框，AutoCAD 会一直提示用户输入点直到连续按 Enter 键两次为止。“角度约束”选项组可用于设置第一段和第二段指引线的角度约束。

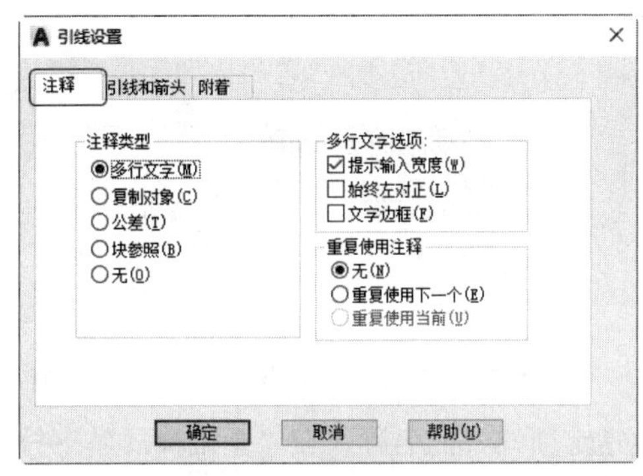

图 7-38 “注释”选项卡

图 7-39 “引线和箭头”选项卡

3）“附着”选项卡（见图 7-40）：设置注释文本和指引线的相对位置。如果最后一段指引线指向右边，则 AutoCAD 自动把注释文本放在右侧；如果最后一段指引线指向左边，则 AutoCAD 自动把注释文本放在左侧。利用该选项卡中左侧和右侧的单选按钮可分别设置位于左侧和右侧的注释文本与最后一段指引线的相对位置，二者可相同也可不相同。

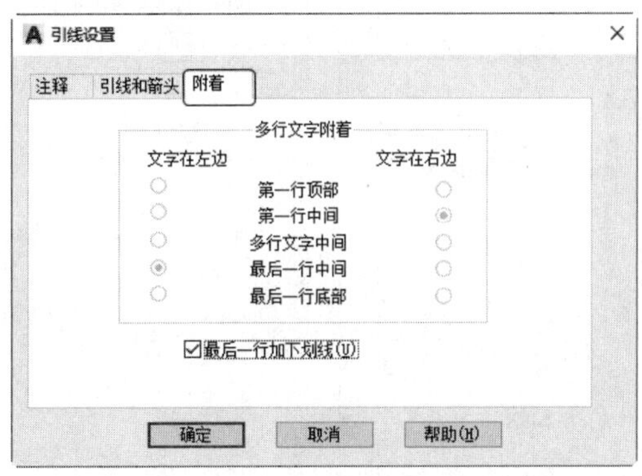

图 7-40 “附着”选项卡

7.3.3 多重引线样式

1. 执行方式

命令行：MLEADERSTYLE。

功能区：单击“注释”选项卡“引线”面板上的“多重引线样式”下拉菜单中的“管理多重引线样式”按钮，或单击“注释”选项卡“引线”面板中的“对话框启动器”按钮 。

菜单栏：选择菜单栏中的“标注”→“多重引线样式”命令。

工具栏：单击“多重引线”工具栏中的“多重引线样式”按钮。

2. 操作格式

执行 MLEADERSTYLE 命令，①弹出“多重引线样式管理器”对话框，如图 7-41 所示。②单击“新建”按钮，③打开如图 7-42 所示的“创建新多重引线样式”对话框。

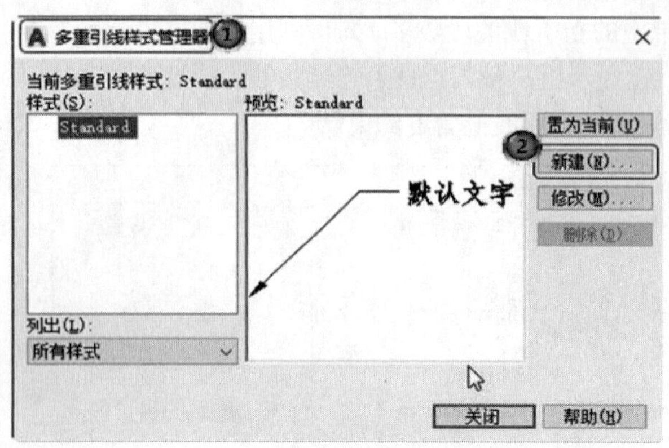

图 7-41 “多重引线样式管理器”对话框

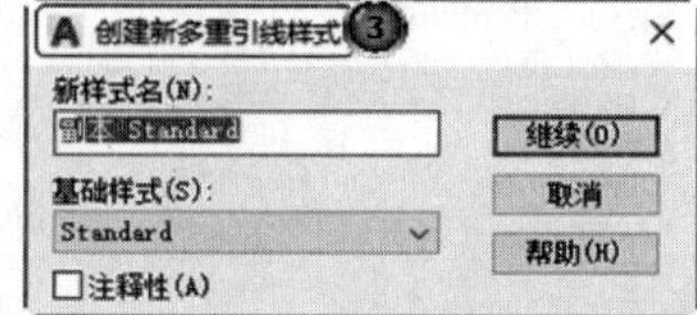

图 7-42 “创建新多重引线样式”对话框

用户可以在对话框中的“新样式名”文本框中指定新样式的名称，在“基础样式”下拉列表框中确定用于创建新样式的基础样式。如果新定义的样式是注释性样式，应选中“注释性”复选框。确定了新样式的名称和相关设置后，单击“继续”按钮，AutoCAD 弹出“修改多重引线样式”对话框，如图 7-43 所示。

“引线结构”选项卡如图 7-44 所示，“内容”选项卡如图 7-45 所示，这些选项卡中的内容与尺寸标注样式相关选项卡类似。

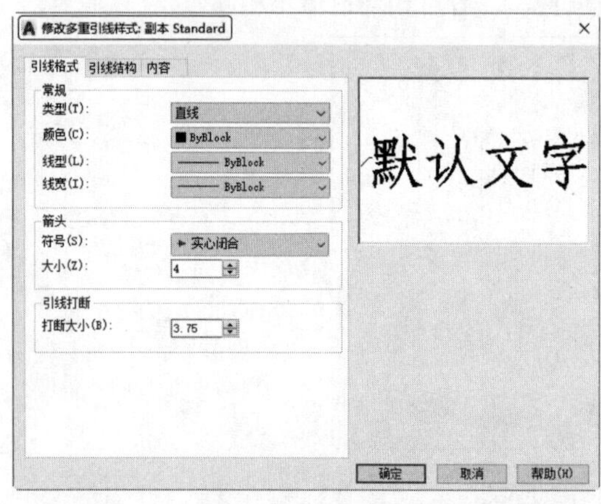

图 7-43 “修改多重引线样式”对话框

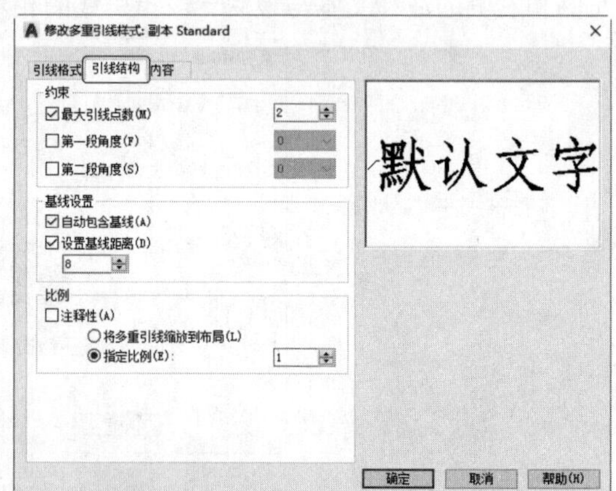

图 7-44 “引线结构”选项卡

如果在“内容”选项卡“多重引线类型”下拉列表中选择了“块”，表示多重引线标注出的对象是块(“块”相关内容见第 8 章)，对应的界面如图 7-46 所示。

在“内容”选项卡中的“块选项”选项组中，“源块”下拉列表框用于确定多重引线标注使用的块对象，对应的下拉列表如图 7-47 所示。下拉列表中位于各项前面的图标说明了对应块的形状。实际上，这些块是含有属性的块，即标注后还允许用户输入文字信息。下

拉列表中的“用户块”项用于选择用户自己定义的块。

“附着”下拉列表框用于指定块与引线的关系。

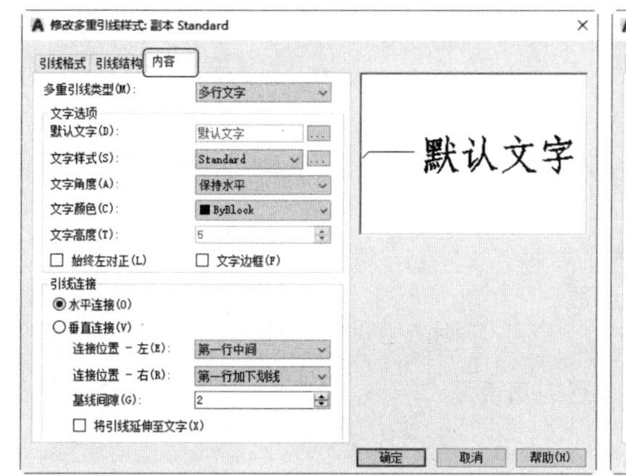

图 7-45 “内容”选项卡

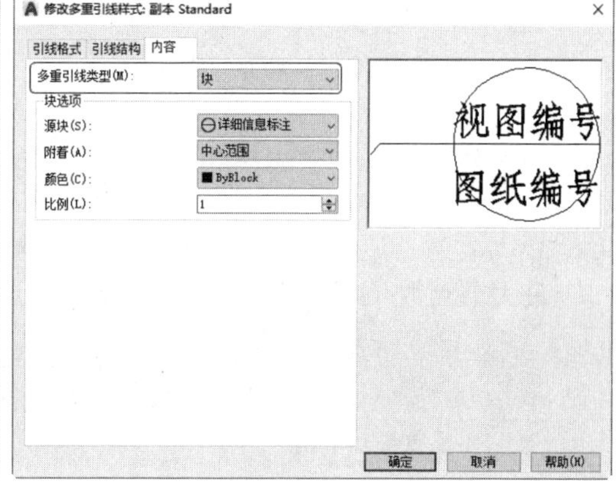

图 7-46 将“多重引线类型”设置为“块”后的界面

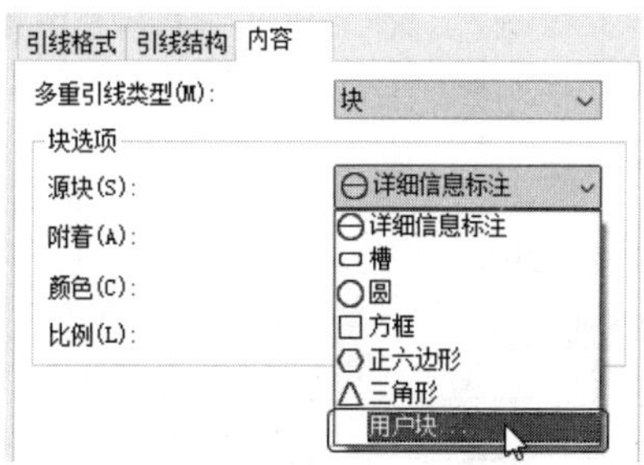

图 7-47 “源块”下拉列表

7.3.4 多重引线

多重引线可创建为箭头优先、引线基线优先或内容优先。

1. 执行方式

命令行：MLEADER。

菜单栏：选择菜单栏中的“标注”→“多重引线”命令。

工具栏：单击“多重引线”工具栏中的“多重引线”按钮。

功能区：单击“默认”选项卡“注释”面板上的“多重引线”按钮。

2. 操作步骤

命令行提示如下：

```
命令：MLEADER↙
指定引线箭头的位置或［引线基线优先（L）/内容优先（C）/选项（O）］<选项>：
```

3. 选项说明

（1）引线箭头的位置　指定多重引线对象箭头的位置。

（2）引线基线优先（L）　指定多重引线对象的基线的位置。如果先前绘制的多重引线对象是基线优先，则后续的多重引线也将先创建基线（除非另外指定）。

（3）内容优先（C）　指定与多重引线对象相关联的文字或块的位置。如果先前绘制的多重引线对象是内容优先，则后续的多重引线对象也将先创建内容（除非另外指定）。

（4）选项（O） 指定用于放置多重引线对象的选项。

输入选项［引线类型（L）/引线基线（A）/内容类型（C）/最大节点数（M）/第一个角度（F）/第二个角度（S）/退出选项（X）］<退出选项>:

1）引线类型（L）：指定要使用的引线类型。

选择引线类型［直线（S）/样条曲线（P）/无（N）］<直线>:

2）内容类型（C）：指定要使用的内容类型。

选择内容类型［块(B)/多行文字(M)/无(N)］<多行文字>:

3）最大节点数（M）：指定新引线的最大节点数。

输入引线的最大节点数 <2>:

4）第一个角度（F）：约束新引线中的第一个点的角度。

输入第一个角度约束 <0>:

5）第二个角度（S）：约束新引线中的第二个点的角度。

输入第二个角度约束 <0>:

6）退出选项（X）：返回到第一个 MLEADER 命令提示。

7.3.5 实例——标注齿轮轴套

标注如图 7-48 所示的齿轮轴套尺寸。

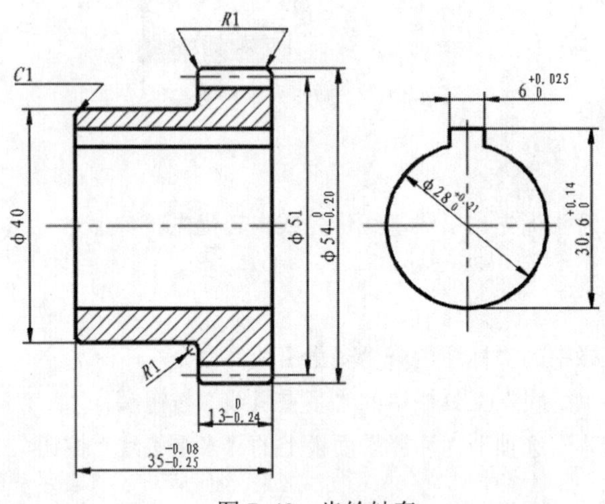

图 7-48 齿轮轴套

操作步骤

1）打开电子资料包中的图形文件“齿轮轴套.dwg”。

2）单击“默认”选项卡“注释”面板中的“文字样式”按钮，设置文字样式。

3）单击“默认”选项卡“注释”面板中的“标注样式”按钮，设置标注样式为机械图样。

4）单击“默认”选项卡“注释”面板中的“线性”按钮，标注齿轮主视图中的线性

尺寸 φ40、 φ51、 φ54。

5）方法同前，标注齿轮轴套主视图中的线性尺寸 13，然后利用“基线”标注命令，标注基线尺寸 35，结果如图 7-49 所示。

6）单击“默认”选项卡“注释”面板中的“半径”按钮，标注齿轮轴套主视图中的半径尺寸。命令行提示与操作如下：

```
命令: _DIMRADIUS
选择圆弧或圆:（选取齿轮轴套主视图中的圆角）
标注文字 =1
指定尺寸线位置或 [多行文字(M)/文字(T)/角度(A)]:（拖动鼠标，确定尺寸线位置）
```

结果如图 7-50 所示。

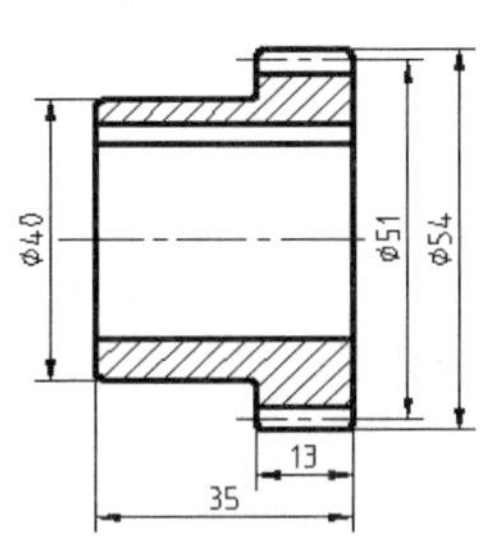

图 7-49　标注线性尺寸及基线尺寸

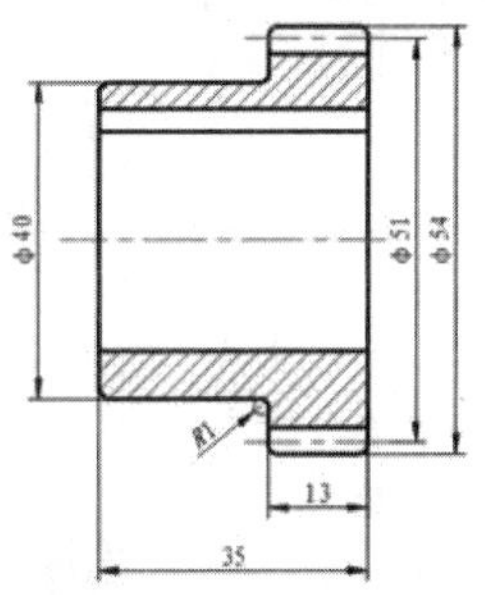

图 7-50　标注半径尺寸“R1”

7）在命令行中输入“LEADER”命令，用引线标注齿轮轴套主视图上部的圆角半径。命令行提示与操作如下：

```
命令: LEADER ↙
指定引线起点:_nea 到（捕捉齿轮轴套主视图上部圆角上一点）
指定下一点:（拖动鼠标，在适当位置处单击）
指定下一点或 [注释(A)/格式(F)/放弃(U)] 〈注释〉:<正交 开>（打开正交功能，向右拖动鼠标，在适当位置处单击）
指定下一点或 [注释(A)/格式(F)/放弃(U)] 〈注释〉:↙
输入注释文字的第一行或 〈选项〉:R1↙
输入注释文字的下一行:↙（结果如图 7-51 所示）
命令:↙（继续引线标注）
指定引线起点:_nea 到（捕捉齿轮轴套主视图上部右端圆角上一点）
指定下一点:（利用对象追踪功能，捕捉上一个引线标注的端点，拖动鼠标，在适当位置处单击）
指定下一点或 [注释(A)/格式(F)/放弃(U)] 〈注释〉:（捕捉上一个引线标注的端点）
指定下一点或 [注释(A)/格式(F)/放弃(U)] 〈注释〉:↙
输入 QLEA 注释文字的第一行或 〈选项〉:↙
输入注释选项 [公差(T)/副本(C)/块(B)/无(N)/多行文字(M)] 〈多行文字〉:N↙（无注释的引线标注）
```

结果如图 7-52 所示。

8）在命令行中输入“QLEADER”命令，用引线标注齿轮轴套主视图的倒角。命令行提示与操作如下：

命令：QLEADER ↙

指定第一个引线点或［设置(S)］〈设置〉:↙（按 Enter 键，弹出 “引线设置”对话框，分别设置其选项卡如图 7-53 及图 7-54 所示，设置完成后，单击“确定”按钮）

指定第一个引线点或［设置(S)］〈设置〉:（捕捉齿轮轴套主视图中上端倒角的端点）

指定下一点:（拖动鼠标，在适当位置处单击）

指定下一点:（拖动鼠标，在适当位置处单击）

指定文字宽度〈0〉:↙

输入注释文字的第一行〈多行文字(M)〉: C1↙

输入注释文字的下一行:↙

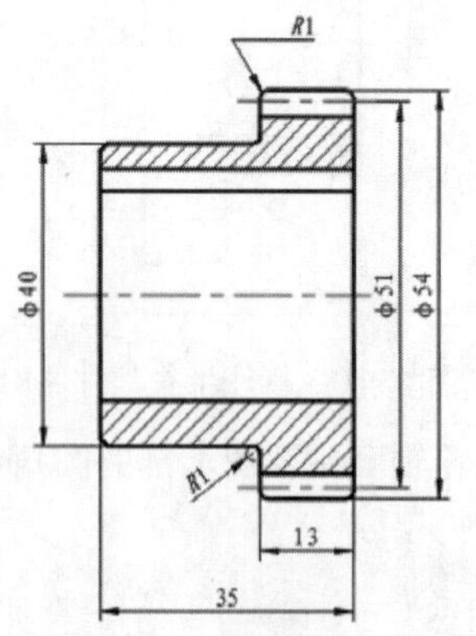

图 7-51　引线标注“R1”

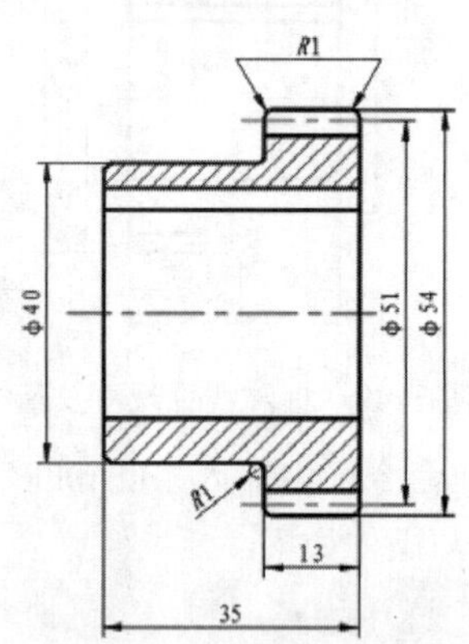

图 7-52　引线标注

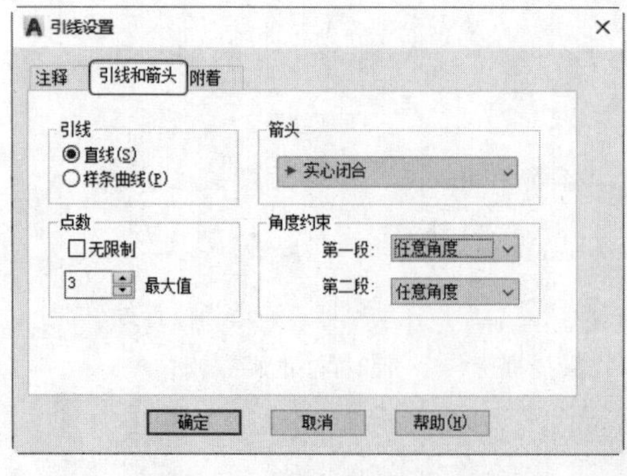

图 7-53　“引线和箭头”选项卡

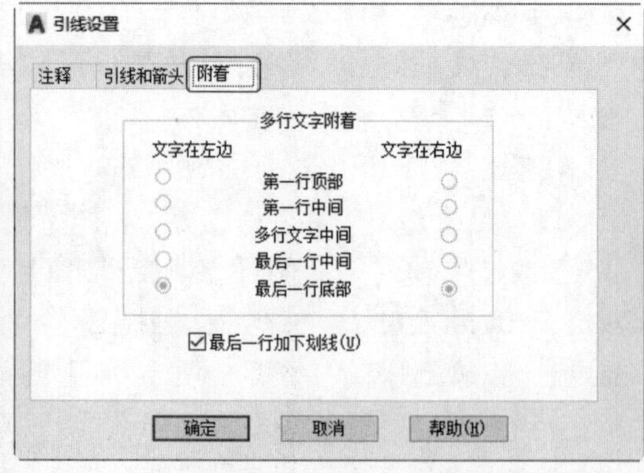

图 7-54　“附着”选项卡

结果如图 7-55 所示。

9）单击“默认”选项卡“注释”面板中的“线性”按钮，标注齿轮轴套局部视图中

的尺寸 6，命令行提示与操作如下：

命令：_DIMLINEAR

指定第一个尺寸界线原点或 <选择对象>:↙

选择标注对象:（选取齿轮轴套局部视图上端水平线）

指定尺寸线位置或[多行文字(M)/文字(T)/角度(A)/水平(H)/垂直(V)/旋转(R)]:T↙

输入标注文字 <6>: 6{\H0.7x;\S+0.025^ 0;}↙（其中“H0.7x”表示公差字高比例系数为 0.7，需要注意的是“x”为小写）

指定尺寸线位置或[多行文字(M)/文字(T)/角度(A)/水平(H)/垂直(V)/旋转(R)]:（拖动鼠标，在适当位置处单击，结果如图 7-56 所示）

标注文字 =6

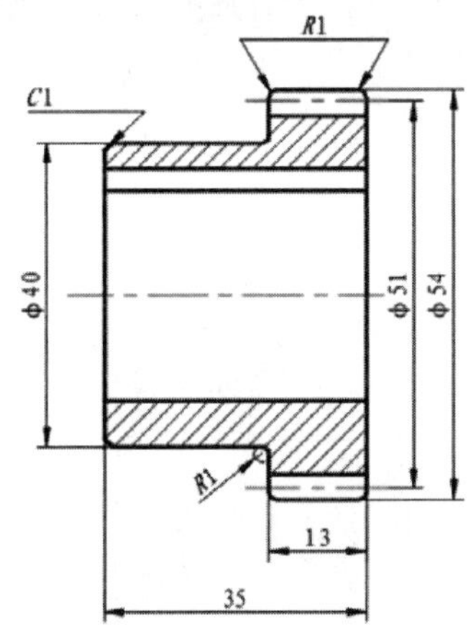

图 7-55　引线标注倒角尺寸

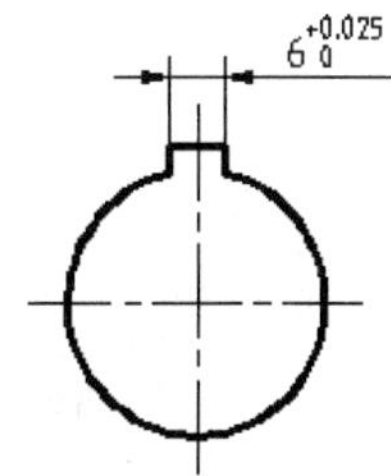

图 7-56　标注尺寸极限偏差

10）方法同前，标注线性尺寸 30.6，上极限偏差为+0.14，下极限偏差为 0。

11）方法同前，利用“直径标注”命令标注直径尺寸 $\phi 28$，输入标注文字为“%%C28{\H0.7x;\S+0.21^ 0;}”，结果如图 7-57 所示。

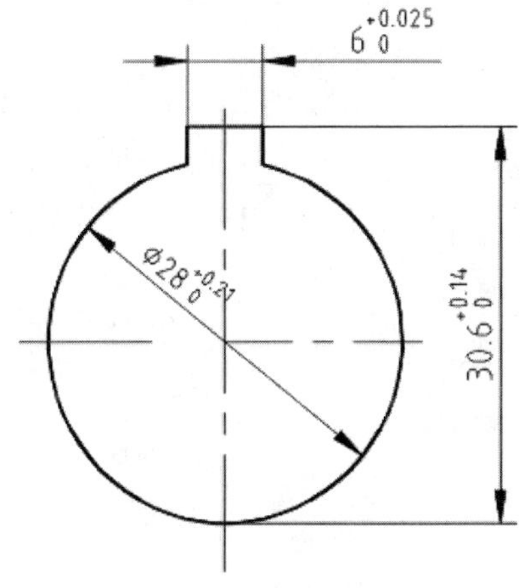

图 7-57　局部视图中的尺寸

12）单击“默认”选项卡“注释”面板中的“标注样式”按钮，❶在弹出的“标注样式管理器”对话框中的“样式”列表中❷选择“机械图样”样式，如图 7-58 所示。❸单击“替代”按钮。❹系统弹出“替代当前样式”对话框，❺选择“主单位”选项卡，❻将“线性标注”选项组中的“精度”设置为 0.00，如图 7-59 所示；❼选择“公差”选项卡，在“公差格式”选项组中，❽将“方式”设置为“极限偏差”，❾设置“上偏差”为 0、“下偏差”为 0.24、“高度比例”为 0.7，如图 7-60 所示，设置完成后❿单击“确定”按钮。单击“注释”选项卡“标注”面板中的“更新”按钮，修改齿轮轴套主视图中的线性尺寸，为其添加尺寸极限偏差。命令行提示与操作如下：

```
命令: -DIMSTYLE
当前标注样式: 机械图样    注释性: 否
输入标注样式选项[注释性(AN)/保存(S)/恢复(R)/状态(ST)/变量(V)/应用(A)/?] <恢复>: A↙
选择对象:（选取线性尺寸 13，即可为该尺寸添加尺寸极限偏差）
```

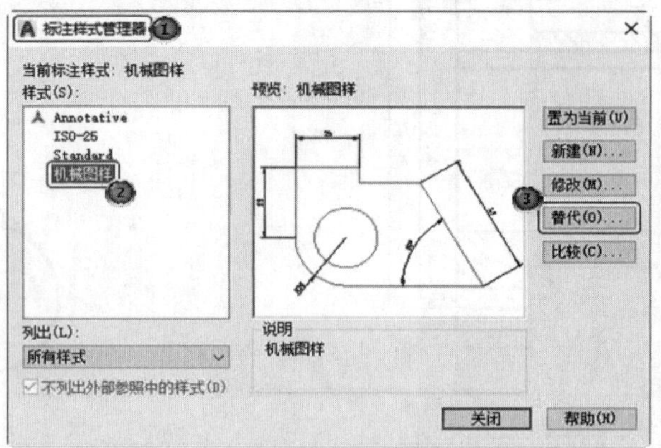

图 7-58 “标注样式管理器”对话框

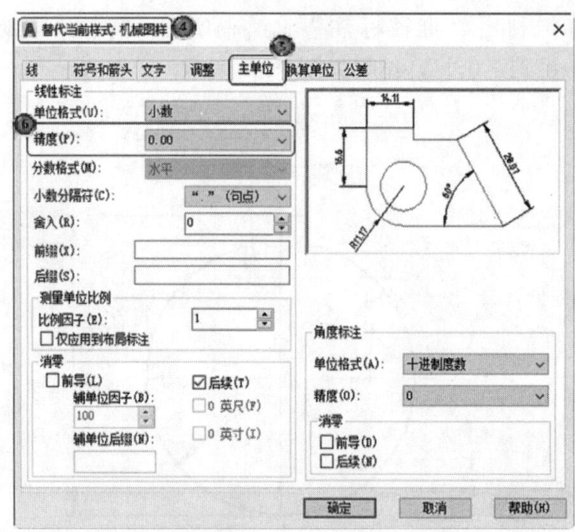

图 7-59 “主单位”选项卡

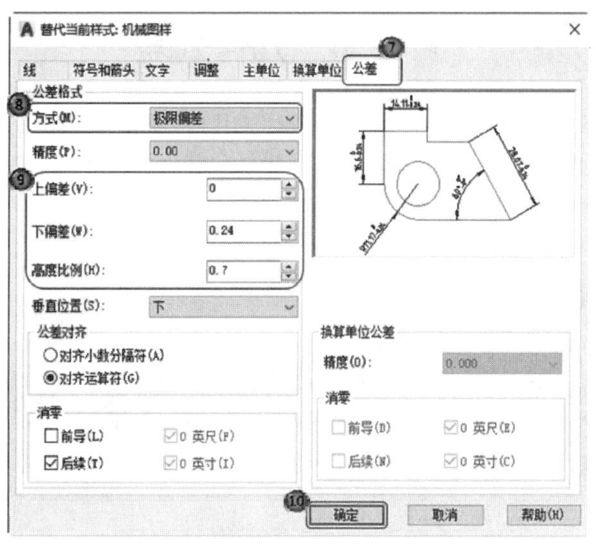

图 7-60 “公差”选项卡

13）方法同前，继续设置替代样式。设置“公差”选项卡中的“上偏差”为-0.08、“下偏差”为-0.25。单击“注释”选项卡“标注”面板中的“更新”按钮，选取线性尺寸 35，即可为该尺寸添加尺寸极限偏差，结果如图 7-61 所示。

14）单击“默认”选项卡“修改”面板中的“分解”按钮，将尺寸 ϕ54 分解，在命令行中输入“MTEDIT”命令，修改齿轮轴套主视图中的线性尺寸 ϕ54，为其添加尺寸极限偏差。命令行提示与操作如下：

命令: MTEDIT ↙（编辑多行文字命令）

选择多行文字对象:（选择分解的 ϕ54 尺寸，在弹出的多行文字编辑器中将标注的文字修改为“%%C54 0^-0.20 ”，选取“0^-0.20”，单击“堆叠”按钮，此时标注变为尺寸极限偏差的形式，单击“关闭文字编辑器”按钮）

结果如图 7-62 所示。

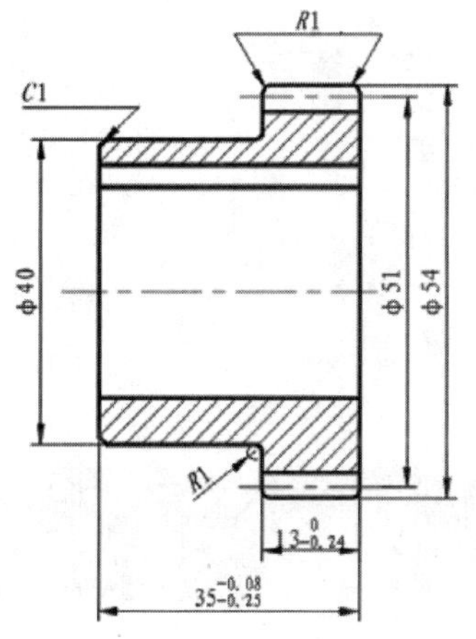

图 7-61 为 13 及 35 添加尺寸极限偏差

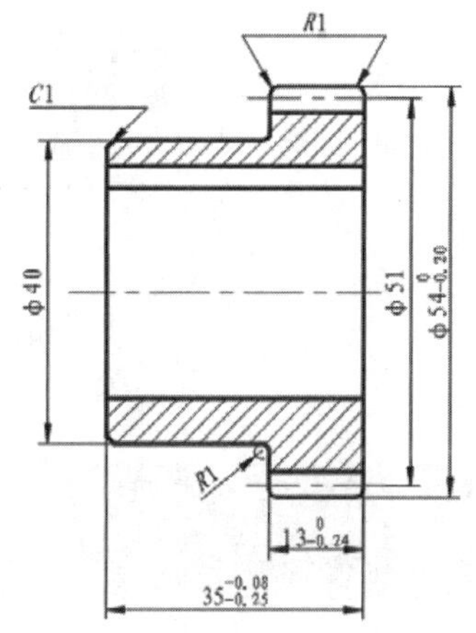

图 7-62 为 ϕ54 添加尺寸极限偏差

7.4 几何公差

为方便机械设计工作，AutoCAD 提供了标注几何公差的功能。几何公差的标注包括指引线、特征符号、公差值、附加符号以及基准代号和其附加符号的标注。利用 AutoCAD 可方便地标注出几何公差。几何公差的标注如图 7-63 所示。

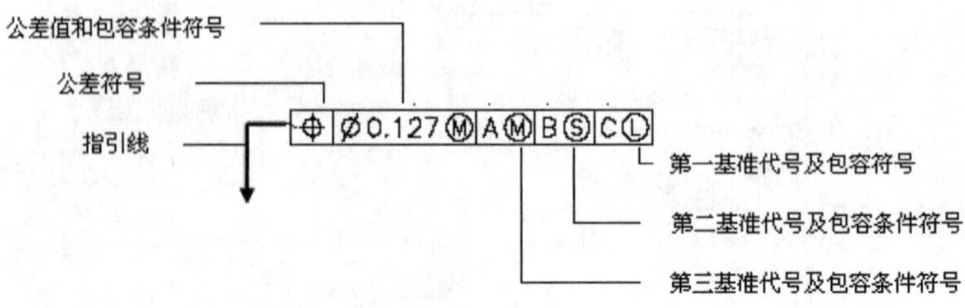

图 7-63　几何公差标注

1. 执行方式

命令行：TOLERANCE。

功能区：单击“注释”选项卡“标注”面板中的“公差”按钮。

菜单栏：选择菜单栏中的“标注”→“公差”命令。

工具栏：单击“标注”工具栏中的“公差”按钮。

2. 操作格式

命令：TOLERANCE↙

执行上述操作后，AutoCAD 打开如图 7-64 所示的“形位公差”对话框，可通过此对话框对几何公差标注进行设置。图 7-65、图 7-66 所示分别为“特征符号”对话框和“附加符号”对话框。

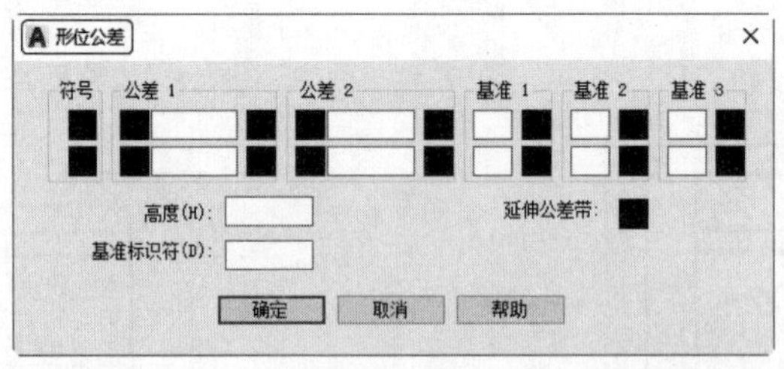

图 7-64　“形位公差”对话框

注意

在“形位公差”对话框中的两行可实现复合几何公差的标注。如果这两行中输入的公差代号相同，则得到如图 7-72e 所示的形式。

图 7-67 所示为几个利用 TOLERANCE 命令标注的几何公差。

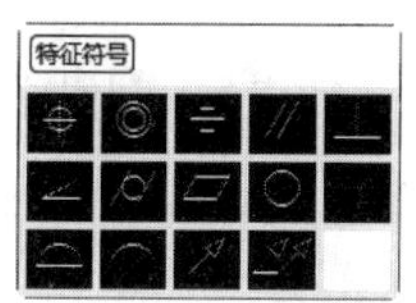

图 7-65 “特征符号”对话框

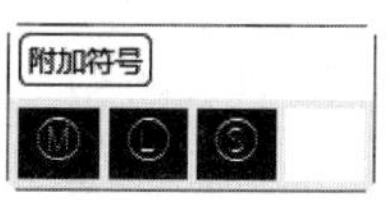

图 7-66 “附加符号”对话框

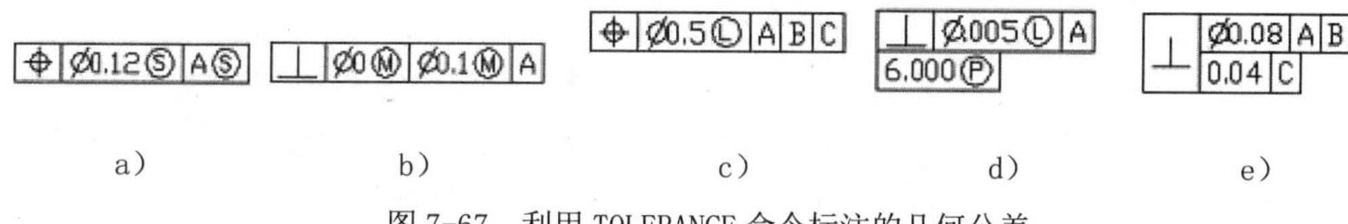

a) b) c) d) e)

图 7-67 利用 TOLERANCE 命令标注的几何公差

7.5 综合实例——标注齿轮轴

本节将通过标注如图 7-68 所示的齿轮轴尺寸实例来综合应用前面所学的知识。

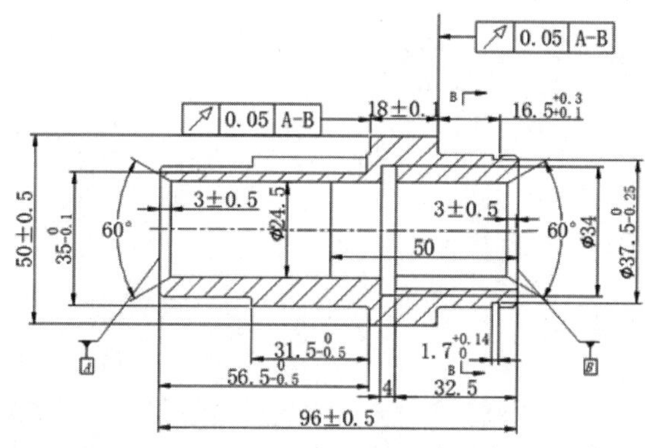

技术要求

1. φ50±0.5对应表面热处理硬HRC32-37。
2. 材料为45#钢材。
3. 未注倒角C1。
4. $1.7^{+0.14}_{0}$的圆环槽用量规检查互换性。

图 7-68 标注尺寸与文字

操作步骤

1）打开电子资料包中的图形文件“齿轮轴.dwg”，如图 7-69 所示。

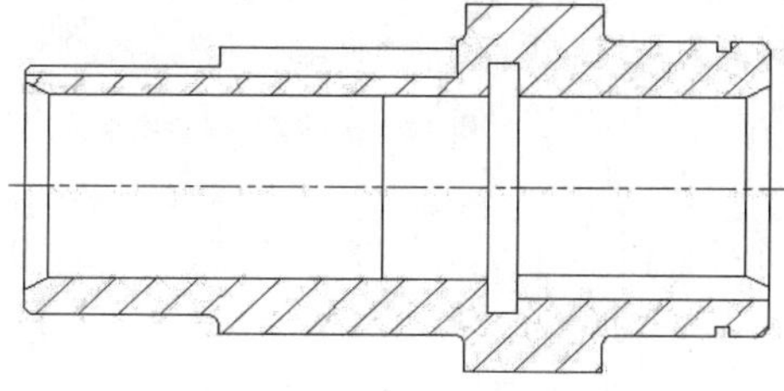

图 7-69 齿轮轴图形

2）单击“默认”选项卡“注释”面板中的“标注样式”按钮，弹出“标注样式管理器”对话框，在系统默认的Standard标注样式中设置箭头大小为3、文字高度为4、文字对齐方式为与尺寸线对齐，精度设置为0.0，其他采用默认设置不变。

3）标注基本尺寸，包括 3 个线性尺寸、两个角度尺寸和两个直径尺寸（实际上这两个直径尺寸也是按线性尺寸的标注方法进行标注）。

单击“默认”选项卡“注释”面板中的“线性”按钮，标注线性尺寸4、32.5、50、ϕ34、ϕ24.5、60º，标注结果如图7-70所示。

4）标注带有极限偏差的尺寸。在“标注样式管理器”对话框中单击“替代”按钮，弹出“替代当前样式”对话框，在 “公差”选项卡中按每一个尺寸的极限偏差进行替代设置。替代设定后，进行尺寸标注。单击“注释”选项卡“标注”面板中的“更新”按钮，命令行提示与操作如下：

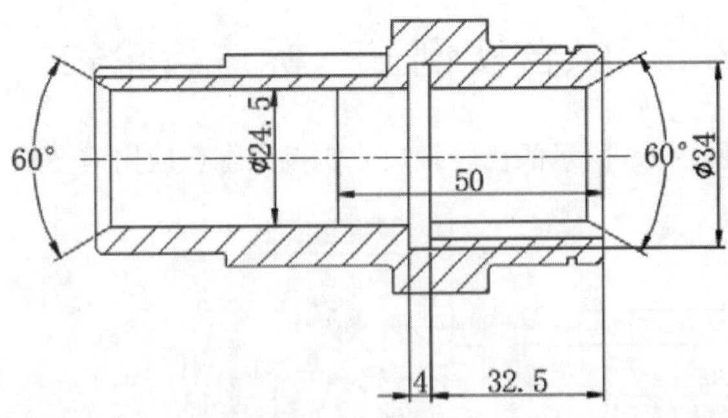

图7-70　标注基本尺寸

```
命令: -DIMSTYLE
当前标注样式:ISO-25    注释性: 否
输入标注样式选项[注释性(AN)/保存(S)/恢复(R)/状态(ST)/变量(V)/应用(A)/?] <恢复>: A↙
选择对象:（选取线性尺寸，即可为该尺寸添加尺寸极限偏差）
命令: DIMLINEAR↙
指定第一个尺寸界线原点或 <选择对象>:（捕捉第一条延伸线原点）
指定第二条尺寸界线原点:（捕捉第二条延伸线原点）
创建了无关联的标注。
指定尺寸线位置或[多行文字(M)/文字(T)/角度(A)/水平(H)/垂直(V)/旋转(R)]:M↙
（在打开的多行文本编辑器的编辑栏中尖括号前加%%C，标注直径符号）
指定尺寸线位置或[多行文字(M)/文字(T)/角度(A)/水平(H)/垂直(V)/旋转(R)]: ↙
标注文字 =50
```

对极限偏差按尺寸要求进行替代设置。标注35、37.5、56.5、96、18、3、1.7、16.5、等尺寸及其极限偏差，结果如图7-71所示。

5）标注几何公差。单击“注释”选项卡“标注”面板中的“公差”按钮，❶打开“形位公差”对话框，❷进行如图7-72所示的设置，确定后在图形上指定放置位置。

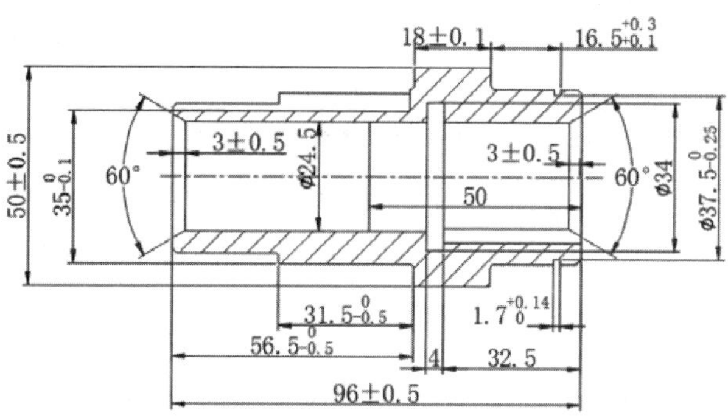

图 7-71　标注尺寸极限偏差

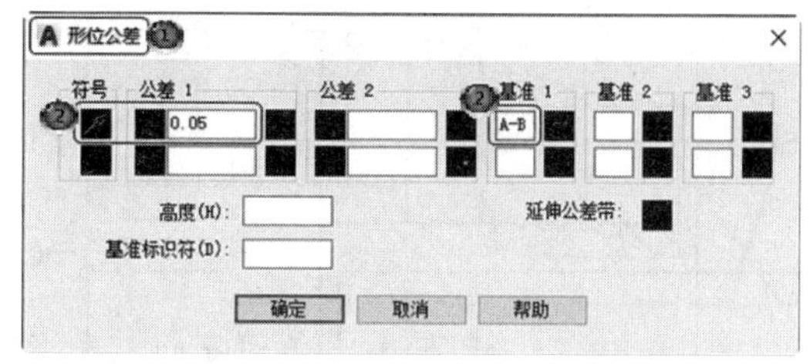

图 7-72　“形位公差”对话框

6）在命令行中输入“LEADER”命令，标注引线。命令行提示与操作如下：

命令：LEADER↙

指定引线起点：（指定起点）

指定下一点：（指定下一点）

指定下一点或 [注释(A)/格式(F)/放弃(U)] <注释>：↙

输入注释文字的第一行或 <选项>：↙

输入注释选项 [公差(T)/副本(C)/块(B)/无(N)/多行文字(M)] <多行文字>：N↙　（引线指向几何公差符号，故无注释文本）

按同样方法标注另一个几何公差，结果如图 7-73 所示。

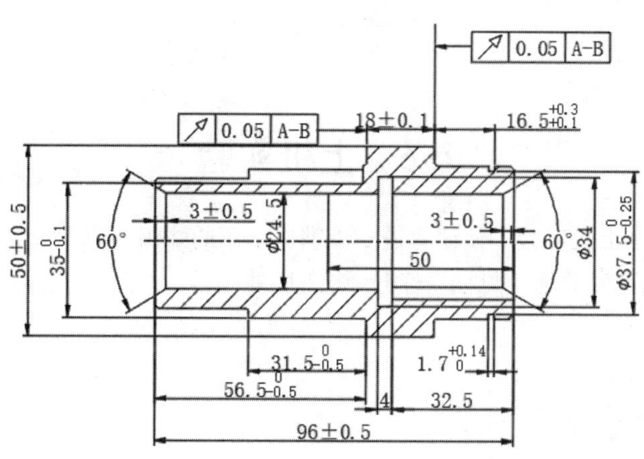

图 7-73　标注几何公差

7）通过引线标注命令和绘图命令以及单行文字命令绘制几何公差的基准，标注结果如图 7-74 所示。

8）单击“默认”选项卡“注释”面板中的“多行文字”按钮A，系统打开多行文字编辑器，在“文字编辑器”选项卡中调整文字的字体和高度。标注技术要求文字，如图 7-75 所示。

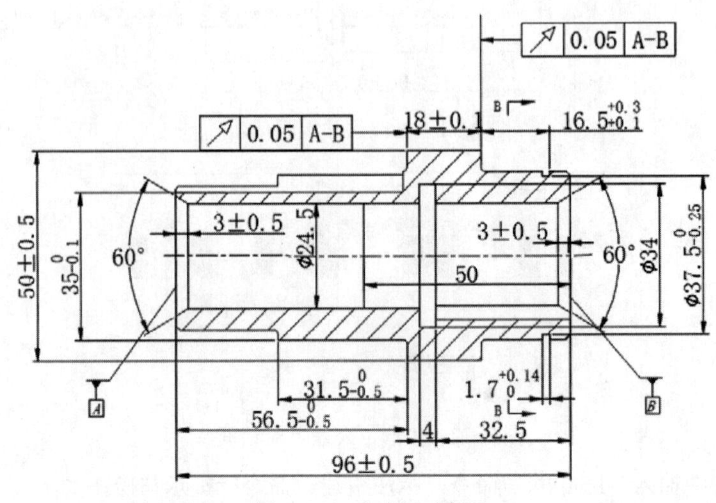

图 7-74 完成尺寸标注

技术要求

1. φ50±0.5对应表面热处理硬度HRC32～37。

2. 材料为45#钢材。

3. 未注倒角C1。

4. $1.7^{+0.14}_{0}$的圆环槽用量规检查互换性。

图 7-75 标注的文字

7.6 上机实验

本节将通过 4 个上机实验，使读者进一步掌握本章的知识要点。

实验 1 标注圆头平键（见图 7-76）线性尺寸

操作提示：

1）设置标注样式。

2）进行线性标注。

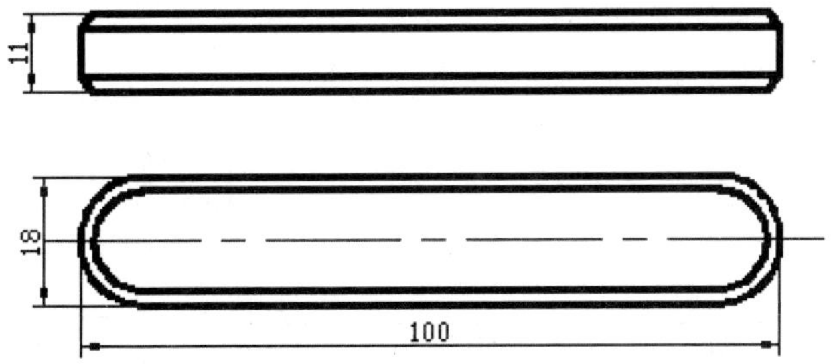

图 7-76　圆头平键

实验 2　标注垫片（见图 7-77）尺寸

操作提示：

1）设置文字样式和标注样式。
2）标注线性尺寸。
3）标注直径尺寸。
4）标注角度尺寸。注意，有时要根据需要进行标注样式替代设置。

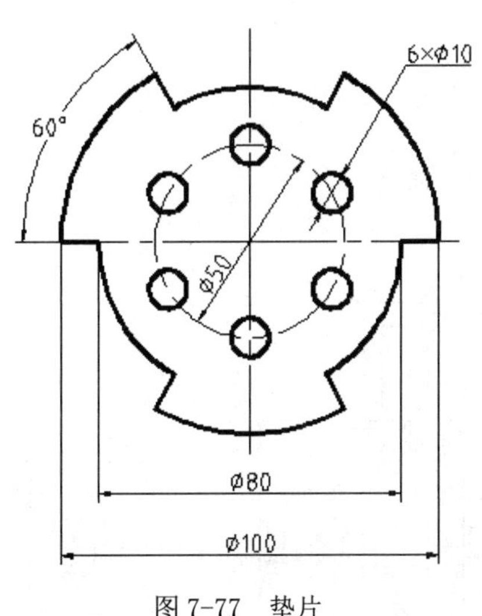

图 7-77　垫片

实验 3　绘制并标注轴（见图 7-78）尺寸

操作提示：

1）绘制图形。
2）设置文字样式和标注样式。
3）标注线性尺寸。

4）标注连续尺寸。

5）标注引线尺寸。

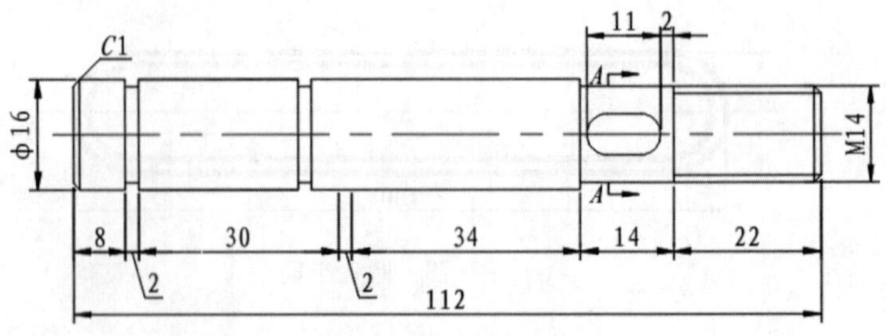

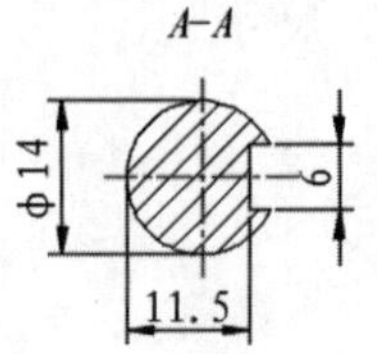

图 7-78　轴

实验 4　绘制并标注阀盖（见图 7-79）尺寸（表面粗糙度不标注）

操作提示：

1）设置文字样式和标注样式。

2）标注阀盖尺寸。

3）标注阀盖主视图中的几何公差。

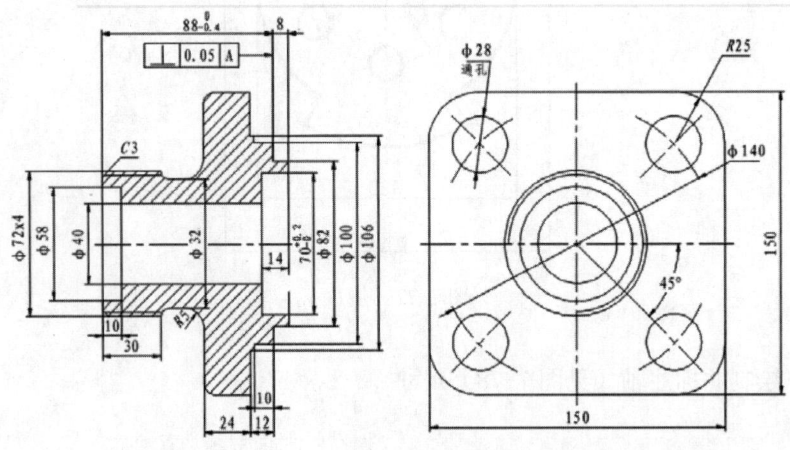

图 7-79　阀盖

7.7 思考与练习

本节将通过几个思考练习题使读者进一步掌握本章的知识要点。

1．绘制并标注图 7-80 所示的图形。

2．绘制并标注图 7-81 所示的图形。

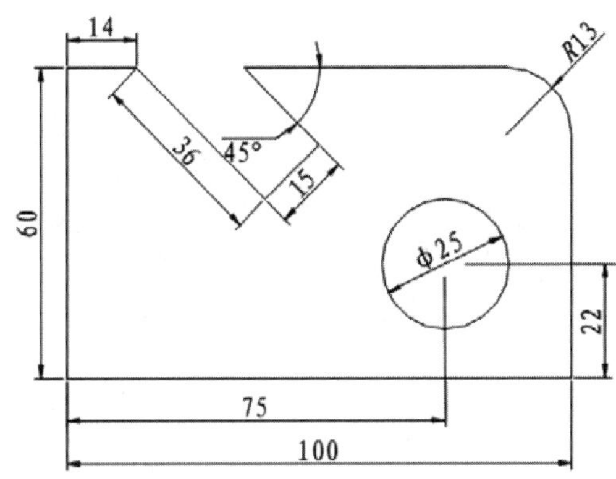

图 7-80　尺寸标注练习（一）

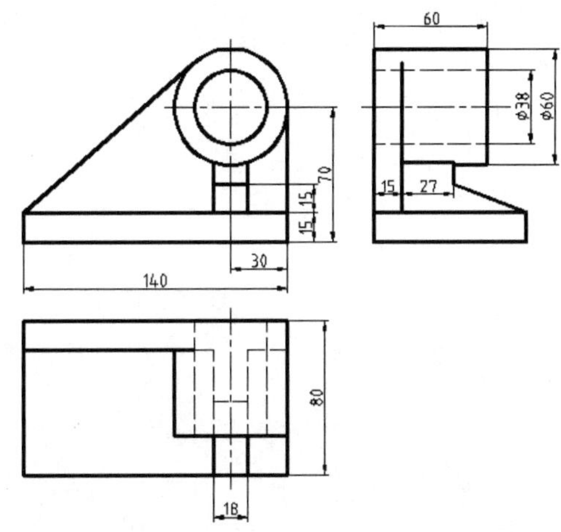

图 7-81　尺寸标注练习（二）

3．使用 DIMEDIT 和 DIMTEDIT 命令编辑练习 1 中标注的尺寸。

4．定义新的标注样式，用新的标注样式更新以上练习中标注的尺寸。

5．绘制并标注图 7-82 所示的图形。

6．绘制并标注图 7-83 所示的齿轮泵前盖。

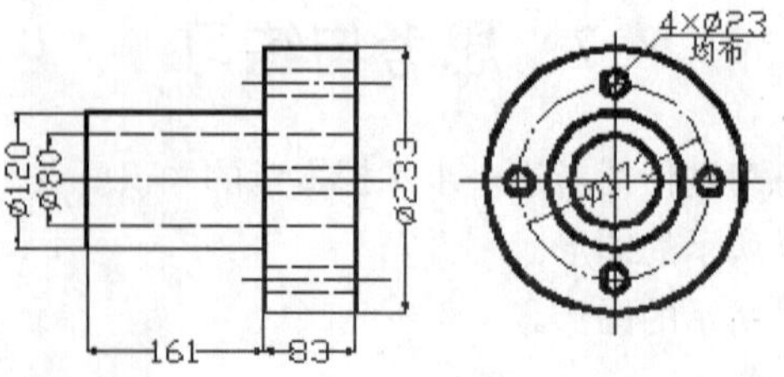

图 7-82　尺寸标注练习（三）

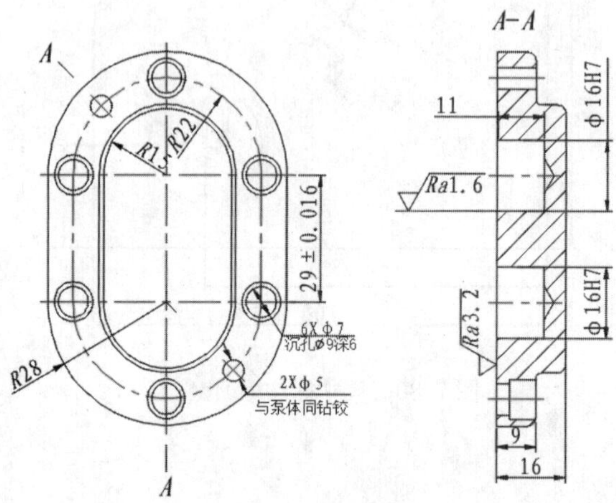

图 7-83　齿轮泵前盖

第 8 章　图块及其属性

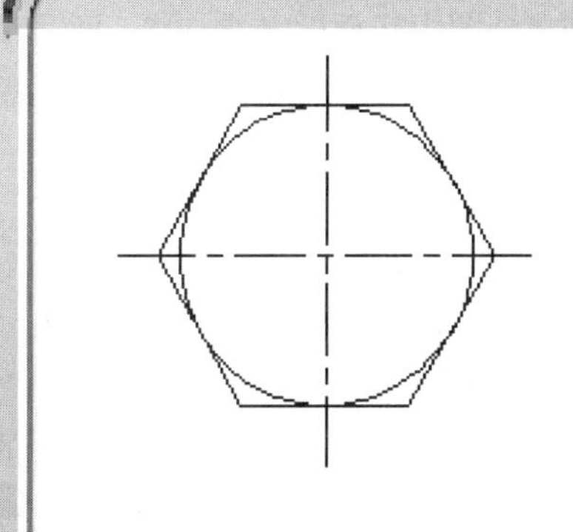

在绘图设计过程中经常会遇到一些重复出现的图形（如机械设计中的螺钉、螺母，建筑设计中的桌椅、门窗等），如果每次都绘制这些图形，不仅带来大量的重复工作，而且存储这些图形及其信息要占用相当大的磁盘空间。AutoCAD2022 提供了图块和外部参照来解决这些问题。

本章主要介绍了图块及其属性、外部参照等知识。

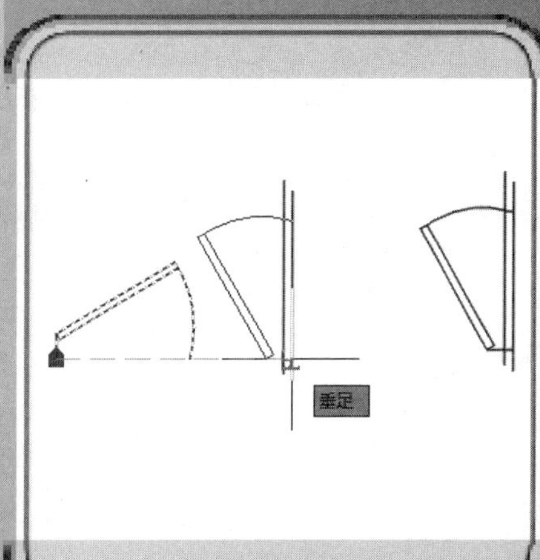

- 图块定义、存盘
- 插入图块
- 动态块
- 图块的属性

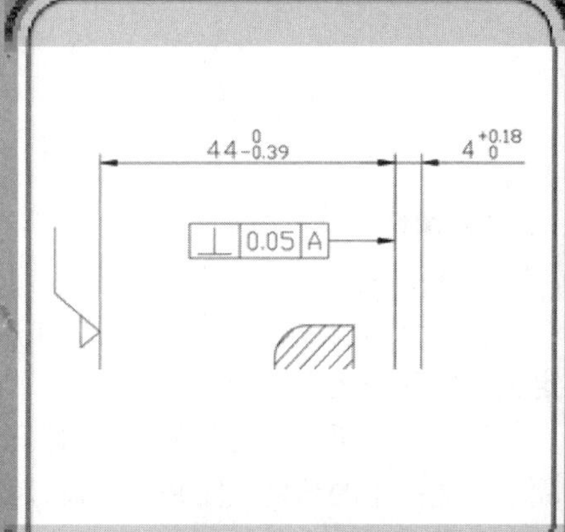

8.1 图块操作

AutoCAD 允许把一个图块作为一个对象进行编辑修改等操作，用户可根据绘图需要把图块插入到图中任意指定的位置，而且在插入时还可以指定不同的缩放比例和旋转角度。图块还可以重新定义，一旦被重新定义，整个图中基于该图块的对象都将随之改变。

8.1.1 定义图块

1. 执行方式

命令行：BLOCK（快捷命令：B）。

菜单栏：选择菜单栏中的“绘图”→“块”→“创建”命令。

工具栏：单击“绘图”工具栏中的“创建块”按钮。

功能区：❶单击“默认”选项卡❷“块”面板中的❸“创建”按钮（见图 8-1），或❶单击“插入”选项卡❷“块定义”面板中的❸“创建块”按钮（见图 8-2）。

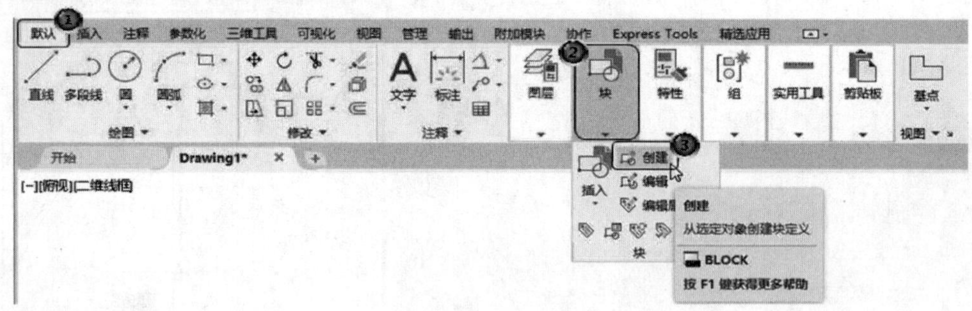

图 8-1 “块”面板

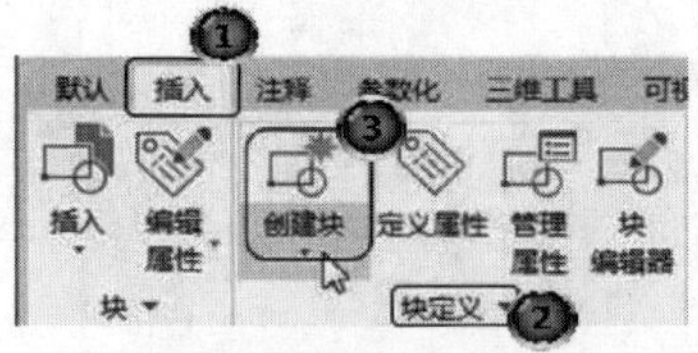

图 8-2 “块定义”面板

2. 操作格式

命令：BLOCK↙

执行上述命令后，❶AutoCAD 打开图 8-3 所示的“块定义”对话框，❷在该对话框中可定义图块并为之命名。

如图 8-4 所示，把图 8-4a 中的正五边形定义为图块，图 8-4b 所示为选中该图块及“删除”单选按钮的结果，图 8-4c 所示为选中该图块及“保留”单选按钮的结果。

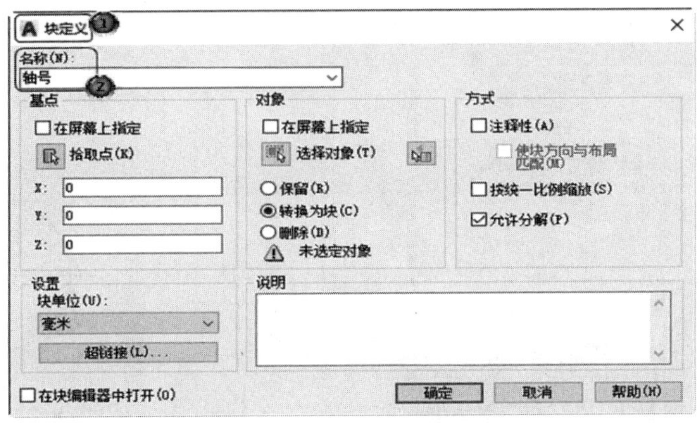

图 8-3　“块定义”对话框

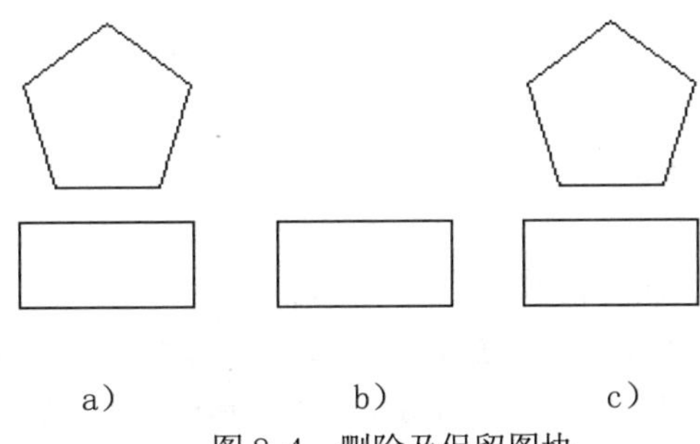

a)　　　　b)　　　　c)

图 8-4　删除及保留图块

8.1.2　图块的存盘

用 BLOCK 命令定义的图块保存在其所属的图形当中，该图块只能在该图中插入，而不能插入到其他的图中，但是有些图块在许多图中要经常用到，这时可以用 WBLOCK 命令把图块以图形文件的形式（后缀为.DWG）写入磁盘，图形文件可以在任意图形中用 INSERT 命令插入。

1. 执行方式

命令行：WBLOCK。

功能区：单击“插入”选项卡“块定义”面板中的“写块”按钮。

2. 操作格式

```
命令：WBLOCK↙
```

在命令行输入 WBLOCK 后按 Enter 键，AutoCAD 打开“写块”对话框，如图 8-5 所示，利用此对话框可把图形对象保存为图形文件或把图块转换成图形文件。

8.1.3　实例——定义螺母图块

将图 8-6 所示的螺母图形定义为图块，取名为 HU3，并保存。

操作步骤

1）单击“插入”选项卡“块定义”面板中的“创建块”按钮，打开“块定义”对话框。

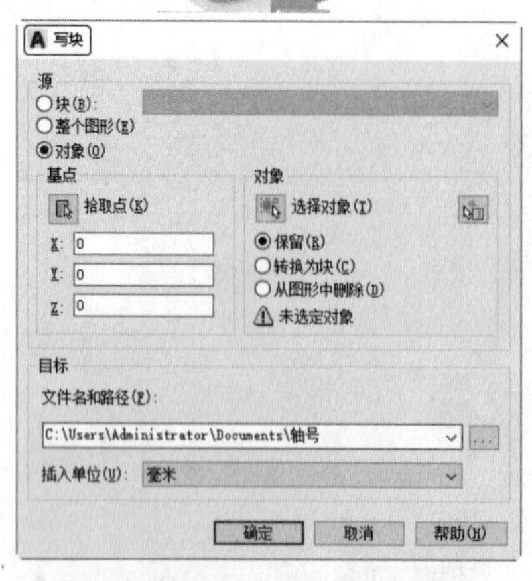

图 8-5 “写块”对话框

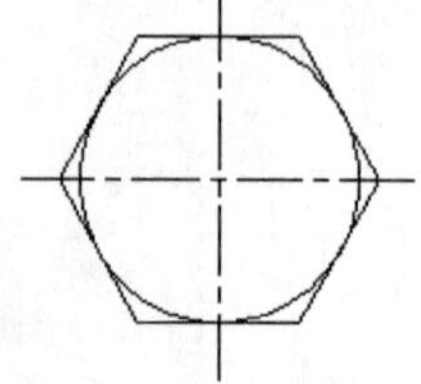

图 8-6 螺母图形

2）在“名称”下拉列表框中输入“HU3”。

3）单击“拾取点”按钮切换到作图屏幕，选择圆心为插入基点，返回“块定义”对话框。

4）单击“选择对象”按钮切换到作图屏幕，选择图 8-6 所示的对象后，按 Enter 键返回“块定义”对话框。

5）单击“确定”按钮关闭对话框。

6）在命令行输入 WBLOCK 命令，系统打开“写块”对话框，在“源”选项组中选择“块”单选按钮，在后面的下拉列表框中选择“HU3”并进行其他相关设置，单击“确定”按钮退出。

8.1.4 图块的插入

在用 AutoCAD 绘图过程中，可根据需要随时把已经定义好的图块或图形文件插入到当前图形的任意位置，在插入的同时还可以改变图块的大小、旋转一定角度或把图块炸开等。

1. 执行方式

命令行：INSERT（快捷命令：I）

功能区：单击“默认”选项卡“块”面板中的“插入”下拉菜单，或❶单击“插入”选项卡“块”面板中的❷“插入”下拉菜单中的选项，如图 8-7 所示。

菜单栏：选择菜单栏中的“插入”→“块选项板”命令。

工具栏：单击“插入”工具栏中的“插入块”按钮，或单击“绘图”工具栏中的“插入块”按钮。

2. 操作格式

命令：INSERT↙

在“插入”下拉菜单中选择“最近使用的块”选项，系统弹出“块”选项板，如图 8-8 所示。在该选项板中可以指定要插入的图块及插入位置。

取不同比例系数插入图块的效果如图 8-9 所示。其中图 8-9a 所示为被插入的图块，图 8-9b 所示为取比例系数为 1.5 插入的图块，图 8-9c 所示为取比例系数为 0.5 插入的图块。X 轴方向和 Y 轴方向的比例系数也可以不同，如 X 轴方向的比例系数为 1、Y 轴方向的比例系

数为 1.5 插入的图块，如图 8-9d 所示，另外，比例系数还可以是一个负数，当它为负数时表示插入图块的镜像，其效果如图 8-10 所示。

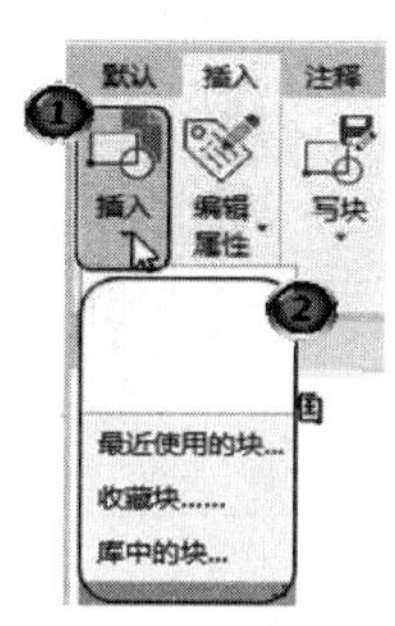

图 8-7 “插入”下拉菜单

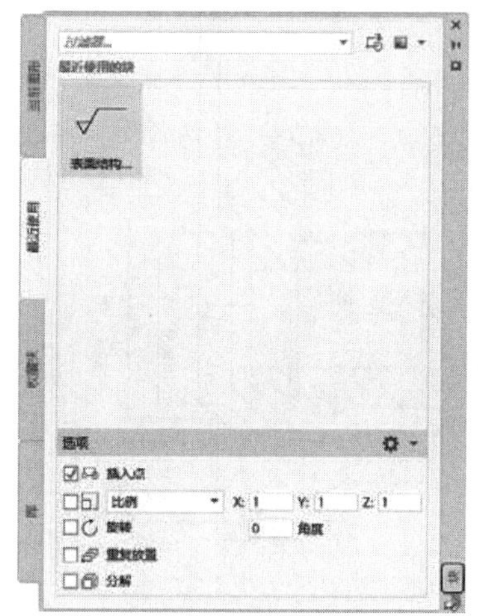

图 8-8 “块”选项板

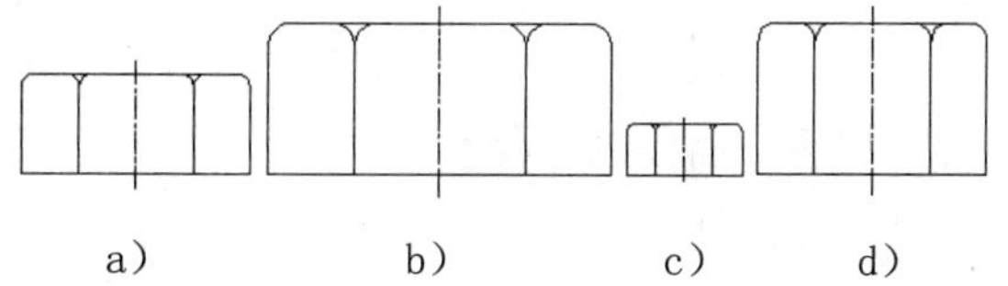

a) b) c) d)

图 8-9 取不同比例系数插入图块的效果

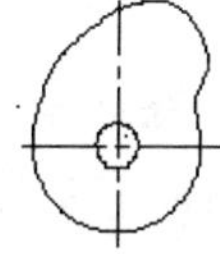

X 比例=1，Y 比例=1

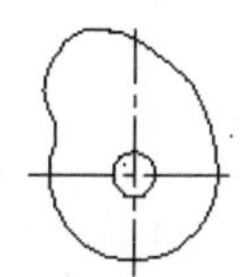

X 比例= -1，Y 比例=1

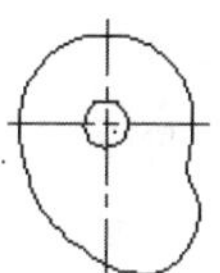

X 比例=1，Y 比例= -1

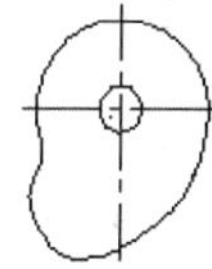

X 比例= -1，Y 比例= -1

图 8-10 取比例系数为负数时插入图块的效果

将图 8-11a 所示的图块旋转 30°插入的效果如图 8-11b 所示，旋转－30°插入的效果如图 8-11c 所示。

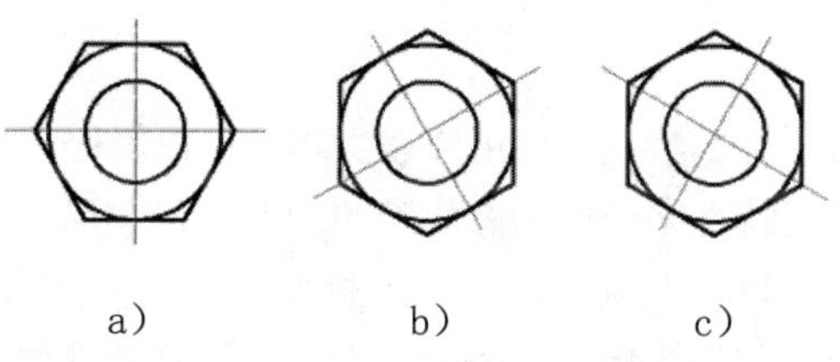

a) b) c)

图 8-11 以不同旋转角度插入图块的效果

8.1.5 实例——标注阀体表面粗糙度

标注图 8-12 所示图形中的表面粗糙度符号。

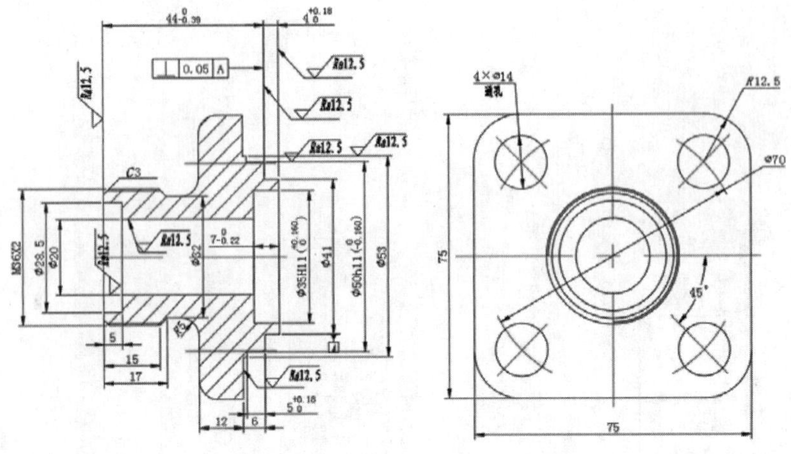

图 8-12 标注表面粗糙度符号

操作步骤

1）单击“默认”选项卡“绘图”面板中的“直线”按钮，绘制如图 8-13 所示的图形。

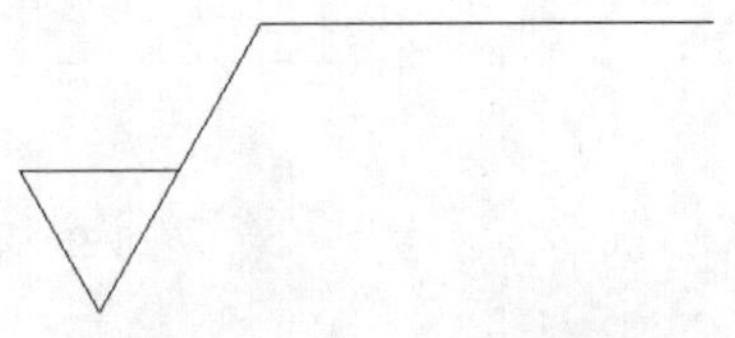

图 8-13 绘制表面粗糙度符号

2）在命令行内输入“WBLOCK”命令，打开“写块”对话框，拾取图 8-13 所示的图形下角点为基点，以该图形为对象，输入图块名称并指定路径，单击“确定”按钮退出。

3）单击“默认”选项卡“块”面板中的“插入块”按钮，在下拉菜单中选择“库中的块”，打开“块”选项板，再单击该选项板右上侧的“浏览”按钮，找到刚才保存的图块，单击“打开”按钮，返回“块”选项板，双击图块，在屏幕上指定插入点、比例和旋转角度，将该图块插入到图 8-12 所示的图形中。

4）单击“默认”选项卡“注释”面板中的“单行文字”按钮，标注文字。标注时注意对文字进行旋转。

5）同样，利用插入图块的方法标注其他表面粗糙度符号。

8.1.6 动态块

动态块具有灵活性和智能性的特点，使用户在操作时可以轻松地更改图形中的动态块参照。通过自定义夹点或自定义特性来操作动态块参照中的几何图形，用户可以根据需要在位调整块，而不用搜索另一个块以插入或重定义现有的块。

如果在图形中插入一个“门”块参照，编辑图形时可能需要更改门的大小。如果该块是动态的，并且定义为可调整大小，那么只需拖动自定义夹点或在“特性”选项板中指定不同的大小就可以修改门的大小，如图 8-14 所示。用户可能还需要修改门的打开角度，如图 8-15

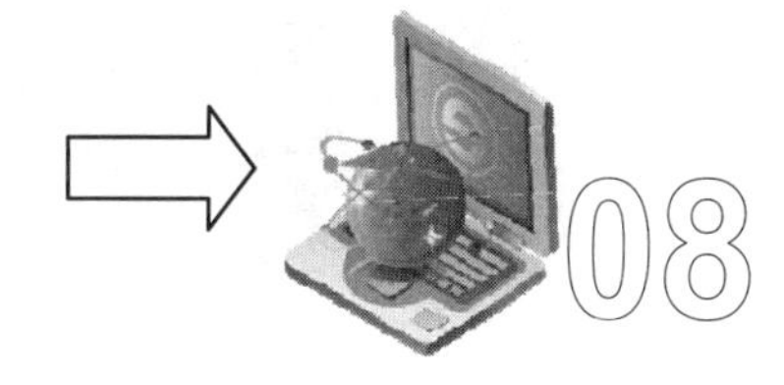

所示。该“门”块还可能会包含对齐夹点，使用对齐夹点可以轻松地将“门”块参照与图形中的其他几何图形对齐，如图 8-16 所示。

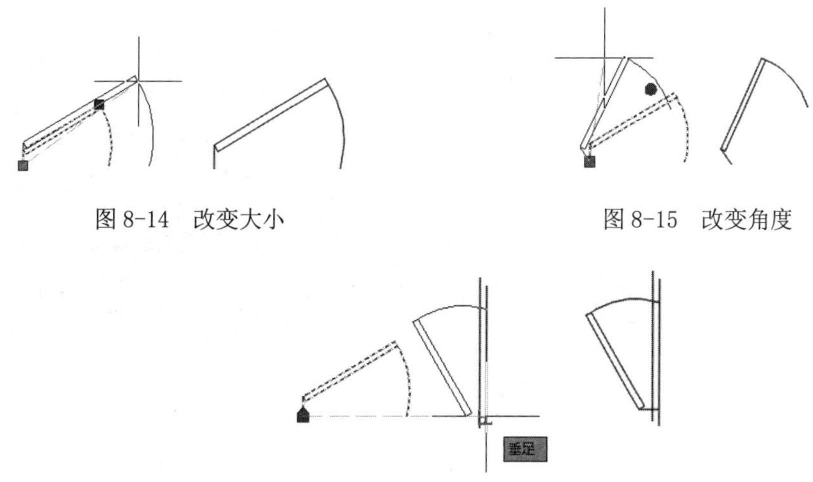

图 8-14　改变大小

图 8-15　改变角度

图 8-16　对齐图形

可以使用块编辑器创建动态块。块编辑器是一个专门的编写区域，用于添加能够使块成为动态块的元素。用户可以创建新的块，也可以向现有的块定义中添加动态行为，还可以像在绘图区中一样创建几何图形。

1．执行方式

命令行：BEDIT（快捷命令：BE）。

菜单栏：选择菜单栏中的“工具”→“块编辑器”命令。

工具栏：单击标准工具栏中的“块编辑器”按钮。

快捷菜单：选择一个块参照，在绘图区右击，在弹出的快捷菜单中选择“块编辑器”命令。

功能区：单击“默认”选项卡“块”面板中的“编辑”按钮，或单击“插入”选项卡“块定义”面板中的“块编辑器”按钮。

2．操作格式

```
命令：BEDIT↙
```

①系统打开“编辑块定义”对话框，如图 8-17 所示，②在“要创建或编辑的块”文本框中输入块名或在③列表框中选择已定义的块或当前图形。④单击“确定”按钮，⑤系统打开“块编写选项板”和⑥“块编辑器”选项卡，如图 8-18 所示。

3．选项说明

“块编写选项板”中的“参数”选项卡：提供用于向块编辑器中的动态块定义中添加参数的工具。 参数用于指定几何图形在块参照中的位置、距离和角度。将参数添加到动态块定义中时，该参数将定义块的一个或多个自定义特性。此选项卡也可以通过命令 BPARAMETER 来打开。

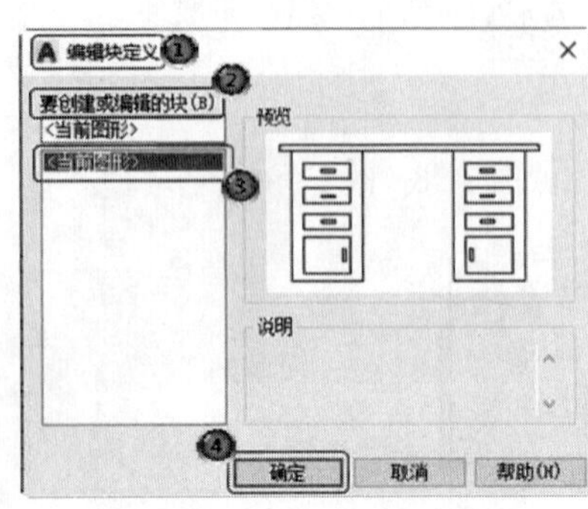
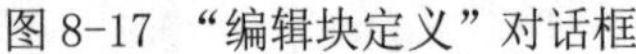

图 8-17 “编辑块定义”对话框

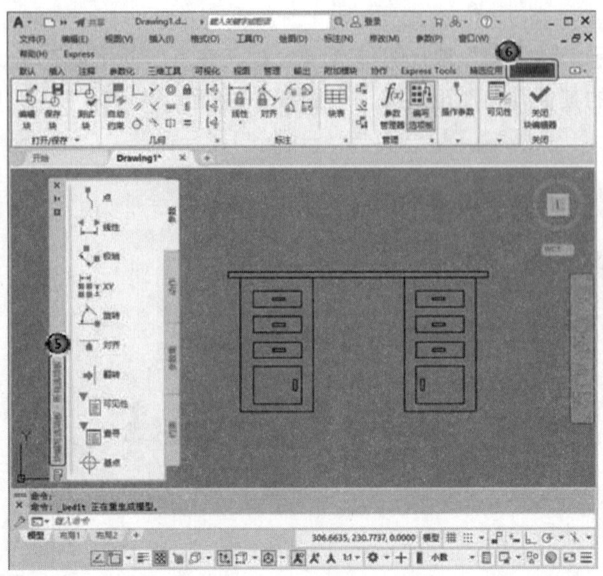

图 8-18 “块编写选项板”和“块编辑器”选项卡

8.1.7 实例——动态块功能标注阀体表面粗糙度

操作步骤

1）单击快速访问工具栏中的“打开”按钮，打开配套资源中的“源文件\第 9 章\标注阀盖表面粗糙度\标注阀盖.dwg”文件。

2）单击“默认”选项卡“绘图”面板中的“直线”按钮，绘制并插入如图 8-19 所示的表面粗糙度符号。

3）在命令行中输入“WBLOCK”命令，打开“写块”对话框，拾取刚插入图形下角点为基点，以该图形为对象，输入图块名称并指定路径，单击“确定”按钮退出。

4）单击“默认”选项卡“块”面板中的“编辑”按钮，选择刚才保存的块，打开“块编辑器”选项卡和“块编写选项板”。在“块编写选项板”的“参数”选项卡中选择“旋转”选项，命令行提示与操作如下。

```
命令: _BParameter 旋转
指定基点或 [名称(N)/标签(L)/链(C)/说明(D)/选项板(P)/值集(V)]:（指定表面粗糙度符号图块下角点为基点）
指定参数半径:（指定适当半径）
指定默认旋转角度或 [基准角度(B)] <0>: 0（指定适当角度）
指定标签位置:（指定适当夹点数）
```

在“块编写选项板”的“动作”选项卡中选择“旋转”选项，命令行提示与操作如下。

```
命令: _BActionTool 旋转
选择参数:（选择刚设置的旋转参数）
```

指定动作的选择集
选择对象:(选择表面粗糙度符号图块)↙

5)关闭块编辑器。

6)在当前图形中选择刚才标注的图块,系统显示图块的动态旋转标记,选中该标记,用鼠标拖动使图块旋转,如图 8-20 所示。直到图块旋转到满意的位置为止,如图 8-21 所示。

7)单击"默认"选项卡"注释"面板中的"单行文字"按钮A,标注文字。标注时注意对文字进行旋转。

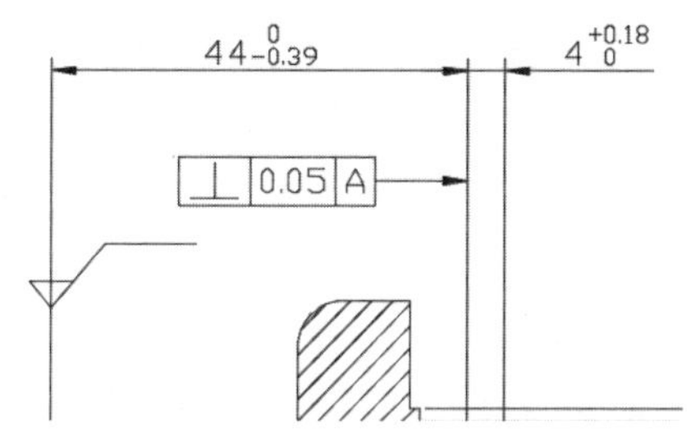

图 8-19 插入表面粗糙度符号

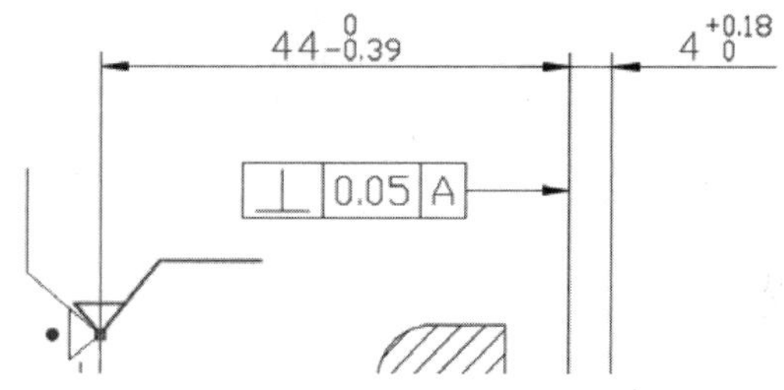

图 8-20 动态旋转图块

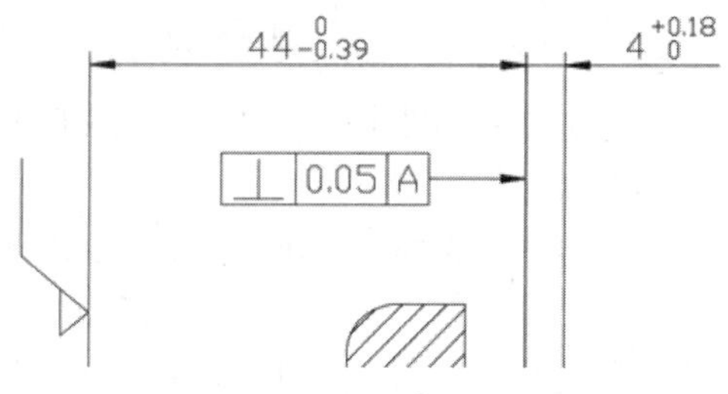

图 8-21 旋转图块结果

8.2 图块的属性

图块除了包含图形对象以外,还可以具有非图形信息,如把一个椅子的图形定义为图块后,还可把椅子的号码、材料、重量、价格以及说明等文本信息一并加入到图块当中。图块的这些非图形信息叫作图块的属性,它是图块的一个组成部分,与图形对象一起构成一个整体,在插入图块时 AutoCAD 会把图形对象连同属性一起插入到图形中。

8.2.1 定义图块属性

1. 执行方式

命令行:ATTDEF(快捷命令:ATT)。

菜单栏:选择菜单栏中的"绘图"→"块"→"定义属性"命令。

功能区:单击"默认"选项卡"块"面板中的"定义属性"按钮,或单击"插入"选项卡“块定义”面板中的“定义属性”按钮。

2. 操作格式

```
命令：ATTDEF↙
```

执行上述操作后，打开“属性定义”对话框，如图 8-22 所示。

3. 选项说明

（1）“模式”选项组　确定属性的模式。

1）“不可见”复选框：选中此复选框，属性为不可见，即插入图块并输入属性值后，属性值在图中并不显示出来。

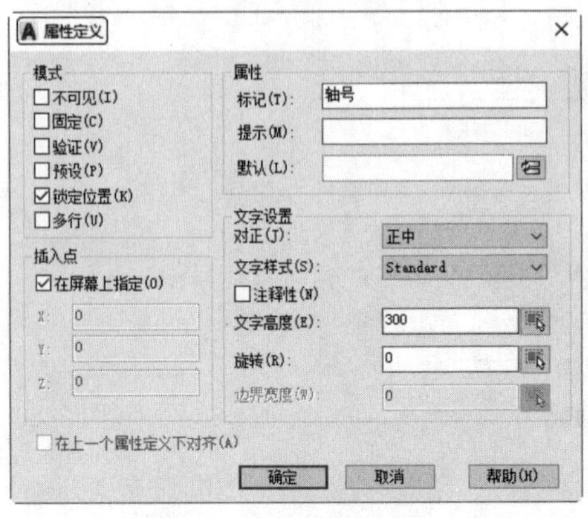

图 8-22　“属性定义”对话框

2）“固定”复选框：选中此复选框则属性值为常量，即属性值在属性定义时给定，在插入图块时 AutoCAD 不再提示输入属性值。

3）“验证”复选框：选中此复选框，当插入图块时 AutoCAD 重新显示属性值让用户验证该值是否正确。

4）“预设”复选框：选中此复选框，当插入图块时 AutoCAD 自动把事先设置好的默认值赋予属性，而不再提示输入属性值。

5）“锁定位置”复选框：选中此复选框，锁定块参照中属性的位置。解锁后，属性可以相对于使用夹点编辑的块的其他部分移动，并且可以调整多行文字属性的大小。

6）“多行”复选框：指定属性值可以包含多行文字，选择此复选框可以指定属性的边界宽度。

（2）“属性”选项组　用于设置属性值。在每个文本框中 AutoCAD 允许输入不超过 256 个字符。

1）“标记”文本框：用于输入属性标签。属性标签可由除空格和感叹号以外的所有字符组成，AutoCAD 自动把小写字母改为大写字母。

2）“提示”文本框：用于输入属性提示。属性提示是插入图块时 AutoCAD 要求输入属性值的提示，如果不在此文本框内输入文本，则以属性标签作为提示。如果在“模式”选项组选中“固定”复选框，即设置属性为常量，则不需设置属性提示。

3）“默认”文本框：用于设置默认的属性值。可把使用次数较多的属性值作为默认值，也可不设默认值。

（3）“插入点”选项组　确定属性文本的位置。可以在插入时由用户在图形中确定属性文本的位置，也可在 X、Y、Z 文本框中直接输入属性文本的位置坐标。

（4）“文字设置”选项组　设置属性文本的对齐方式、文本样式、字高和倾斜角度。

（5）“在上一个属性定义下对齐”复选框　选中此复选框表示把属性标签直接放在前一个属性的下面，而且该属性继承前一个属性的文本样式、字高和倾斜角度等特性。

注意

在动态块中，由于属性的位置包含在动作的选择集中，因此必须将其锁定。

8.2.2　修改属性的定义

在定义图块之前，可以对属性的定义加以修改，不仅可以修改属性标签，还可以修改属性提示和属性默认值。

1. 执行方式

命令行：DDEDIT。

菜单栏：选择菜单栏中的“修改”→“对象”→“文字”→“编辑”命令。

快捷方法：双击要修改的属性定义。

2. 操作格式

```
命令：DDEDIT↙
选择注释对象或［放弃(U)/模式(M)］:
```

在此提示下选择要修改的属性定义，打开“编辑属性定义”对话框，如图 8-23 所示。在该对话框中，要修改的属性的标记为“文字”，提示为“数值”，无默认值，可在各文本框中对各项进行修改。

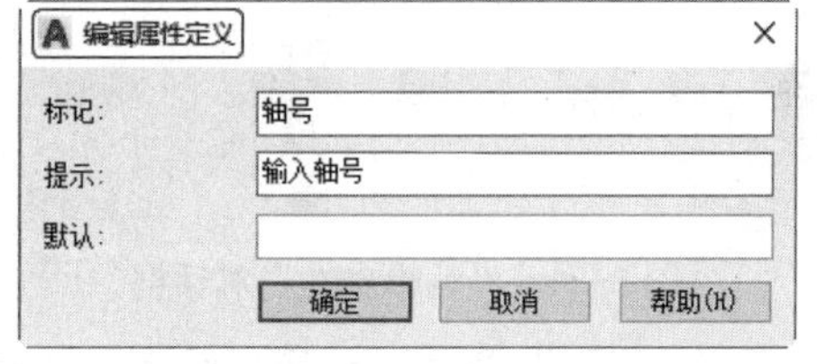

图 8-23　“编辑属性定义”对话框

8.2.3　图块属性编辑

当属性被定义到图块当中，甚至图块被插入到图形当中之后，用户还可以对属性进行编辑。利用 EATTEDIT 命令可以通过对话框对指定图块的属性值进行修改，利用 EATTEDIT 命令不仅可以修改属性值，而且可以对属性的位置、文本等其他设置进行编辑。

1. 执行方式

命令行：EATTEDIT（快捷命令：EAT）。

菜单栏：选择菜单栏中的“修改”→“对象”→“属性”→“单个”命令。

工具栏：单击“修改 II”工具栏中的“编辑属性”按钮。

功能区：单击“默认”选项卡“块”面板中的“编辑属性”按钮。

2. 操作格式

```
命令：EATTEDIT↙
选择块参照:
```

同时光标变为拾取框，选择要修改属性的图块，AutoCAD 打开图 8-24 所示的“编辑属性”对话框。显示块中包含的前 15 个属性可以编辑属性值。不能编辑锁定图层中的属性值。如果该图块中还有其他的属性，可单击“上一个”按钮对前八个属性值进行观察和修改，单击“下一个”按钮对后八个属性值进行观察和修改。

当用户通过菜单或工具栏执行上述命令时，❶系统打开“增强属性编辑器”对话框，如图 8-25 所示。❷在该对话框中不仅可以编辑属性值，❸还可以编辑属性的文字选项和❹图层、线型、颜色等特性值。

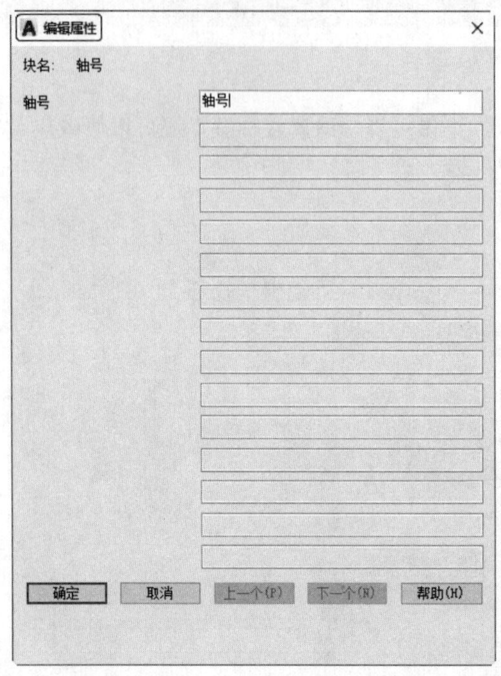

图 8-24 “编辑属性”对话框

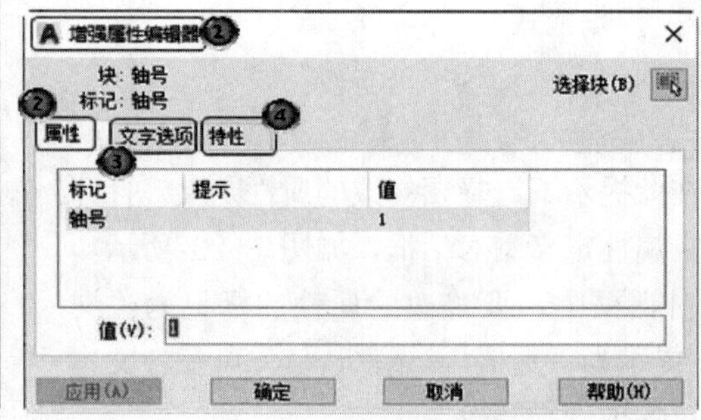

图 8-25 “增强属性编辑器”对话框

另外，还可以通过“块属性管理器”对话框来编辑属性，方法是在功能区单击“插入”选项卡“块定义”面板中的“管理属性”按钮。执行此命令后，❶系统打开“块属性管理器”对话框，如图 8-26 所示。❷单击“编辑”按钮，❸系统打开“编辑属性”对话框，如图 8-27 所示。可以在该对话框中编辑属性。

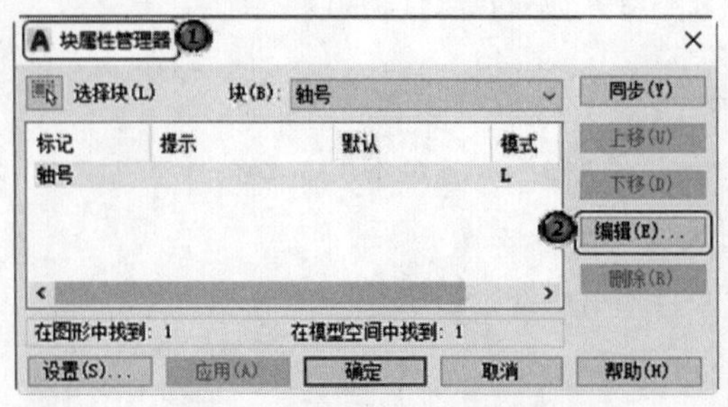

图 8-26 “块属性管理器”对话框

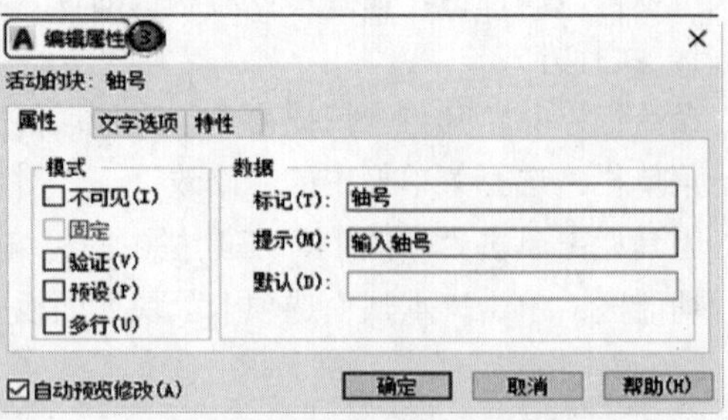

图 8-27 “编辑属性”对话框

8.2.4　实例——利用属性功能标注阀体表面粗糙度

将 8.1.5 节中绘制的表面粗糙度符号设置成图块属性，并重新标注阀体。

操作步骤

1）单击“默认”选项卡“绘图”面板中的“直线”按钮，绘制表面粗糙度符号图形。

2）单击“插入”选项卡“块定义”面板中的“定义属性”按钮，系统打开“属性定义”对话框，进行如图 8-28 所示的设置，其中插入点为表面粗糙度符号水平线下方，单击“确定”按钮退出。

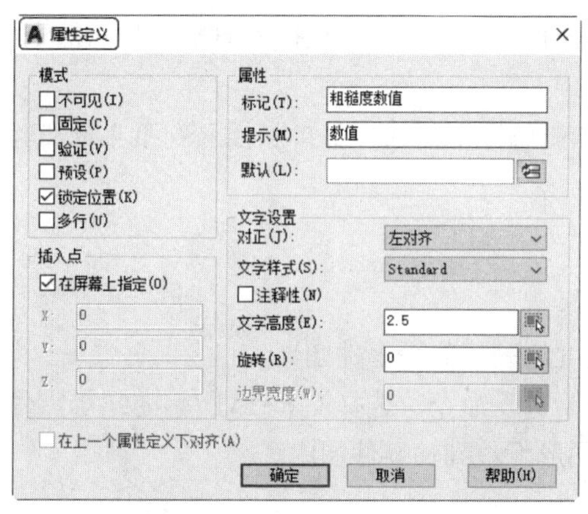

图 8-28　“属性定义”对话框

3）在命令行内输入“WBLOCK”命令，打开“写块”对话框，拾取表面粗糙度符号图形下角点为基点，以该图形为对象，输入图块名称并指定路径，单击“确定”按钮退出。

4）单击“插入”选项卡“块”面板中的“插入块”按钮，在下拉菜单中选择“库中的块”，打开“块”选项板，再单击该选项板右上侧的“浏览”按钮，打开“为块库选择文件夹或文件”对话框，找到刚才保存的图块，单击“打开”按钮，返回“块”选项板。双击图块，在屏幕上指定插入点、比例和旋转角度，将该图块插入到图 8-12 所示的图形中。这时命令行会提示输入属性，并要求验证属性值，此时输入表面粗糙度值 *Ra*12.5，就完成了一个表面粗糙度的标注。

5）在图 8-12 所示的图形中继续插入表面粗糙度图块，输入相应属性值作为表面粗糙度值，直到完成所有表面粗糙度标注。

8.3　上机实验

本节将通过 3 个上机实验，使读者进一步掌握本章的知识要点。

实验 1　定义“螺母”图块（见图 8-29）

1）在“块定义”对话框中进行适当设置，定义块。

2）利用 WBLOCK 命令，在弹出的“写块”对话框中进行适当设置，保存块。

实验 2　标注齿轮表面粗糙度（见图 8-30）

操作提示：

1）利用“直线”命令绘制表面粗糙度符号。

2）定义表面粗糙度符号的属性，将表面粗糙度值设置为其中需要验证的标记。

3）将绘制的表面粗糙度符号及其属性定义成图块。

4）保存图块。

5）在图形中插入表面粗糙度图块，每次插入时输入相应的表面粗糙度值作为属性值。

实验 3　图块插入

将 8.3 节中实验 1 绘制的图形作为外部参照插入到第 7 章实验 3 绘制的轴图形中，组成一个配合。

操作提示：

1）打开第 7 章实验 3 绘制好的轴零件图。

2）执行“外部参照附着”命令，选择图 8-29 所示的螺母零件图文件为参照图形文件，设置相关参数，将螺母图形附着到轴零件图中。

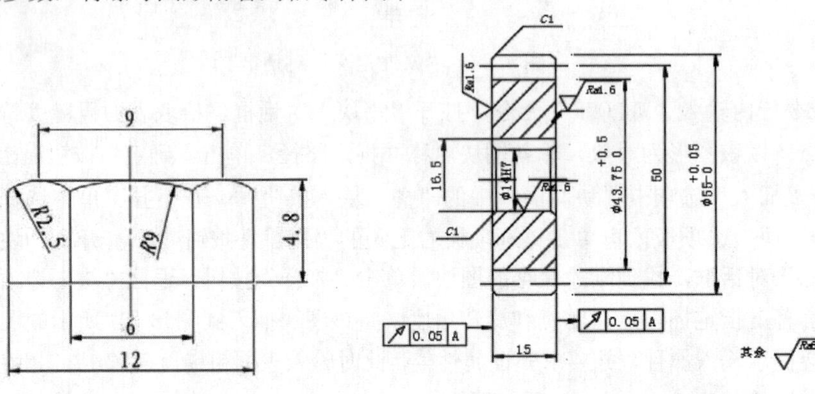

图 8-29　“螺母”图块　　　　图 8-30　标注表面粗糙度

8.4　思考与练习

本节将通过几个思考练习题，使读者进一步掌握本章的知识要点。

1．图块的定义是什么？图块有何特点？

2．动态图块有什么优点？

3．定义如图 8-31 所示的图块并存盘。

4．将第 2 题中的图块插入到图形中。

5. 什么是图块的属性？如何定义图块属性？

6. 利用图块属性相关命令绘制一张如图 8-32 所示的教室平面图，并在教室内布置若干形状相同的课桌，使每一张课桌都对应学生的学号、姓名、性别和年龄。

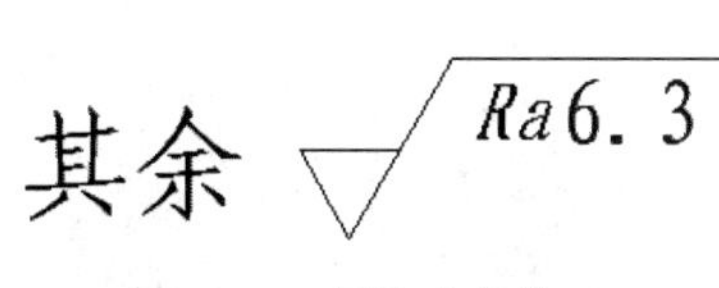

图 8-31　图块定义练习

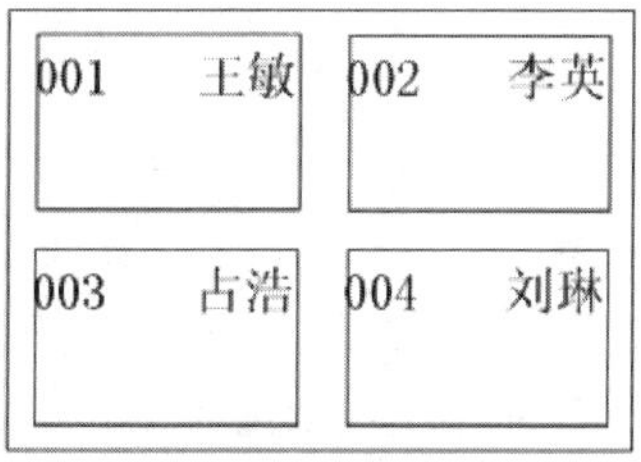

001　王敏
002　李英
003　占浩
004　刘琳

图 8-32　教室平面布置

第 9 章 协同绘图工具

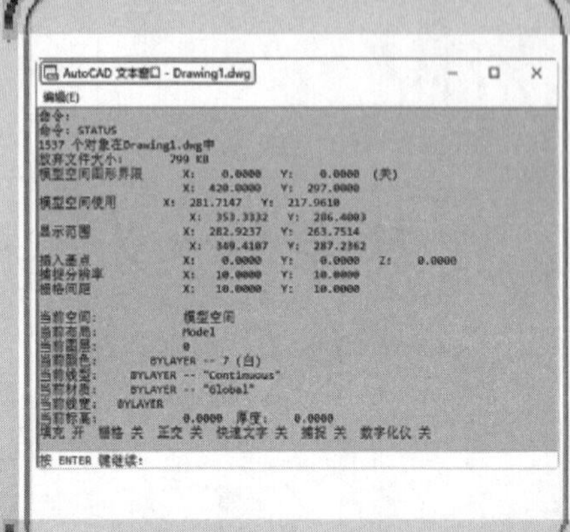

为了提高整体的图形设计效率，并有效地管理整个系统的所有图形设计文件，AutoCAD 经过不断的探索和完善，推出了大量的协同绘图工具，包括查询工具、设计中心、工具选项板、CAD 标准管理器、图纸集管理器和标记集管理器等工具。利用设计中心和工具选项板，用户可以建立自己的个性化图库，也可以利用别人提供的资源快速准确地进行图形设计，同时利用 CAD 标准管理器、图纸集管理器和标记集管理器，用户可以有效地协同管理整个系统的图形文件。

本章主要介绍了查询工具、设计中心、工具选项板等知识。

- 对象查询
- 设计中心
- 工具选项板

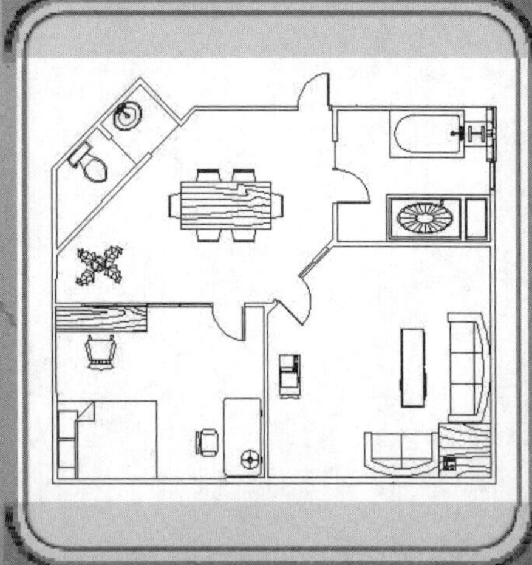

9.1 对象查询

在绘制图形或阅读图形的过程中，有时需要即时查询图形对象的相关数据，如对象之间的距离，建筑平面图室内面积等。为了方便查询，AutoCAD 提供了相关的查询命令。

对象查询的菜单命令集中在❶“工具”选项卡→❷“查询”❸下拉菜单中，如图 9-1 所示。对象查询工具栏命令主要集中在“查询”工具栏中，如图 9-2 所示。

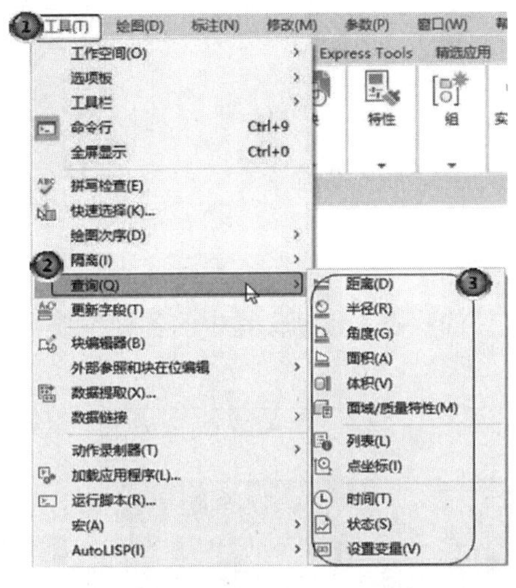

图 9-1 “查询”下拉菜单

图 9-2 “查询”工具栏

9.1.1 查询距离

1. 执行方式

命令行：DIST。

菜单栏：选择菜单栏中的“工具”→“查询”→“距离”命令。

工具栏：单击“查询”工具栏中的“距离”按钮。

功能区：单击❶“默认”选项卡❷“实用工具”面板中的❸“距离”按钮(见图 9-3)。

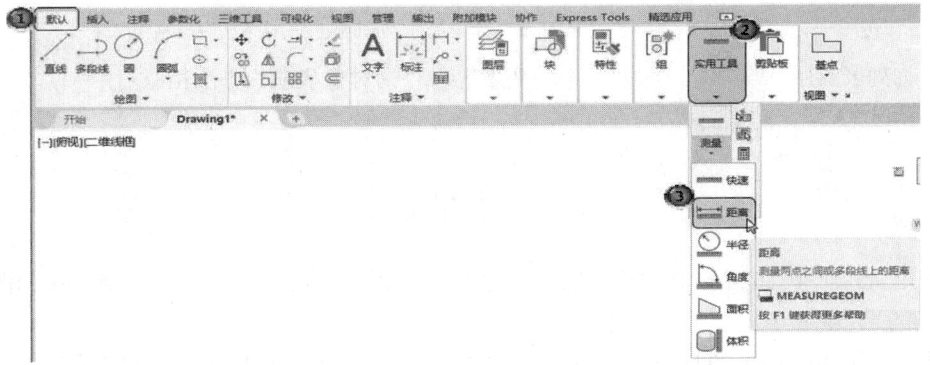

图 9-3 功能区查询距离方式

2. 操作格式

```
命令：DIST↙
指定第一点：（指定第一点）
指定第二个点或 [多个点(M)]：（指定第二点）
距离=5.2699，XY 平面中的倾角=0，  与 XY 平面的夹角 = 0
X 增量=5.2699，  Y 增量=0.0000，   Z 增量=0.0000
```

查询面积、面域、质量特性与查询距离的方法类似，不再赘述。

9.1.2 查询对象状态

1. 执行方式

命令行：STATUS。

菜单栏：选择菜单栏中的“工具”→“查询”→“状态”命令。

2. 操作格式

```
命令：STATUS↙
```

系统自动切换到文本显示窗口，显示当前文件的状态，包括文件中的各种参数状态以及文件所在磁盘的使用状态，如图 9-4 所示。

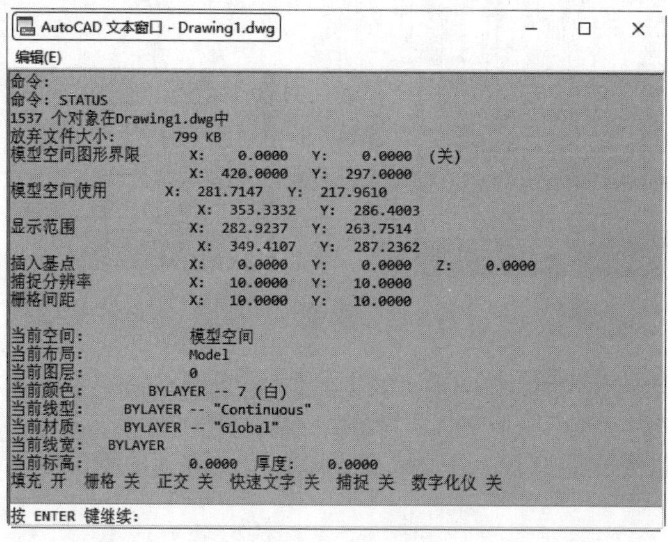

图 9-4 文本显示窗口

查询列表显示、点坐标、时间、系统变量等与查询对象状态的方法相似。

9.2 设计中心

使用 AutoCAD 2022 设计中心可以很容易地组织设计内容，并把它们拖动到绘制的图形中。

可以使用 AutoCAD 2022 设计中心窗口的内容显示区来观察用 AutoCAD 2022 设计中心的

资源管理器浏览的资源细目，如图 9-5 所示。图中左边为 AutoCAD 2022 设计中心的资源管理器，右边为 AutoCAD 2022 设计中心窗口的内容显示区，其中上面窗口为文件显示区，中间窗口为图形预览显示区，下面窗口为说明文本显示区。

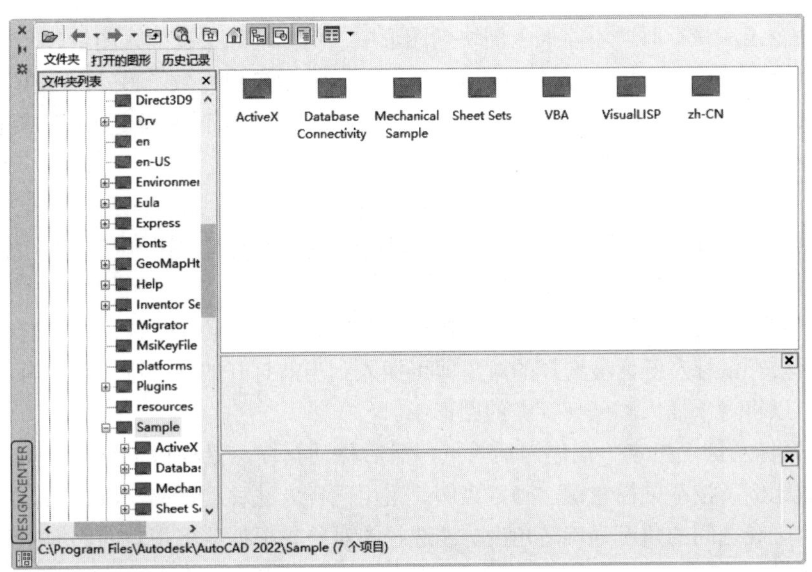

图 9-5　AutoCAD 2022 设计中心的资源管理器和内容显示区

9.2.1　启动设计中心

1. 执行方式

命令行：ADCENTER（快捷命令：ADC）。

菜单栏：选择菜单栏中的“工具”→“选项板”→“设计中心”命令。

工具栏：单击标准工具栏中的“设计中心”按钮。

功能区：单击“视图”选项卡“选项板”面板中的“设计中心”按钮。

快捷键：Ctrl+2。

2. 操作格式

命令：ADCENTER↙

系统打开设计中心。第一次启动设计中心时，默认打开的选项卡为“文件夹”，内容显示区采用大图标显示，左边的资源管理器采用树形方式显示系统的结构。浏览资源的同时，在内容显示区显示所浏览资源的有关细目或内容，如图 9-5 所示。

可以利用鼠标拖动边框来改变 AutoCAD 2022 设计中心资源管理器和内容显示区以及 AutoCAD 2022 绘图区的大小，但内容显示区的最小尺寸应能显示两列大图标。

如果要改变 AutoCAD 2022 设计中心的位置，可在 AutoCAD 2022 设计中心工具条的上部用鼠标拖动它，松开鼠标后，AutoCAD 2022 设计中心便处于当前位置，此时仍可以用鼠标改变各窗口的大小。也可以单击设计中心左边边框下方的“自动隐藏”按钮自动隐藏设计中心。

9.2.2 插入图块

可以将图块插入到图形中。当将一个图块插入到图形中时，块定义也被复制到图形数据库中。在一个图块被插入图形之后，如果原来的图块被修改，则插入到图形中的图块也随之改变。

当其他命令正在执行时，不能插入图块到图形中。例如，如果在插入图块时，在提示行正在执行一个命令，此时光标会变成一个带斜线的圆，提示操作无效。另外，一次只能插入一个图块。AutoCAD 设计中心提供了插入图块的两种方法："利用鼠标指定比例和旋转方式"和"精确指定坐标、比例和旋转角度方式"。

1. 利用鼠标指定比例和旋转方式插入图块

采用此方法时，AutoCAD 根据鼠标拉出的线段的长度与角度确定比例与旋转角度。

采用该方法插入图块的步骤如下：

1）从文件夹列表或查找结果列表选择要插入的图块，按住鼠标左键，将其拖动到打开的图形，然后松开鼠标左键，被选择的对象即可插入到当前打开的图形中。利用当前设置的捕捉方式，可以将对象插入到任何存在的图形中。

2）按下鼠标左键，指定一点作为插入点，然后移动鼠标，鼠标指定位置与插入点之间的距离为缩放比例。按下鼠标左键，确定比例。采用同样方法移动鼠标，鼠标指定位置与插入点连线与水平线之间的角度为旋转角度。被选择的对象将根据鼠标指定的比例和角度插入到图形中。

2. 精确指定的坐标、比例和旋转角度插入图块

利用该方法可以设置插入图块的参数，具体方法如下：

1）从文件夹列表或查找结果列表中选择要插入的对象，拖动对象到打开的图形。

2）在相应的命令行提示下输入比例和旋转角度等数值。

被选择的对象将根据指定的参数插入到图形中。

9.2.3 图形复制

1. 在图形之间复制图块

利用 AutoCAD 设计中心可以浏览和装载需要复制的图块。将图块复制到剪贴板，即可利用剪贴板将图块粘贴到图形中。具体方法如下：

1）在设计中心控制板中选择需要复制的图块，右击打开快捷菜单，在快捷菜单中选择"复制"命令。

2）将图块复制到剪贴板上，然后通过"粘贴"命令粘贴到当前图形上。

2. 在图形之间复制图层

利用 AutoCAD 设计中心可以从任何一个图形复制图层到其他图形。例如，如果已经绘制了一个包括设计所需的所有图层的图形，在绘制新的图形时，可以新建一个图形，并通过 AutoCAD 设计中心将已有的图层复制到新的图形中。这样可以节省时间，并保证图形间的一致性。

1）拖动图层到已打开的图形：首先确认要复制图层的目标图形文件已打开，并且是当前的图形文件，然后在设计中心控制板或查找结果列表中选择要复制的一个或多个图层，拖

动图层到打开的图形文件，松开鼠标后被选择的图层即可被复制到打开的图形中。

2）复制或粘贴图层到打开的图形：首先确认要复制图层的图形文件已打开，并且是当前的图形文件，然后在设计中心控制板或查找结果列表中选择要复制的一个或多个图层，然后右击打开快捷菜单，在快捷菜单中选择“复制到粘贴板”命令。如果要粘贴图层，可确认要粘贴的目标图形文件已打开，并为当前文件，然后右击打开快捷菜单，在快捷菜单选择“粘贴”命令。

9.2.4 实例——给房子图形插入窗户图块

用 AutoCAD 设计中心将图 9-6a 中已有的窗户图块插入本图形，完成后如图 9-6b 所示。

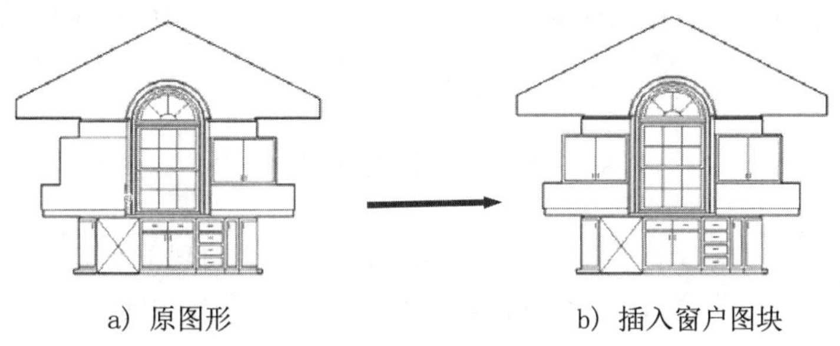

a）原图形　　　　b）插入窗户图块

图 9-6　插入图块

操作步骤

1）单击“视图”选项卡“选项板”面板中的“设计中心”按钮，打开设计中心。

2）①在设计中心中②选择“文件夹”选项卡，③并从菜单中选择图块项目，④然后选择图块，在图块上右击，⑤在弹出的快捷菜单中选择“插入为块”命令，如图 9-7 所示。

3）①弹出“插入”对话框，设置完成后，②单击“确定”按钮，如图 9-8 所示。

4）回到绘图窗口，按 Shift 键同时右击，打开快捷菜单，选择“端点”命令，然后选择房子左侧的一个端点为图块插入位置，如图 9-9 所示。结果如图 9-6b 所示。

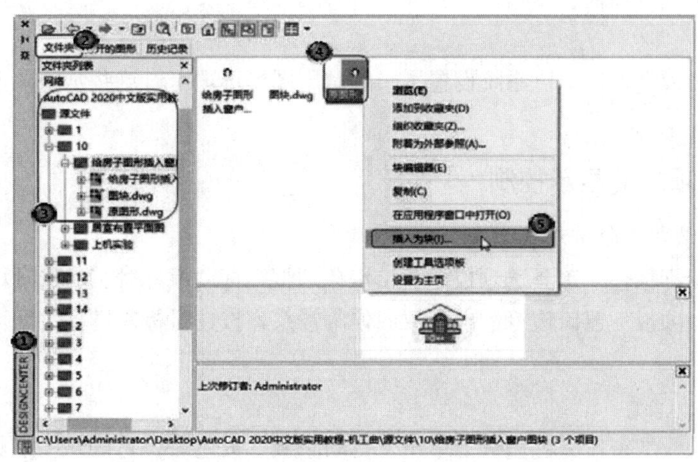

图 9-7　在快捷菜单中选择“插入为块”命令

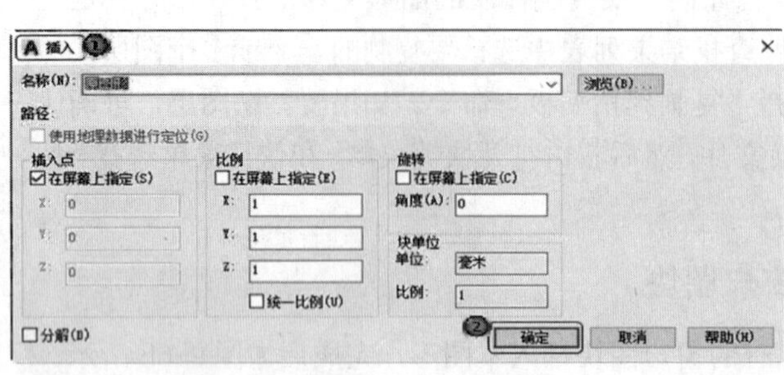

图 9-8 “插入”对话框

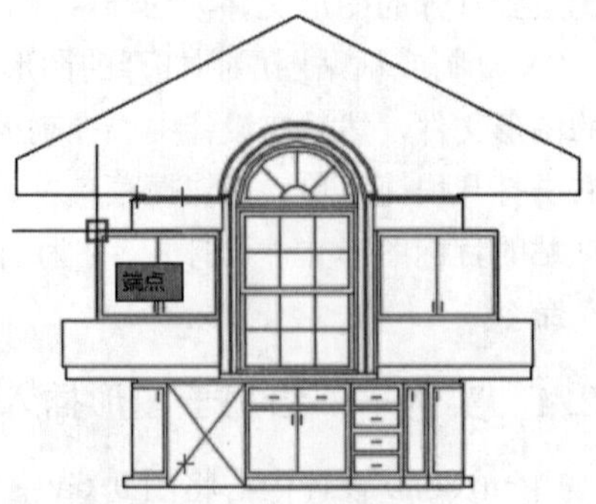

图 9-9 捕捉插入点

9.3 工具选项板

工具选项板是“工具选项板”窗口中选项卡形式的区域，可用于组织、共享和放置块及填充图案。“工具选项板”窗口中还可以包含由第三方开发人员提供的自定义工具。

9.3.1 打开工具选项板

1. 执行方式

命令行：TOOLPALETTES（快捷命令：TP）。

菜单栏：选择菜单栏中的“工具”→“选项板”→“工具选项板”命令。

工具栏：单击标准工具栏中的“工具选项板”按钮。

功能区：单击“视图”选项卡“选项板”面板中的“工具选项板”按钮。

快捷键：Ctrl+3。

2. 操作格式

命令：TOOLPALETTES↙

系统打开“工具选项板”窗口，如图 9-10 所示。

3. 选项说明

在“工具选项板”窗口中，系统设置了一些常用图形选项卡，这些常用图形可以方便用户绘图。

9.3.2 工具选项板的显示控制

1. 移动和缩放“工具选项板”窗口

用户可以用鼠标按住“工具选项板”窗口深色边框，拖动鼠标“工具选项板”窗口。将鼠标放在“工具选项板”窗口边缘，出现双向伸缩箭头，按住鼠标左键拖动即可缩放“工具选项板”窗口。

2. 自动隐藏

在“工具选项板”窗口深色边框上单击“自动隐藏”按钮，可隐藏“工具选项板”窗口，再次单击该按钮，则打开“工具选项板”窗口。

3. “透明度”控制

❶在“工具选项板”窗口深色边框上单击“特性”按钮，打开快捷菜单，如图 9-11 所示。❷选择“透明度”命令，❸系统打开“透明度”对话框，如图 9-12 所示。

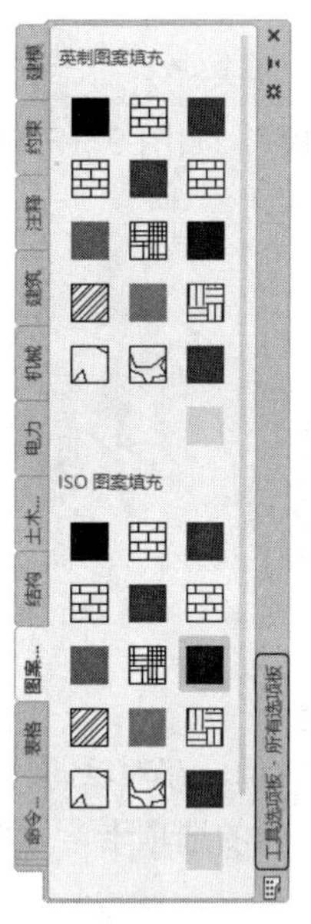

图 9-10 “工具选项板”窗口

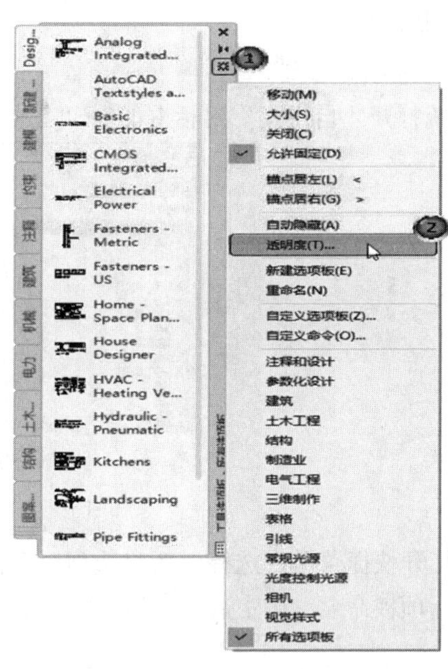

图 9-11 快捷菜单

4. “视图”控制

将鼠标放在“工具选项板”窗口的空白地方，单击鼠标右键，打开快捷菜单，选择其中的“视图选项”命令，如图 9-13 所示，打开“视图选项”对话框，如图 9-14 示。

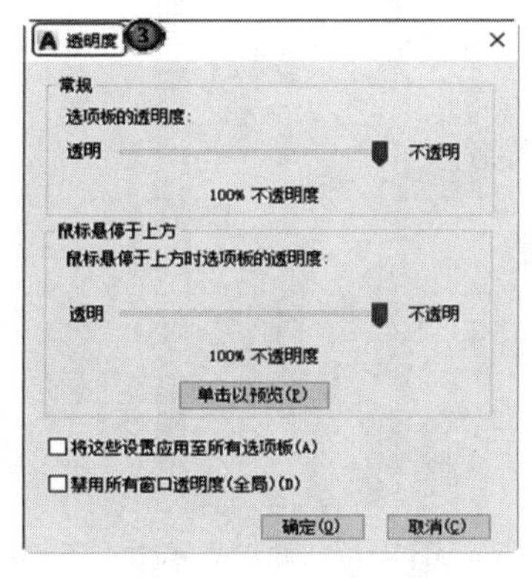

图 9-12 “透明度”对话框

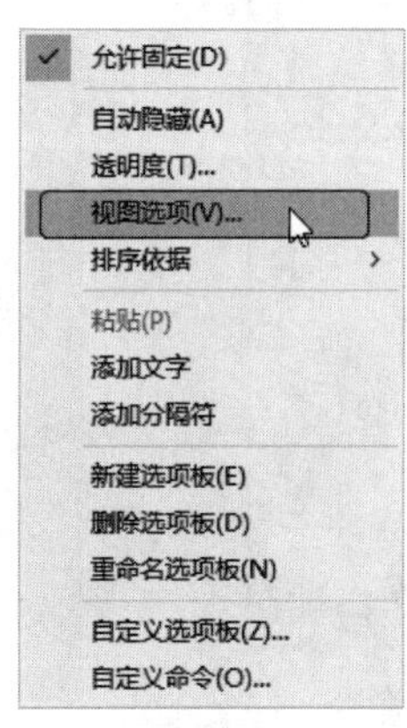

图 9-13 快捷菜单

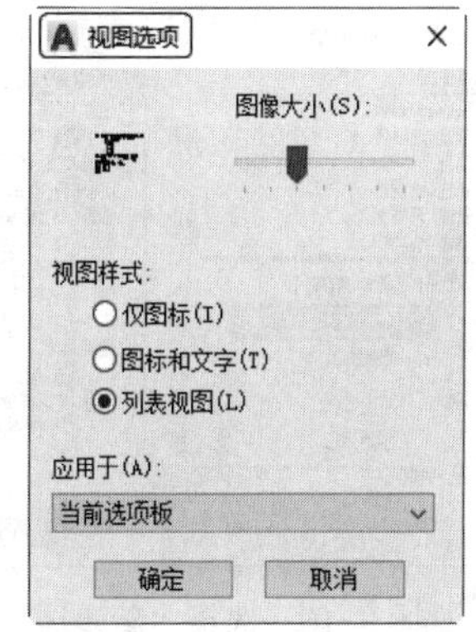

图 9-14 “视图选项”对话框

9.3.3 新建工具选项板

用户可以建立新的工具选项板，这样有利于个性化作图，也能够满足特殊作图需要。

1. 执行方式

命令行：CUSTOMIZE

菜单栏：选择菜单栏中的“工具”→“自定义”→“工具选项板”命令。

快捷菜单：在任意工具栏上右击，然后选择“自定义选项板”。

工具选项板：“特性”按钮 →自定义选项板（或新建选项板）。

2. 操作格式

命令：CUSTOMIZE↙

①系统打开“自定义”对话框的②“工具选项板-所有选项板”，如图 9-15 所示。

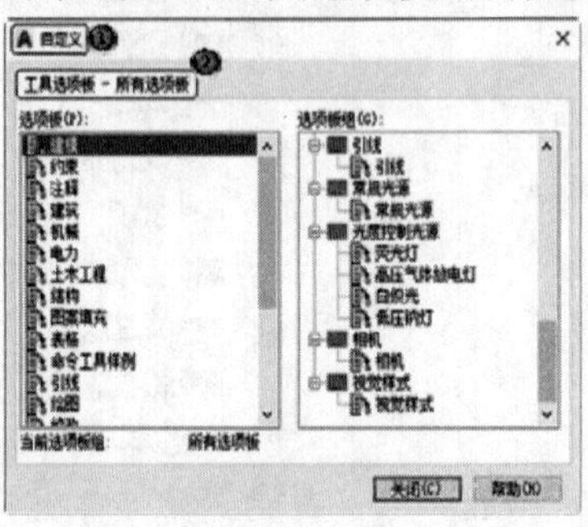

图 9-15 “自定义”对话框

右击打开快捷菜单，选择“新建选项板”命令，如图 9-16 所示，在对话框中可以为新建的工具选项板命名。确定后，“工具选项板”窗口中将增加一个新的选项卡，如图 9-17 所示。

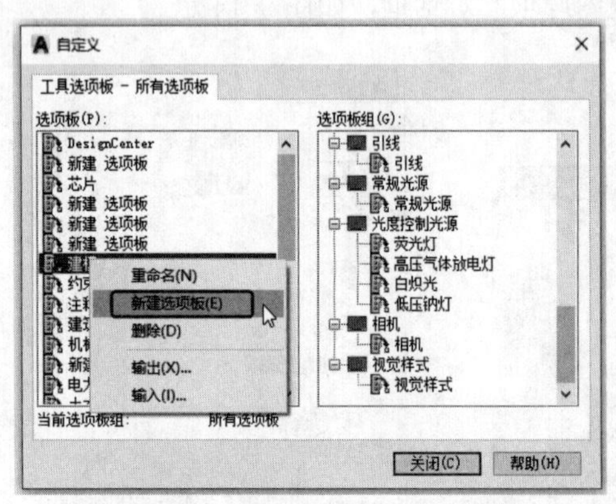

图 9-16 选择“新建选项板”命令

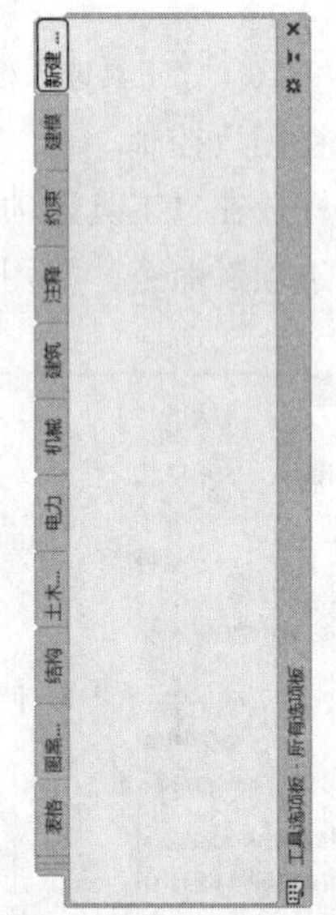

图 9-17 新增选项卡

9.3.4 向工具选项板添加内容

1)可以将图形、块和图案填充从设计中心拖动到工具选项板上。例如，①在 DesignCenter 文件夹上右击，系统打开右键快捷菜单，②从中选择“创建块的工具选项板”命令，如图 9-18 所示。③设计中心中储存的图元就会添加在“工具选项板”中④新建的 DesignCenter 选项卡上，如图 9-19 所示。这样就可以将设计中心与“工具选项板”结合起来，建立一个

快捷方便的工具选项板。将“工具选项板”中的图形拖动到另一个图形中时，图形将作为块插入。

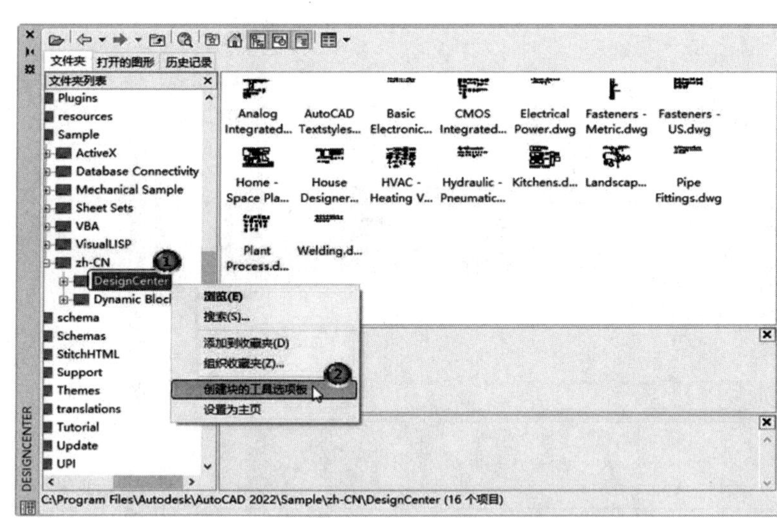

图 9-18　选择“创建块的工具选项板”命令

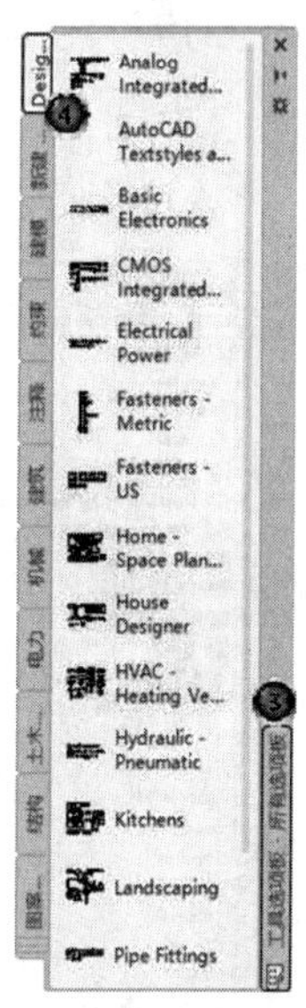

图 9-19　新创建的工具选项板

2）使用“剪切”“复制”和“粘贴”命令可将一个工具选项板中的工具移动或复制到另一个工具选项板中。

9.3.5　实例——绘制居室布置平面图

利用设计中心绘制如图 9-20 所示的居室布置平面图。

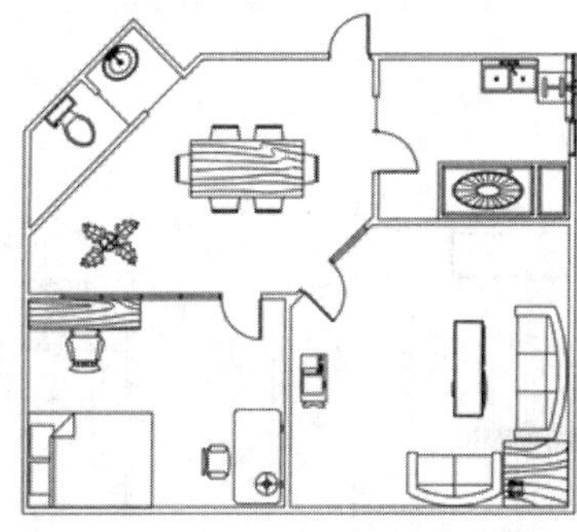

图 9-20　居室布置平面图

操作步骤

1）打开电子资料包源文件中的“住房结构截面图”。其中进门为餐厅，左手边为厨房，右手边为卫生间，左前方为客厅，右前方为寝室。

2）单击“视图”选项卡“选项板”面板中的“工具选项板”按钮，打开“工具选项板”。在弹出的快捷菜单中选择“新建选项板”命令，建立新的工具选项板选项卡。在新建工具栏名称栏中输入“住房”，单击“确定”按钮。

3）单击“视图”选项卡“选项板”面板中的“设计中心”按钮▦，❶打开设计中心，将设计中心中的❷Kitchens、❸House Designer、❹Home Space Planner 图块拖动到❺“工具选项板”的❻“住房”选项卡中，如图 9-21 所示。

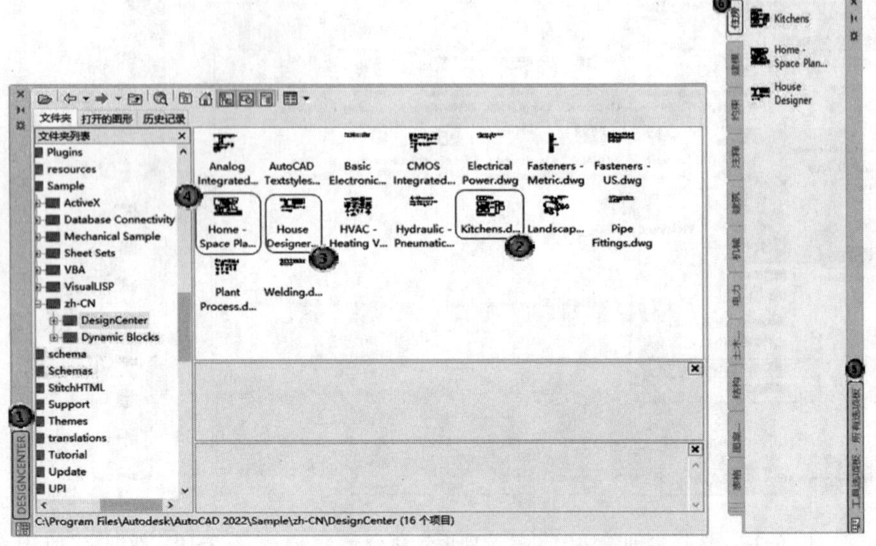

图 9-21　拖动设计中心图块到“工具选项板”

4）布置餐厅。将工具选项板中的 Home Space Planner 图块拖动到当前图形中，利用缩放命令调整所插入的图块大小，使之与当前图形相适应，如图 9-22 所示。对该图块进行分解操作，将其分解成独立的图块集。将图块集中的“饭桌”和“植物”图块拖动到餐厅适当位置，如图 9-23 所示。

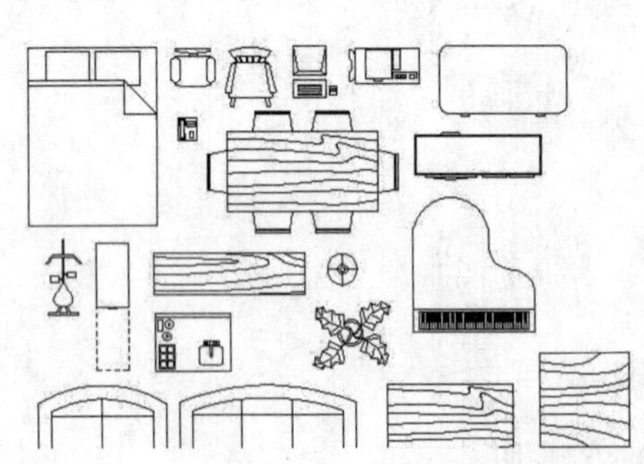

图 9-22　将 Home Space Planner 图块拖动到当前图形　　　　图 9-23　布置餐厅

5）布置寝室。将“双人床”图块移动到当前图形的寝室中。移动过程中，需要利用钳夹功能进行旋转和移动操作，命令行提示与操作如下：

```
** MOVE **
指定移动点或 [基点(B)/复制(C)/放弃(U)/退出(X)]：(指定移动点)
** 旋转 **
```

```
指定旋转角度或 [基点(B)/复制(C)/放弃(U)/参照(R)/退出(X)]: 90↙
** MOVE **
指定移动点或 [基点(B)/复制(C)/放弃(U)/退出(X)]: (指定移动点)
```

用同样方法，将“琴桌”“书桌”“台灯”和两把“椅子”图块移动并旋转到寝室中，如图 9-24 所示。

6）布置客厅。用同样方法，将“转角桌”“电视机”“茶几”和两个“沙发”图块移动并旋转到客厅中，如图 9-25 所示。

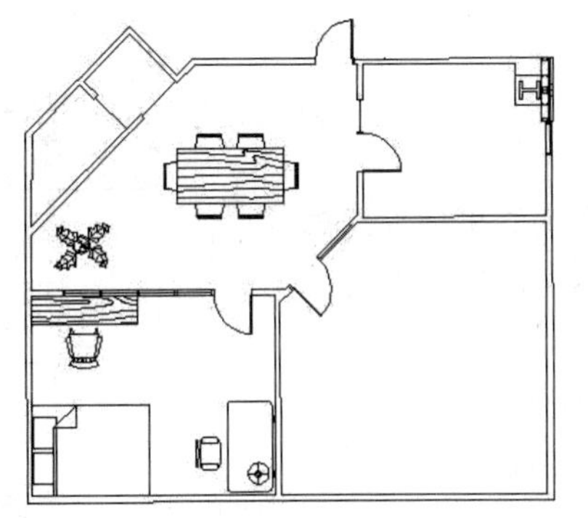

图 9-24　布置寝室

图 9-25　布置客厅

7）布置厨房。将“工具选项板”中的 House Designer 与 Kitchens 图块拖动到当前图形中，利用缩放命令调整所插入的图块大小，如图 9-26 所示。对该图块进行分解操作，将其分解成独立的图块集。将“灶台”“洗菜盆”和“水龙头”图块移动并旋转到厨房中，如图 9-27 所示。

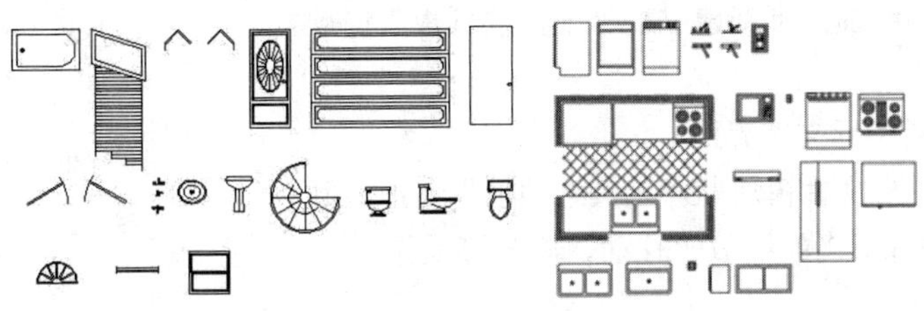

图 9-26　插入 House Designer 与 Kitchens 图块

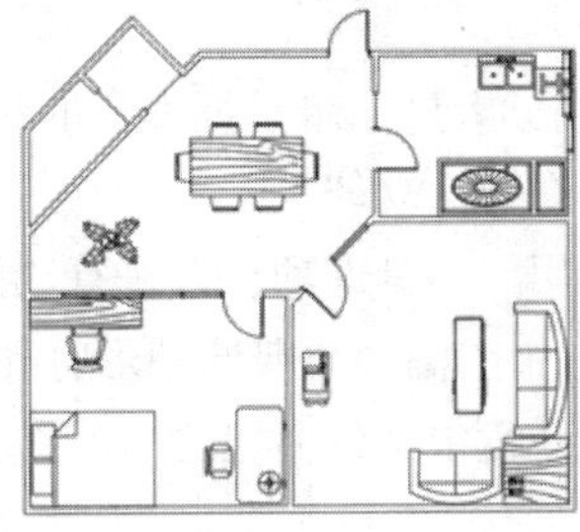

图 9-27　布置厨房

8）布置卫生间。用同样方法，将“坐便器”和“洗脸盆”移动并旋转到卫生间中，复制“水龙头”图块并旋转移动到洗脸盆上。然后删除当前图形中没有用到的图块，结果如图 9-20 所示。

9.4 上机实验

本节将通过两个上机实验，使读者进一步掌握本章的知识要点。

实验 1 利用“工具选项板”绘制轴承（见图 9-28）

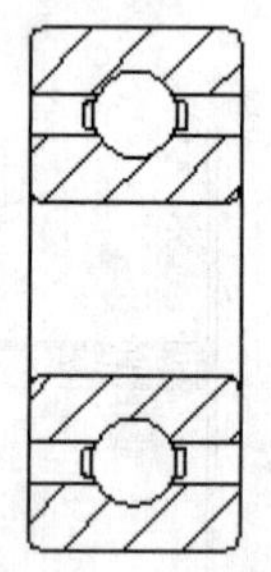

图 9-28 绘制轴承

操作提示：

1）打开“工具选项板”，在“工具选项板”的“机械”选项卡中选择“滚珠轴承”图块，插入到新建空白图形，通过右键快捷菜单进行缩放，调整图块大小。

2）利用“图案填充”命令对图形剖面进行填充。

实验 2 利用设计中心绘制盘盖组装图（见图 9-29）

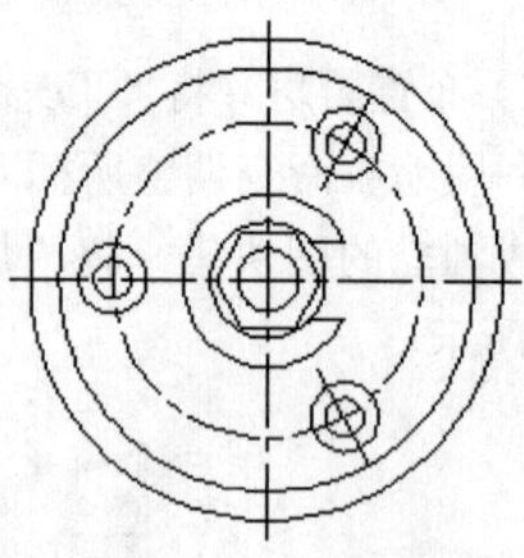

图 9-29 盘盖组装图

操作提示：

1）打开设计中心与“工具选项板”。

2）建立一个新的“工具选项板”选项卡。

3）在设计中心中查找已经绘制好的常用机械零件图。

4）将这些零件图拖入到新建立的“工具选项板”选项卡中。

5）打开一个新图形文件界面。

6）将需要的图形文件模块从“工具选项板”上拖入到当前图形中，并进行适当的缩放、移动、旋转等操作。

9.5 思考与练习

本节将通过几个思考练习题，使读者进一步掌握本章的知识要点。

1. 什么是设计中心？设计中心有什么功能？

2. 什么是工具选项板？怎样利用“工具选项板”进行绘图？

3. 设计中心以及“工具选项板”中的图形与普通图形有什么区别？与图块有什么区别？

4. 在 AutoCAD 设计中心中查找 D 盘中文件名包含“HU”文字、大于 2KB 的图形文件。

第 10 章 机械设计工程案例

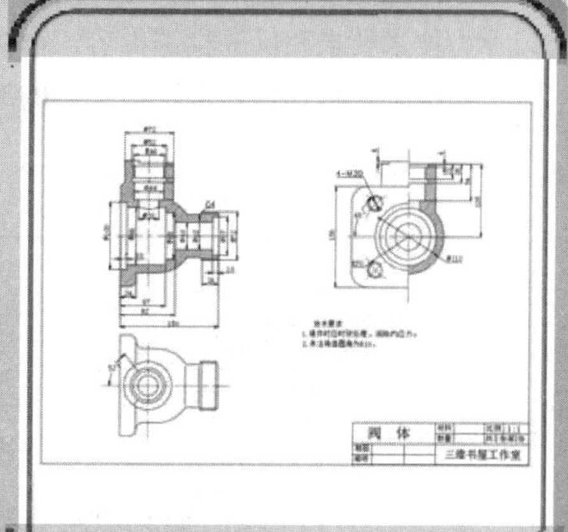

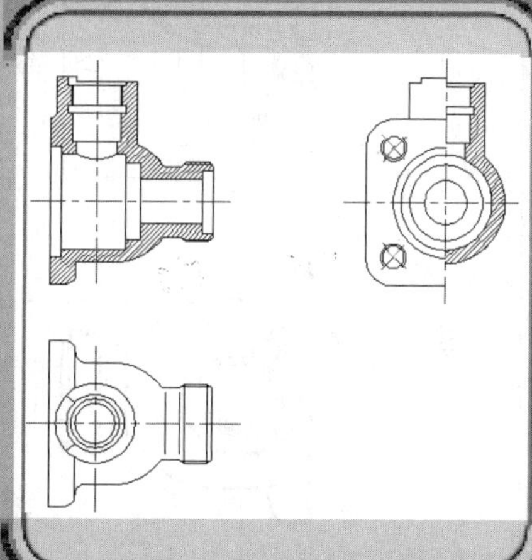

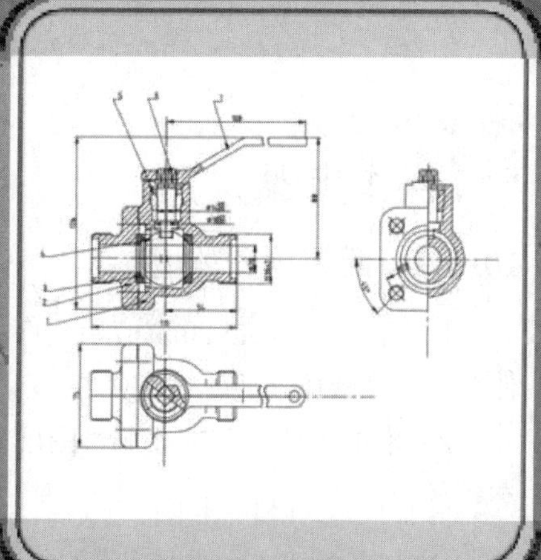

本章将通过阀体零件图、球阀装配图两个具体实例，结合 AutoCAD 2022 在机械设计领域的应用，讲述 AutoCAD 2022 机械设计相关知识，帮助读者进一步掌握 AutoCAD 2022 在机械专业领域的应用方法与技巧。

- 阀体零件图
- 球阀装配图

10.1 阀体零件图

零件图是设计者用以表达对零件设计意图的一种技术文件。完整的零件图包括一组视图、尺寸、技术要求和标题栏等内容，如图 10-1 所示。本节将以球阀阀体这个典型的机械零件的设计和绘制过程为例，讲述零件图的绘制方法和过程。

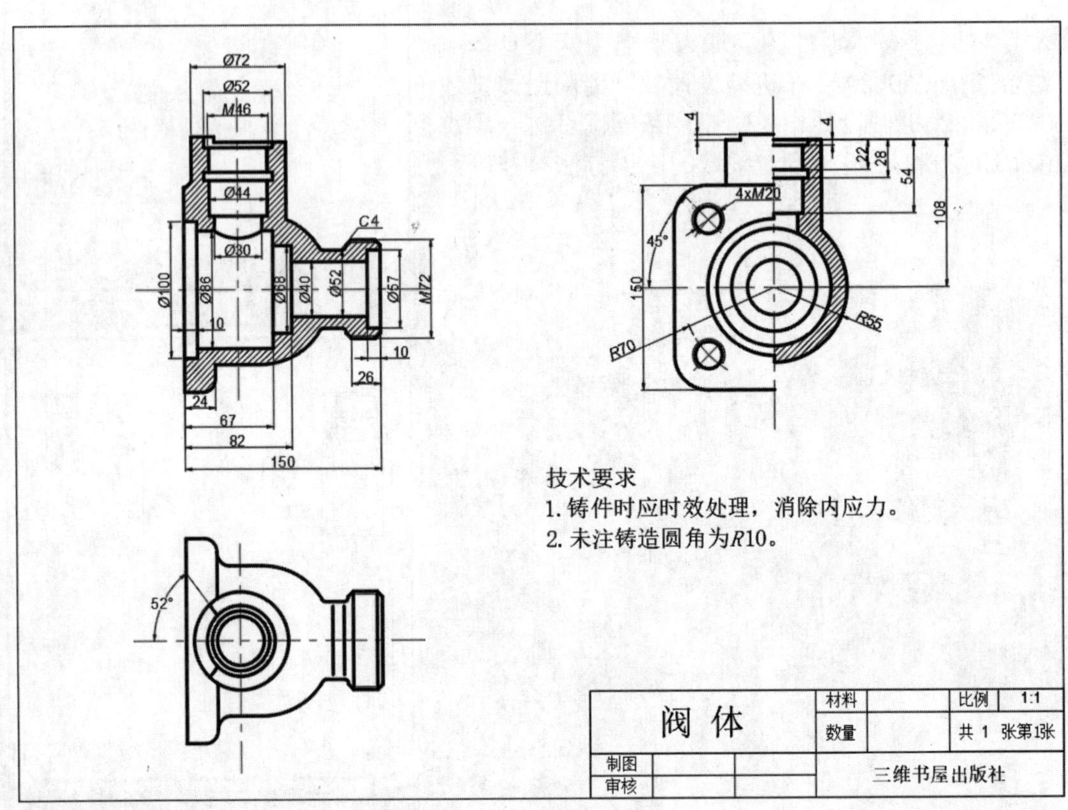

图 10-1 阀体零件图

操作步骤

10.1.1 配置绘图环境

1）启动 AutoCAD 2022 应用程序，以“A3.dwt”样板图文件为模板，建立新文件，将新文件命名为“阀体.dwg”并保存。

2）单击“默认”选项卡“图层”面板中的“图层特性”按钮，设置图层如图 10-2 所示。

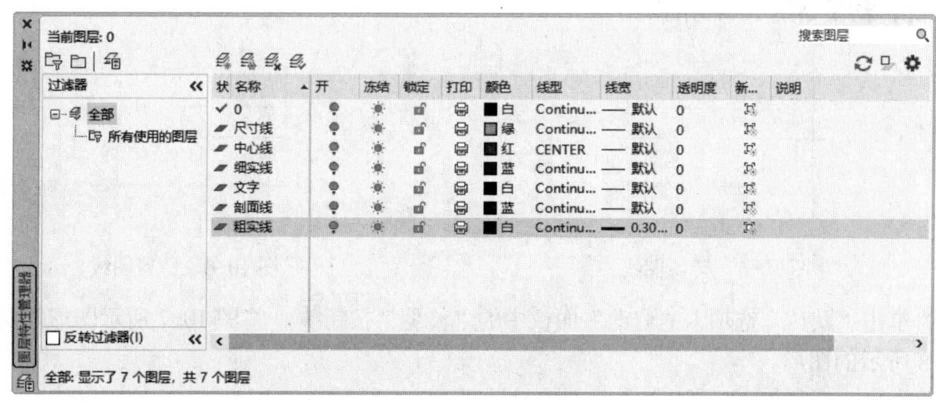

图 10-2　设置图层

10.1.2　绘制阀体

1．绘制中心线

1）将“中心线”图层设置为当前图层。

2）单击“默认”选项卡“绘图”面板中的“直线”按钮，在绘图平面适当位置绘制两条互相垂直的中心线，长度分别为 700 和 500。然后进行偏移操作，将水平中心线向下偏移 200，将竖直中心线向右平移 400。

3）单击“默认”选项卡“绘图”面板中的“直线”按钮，指定偏移后中心线右下交点为起点，下一点坐标为（@300<135），绘制辅助线。

4）将刚绘制的辅助线向右下方移动到适当位置，使其仍然经过右下方的中心线交点，结果如图 10-3 所示。

2．修改中心线

1）单击“默认”选项卡“修改”面板中的“偏移”按钮，将上面中心线向下偏移 75，将左边中心线向左偏移 42。选择偏移生成的两条中心线，如图 10-4 所示。

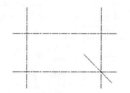

图 10-3　绘制中心线和辅助线

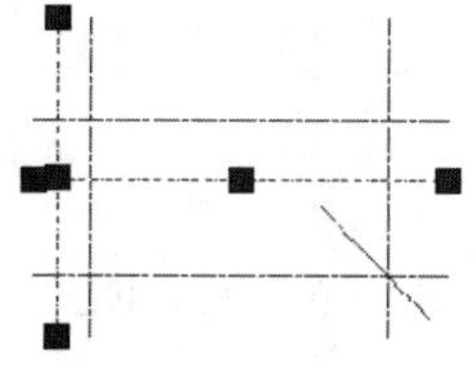

图 10-4　绘制的直线

2）在图层下拉列表中选择“粗实线”图层，将这两条中心线转换成粗实线，同时其所在图层也转换成粗实线图层，如图 10-5 所示。

3）单击“默认”选项卡“修改”面板中的“修剪”按钮，将转换的两条粗实线进行修剪，结果如图 10-6 所示。

3．偏移与修剪图线

1）单击“默认”选项卡“修改”面板中的“偏移”按钮，分别将刚修剪的竖直线向右偏移 10、24、58、68、82、124、140、150，将水平线向上偏移 20、25、32、39、40.5、43、46.5、55，结果如图 10-7 所示。

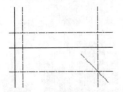

图 10-5　转换图线

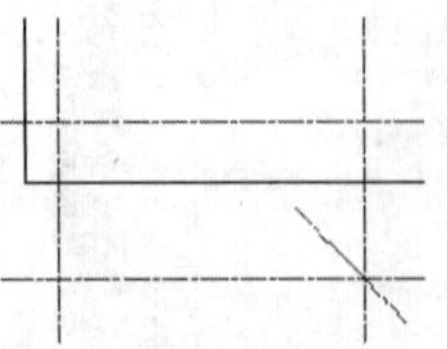

图 10-6　修剪图线

2）单击“默认”选项卡“修改”面板中的“修剪”按钮，将图 10-7 所示图形修剪成如图 10-8 所示的图形。

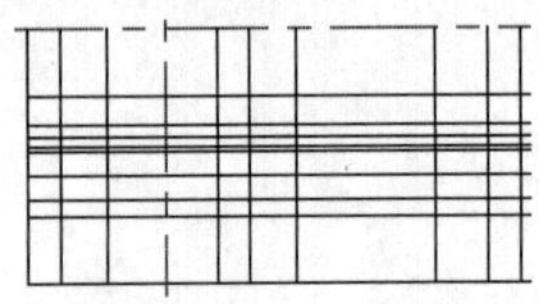

图 10-7　偏移图线

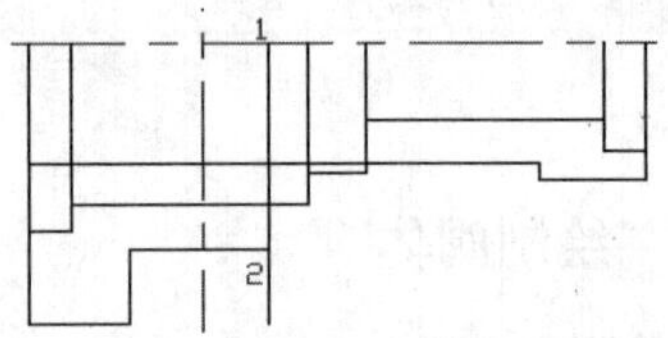

图 10-8　修剪图线

4．绘制圆弧

1）单击“默认”选项卡“绘图”面板上的“圆弧”下拉菜单中的 “三点”按钮，以图 10-8 中点 1 为圆心、以点 2 为起点绘制圆弧，设置适当位置为圆弧终点，如图 10-9 所示。

2）单击“默认”选项卡“修改”面板中的“删除”按钮，删除点 1、点 2 之间连线。

3）单击“默认”选项卡“修改”面板中的“修剪”按钮，修剪圆弧以及与它相交的直线，结果如图 10-10 所示。

注意

这种方式称为互相修剪，即互相作为修剪边界和修剪对象。用这种方式操作比较简捷。

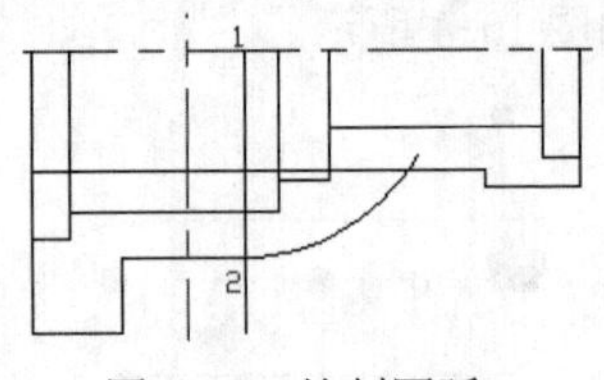

图 10-9　绘制圆弧

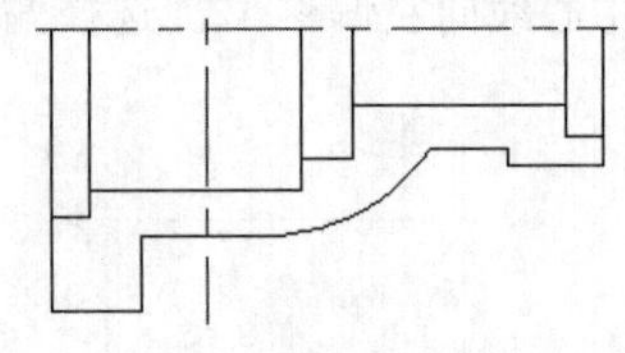

图 10-10　修剪圆弧

5．倒角

1）单击“默认”选项卡“修改”面板中的“倒角”按钮，设置倒角距离为 4，对右下边的直角进行倒角，用相同方法，设置倒角距离为 4，对其左边的直角倒角。设置圆角半径为 10，对下部的直角进行圆角处理。

2）单击“默认”选项卡“修改”面板中的“圆角”按钮，设置半径为 3，对修剪的圆弧与直线相交处倒圆角，结果如图 10-11 所示。

6．绘制螺纹牙底

1）单击“默认”选项卡“修改”面板中的“偏移”按钮，将右下边水平线向上偏移 2。

2）单击“默认”选项卡“修改”面板中的“延伸”按钮⇥，对刚偏移的直线进行延伸处理，然后将延伸后的直线转换到细实线图层，完成螺纹牙底的绘制，结果如图 10-12 所示。

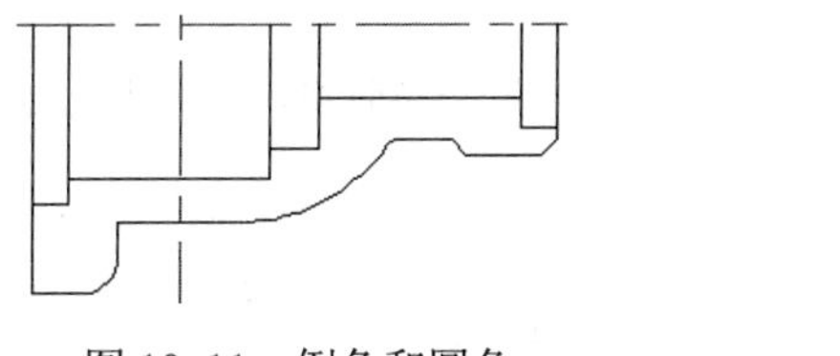

图 10-11　倒角和圆角　　　图 10-12　绘制螺纹牙底

7．镜像处理

单击“默认”选项卡“修改”面板中的“镜像”按钮⚠，选择如图 10-13 中的亮显对象为镜像对象，以水平中心线为镜像轴进行镜像处理，结果如图 10-14 所示。

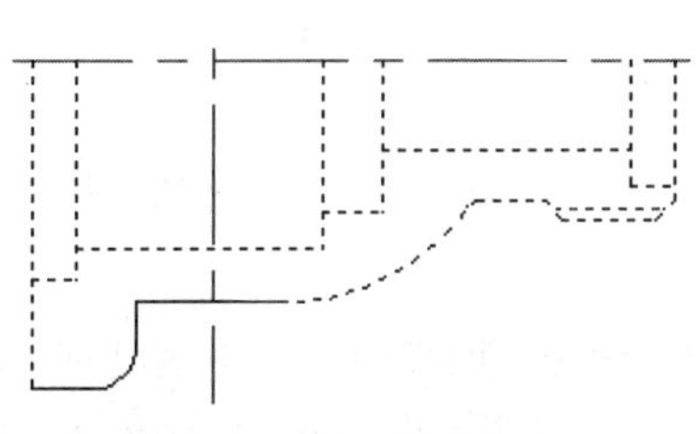

图 10-13　选择镜像对象

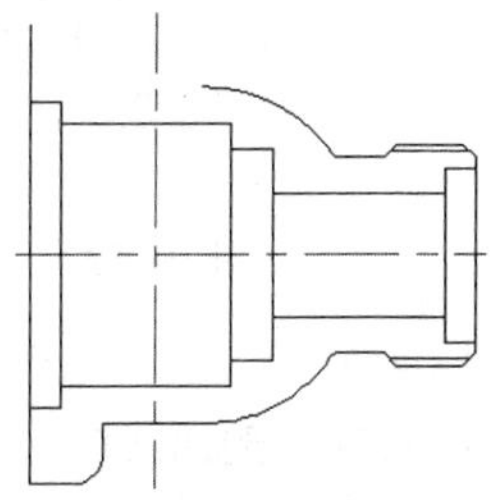

图 10-14　镜像处理

8．偏移修剪图线

1）单击“默认”选项卡“修改”面板中的“偏移”按钮⋐，将竖直中心线向左右分别偏移 18、22、26、36，将水平中心线向上分别偏移 54、80、86、104、108、112，并将偏移后的直线转换到粗实线图层中，结果如图 10-15 所示。

2）单击“默认”选项卡“修改”面板中的“修剪”按钮✂，对偏移的图线进行修剪，结果如图 10-16 所示。

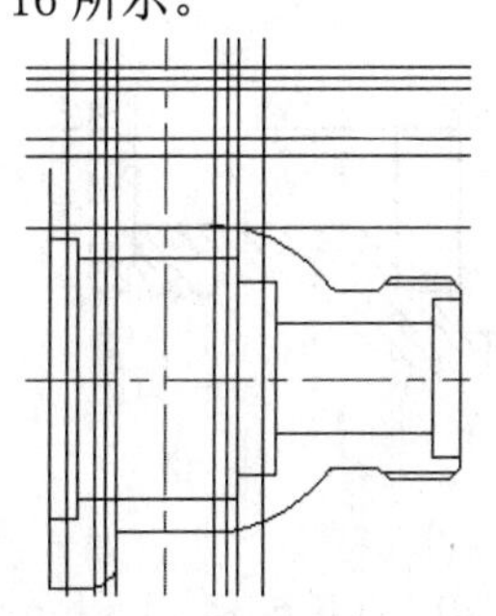

图 10-15　偏移并转换图线

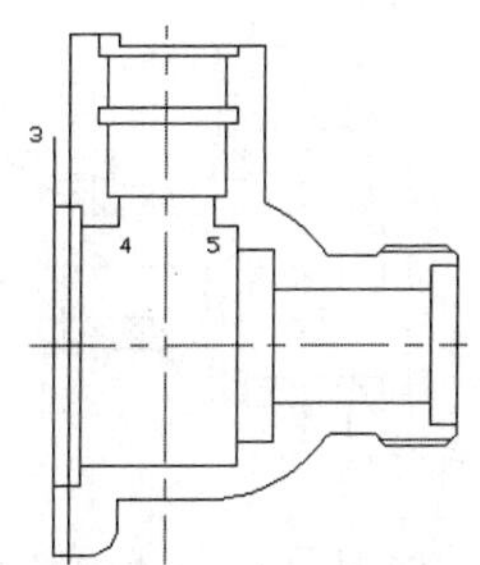

图 10-16　修剪处理

9．绘制圆弧

1）单击“默认”选项卡“绘图”面板上的“圆弧”下拉菜单中的“三点”按钮⌒，选择图 10-16 中的点 3 为圆弧起点，适当一点为第二点，点 3 右边竖直线上适当一点为终点绘制圆弧。

2）单击“默认”选项卡“修改”面板中的“修剪”按钮✂，以圆弧为界，将点 3 右边竖直线下部修剪掉。

3）单击“默认”选项卡“绘图”面板上的“圆弧”下拉菜单中的 “三点”按钮⌒，设置起点和终点分别为图 10-16 中的点 4 和点 5，第二点为竖直中心线上适当位置一点，结果如图 10-17 所示。

10．绘制螺纹牙底

将图 10-17 中的 6、7 两条线各向外偏移 1，然后将其转换到细实线图层，完成螺纹牙底的绘制，结果如图 10-18 所示。

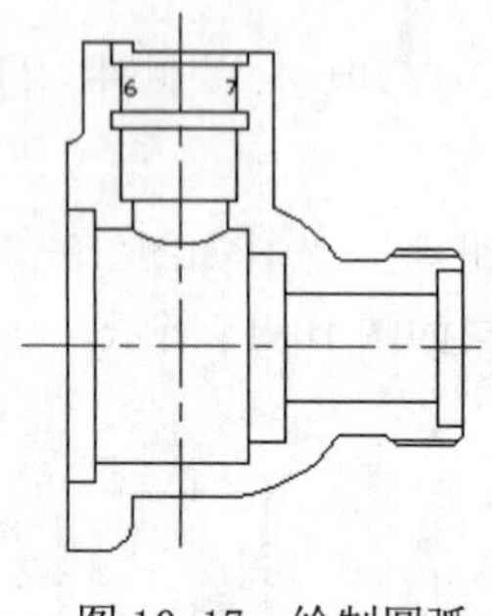

图 10-17　绘制圆弧

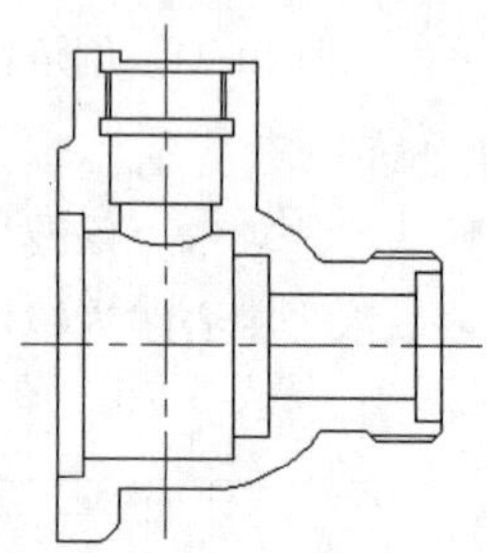

图 10-18　绘制螺纹牙底

11．图案填充

将图层转换到剖面线图层。单击“默认”选项卡“绘图”面板中的“图案填充”按钮▦，打开“图案填充创建”选项卡，选择填充图案为 ANSI31，设置角度为 0、比例为 1，选择填充区域进行填充，结果如图 10-19 所示。

12．绘制俯视图

单击“默认”选项卡“修改”面板中的“复制”按钮，将图 10-20 所示主视图中的高亮显示部分向下复制，结果如图 10-21 所示。

13．绘制辅助线

捕捉主视图上的相关点，向下绘制竖直辅助线，如图 10-22 所示。

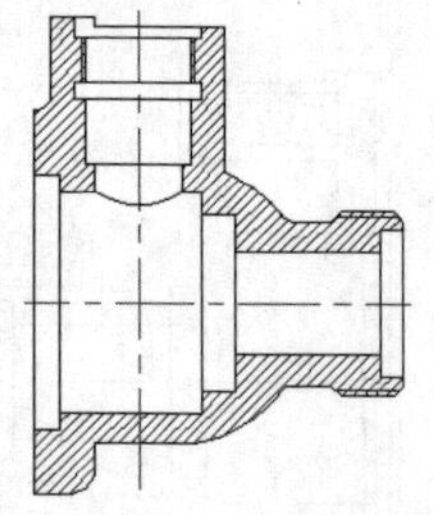

图 10-19　填充图形

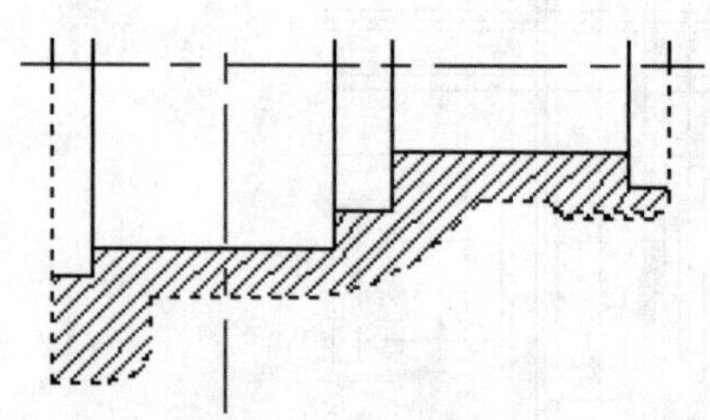

图 10-20　选择对象

14．绘制轮廓线

以左下边中心线交点为圆心，以辅助线与水平中心线的交点为圆弧上一点绘制 4 个同心圆。以左边第 4 条辅助线与从外往里第 2 个圆的交点为起点绘制直线。打开状态栏上的“动态输入”开关，指定适当位置为终点，绘制与水平线成 232º 角的直线，如图 10-23 所示。

15．整理图线

1）单击“默认”选项卡“修改”面板中的“修剪”按钮✂，以最外面圆为界修建刚绘制

的斜线，以水平中心线为界修剪最右边辅助线。删除其余辅助线，结果如图 10-24 所示。

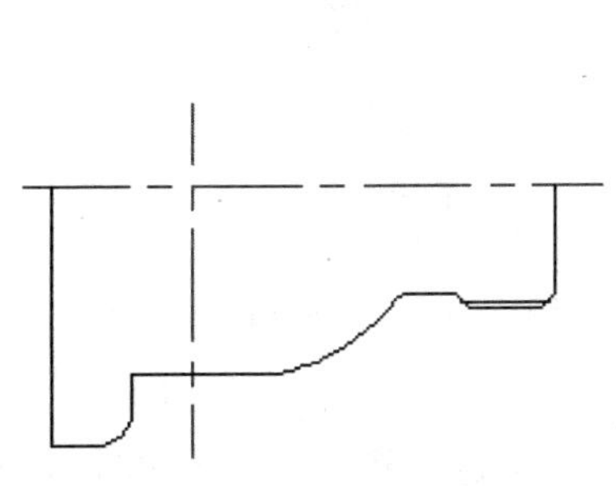

图 10-21　复制结果

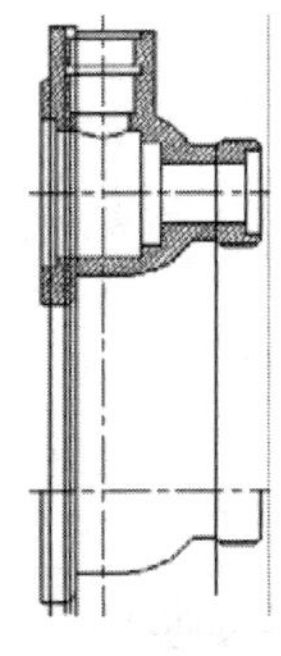

图 10-22　绘制辅助线

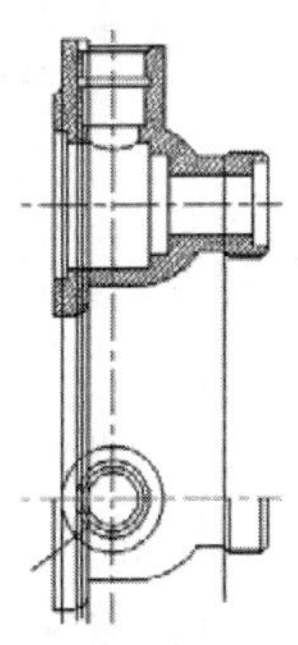

图 10-23　绘制轮廓线

2）单击“默认”选项卡“修改”面板中的“圆角”按钮⌒，对俯视图同心圆下方的直角以 10 为半径倒圆角。单击“默认”选项卡“修改”面板中的“打断”按钮⊔，将刚修剪的最右边辅助线打断，结果如图 10-25 所示。

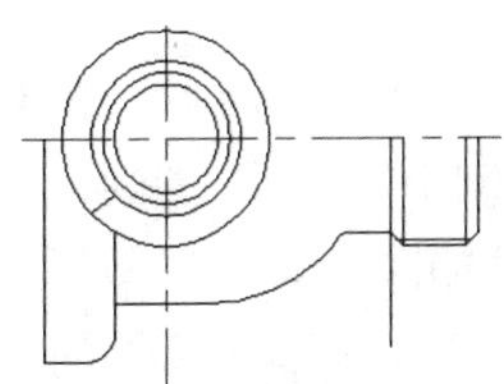

图 10-24　修剪与删除图线

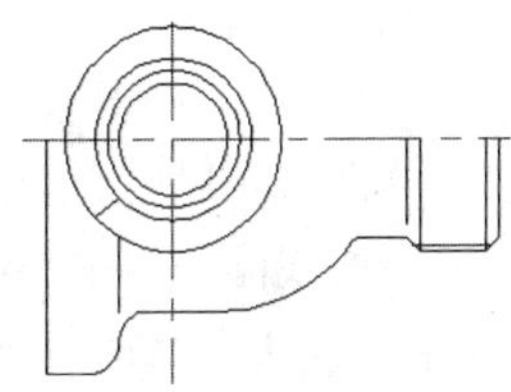

图 10-25　圆角处理及打断图线

3）单击“默认”选项卡“修改”面板中的“延伸”按钮→|，以刚倒圆角的圆弧为界，将圆角形成的断开直线延伸。将刚打断的辅助线向左边适当位置平行复制，结果如图 10-26 所示。

以水平中心线为轴，将水平中心线以下所有对象镜像，最终的俯视图如图 10-27 所示。

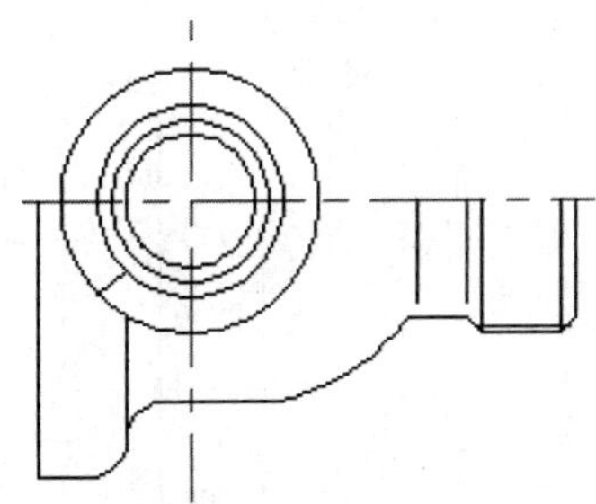

图 10-26　延伸与复制图线

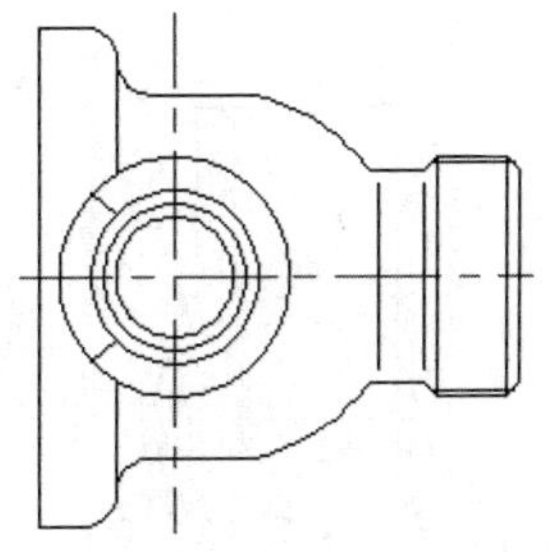

图 10-27　生成俯视图

16．绘制左视图

单击“默认”选项卡“绘图”面板中的“直线”按钮／，捕捉主视图与左视图上的相关点，绘制如图 10-28 所示的水平辅助线与竖直辅助线。

17．绘制初步轮廓线

单击“默认”选项卡“绘图”面板上的“圆”下拉菜单中的“圆心，半径”按钮⊙，以水平辅助线与左视图中心线的交点为圆弧上的一点，以中心线交点为圆心绘制 5 个同心圆，并初步修剪辅助线，结果如图 10-29 所示。进一步修剪辅助线，结果如图 10-30 所示。

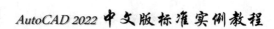

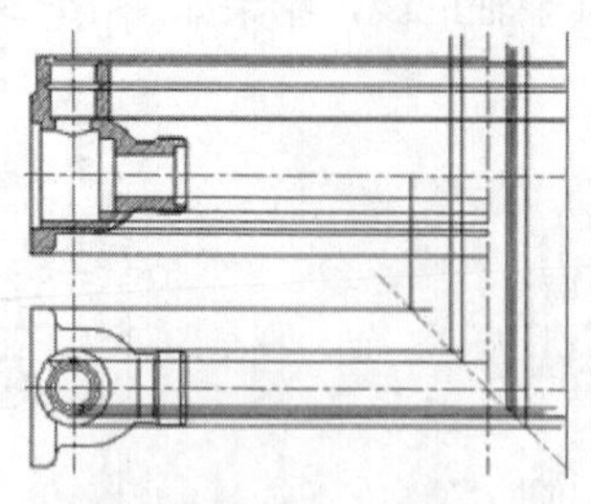
图 10-28　绘制辅助线

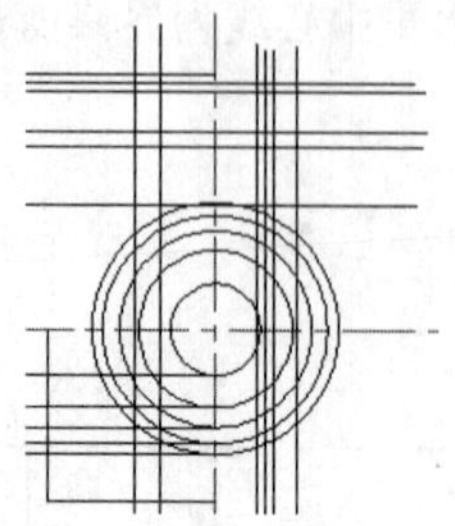
图 10-29　绘制同心圆

18．绘制孔板

1）单击“默认”选项卡“修改”面板中的“圆角”按钮，设置半径为 25，对图 10-30 中的左下角直角倒圆角。

2）转换到中心线图层。单击“默认”选项卡“绘图”面板上的“圆”下拉菜单中的“圆心，半径”按钮，以垂直中心线交点为圆心绘制半径为 70 的圆。

3）单击“默认”选项卡“绘图”面板中的“直线”按钮，以垂直中心线交点为起点，向左下方绘制 45º 斜线。

4）单击“默认”选项卡“绘图”面板上的“圆”下拉菜单中的“圆心，半径”按钮，转换到粗实线图层，以中心线圆与斜中心线交点为圆心，绘制半径为 10 的圆，再转换到细实线图层，以中心线圆与斜中心线交点为圆心，绘制半径为 12 的圆，如图 10-31 所示。

5）单击“默认”选项卡“修改”面板中的“打断”按钮，修剪同心圆的外圆、中心线圆与斜线，然后以水平中心线为轴，对本步骤中刚绘制的对象进行镜像处理，结果如图 10-32 所示。

19．修剪图线

单击“默认”选项卡“修改”面板中的“修剪”按钮，选择相应边界，修建左边辅助线与 5 个同心圆中最外边的两个同心圆，结果如图 10-33 所示。

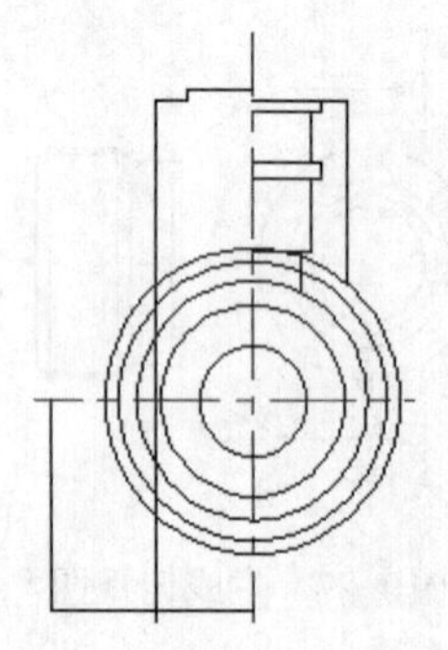
图 10-30　修剪图线

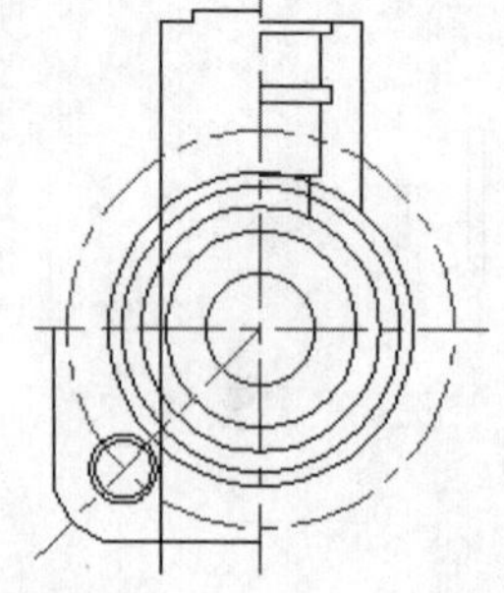
图 10-31　绘制圆角与同心圆

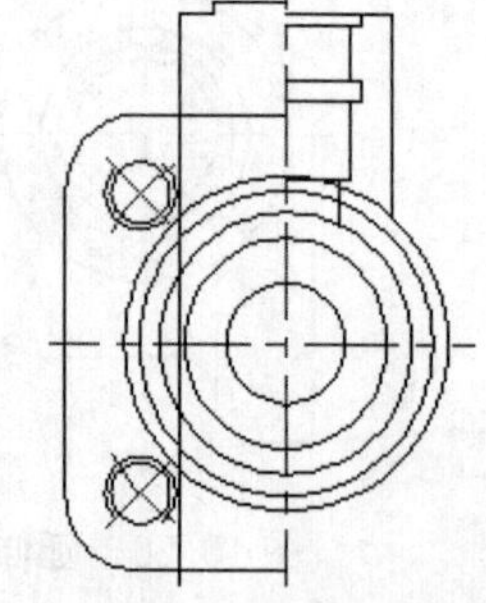
图 10-32　镜像处理

20．图案填充

参照绘制主视图的方法，对左视图进行填充，结果如图 10-34 所示。

21．删除剩下的辅助线

单击“默认”选项卡“修改”面板中的“打断”按钮，修剪过长的中心线，再将左视

图整体水平向左适当移动，绘制的阀体三视图如图 10-35 所示。

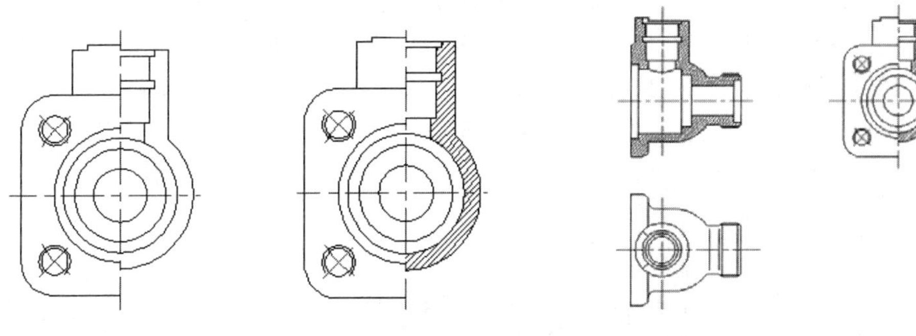

图 10-33　修剪图线　　图 10-34　图案填充　　图 10-35　阀体三视图

10.1.3　标注球阀阀体

1）单击“默认”选项卡“注释”面板中的“标注样式”按钮，弹出“标注样式管理器”对话框，单击“修改”按钮，打开“修改标注样式”对话框，在“线”选项卡中设置“超出尺寸线”和“起点偏移量”都为 2；在“文字”选项卡中设置“文字高度”为 8，设置“文字对齐”为“与尺寸线对齐”。

2）将尺寸线图层设置为当前图层。单击“默认”选项卡“注释”面板中的“线性”按钮，标注 ϕ72。

3）采用相同方法，标注线性尺寸 ϕ52、M46、ϕ44、ϕ30、ϕ100、ϕ86、ϕ68、ϕ40、ϕ68、ϕ57、M72、10、24、67、82、150、26、10，并利用 QLEADER 命令标注 C4 倒角尺寸。标注后主视图如图 10-36 所示。

4）按上面方法标注左视图中的线性尺寸 150、4、4、22、28、54、108。

5）单击“默认”选项卡“注释”面板中的“标注样式”按钮，打开“标注样式管理器”对话框，单击“新建”按钮，❶系统打开“创建新标注样式”对话框，❷在“用于”下拉列表中选择“直径标注”，如图 10-37 所示。❸单击“继续”按钮，系统打开“新建标注样式”对话框，在“文字”选项卡“文字对齐”选项组中选择“ISO 标准”单选按钮，单击“确定”按钮退出。

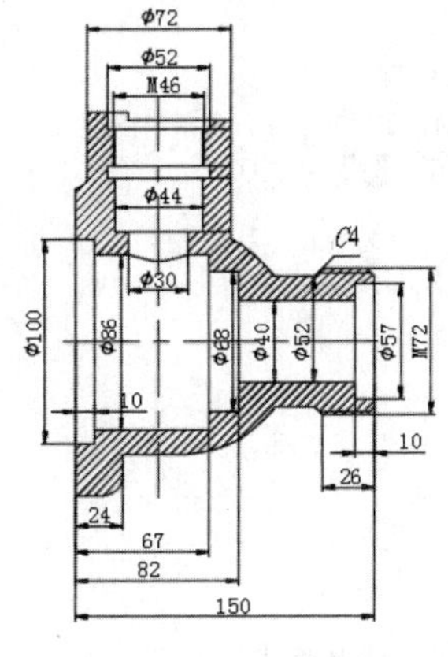

图 10-36　标注主视图

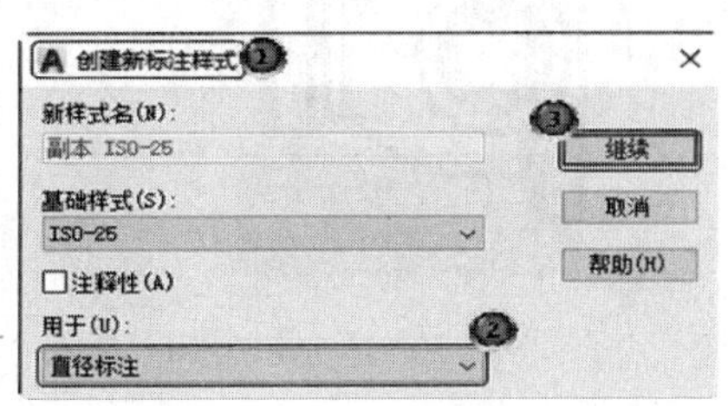

图 10-37　“创建新标注样式”对话框

6)单击“默认”选项卡“注释”面板中的“直径”按钮⃠，标注直径 ϕ110。采用同样方法，标注 4×M20。

7）采用相同方法，设置用于标注半径的标注样式，标注半径尺寸 *R*70。

8）采用相同方法，设置用于标注角度的标注样式，标注角度 45°，结果如图 10-38 所示。

9）接上面角度标注，在俯视图上标注角度 52°，结果如图 10-39 所示。

10）将“文字”图层设置为当前图层，填写技术要求：单击“默认”选项卡“注释”面板中的“多行文字”按钮 A，弹出“文字编辑器”选项卡和多行文字编辑器，在其中输入相应的文字，结果如图 10-40 所示。

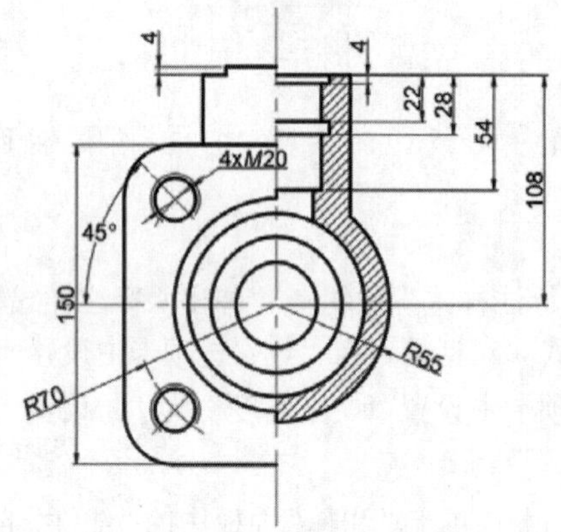

图 10-38　标注左视图

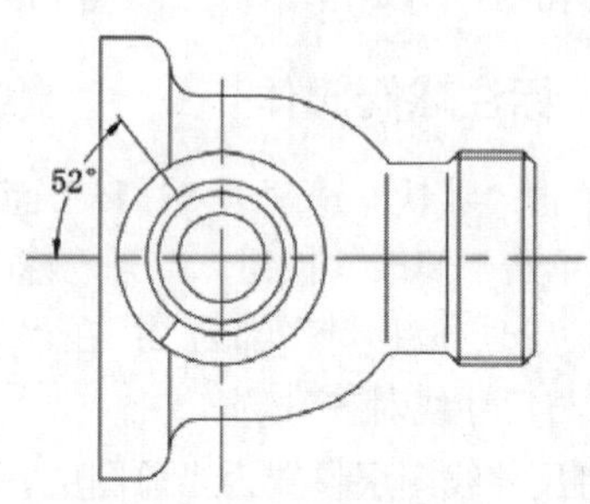

图 10-39　标注俯视图

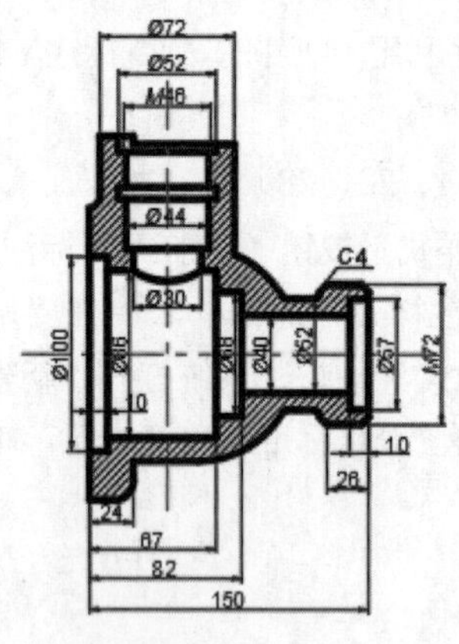

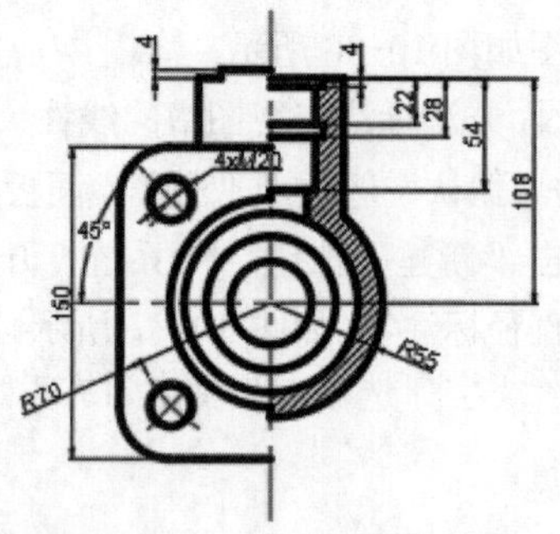

技术要求
1.铸件时应时效处理，消除内应力。
2.未注铸造圆角为*R*10。

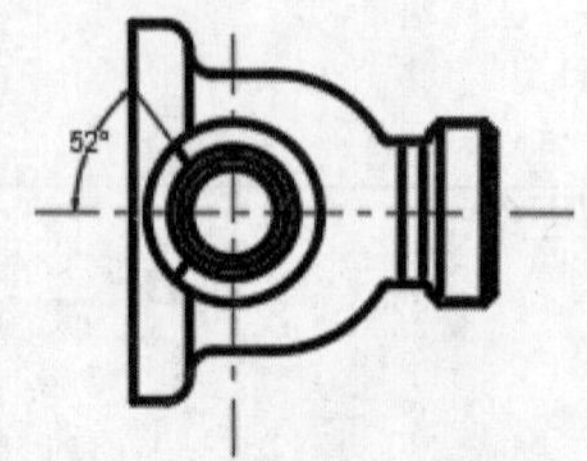

图 10-40　插入“技术要求”文本

11）切换图层，将“0 图层”设置为当前图层，并打开此图层。

12）单击“默认”选项卡“注释”面板中的“多行文字”按钮 A，填写标题栏，结果如图 10-1 所示。

10.2 球阀装配图

装配图表达了部件的设计构思、工作原理和装配关系，也表达了各零件间的相互位置、尺寸关系和结构形状，是绘制零件工作图、部件组装、调试及维护等的技术依据。设计装配图时要考虑工作要求、材料、强度、刚度、磨损、加工、装拆、调整、润滑、维护以及经济等诸多因素，并要使用足够的视图表达清楚。本节将通过球阀装配图的绘制介绍装配图的具体绘制方法。

10.2.1 组装球阀装配图

如图 10-41 所示，球阀装配图由阀体、阀盖、密封圈、阀芯、压紧套、阀杆和扳手等零件图组成。装配图是零部件加工和装配过程中重要的技术文件。在设计过程中要用到剖视以及放大等表达方式，还要标注装配尺寸，绘制和填写明细栏等。因此，通过球阀装配图的绘制，可以提高综合设计能力。

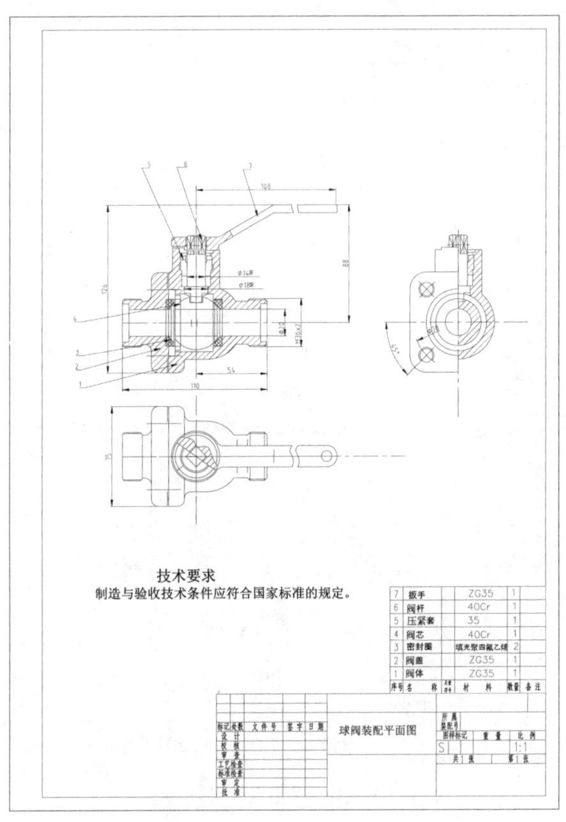

图 10-41　球阀装配平面图

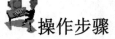

将零件图的视图进行修改，制作成块，然后将这些块插入装配图中。制作块的步骤，用户可以参考前面相应的介绍。

操作步骤

1）打开电子资料包中的 A2 竖向样板图，将新建文件命名为“球阀装配平面图.dwg”并保存。

2）在球阀装配平面图中，除阀体、阀盖外，其他几个零件可参考实例绘制并标注。在绘制零件图时，可以为了装配的需要，将零件的主视图以及其他视图分别定义成图块，但是在定义的图块中不包括零件的尺寸标注和定位中心线，块的基点应选择在与其零件有装配关系或定位关系的关键点上。根据以前所学块的知识，将绘制好的球阀各零件制作成块并保存好。

3）插入阀体平面图。单击“视图”选项卡“选项板”面板中的“设计中心”按钮，打开“设计中心”。在 AutoCAD“设计中心”中有“文件夹”“打开的图形”和“历史记录”选项卡，用户可以根据需要选择相应的选项卡。

4）❶在“设计中心”中❷选择“文件夹”选项卡，在其中找出要插入的零件图文件，双击打开该文件，然后单击该文件中“块”选项，则图形中所有的块都会显示在右边的图框中，如图 10-42 所示。❸在其中选择“阀体主视图”块并双击，❹弹出“插入”对话框，如图 10-43 所示。

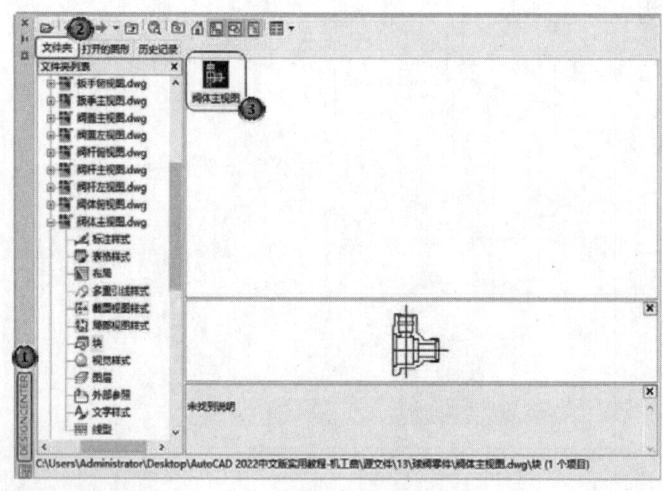

图 10-42　设计中心

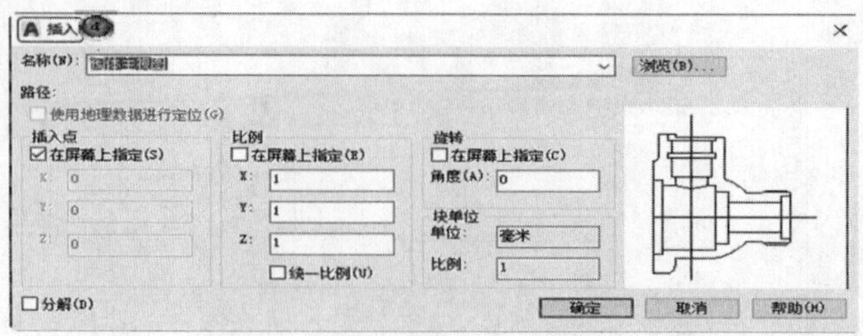

图 10-43　“插入”对话框

5）设置插入的图形比例为 1:1、旋转角度为 0°，然后单击“确定”按钮。命令行提示与操作如下：

```
指定插入点或 [基点(B)/比例(S)/X/Y/Z/旋转(R)]:
```

在命令行中输入“100，200”，则“阀体主视图”块会插入到“球阀”装配图中，且插入后阀体右端中心线处的坐标为（100,200），结果如图 10-44 所示。

6）继续插入“阀体俯视图”块，插入的图形比例为 1:1，旋转角度为 0°，插入点的坐标为（100,100）。继续插入“阀体左视图”块，插入的图形比例为 1:1，旋转角度为 0°，插入点的坐标为（300,200），结果如图 10-45 所示。

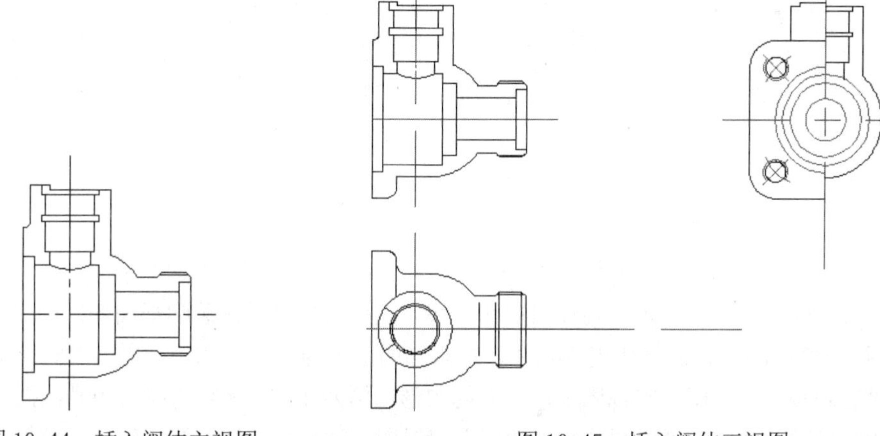

图 10-44　插入阀体主视图　　图 10-45　插入阀体三视图

7）插入阀盖平面图。单击“视图”选项卡“选项板”面板中的“设计中心”按钮，打开“设计中心”，在相应的文件夹中找出“阀盖主视图”，双击打开该文件，然后单击其中的“块”，该文件中定义的块显示在右侧的图框中。在“球阀装配平面图”的主视图中插入“阀盖主视图”块，插入的图形比例为 1:1，旋转角度为 0°，插入点的坐标为（84,200）。由于阀盖的外形轮廓与阀体左视图的外形轮廓相同，故“阀盖左视图”块不需要插入。因为阀盖是一个对称结构，所以“球阀装配平面图”的俯视图中插入的也是“阀盖主视图”。结果如图 10-46 所示。

8）把俯视图中的“阀盖主视图”块分解并修改（具体过程不再介绍，可以参考前面相应的介绍），结果如图 10-47 所示。

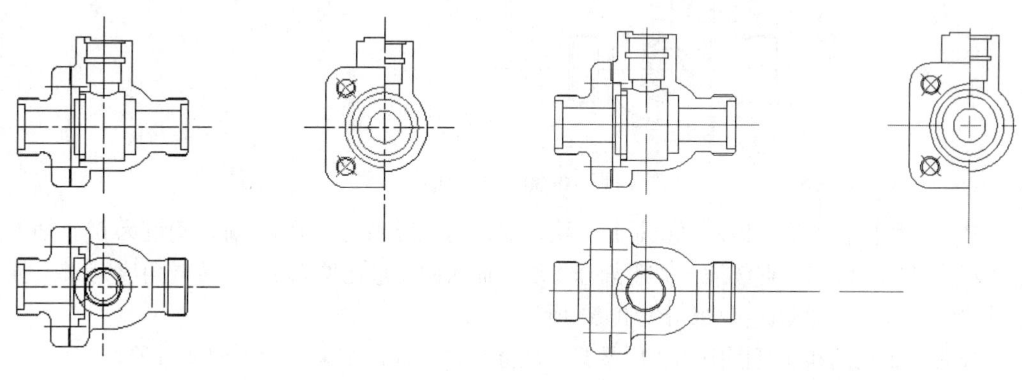

图 10-46　插入阀盖　　图 10-47　修改视图

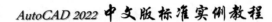

9）采用同样方法，插入“密封圈”块，插入的图形比例为1:1，旋转角度为90º，插入点的坐标为（120,200）。由于该装配图中有两个密封圈，所以再插入一个，插入的图形比例为1:1，旋转角度为-90º，插入点的坐标为（77,200），结果如图10-48所示。

10）采用同样方法插入“阀芯主视图”块，插入的图形比例为1:1，旋转角度为0º，插入点的坐标为（100,200），结果如图10-49所示。

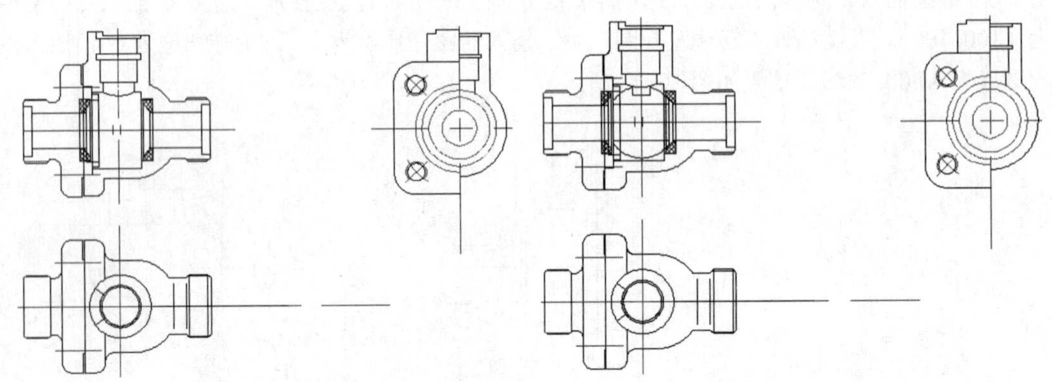

图10-48　插入密封圈　　　　图10-49　插入阀芯主视图

11）采用同样方法，插入“阀杆主视图”块，先插入到“球阀装配平面图”的主视图中，插入的图形比例为1:1，旋转角度为-90º，插入点的坐标为（100,227）。再将“阀杆主视图”插入到“球阀装配平面图”左视图中，插入的图形比例为1:1，旋转角度为-90º，插入点的坐标为（300,227）。然后在“球阀装配平面图”俯视图中插入“阀杆俯视图”块，插入的图形比例为1:1，旋转角度为0º，插入点的坐标为（100,100）。结果如图10-50所示。

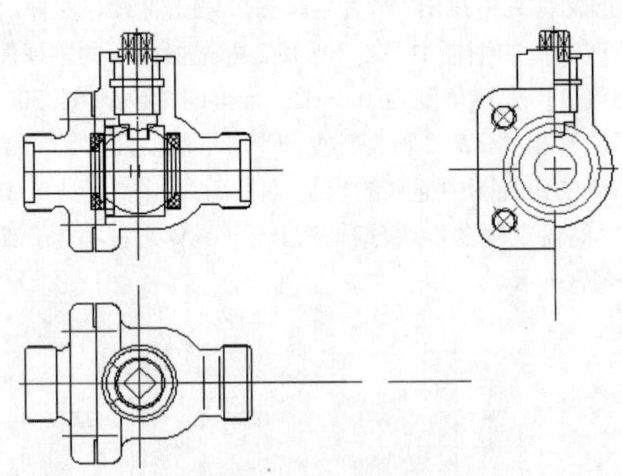

图10-50　插入阀杆

12）采用同样方法，插入“压紧套”块，插入的图形比例为1:1，旋转角度为0º，插入点的坐标为（100,235）。继续插入“压紧套”块，插入的图形比例为1:1，旋转角度为0º，插入点的坐标为（300,235）。结果如图10-51所示。

13）把主视图和左视图中的“压紧套”块分解并修改，结果如图10-52所示。

14）同样方法插入“扳手主视图”块，插入的图形比例为1:1，旋转角度为0º，插入点的

坐标为（100,254）。继续插入“扳手俯视图”块，插入的图形比例为 1:1，旋转角度为 0º，插入点的坐标为（100,100）。结果如图 10-53 所示。

15）把主视图和俯视图中的“扳手”块分解并修改，结果如图 10-54 所示。

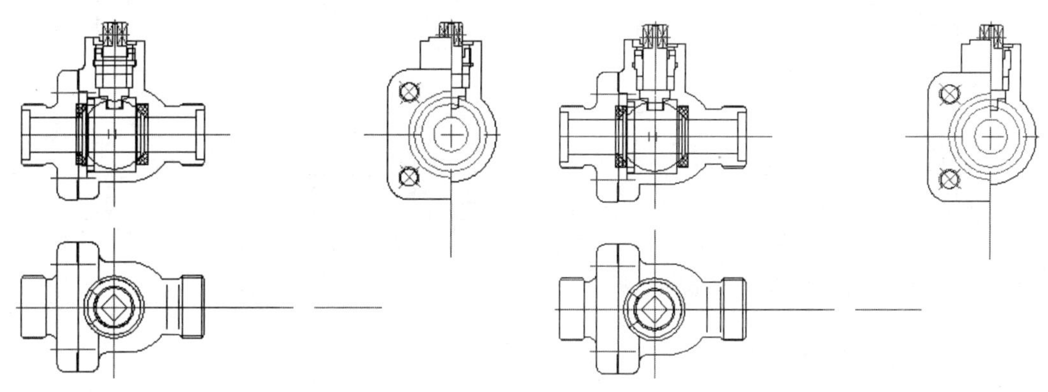

图 10-51　插入压紧套　　　　图 10-52　修改视图

16）填充剖面线。综合运用相关命令，对图 10-54 的图形进行修改并绘制填充剖面线的区域线，结果如图 10-55 所示。

17）单击“默认”选项卡“绘图”面板中的“图案填充”按钮，打开“图案填充创建”选项卡，选择填充图案为 ANSI31，设置图案填充角度为 0º、填充图案比例为 1，单击“拾取点”按钮，用鼠标在图中需添加剖面线的区域内拾取任意一点，按 Enter 键，完成剖面线绘制。

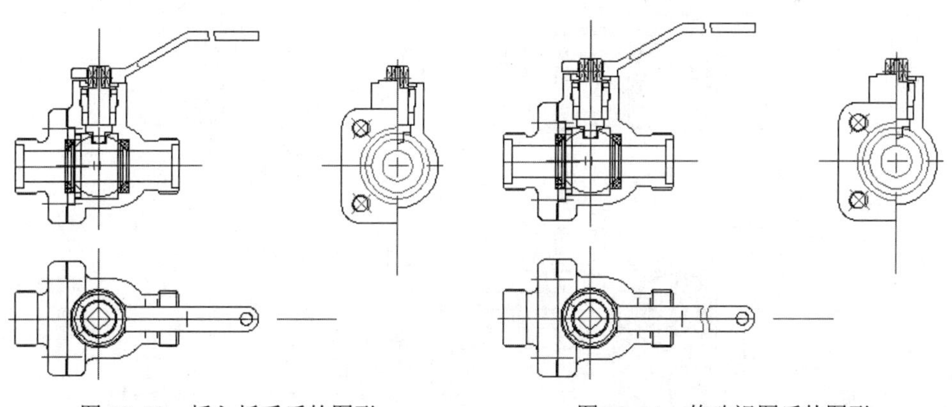

图 10-53　插入扳手后的图形　　　　图 10-54　修改视图后的图形

注意

如果填充后感觉不满意，可以单击图形中的剖面线，打开“图案填充编辑器”选项卡，在其中重新设置填充的样式，然后按“确定”按钮，即可以开始新设置的样式显示剖面线。

18）重复“图案填充”命令，将视图中全部需要填充的位置进行填充，结果如图 10-56 所示。

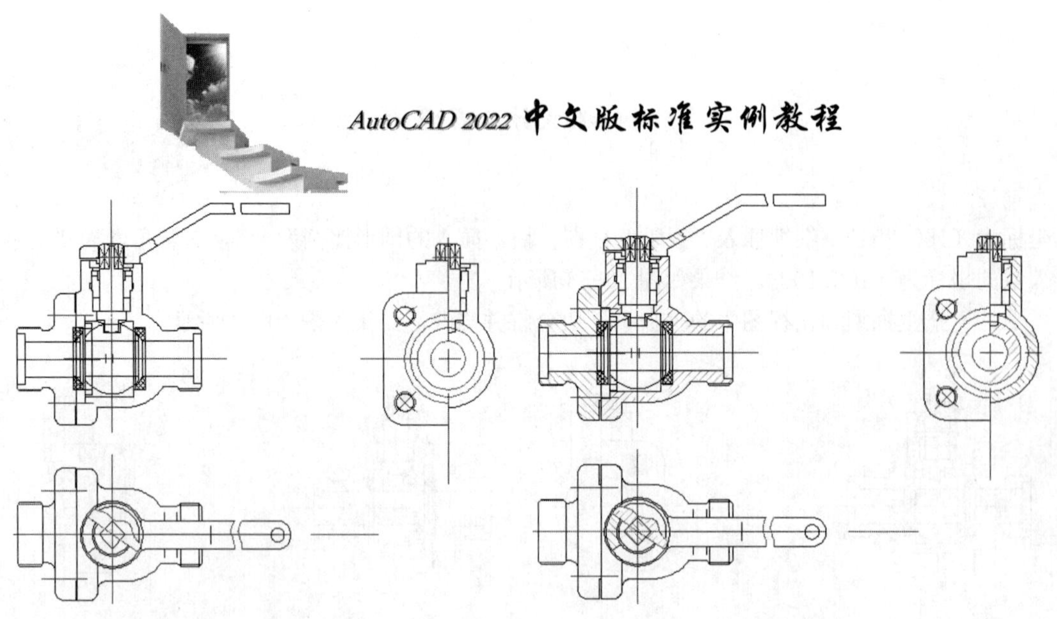

图 10-55　修改并绘制填充剖面线的区域线　　　　　　　　图 10-56　填充图案

10.2.2　标注球阀装配图

如图 10-57 所示，在装配图中不需要将每个零件的尺寸全部标注出来，只需要规格尺寸、装配尺寸、外形尺寸、安装尺寸以及其他重要尺寸。下面先对球阀装配图进行尺寸标注，然后标注零件序号。

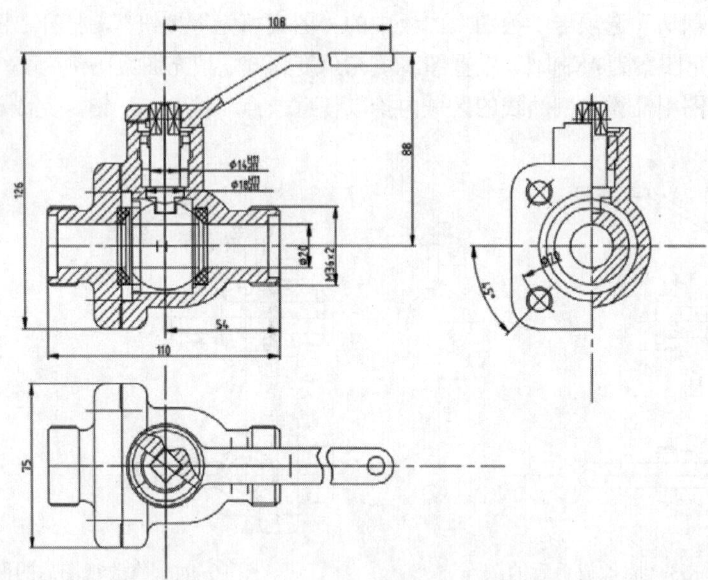

图 10-57　标注尺寸

1）在本例中，只需要标注一些装配尺寸和外形尺寸，其中有些简单的尺寸标注在前面已经讲过，这里不再赘述，只介绍尺寸 ϕ14 H11/d11 和 ϕ18 H11/d11 的标注方法。图 10-57 所示为标注后的装配图。

2）按 10.1.3 节中的方法设置标注样式。

3）单击“默认”选项卡“注释”面板中的“线性”按钮⊢⊣，标注阀杆与压紧套之间的配合尺寸，结果如图 10-58 所示。

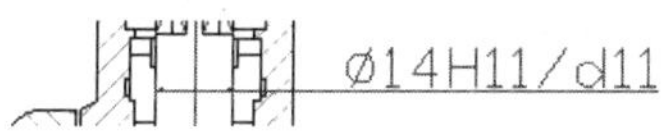

图 10-58　标注尺寸

4）由于图 10-58 所示的尺寸文本不符合国家标准规定，因此需要修改。选择刚标注的尺寸，单击“默认”选项卡“修改”面板中的“分解”按钮，将此尺寸分解。此时，尺寸数字变成独立的文本。双击此尺寸数字，❶系统打开“文字编辑器”选项卡和多行文字编辑器，选择后面的“H11/d11”，❷单击“文字编辑器”选项卡“格式”面板中的“堆叠”按钮，如图 10-59 所示，❸再在“文字高度”文本框中将堆叠文字的高度设置成原高度的一半，结果如图 10-60 所示。

5）采用同样方法标注另一个尺寸 ϕ18H11/d11，完成后的尺寸标注如图 10-61 所示。

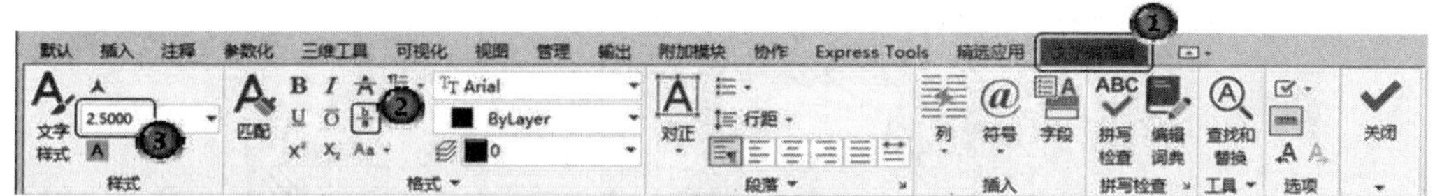

图 10-59　“文字编辑器”选项卡

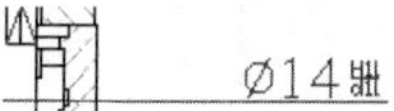

图 10-60　修改后的尺寸数字

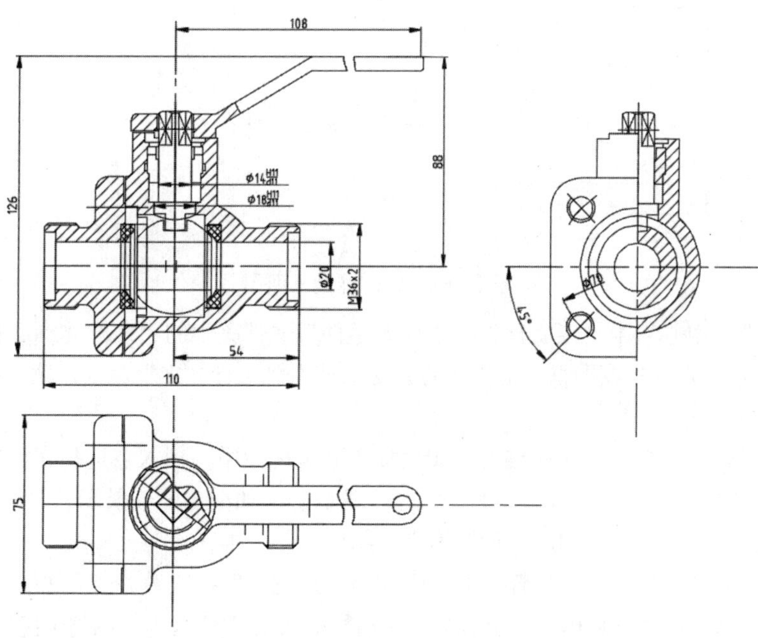

图 10-61　完成尺寸标注

6）利用“QLEADER”命令标注引线。在标注引线时，为了保证标注的文字在同一水平线上，可以在适当的位置绘制一条辅助线。结果如图 10-62 所示。

7）保存文件。单击快速访问工具栏中的“另存为”按钮，输入文件名“球阀装配平面图”。

10.2.3 完善球阀装配图

本节将制作明细栏与标题栏，填写技术要求，完成球阀装配平面图的绘制。

1）绘制样板图 A4.DWT，然后将其打开。

2）单击“视图”选项卡“选项板”面板中的“设计中心”按钮。

3）①系统打开“设计中心”，如图 10-63 所示。②在左侧的“资源管理器”中找到“源文件”→“球阀零件”文件夹，③在右边的显示框中选择上例已经保存的“球阀装配平面图”，把它拖入当前图形。

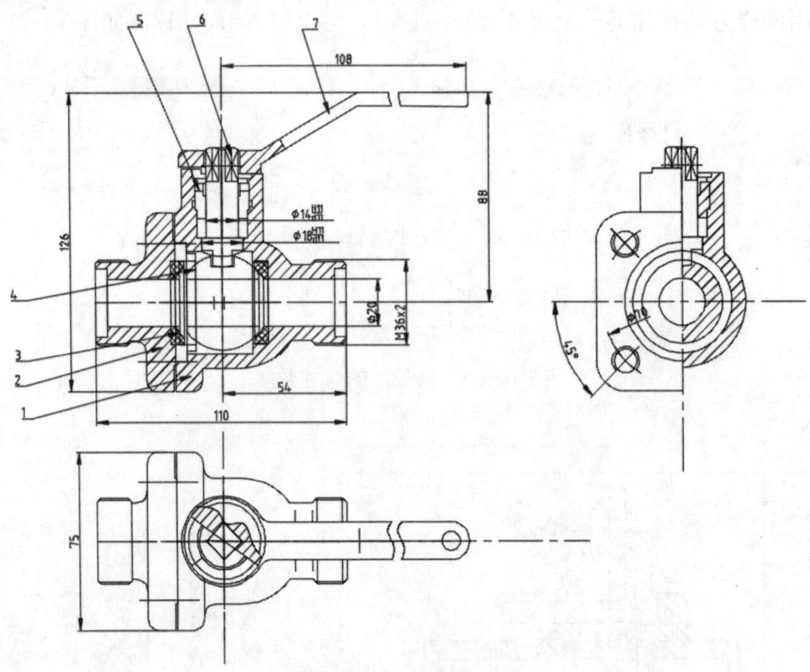

图 10-62　标注球阀平面图

4）将“设计中心”中“源文件”→“球阀零件”文件夹中的“装配体标题栏”图块插入到装配图中，插入点选择在图框的右上角点。然后使用“多行文字”命令，填写标题栏中的内容，如图 10-64 所示。

5）将“设计中心”中的“明细栏”图块插入到装配图中，插入点选择在标题栏的右上角点，然后使用“多行文字”命令，填写明细栏中的内容，如图 10-65 所示。

6）切换图层，将“文字图层”设置为当前图层。

7）单击“默认”选项卡“注释”面板中的“多行文字”按钮 A，填写技术要求。

8）单击快速访问工具栏中的“另存为”按钮，保存文件名为“球阀装配平面图”。到此为止，整个球阀的装配图绘制完毕，结果如图 10-41 所示。

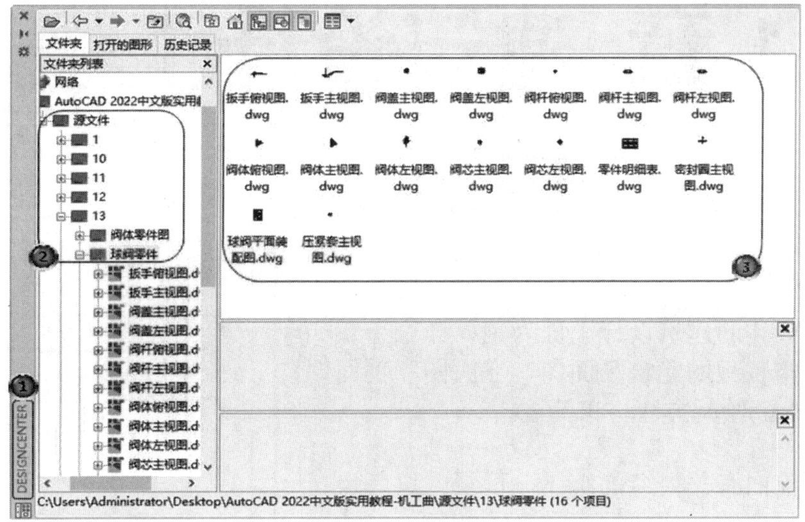

图 10-63　设计中心

图 10-64　标题栏

7	扳手		ZG25	1	
6	阀杆		40Cr	1	
5	压紧套		35	1	
4	阀芯		40Cr	1	
3	密封圈		填充聚四氟乙烯	2	
2	阀盖		ZG25	1	
1	阀体		ZG25	1	
序号	名　　称	[illegible]	材　　料	数量	备注

图 10-65　明细栏

注意

填写标题栏比较方便的方法是先复制填写好的文字，然后再进行修改，这样不仅简便，而且也可以很好地解决文字对齐的问题。

第 11 章 建筑设计工程案例

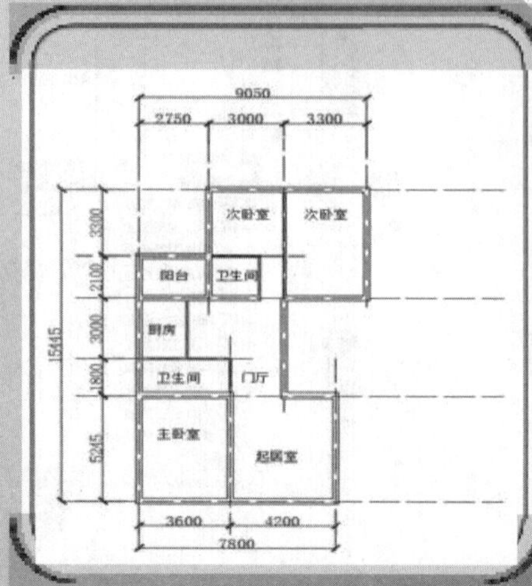

本章将以具体的建筑设计工程为例，详细介绍如何绘制一个建筑工程的建筑平面图、立面图和剖面图等相关图形的 CAD 绘制方法与相关技巧。

本章是对前面有关内容的综述，可帮助读者进一步学习和巩固已有的知识，逐步提高绘图技能，适应实际建筑工程设计需要。

- 高层住宅建筑平面图
- 高层住宅立面图
- 高层住宅建筑剖面图

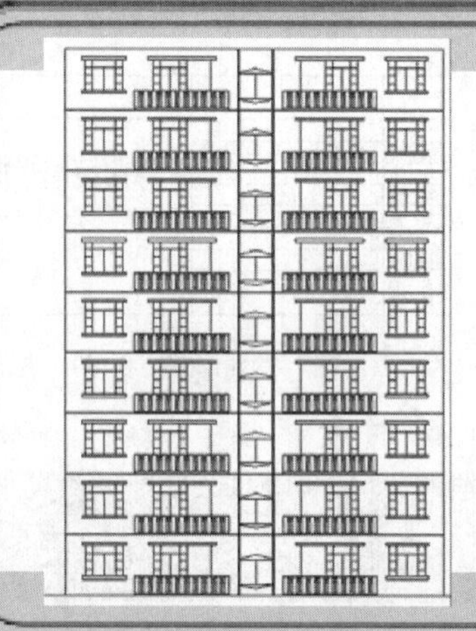

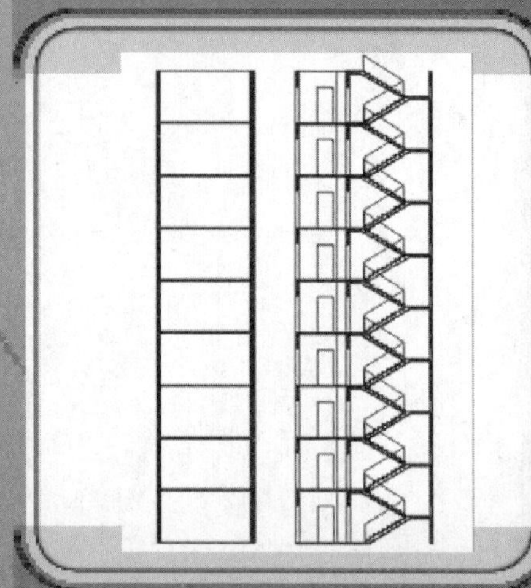

11.1 高层住宅建筑平面图

本节将以工程设计中常见的板式高层住宅建筑平面图为例，详细介绍建筑平面图 AutoCAD 绘制方法与技巧。通过本设计案例的学习，结合前面有关章节介绍的建筑平面图的绘图方法，读者可进一步巩固相关绘图知识和方法，全面掌握建筑平面图的绘制。

下面介绍如图 11-1 所示的住宅平面空间建筑平面图设计的相关知识及其绘图方法与技巧。

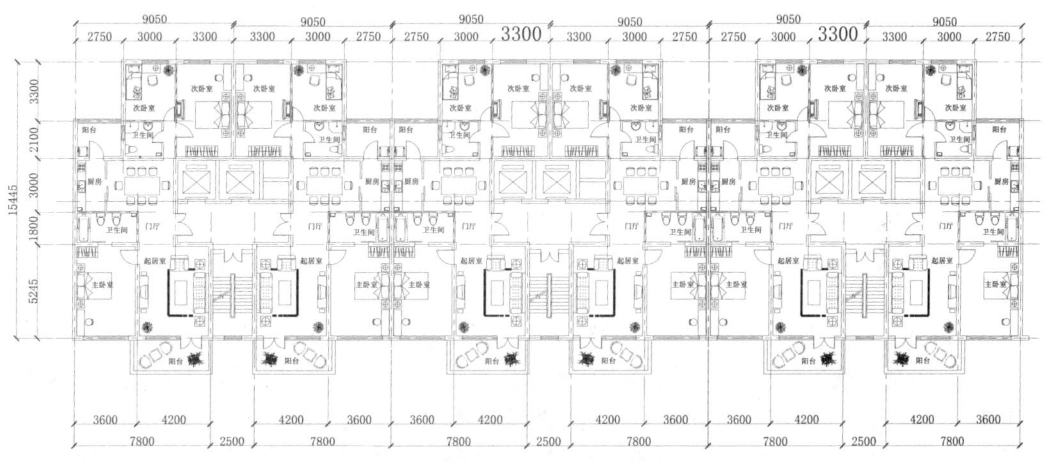

图 11-1 住宅平面空间建筑平面图

提示

住宅的基本功能有睡眠、休息、饮食、盥洗、家庭团聚、会客、视听、娱乐、学习、工作等。其中又有静或闹、私密或外向等不同特点，如睡眠、学习要求静，同时睡眠又有私密性的要求。在住宅平面空间中，其功能房间有客厅、餐厅、主卧室及其卫生间、次卧室、书房、厨房、公用卫生间（客卫）以及阳台等。

11.1.1 绘制建筑平面墙体

下面介绍居室各个房间墙体轮廓线的绘制方法与技巧。

1）单击“默认”选项卡“绘图”面板中的“直线”按钮，绘制居室墙体的轴线，如图 11-3 所示。注意：所绘制的轴线长度要略大于居室的总长度和总宽度尺寸，如图 11-2 所示。

图 11-2 绘制墙体轴线

图 11-3 将轴线改为点画线

2）将轴线的线型由实线改为点画线。

提示

改变线型为点画线的方法是先单击需要改变线型的直线，然后在“对象特性”工具栏上“线型控制”下拉列表中选择点画线，即可将所选择的直线改变成点画线。若还未加载点画线线型，可选择“其他”命令加载此种线型。

3）单击“默认”选项卡“修改”面板中的“偏移”按钮⊆和“延伸”按钮→，根据居室开间或进深创建轴线，如图 11-4 所示。

4）按上述方法完成整个住宅平面空间的墙体轴线绘制，如图 11-5 所示。

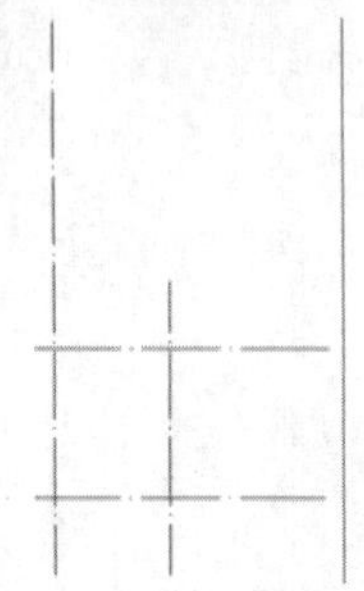

图 11-4　按开间或进深创建轴线

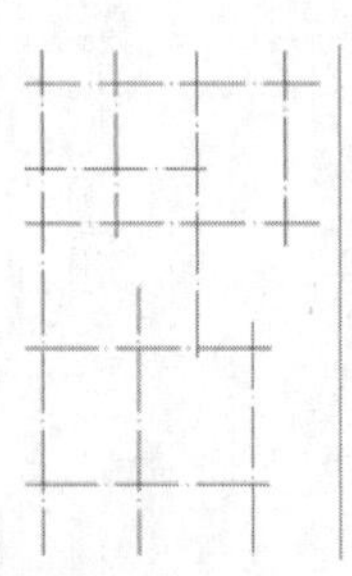

图 11-5　完成轴线绘制

5）单击“默认”选项卡“注释”面板中的“线性”按钮和“注释”选项卡“标注”面板中的“连续”按钮，对轴线尺寸进行标注，如图 11-6 所示。

6）单击“默认”选项卡“注释”面板中的“线性”按钮和“注释”选项卡“标注”面板中的“连续”按钮，完成住宅平面空间所有相关轴线尺寸的标注，如图 11-7 所示。

若某个轴线的长短与墙体实际长度不一致，可以使用 STRETCH（拉伸）命令或热键进行调整。

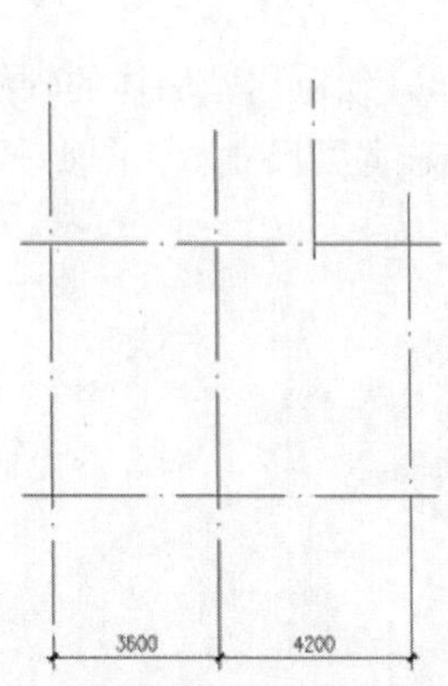

图 11-6　标注轴线尺寸

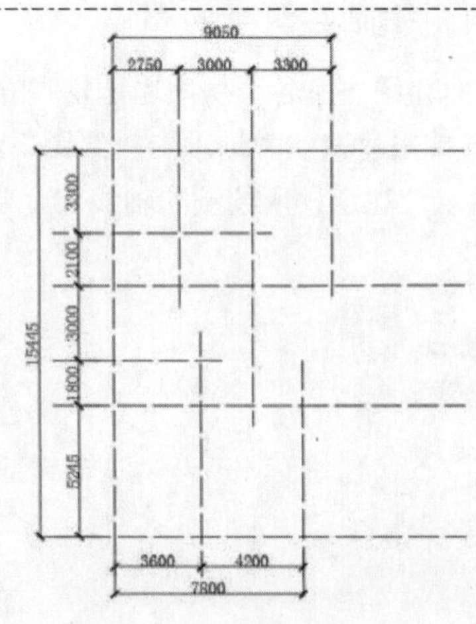

图 11-7　标注所有轴线尺寸

7）在命令行中输入“MLINE”命令，创建住宅平面空间的墙体绘制，如图 11-8 所示。

8）选择菜单栏中的“绘图”→“多线”命令，创建隔墙，如图 11-9 所示。

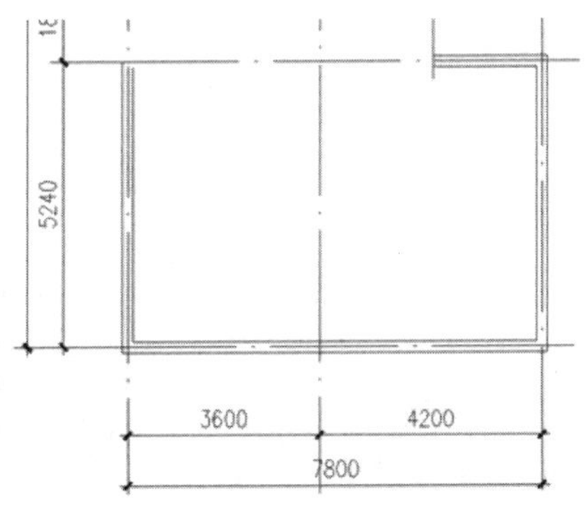

图 11-8 创建墙体

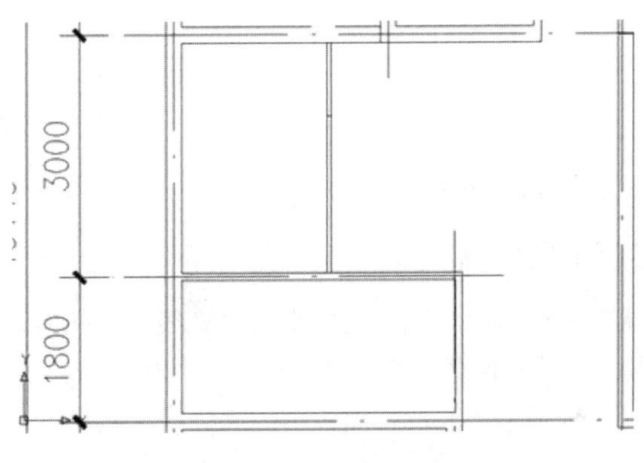

图 11-9 创建隔墙

提示

通常，墙体厚度设置为 200mm。

对一些厚度比较薄的隔墙，如卫生间、过道等位置的墙体，可通过调整多线的比例改变墙体的厚度来绘制。

9）选择菜单栏中的“绘图”→“多线”命令，按照住宅平面空间的各个房间开间与进深，继续进行其他位置墙体的创建，结果如图 11-10 所示。

10）单击“默认”选项卡“注释”面板中的“多行文字”按钮 A，标注房间文字，结果如图 11-11 所示。

提示

标注房间文字也可以使用 TEXT 命令。

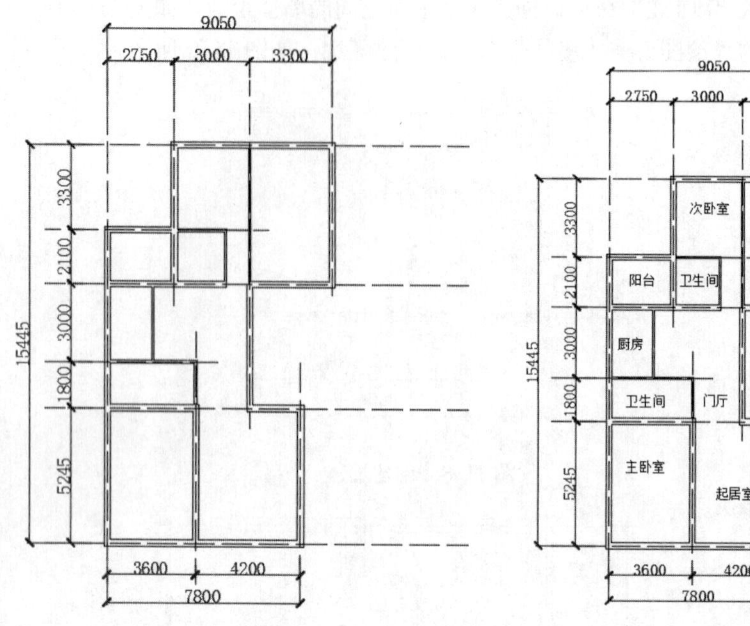

图 11-10　完成墙体绘制

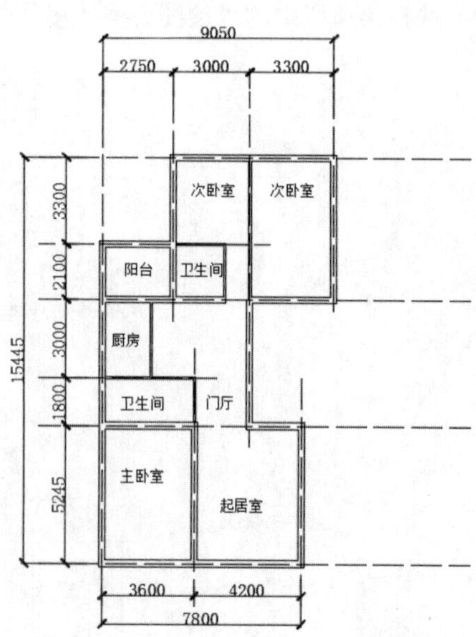

图 11-11　布置房间文字

11.1.2　绘制建筑平面门窗

1）单击“默认”选项卡“绘图”面板中的“直线”按钮╱和“修改”面板中的“镜像”按钮⚠，按户门的大小绘制两条与墙体垂直的平行线确定户门宽度，如图 11-12 所示。

2）单击“默认”选项卡“修改”面板中的“修剪”按钮✂，对线条进行修剪得到户门的门洞，如图 11-13 所示。

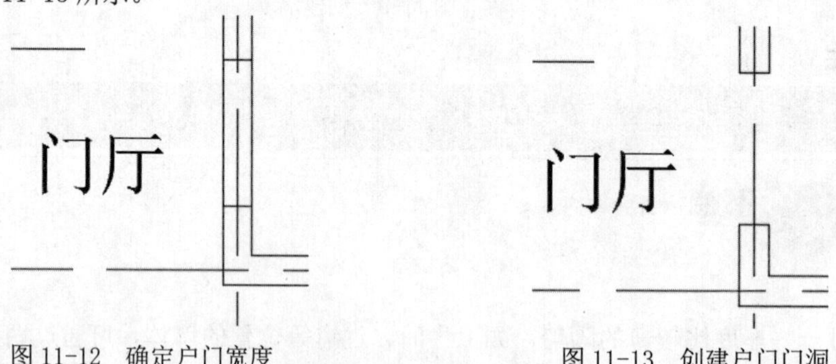

图 11-12　确定户门宽度　　图 11-13　创建户门门洞

3）单击“默认”选项卡“绘图”面板中的“多段线”按钮⊃，绘制户门的门扇造型（该门扇的造型为一大一小），如图 11-14 所示。

4）单击“默认”选项卡“绘图”面板上“圆弧”下拉菜单中的 “三点”按钮⌒，绘制两段长度不一样的弧线，如图 11-15 所示，得到户门造型。

5）单击“默认”选项卡“绘图”面板中的“直线”按钮╱和“修改”面板中的“偏移”按钮⊆，利用 3 段短线，创建阳台门联窗户造型，如图 11-16 所示。

6）单击“默认”选项卡“修改”面板中的“修剪”按钮✂，在阳台门的位置剪切边界线，创建阳台门门洞，如图 11-17 所示。

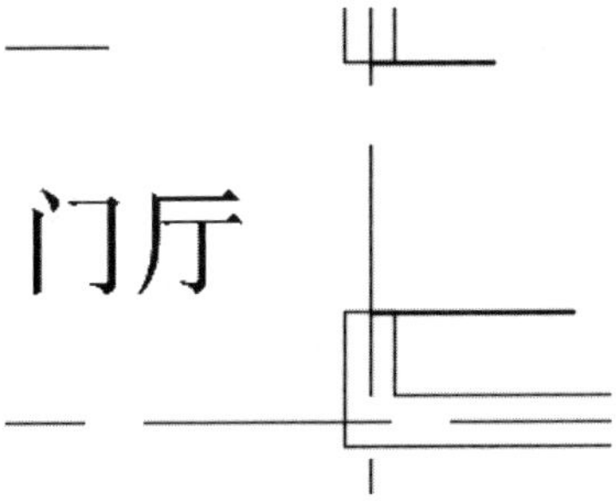

图 11-14　绘制门扇

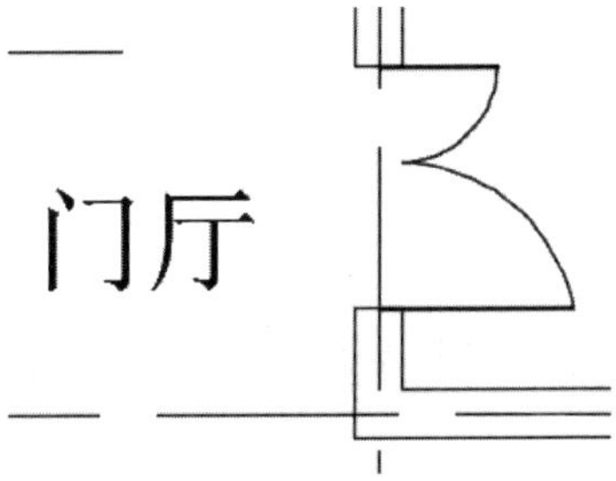

图 11-15　绘制两段弧线

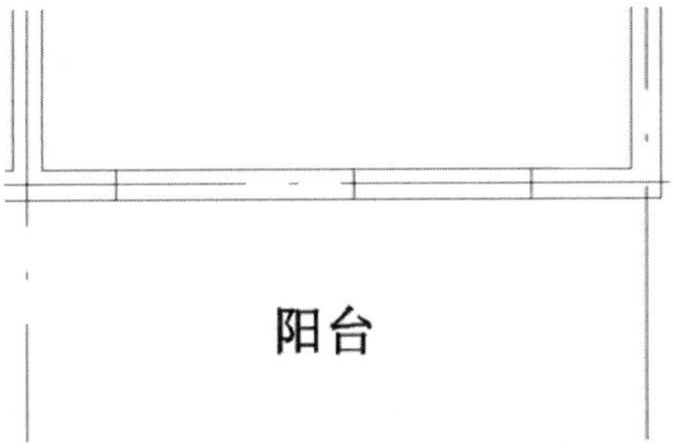

图 11-16　创建阳台门联窗户造型

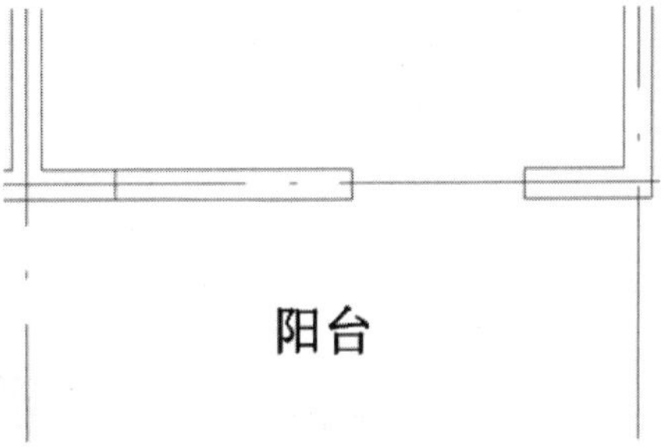

图 11-17　创建阳台门门洞

7）单击“默认”选项卡“绘图”面板中的“多段线”按钮和“修改”面板中的“偏移”按钮，在阳台门洞旁边绘制窗户造型，如图 11-18 所示。

8）单击“默认”选项卡“绘图”面板中的“多段线”按钮，按阳台门大小的一半绘制其中一扇门扇，如图 11-19 所示。

9）单击“默认”选项卡“修改”面板中的“镜像”按钮，对刚绘制的门扇进行镜像，如图 11-20 所示，完成门联窗户造型的绘制。

注意

绘制阳台门扇时要采取镜像，不宜采用复制。

10）单击“默认”选项卡“绘图”面板中的“直线”按钮和“修改”面板中的“偏移”按钮，在餐厅与厨房之间进行推拉门造型的绘制。先绘制门的宽度范围，如图 11-21 所示。

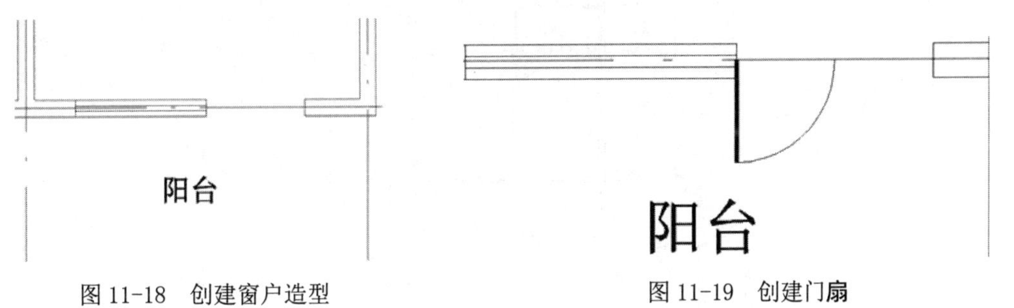

图 11-18　创建窗户造型　　图 11-19　创建门扇

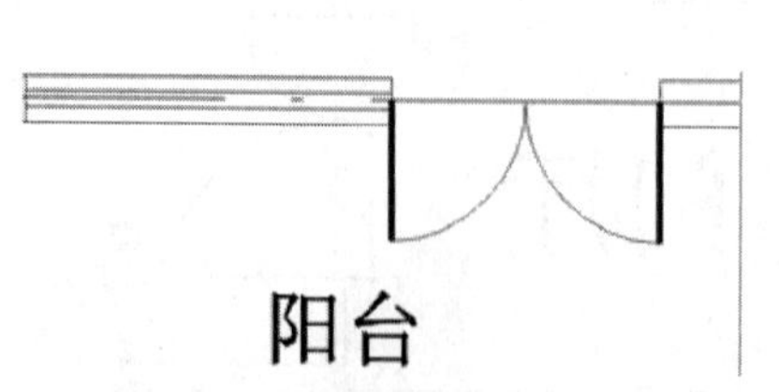

图 11-20　镜像门扇

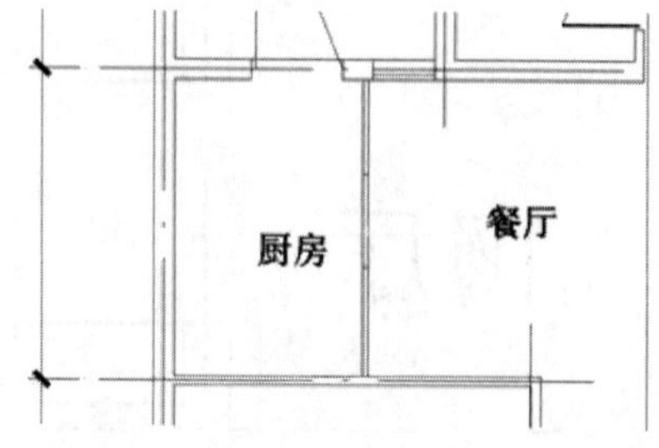

图 11-21　绘制门宽范围

11）单击“默认”选项卡“修改”面板中的“修剪”按钮，剪切出门洞，如图 11-22 所示。

12）单击“默认”选项卡“绘图”面板中的“矩形”按钮，在靠餐厅一侧绘制矩形推拉门，如图 11-23 所示。

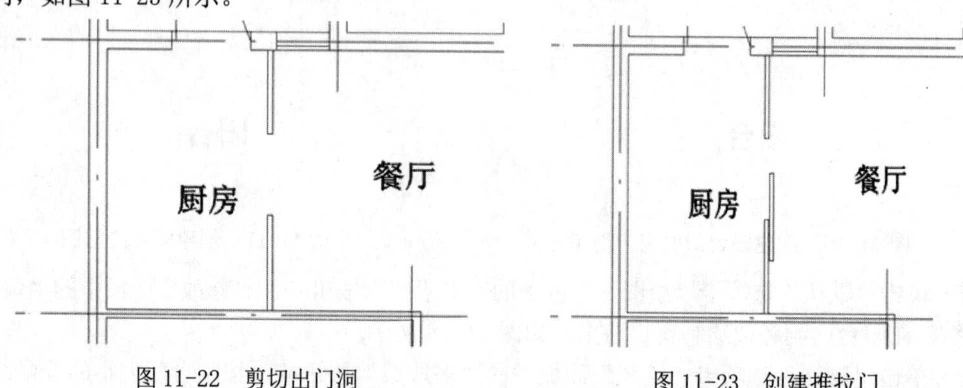

图 11-22　剪切出门洞　　　　图 11-23　创建推拉门

13）其他位置的门窗造型可参照上述方法进行创建，结果如图 11-24 所示。

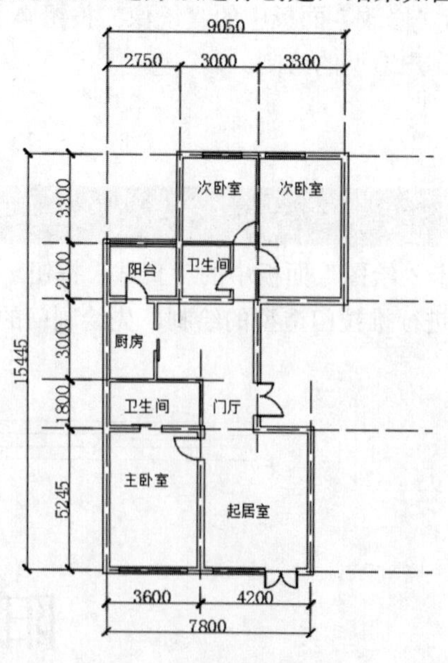

图 11-24　创建其他门窗

11.1.3 绘制楼梯、电梯间等建筑空间平面图

1）单击“默认”选项卡“绘图”面板中的“直线”按钮和“圆弧”下拉菜单中的“三点”按钮，绘制楼梯间墙体和门窗轮廓，如图 11-25 所示。

2）单击“默认”选项卡“绘图”面板中的“直线”按钮和“修改”面板中的“偏移”按钮，绘制楼梯踏步平面造型，如图 11-26 所示。

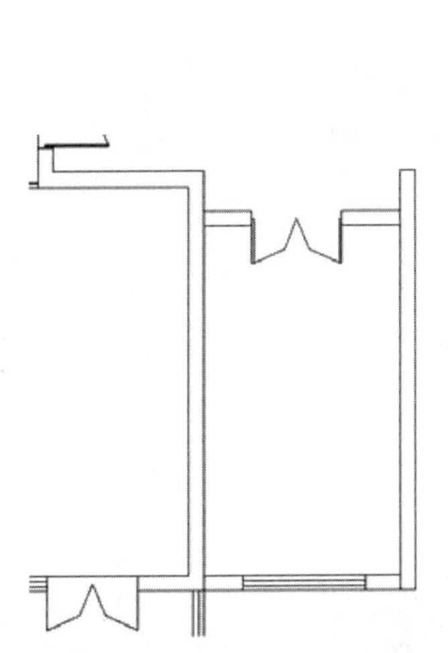

图 11-25 绘制楼梯间墙体和门窗轮廓

图 11-26 绘制楼梯踏步造型

3）单击“默认”选项卡“绘图”面板中的“直线”按钮和“修改”面板中的“修剪”按钮，绘制楼梯踏步折断线造型，如图 11-27 所示。

4）单击“默认”选项卡“绘图”面板中的“直线”按钮，绘制电梯井墙体轮廓，如图 11-28 所示。

5）单击“默认”选项卡“绘图”面板中的“直线”按钮和“矩形”按钮，绘制电梯平面造型，如图 11-29 所示。

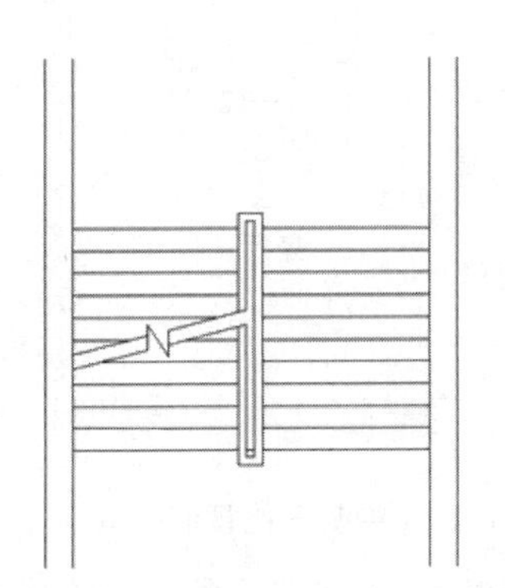

图 11-27 绘制楼梯折断线造型

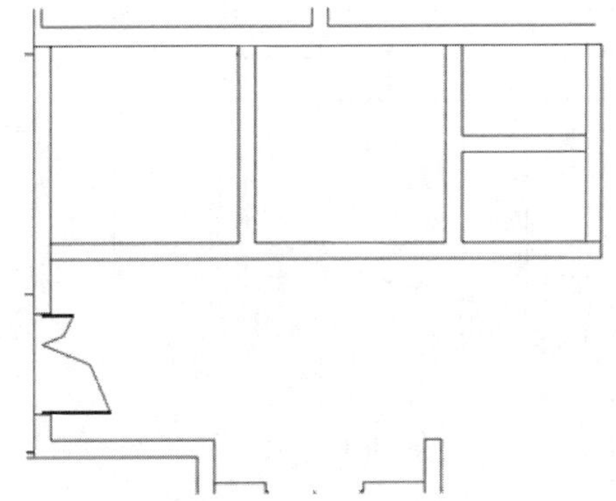

图 11-28 创建电梯井墙体轮廓

6）按相同方法绘制另外一个电梯平面造型，结果如图 11-30 所示。

7）单击“默认”选项卡“绘图”面板中的“矩形”按钮，绘制卫生间中的矩形通风道造型，如图 11-31 所示。

8）单击“默认”选项卡“修改”面板中的“偏移”按钮⊆，创建通风道墙体造型，如图 11-32 所示。

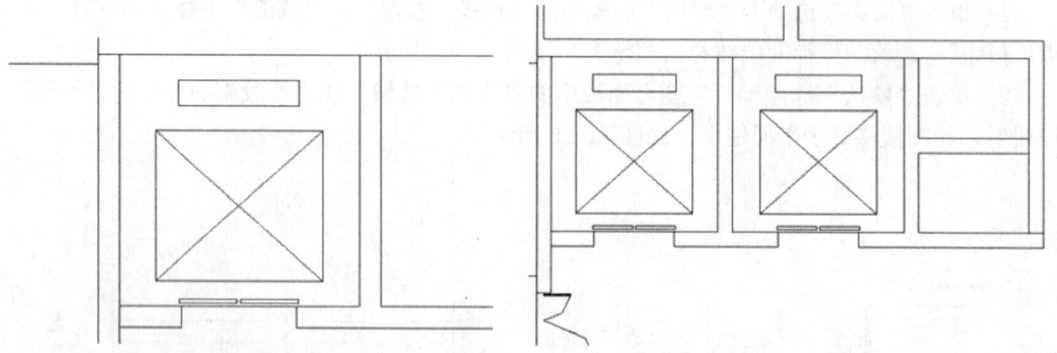

图 11-29　绘制电梯平面造型　　　　图 11-30　绘制另外一个电梯平面造型

9）单击“默认”选项卡“绘图”面板中的“多段线”按钮⊃，在通风道内绘制折线造型，如图 11-33 所示。

10）按上述方法，创建其他管道造型轮廓，结果如图 11-34 所示。

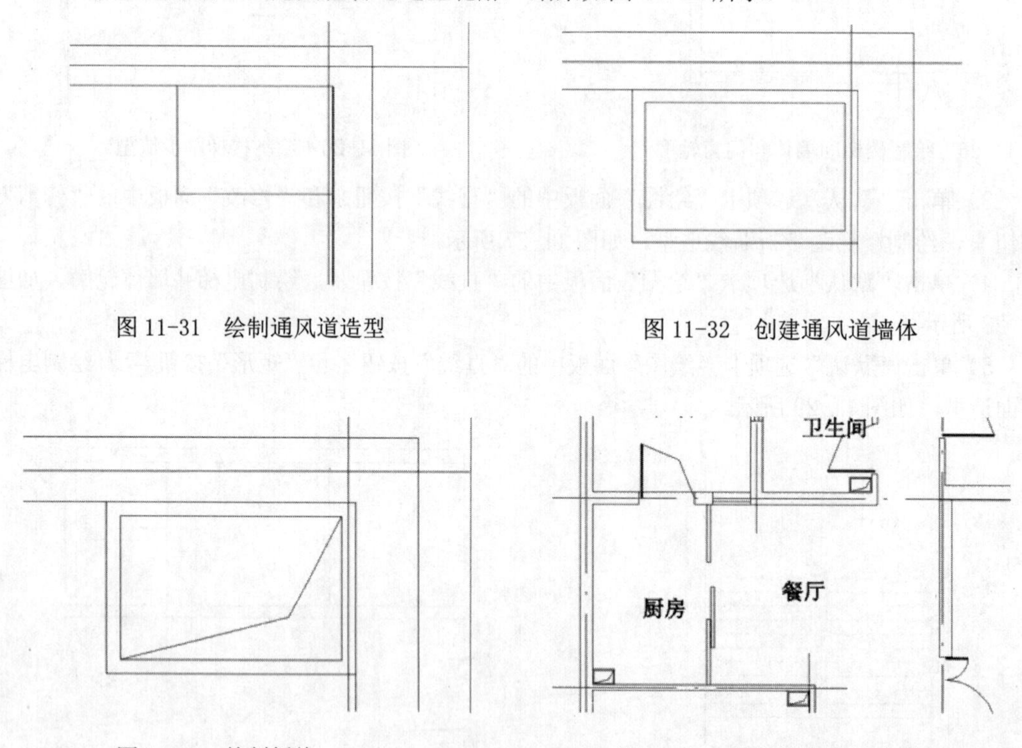

图 11-31　绘制通风道造型　　　　图 11-32　创建通风道墙体

图 11-33　绘制折线　　　　图 11-34　绘制其他管道造型

11）单击“默认”选项卡“绘图”面板中的“多段线”按钮⊃，按阳台的尺寸绘制其外轮廓，如图 11-35 所示。

12）单击“默认”选项卡“修改”面板中的“偏移”按钮⊆，创建阳台及其栏杆造型效果，如图 11-36 所示。

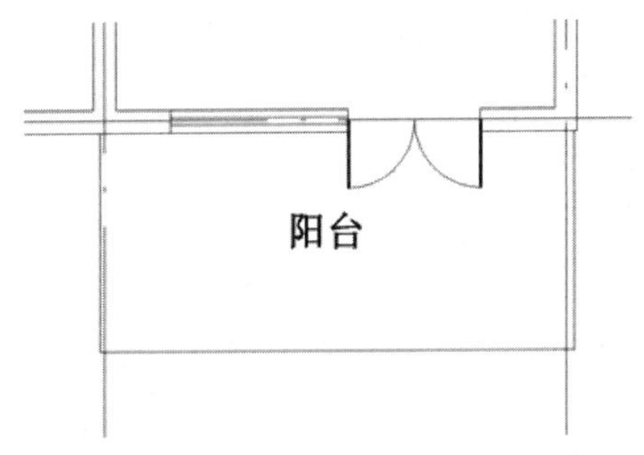

图 11-35　绘制阳台外轮廓

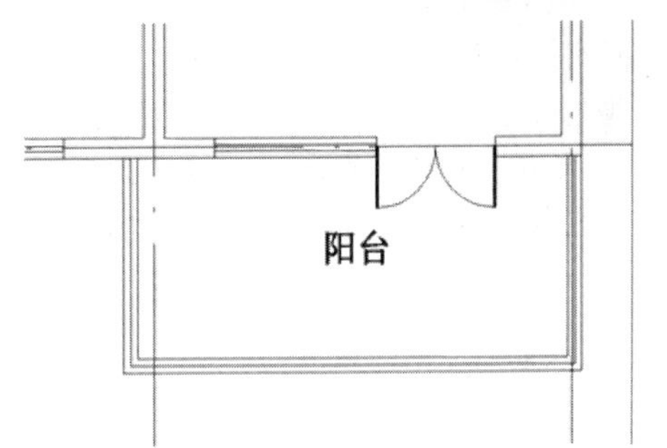

图 11-36　创建阳台及其栏杆造型

13）按照前面介绍的方法，完成一个单元建筑平面图的绘制，如图 11-37 所示。

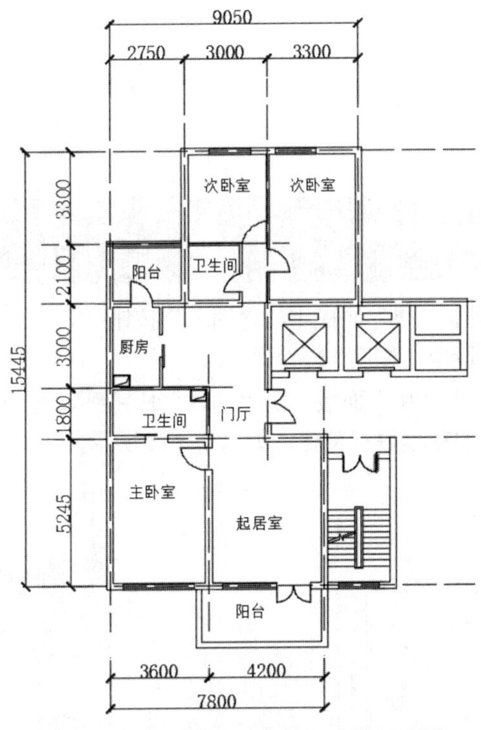

图 11-37　绘制完成一个单元建筑平面图

提示

完成建筑平面图的绘制后可以通过缩放观察图形，然后保存图形。

11.1.4　布置家具和洁具

1）单击“导航栏”中的“窗口缩放”按钮，局部放大起居室（即客厅）的空间平面，如图 11-38 所示。命令行提示及操作如下：

```
命令: ZOOM（局部缩放视图）
指定窗口的角点，输入比例因子 (nX 或 nXP)，或者
```

[全部(A)/中心(C)/动态(D)/范围(E)/上一个(P)/比例(S)/窗口(W)/对象(O)] <实时>: W↙
指定第一个角点:
指定对角点:

2）单击“插入”选项卡“块”面板中的“插入”按钮，选择下拉列表中的“库中的块”选项，在起居室平面上插入沙发造型，如图 11-39 所示。

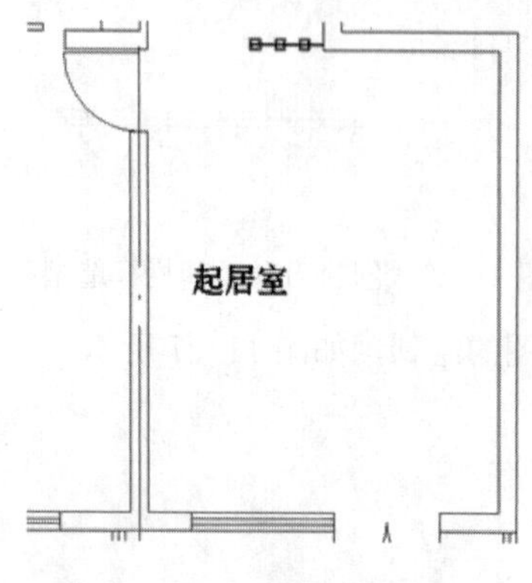

图 11-38　起居室平面

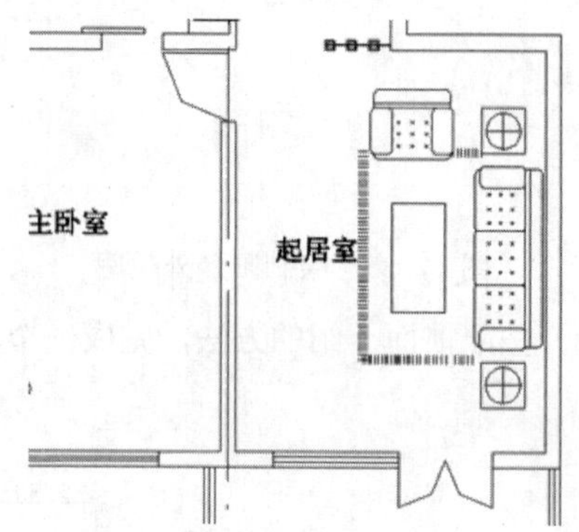

图 11-39　插入沙发造型

提示

该沙发造型包括沙发、茶几和地毯等造型。沙发等家具若插入的位置不合适，可以通过移动、旋转等功能命令对其位置进行调整。

3）单击“插入”选项卡“块”面板中的“插入”按钮，选择下拉列表中的“库中的块”选项，为客厅配置电视柜造型，如图 11-40 所示。

4）单击“插入”选项卡“块”面板中的“插入”按钮，选择下拉列表中的“库中的块”选项，在起居室布置适当的花草进行美化，如图 11-41 所示。

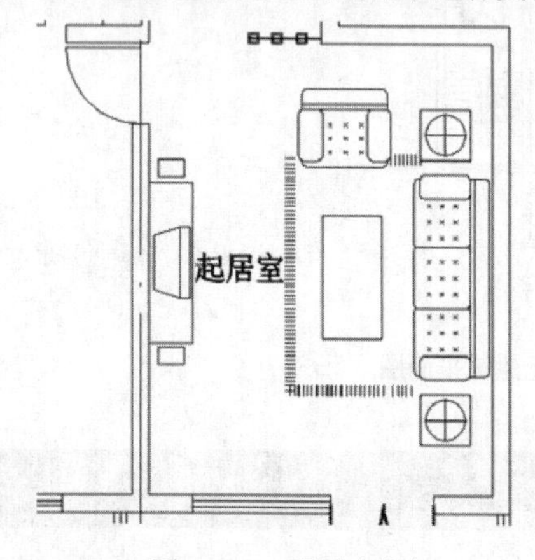

图 11-40　配置电视柜

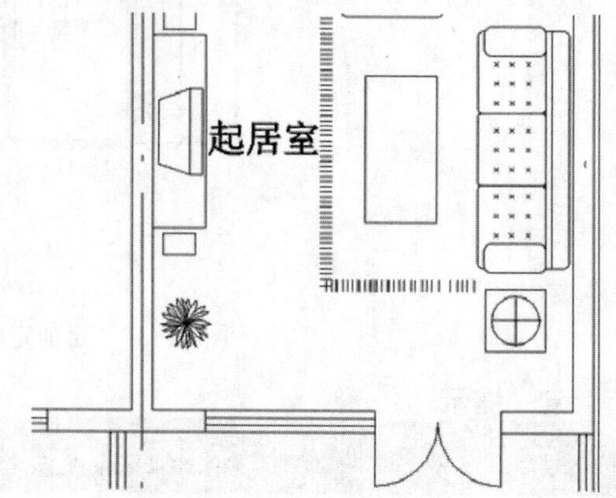

图 11-41　布置花草

5）单击“插入”选项卡“块”面板中的“插入”按钮，选择下拉列表中的“库中的块”选项，在餐厅平面上插入餐桌，如图 11-42 所示。

6）单击“插入”选项卡“块”面板中的“插入”按钮，选择下拉列表中的“库中的块”选项，在卫生间布置洁具，如图 11-43 所示。

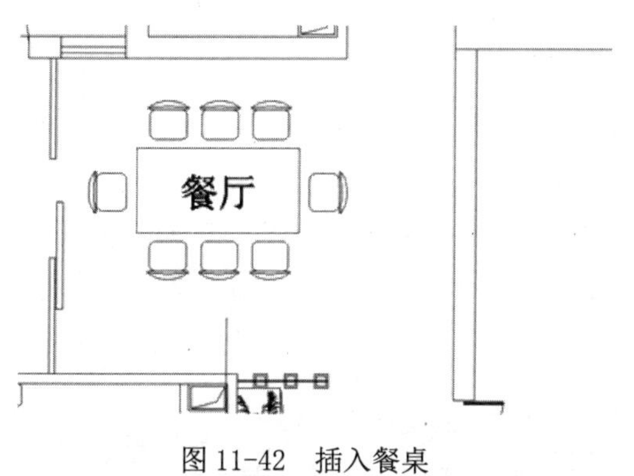

图 11-42　插入餐桌

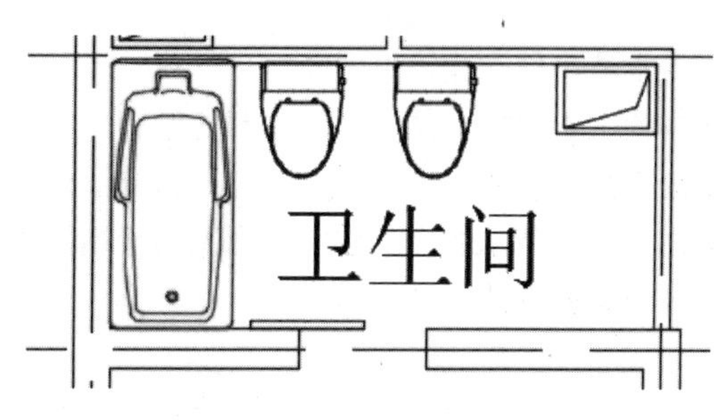

图 11-43　布置洁具

提示

可利用“插入块”命令，布置卫生间的坐便器和浴缸等洁具。

7）继续插入其它家具，完成布置家具，结果如图 11-44 所示。

8）单击“默认”选项卡“修改”面板中的“镜像”按钮，将绘制好的图形进行镜像，如图 11-45 所示，得到标准单元平面图。

9）单击“默认”选项卡“修改”面板中的“复制”按钮，将标准单元进行复制，完成整个住宅平面空间建筑平面图的绘制，结果如图 11-1 所示。

提示

也可以通过对标准住宅进行镜像得到整个住宅平面空间建筑平面图。

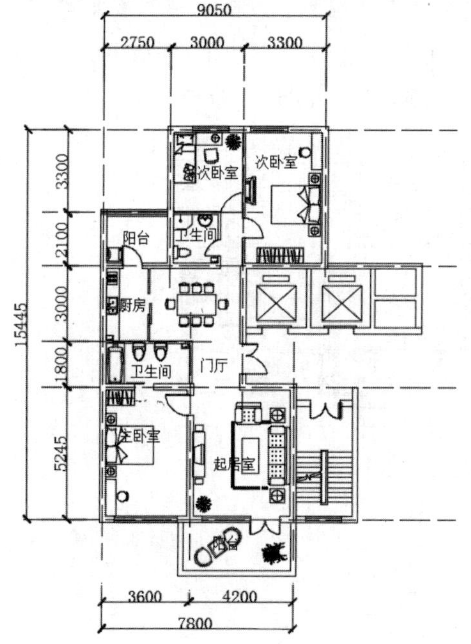

图 11-44　完成家具布置

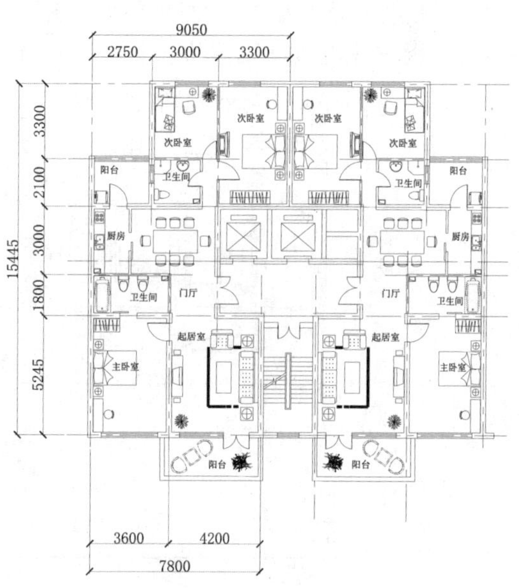

图 11-45　镜像图形

11.2 高层住宅立面图

本节将结合建筑平面图，介绍高层住宅立面图的 AutoCAD 绘制方法与技巧。建筑立面图的绘制的主要包括其立面主体轮廓的绘制、立面门窗造型的绘制、立面细部造型的绘制以及其他辅助立面造型的绘制，另外还包括标准层立面图、整体立面图及细部立面的处理等。下面通过如图 11-46 所示的高层住宅立面图的绘制，帮助读者进一步巩固相关绘图知识和方法，全面掌握建筑立面图的绘制。

18号楼南立面图 1：100

图 11-46 高层住宅立面图

11.2.1 绘制建筑标准层立面图轮廓

1）打开电子资料包中的“标准层平面图”，单击“默认”选项卡“绘图”面板中的“多段线”按钮，在标准层平面图的一个单元下侧绘制一条地平线，如图 11-47 所示。

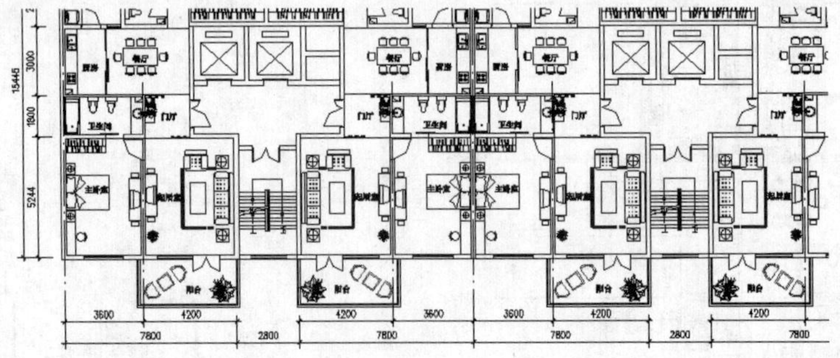

图 11-47 绘制地平线

2）单击“默认”选项卡“绘图”面板中的“直线”按钮，绘制外墙轮廓立面对应线，如图 11-48 所示。

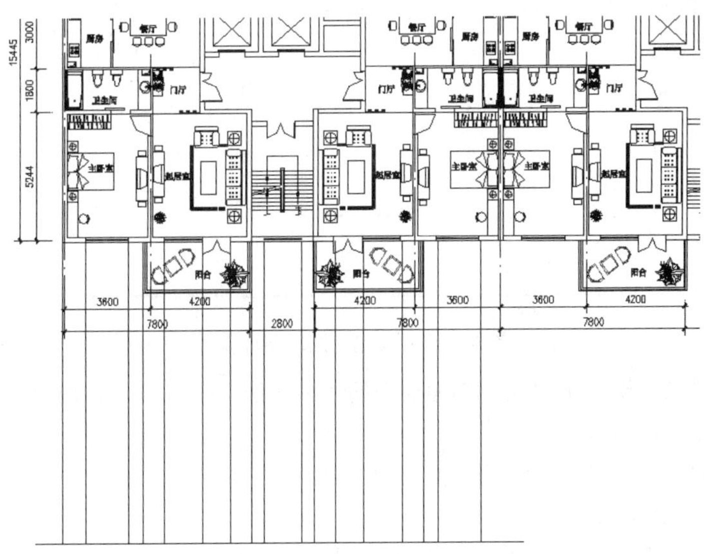

图 11-48 绘制外墙轮廓立面对应线

提示

准备绘制的立面图是高层住宅的正立面图。先绘制 1 条与地平线相垂直的建筑外墙对应线，然后根据建筑平面图中外轮廓墙体、门窗等位置偏移生成对应的结构轮廓线。

3）单击“默认”选项卡“修改”面板中的“偏移”按钮⊆和“修改”面板中的“修剪”按钮✂，生成 2 层楼面线，如图 11-49 所示。

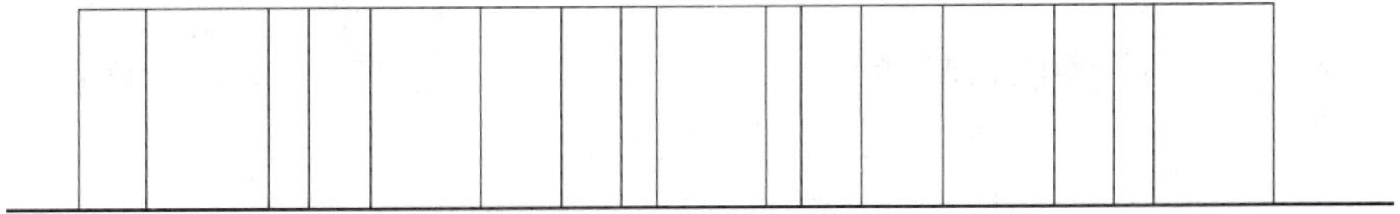

图 11-49 绘制 2 层楼面线

提示

高层住宅楼层高度设计为 3.0m，据此绘制与地平线平行的 2 层楼面线，然后对线条进行修剪，得到标准层的立面轮廓。

11.2.2 绘制建筑标准层门窗及阳台立面图轮廓

1）单击“默认”选项卡“修改”面板中的“偏移”按钮⊆，在与地平线平行的方向创建立面图中的门窗轮廓线，如图 11-50 所示。

提示

在建筑设计中，门窗的高度一般根据楼层高度而定。

2）单击“默认”选项卡“修改”面板中的“修剪”按钮✂，按照门窗的造型对图形进行修剪，结果如图 11-51 所示。

3）单击“默认”选项卡“绘图”面板中的“直线”按钮╱，根据立面图设计的整体效果，

对窗户立面进行分隔，创建的窗户造型如图 11-52 所示。

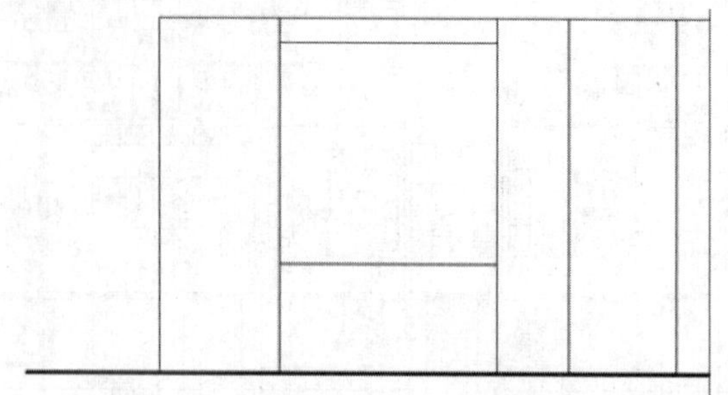

图 11-50　创建立面门窗轮廓线

4）单击“默认”选项卡“绘图”面板中的“多段线”按钮，在门窗上、下位置创建窗台造型，如图 11-53 所示。

5）单击“默认”选项卡“绘图”面板中的“直线”按钮，按上述方法，对阳台和阳台门立面进行分隔，结果如图 11-54 所示。

6）单击“默认”选项卡“绘图”面板中的“直线”按钮和“矩形”按钮，按阳台位置绘制阳台垂直栏杆，如图 11-55 所示。

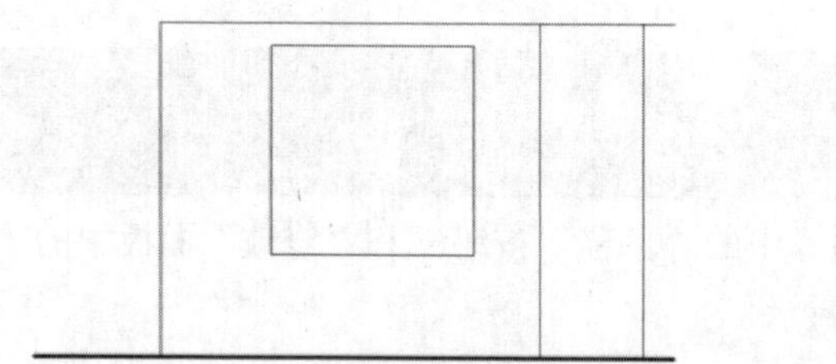

图 11-51　对图形进行修剪

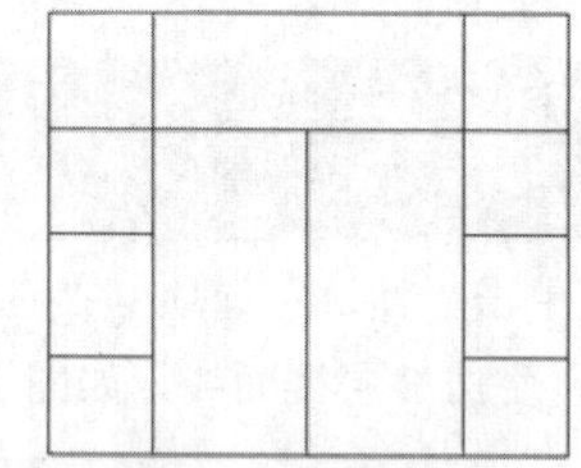

图 11-52　窗户造型

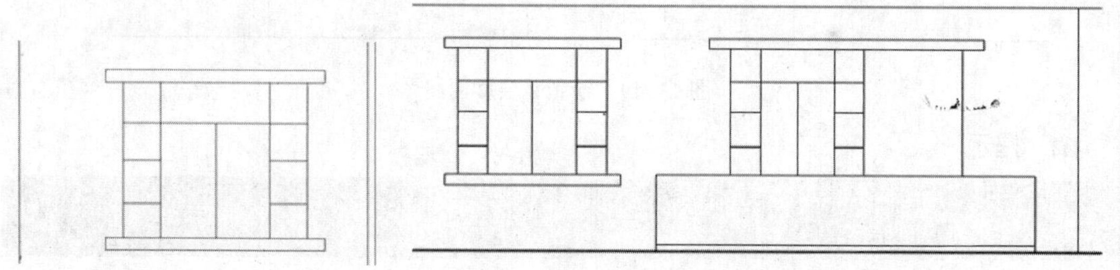

图 11-53　窗台造型设计　　图 11-54　阳台及阳台门造型绘制

可同时绘制与楼地面垂直的直线，并将其作为垂直主支撑栏杆。

7）单击“默认”选项卡“绘图”面板上的“圆弧”下拉菜单中的 “三点”按钮以及绘图面板中的“直线”按钮，绘制栏杆细部，如图 11-56 所示。

8）单击“默认”选项卡“修改”面板中的“镜像”按钮，创建阳台栏杆细部造型，如

图 11-57 所示。

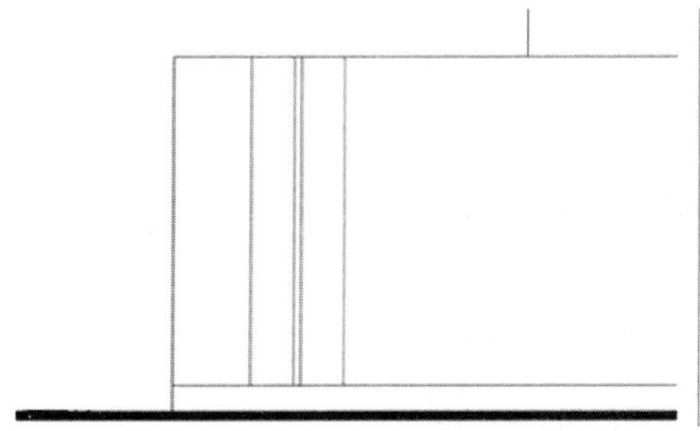

图 11-55　垂直栏杆　　图 11-56　栏杆细部

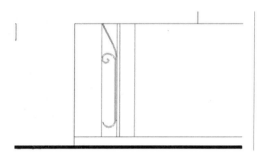

9）单击“默认”选项卡“修改”面板中的“复制”按钮，创建阳台栏杆，如图 11-58 所示。

提示

创建阳台栏杆也可以使用镜像命令。

10）按上述方法绘制另外一侧的立面，生成整个标准层的立面图，如图 11-59 所示。

11）同样，按上述方法完成中间楼梯、电梯间窗户立面图的绘制，如图 11-60 所示。

图 11-57　创建栏杆细部造型

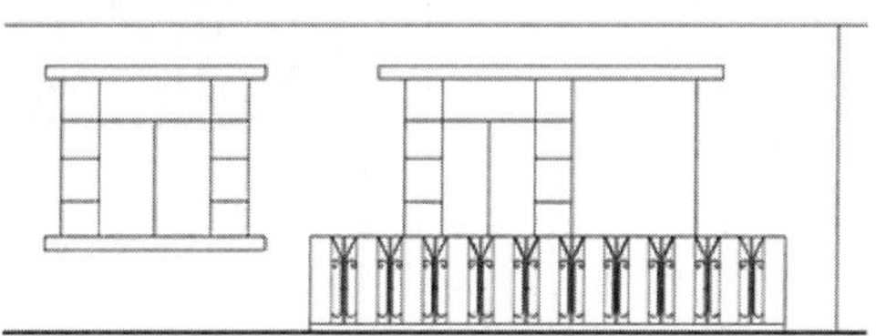

图 11-58　创建阳台栏杆

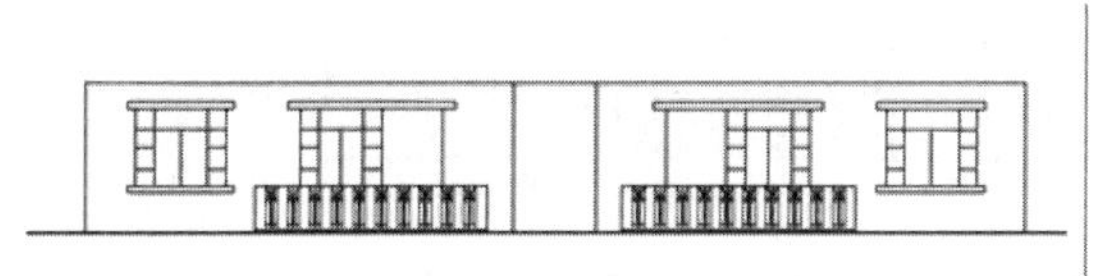

图 11-59　生成标准层立面图

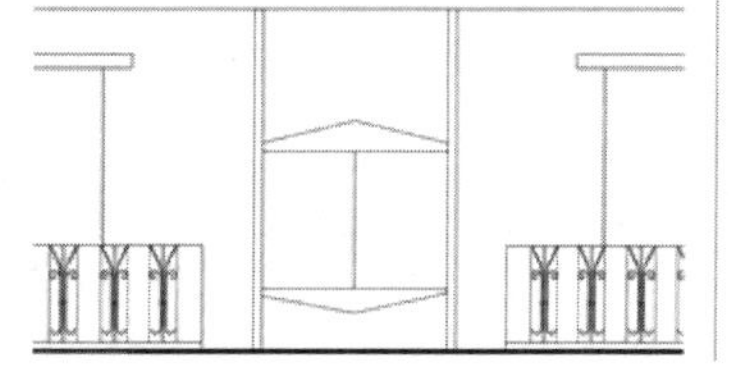

图 11-60　创建楼梯、电梯间窗户立面图

11.2.3　创建建筑整体立面图

1）单击“默认”选项卡“修改”面板中的“复制”按钮，对楼层立面图进行复制，完成高层住宅建筑主体结构的绘制，如图 11-61 所示。

2）单击“默认”选项卡“绘图”面板中的“直线”按钮，绘制屋面造型，如图 11-62 所示。

提示

在这里屋面整体造型为平屋面。

3）单击“默认”选项卡“绘图”面板上的“圆弧”下拉菜单中的 “三点”按钮，在屋

顶立面中绘制弧线，形成屋顶造型，如图 11-63 所示。

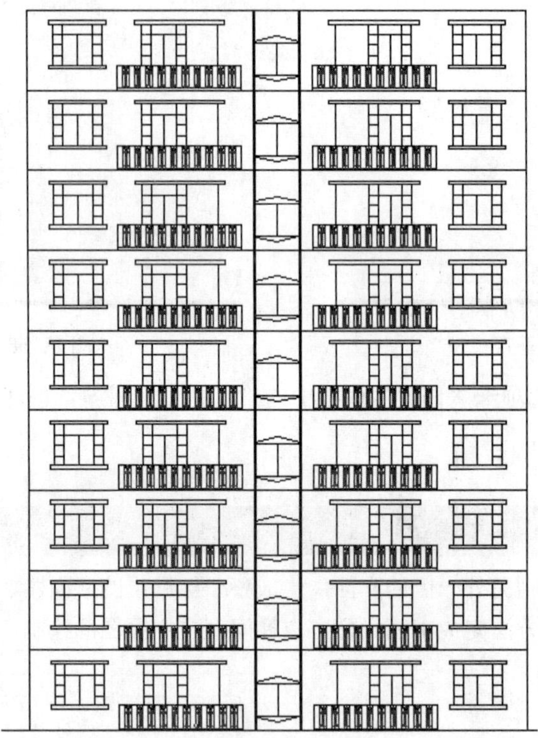

图 11-61　完成主体结构绘制

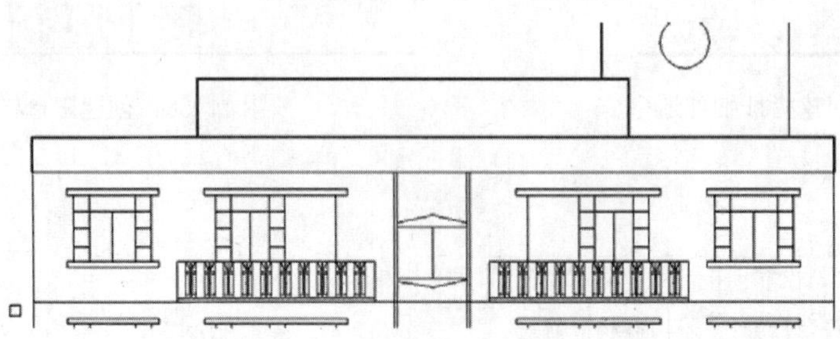

图 11-62　绘制屋面造型

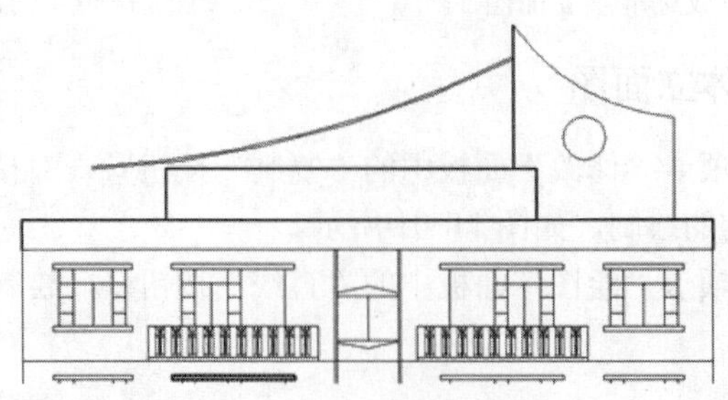

图 11-63　形成屋顶造型

4）单击“默认”选项卡“修改”面板中的“复制”按钮，按单元数量对单元立面进行复制，完成整体立面绘制，如图 11-64 所示。

图 11-64　完成整体立面绘制

5）单击“默认”选项卡“绘图”面板中的“直线”按钮╱和“注释”面板中的“多行文字”按钮A，绘制直线并标注文字，保存图形，结果如图 11-46 所示。

注意

高层住宅其他方向的立面图，如东立面图、西立面图等，按照正立面图的绘制方法建立，在此不做详细说明。

11.3　高层住宅建筑剖面图

本节将结合前面所述的高层住宅建筑平面图和立面图，介绍其剖面图的绘制方法与技巧。建筑剖面图的绘制主要包括楼梯剖面的轴线、墙体、踏步和文字尺寸的绘制，标准层剖面图、门窗剖面图、整体剖面图以及剖面细部等的绘制。通过本设计案例的学习，读者可进一步巩固相关绘图知识和方法，全面掌握建筑剖面图的绘制。

下面讲述在建筑平面图上 A-A 剖切位置（见图 11-65）剖面图的绘制方法。

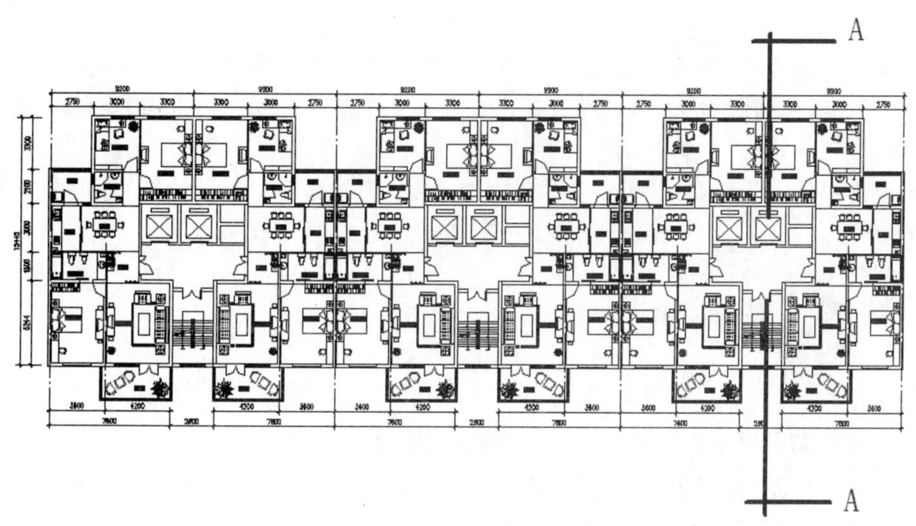

图 11-65　A-A 剖面图

11.3.1 绘制剖面图建筑墙体

1）单击“默认”选项卡“绘图”面板中的“多段线”按钮，在建筑平面图的右侧绘制1条垂直线，如图11-66所示。

提示

准备以右侧绘制的垂直线作为其地面。

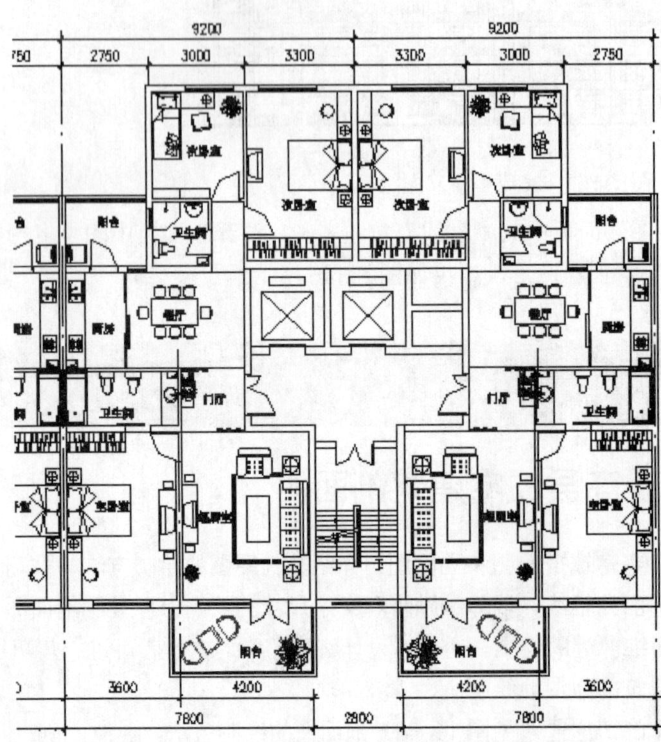

图11-66 绘制垂直线

2）单击“默认”选项卡“绘图”面板中的“直线”按钮和“修改”面板中的“偏移”按钮，绘制A-A剖切所涉及（能够看到）的墙体、门窗、楼梯等相应的轮廓线，如图11-67所示。

3）单击“默认”选项卡“修改”面板中的“旋转”按钮，将所绘制的轮廓线旋转，如图11-68所示。

可以将建筑平面图一起旋转与轮廓线同样的角度。

4）单击“默认”选项卡“绘图”面板中的“直线”按钮，在距离地面3.0m处绘制楼面轮廓线（高层住宅的楼层高度为3.0m），如图11-69所示。

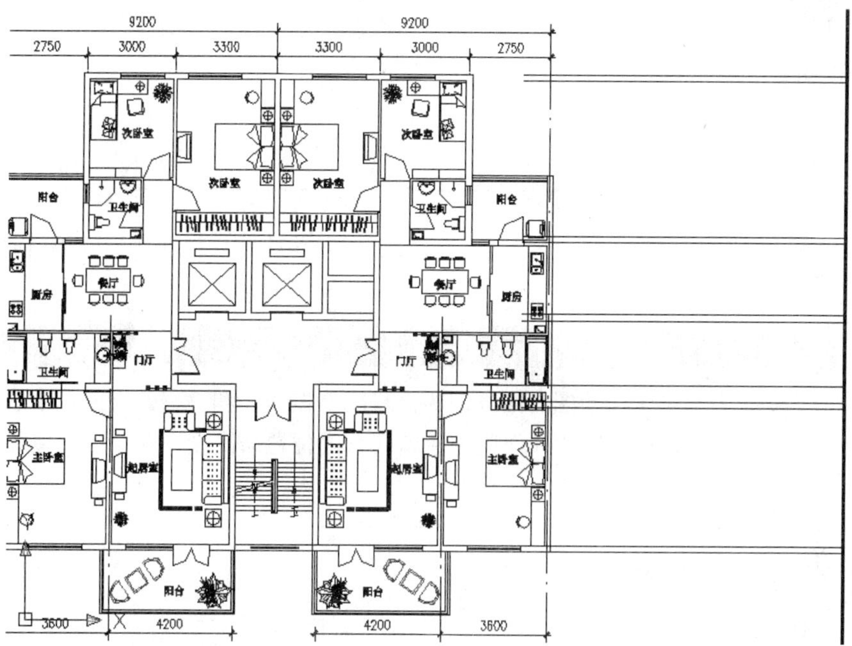

图 11-67　绘制相应轮廓线

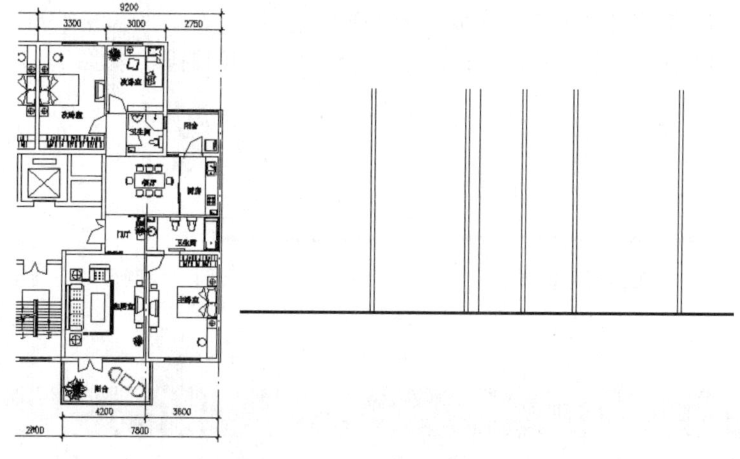

图 11-68　旋转轮廓线

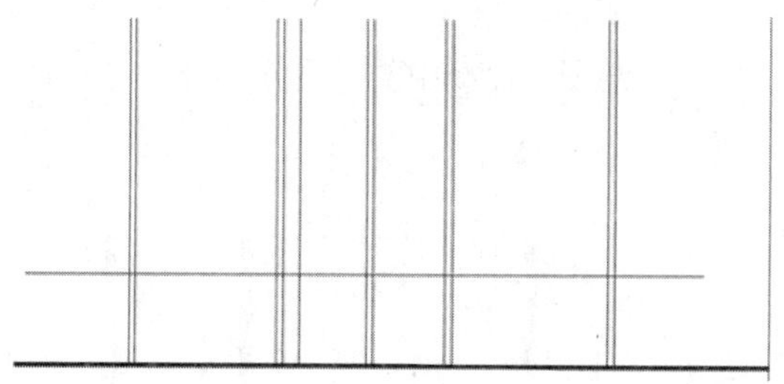

图 11-69　绘制楼面轮廓线

5）单击“默认”选项卡“修改”面板中的“修剪”按钮✂，对墙体和楼面轮廓线等进行修剪，结果如图 11-70 所示。

6）单击“默认”选项卡“修改”面板中的“镜像”按钮⚠，对墙体和楼面轮廓线等进行镜像，结果如图 11-71 所示。

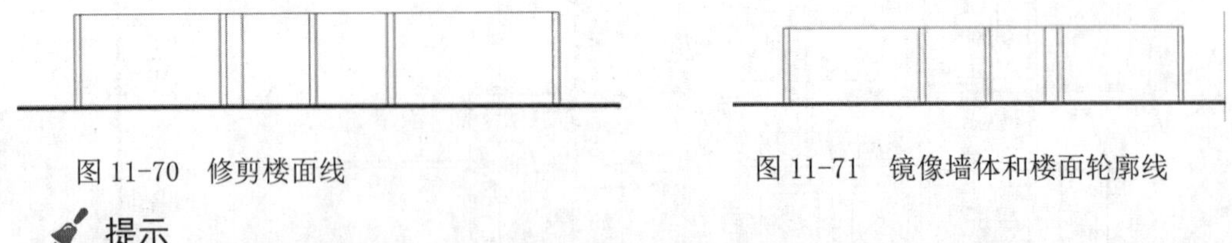

图 11-70 修剪楼面线　　图 11-71 镜像墙体和楼面轮廓线

提示

对墙体和楼面轮廓线等进行左右方向镜像，使得其与剖面方向一致。

7）单击“默认”选项卡“绘图”面板中的“直线”按钮╱和“修改”面板中的“编辑多段线”按钮，参照建筑平面图、立面图中建筑门窗的位置与高度，在相应的墙体上绘制门窗轮廓线，如图 11-72 所示。

教你一招：

可以使用 PEDIT 命令加粗墙线和楼面线等结构体轮廓线。

8）单击“默认”选项卡“修改”面板中的“修剪”按钮，修剪中间部分线条。单击“默认”选项卡“绘图”面板中的“矩形”按钮□，绘制矩形门洞轮廓，如图 11-73 所示。

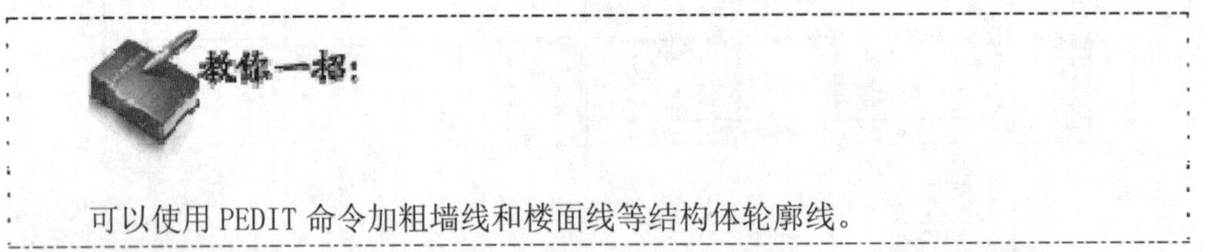

图 11-72 绘制门窗轮廓线　　图 11-73 绘制矩形门洞轮廓

注意

使矩形门洞上下通畅形成电梯井。

9）单击“默认”选项卡“绘图”面板中的“矩形”按钮□，绘制剖面图中可以看到的其他位置的门洞，结果如图 11-74 所示。

10）单击“默认”选项卡“绘图”面板中的“图案填充”按钮▦，填充剖面图中的墙体为黑色，如图 11-75 所示。

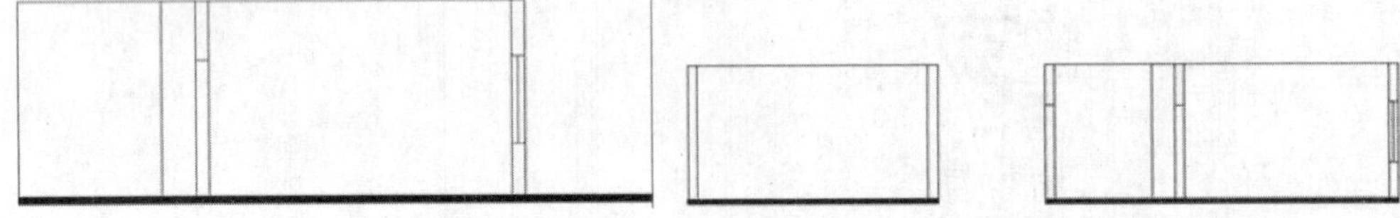

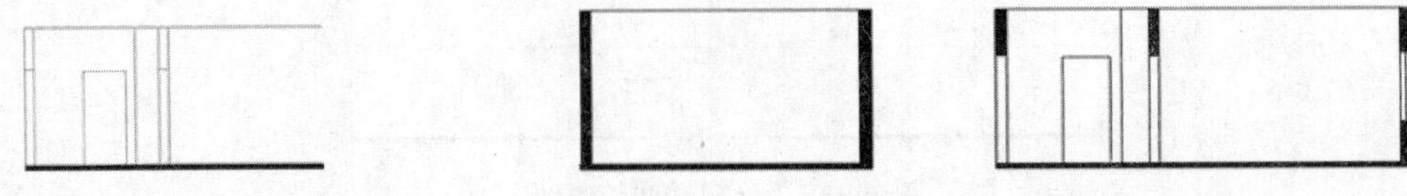

图 11-74 绘制其他位置门洞　　图 11-75 填充墙体

11.3.2 绘制剖面图建筑楼梯造型

1）单击“默认”选项卡“绘图”面板中的“多段线”按钮和“修改”面板中的“复制”按钮，绘制1个楼梯踏步剖面，如图11-76所示。

提示

根据楼层高度，按每踏步高度小于170mm计算楼梯踏步和梯板的尺寸，然后按所计算的尺寸绘制其中一个梯段剖面轮廓线。

2）单击“默认”选项卡“修改”面板中的“镜像”按钮，对刚绘制的楼梯踏步进行镜像，生成上梯段的楼梯剖面，结果如图11-77所示。

3）单击“默认”选项卡“绘图”面板中的“多段线”按钮，在踏步下绘制楼梯板，如图11-78所示，生成完整的楼梯剖面结构图。

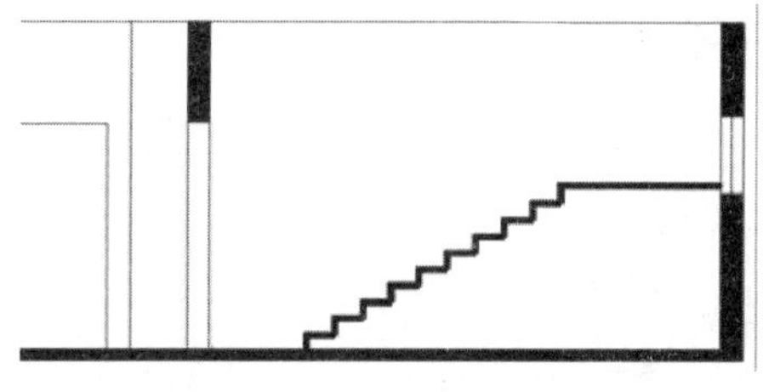

图11-76 创建楼梯踏步剖面

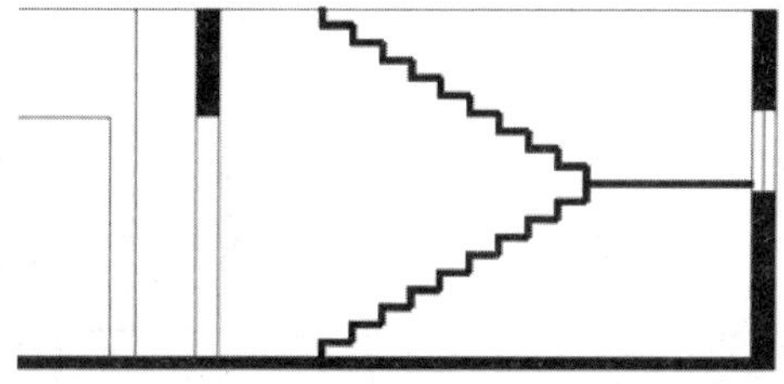

图11-77 生成楼梯剖面

4）单击“默认”选项卡“绘图”面板中的“直线”按钮，绘制楼梯栏杆，如图11-79所示。

提示

一般楼梯栏杆的高度为1.0～1.05m。这里只绘制其轮廓线，具体细部造型从略。

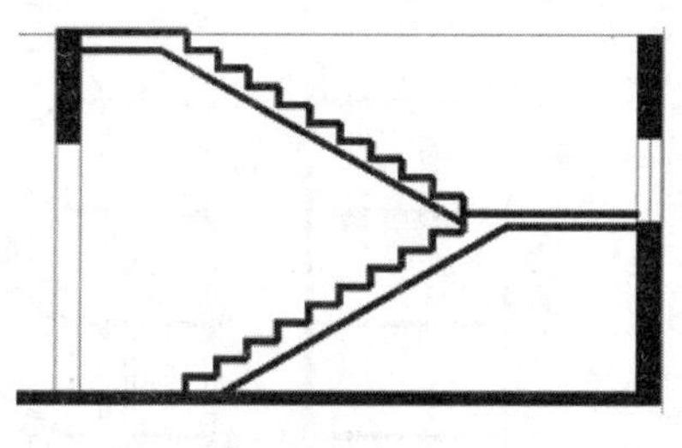

图11-78 绘制楼梯板

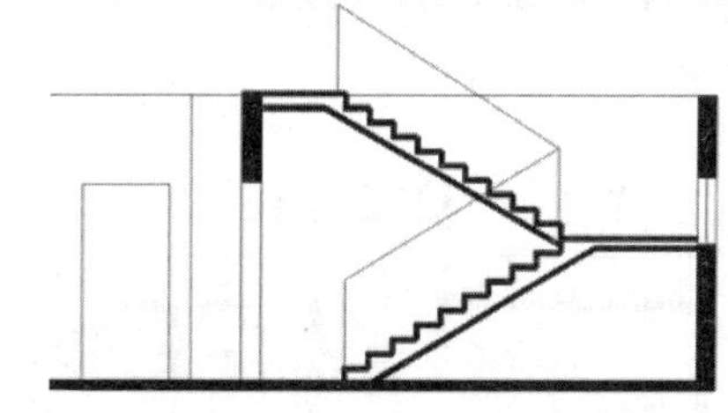

图11-79 绘制楼梯栏杆

5）单击“默认”选项卡“修改”面板中的“修剪”按钮，将楼梯间的部分楼板修剪，结果如图11-80所示。

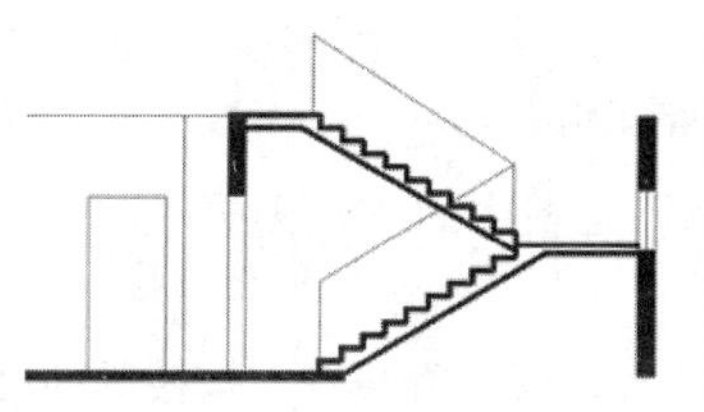

图11-80 修剪楼板

11.3.3 绘制剖面图整体楼层

1）单击“默认”选项卡“修改”面板中的“复制”按钮，按照立面图中所确定的楼层高度，进行楼层复制，生成 A-A 剖面图，如图 11-81 所示。

注意

在这里只绘制屋面结构轮廓线，具体细部造型从略。

2）单击“默认”选项卡“绘图”面板中的“多段线”按钮，绘制顶层屋面结构体剖面，如图 11-82 所示。

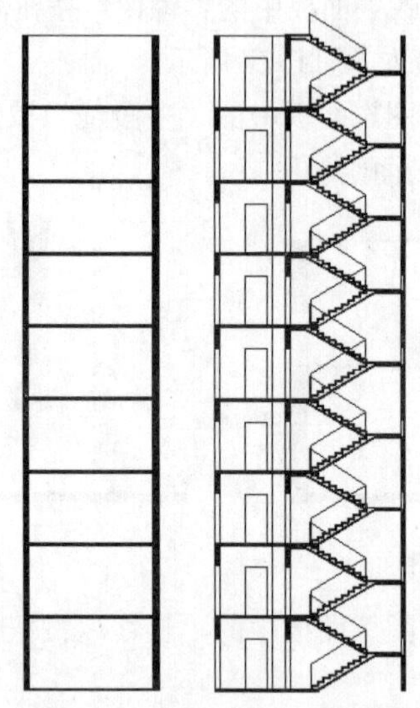

图 11-81　生成 A-A 剖面图

3）单击“默认”选项卡“绘图”面板中的“直线”按钮和“矩形”按钮，在剖面图底部绘制电梯坑井剖面，如图 11-83 所示。

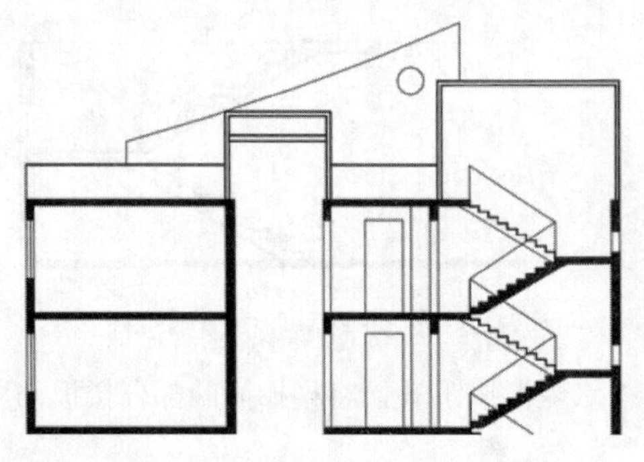

图 11-82　绘制顶层屋面结构体剖面

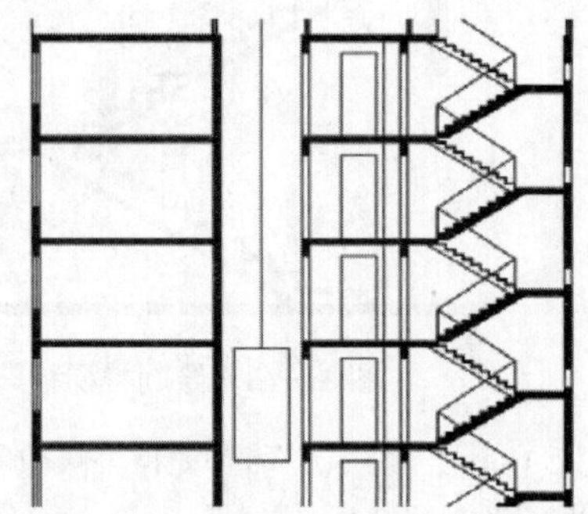

图 11-83　绘制电梯坑井剖面

4）单击“默认”选项卡“绘图”面板中的“多段线”按钮，绘制底侧的图形，如图 11-84 所示。

5）利用“直线”“多行文字”和“线性”命令，按楼层高度标注剖面图中的楼层标高，以及楼层和门窗的尺寸，结果如图 11-85 所示。

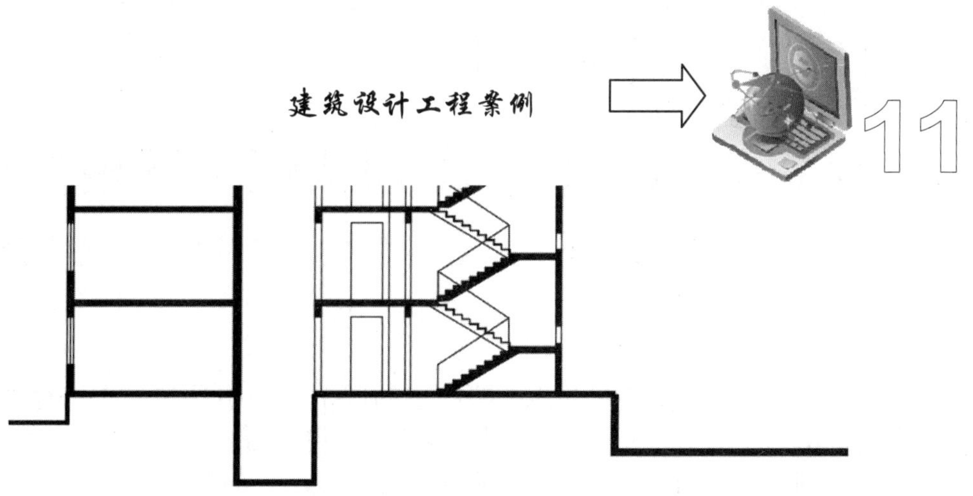

图 11-84　绘制底侧

注意

对不正确的地方进行修改，然后保存图形。

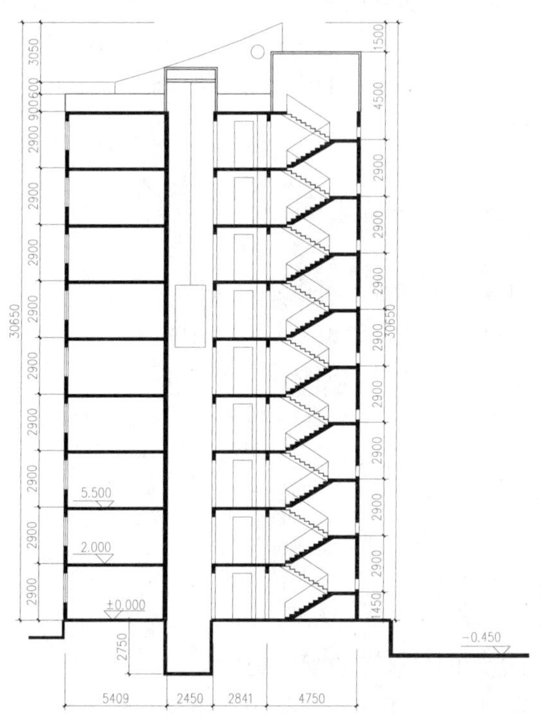

图 11-85　A-A 剖面图

附录　AutoCAD 工程师认证考试模拟试题

（满分 100 分，选自 Autodesk 中国认证考试管理中心真题题库）

一、单项选择题（以下各小题给出的四个选项中只有一个符合题目要求，请选择相应的选项，不选、错选均不得分，共 30 题，每题 2 分，共 60 分）

1.“图层”工具栏中按钮“将对象的图层置为当前”的作用是（　　）。

A. 将所选对象移至当前图层

B. 将所选对象移出当前图层

C. 将选中对象所在的图层置为当前图层

D. 增加图层

2. 下面哪个选项将图形进行动态放大？（　　）

A. ZOOM/(D)　B. ZOOM/(W)　C. ZOOM/(E)　D. ZOOM/(A)

3. 当捕捉设定的间距与栅格所设定的间距不同时，（　　）。

A. 捕捉仍然只按栅格进行

B. 捕捉时按照捕捉间距进行

C. 捕捉既按栅格，又按捕捉间距进行

D. 无法设置

4. 在选择集中去除对象，按住哪个可以进行去除对象选择？（　　）

A. Space　B. Shift　C. Ctrl　D. Alt

5. 所有尺寸标注共用一条尺寸界线的是（　　）。

A. 引线标注　B. 连续标注　C. 基线标注　D. 公差标注

6. 利用夹点对一个线性尺寸进行编辑，不能完成的操作是（　　）。

A. 修改尺寸界线的长度和位置

B. 修改尺寸线的长度和位置

C. 修改文字的高度和位置

D. 修改尺寸的标注方向

7. 边长为 10 的正五边形的外接圆的半径是（　　）。

A. 8.51　B. 17.01　C. 6.88　D. 13.76

8. 绘制带有圆角的矩形，首先要（　　）。

A. 先确定一个角点

B. 绘制矩形再倒圆角

C. 先设置圆角再确定角点

D. 先设置倒角再确定角点

9. 同时填充多个区域，如果修改一个区域的填充图案而不影响其他区域，则（　　）。

A. 将图案分解

B. 在创建图案填充的时候选择“关联”

C. 删除图案，重新对该区域进行填充

D. 在创建图案填充时选择“创建独立的图案填充”

10. AutoCAD 中“° ”“±”“Φ”控制符依次是（　　）。

A. %%D，%%P，%%C

B. %%P，%%C，%%D

C. D%%，P%%，C%%

D. P%%，C%%，D%%

11. 若刚绘制了一个多段线对象，想撤销该图形的绘制，下面哪个操作是错误的？（　　）

A. 按 Ctrl+Z 键　　B. 按 Esc 键

C. 通过输入命令 U　　D. 在命令行输入 Undo

12. 实体填充区域不能表示为以下哪项？（　　）

A. 图案填充（使用实体填充图案）　　B. 三维实体

C. 渐变填充　　D. 宽多段线或圆环

13. 根据图案填充创建边界时，边界类型可能是以下哪些选项？（　　）

A. 多段线　B. 样条曲线　C. 三维多段线　D. 螺旋线

14. 在“尺寸标注样式管理器”中将“测量单位比例”的比例因子设置为 0.5，则 30° 的角度将被标注为（　　）。

A. 15　B. 60　C. 30　D. 与注释比例相关，不定

15. 在系统默认情况下，图案的边界可以重新生成的边界是（　　）。

A. 面域　B. 样条线　C. 多段线　D. 面域或多段线

16. 要剪切与剪切边延长线相交的圆，则需执行的操作为（　　）。

A. 剪切时按住 Shift 键

B. 剪切时按住 Alt 键

C. 修改“边”参数为“延伸”

D. 剪切时按住 Ctrl 键

17. 在 AutoCAD 中，构造选择集非常重要，以下哪个不是构造选择集的方法？（　　）

A. 按层选择　B. 对象选择过滤器　C. 快速选择　D. 对象编组

18. 关于图块的创建，下面说法不正确的是？（　　）

A. 任何 dwg 图形均可以作为图块插入

B. 使用 block 命令创建的图块只能在当前图形中调用

C. 使用 block 命令创建的图块可以被其他图形调用

D. 使用 wblock 命令可以将当前图形的图块再次写块

19. 要在打印图形中精确地缩放每个显示视图，可以使用以下哪个方法设置每个视图相对于图纸空间的比例？（　　）

A. “特性”选项板

B. ZOOM 命令的 XP 选项

C. “视口”工具栏更改视口的视图比例

D. 以上都可以

20. 视口最大化的状态保存在以下哪个系统变量中？（　　）

A. VSEDGES　　　　　　　B. VPLAYEROVERRIDESMODE

C. VPMAXIMIZEDSTATE　D. VSBACKGROUNDS

21. 关于偏移，下面说明错误的是（　　）。

A. 偏移值为 30

B. 偏移值为-30

C. 偏移圆弧时，既可以创建更大的圆弧，也可以创建更小的圆弧

D. 可以偏移的对象类型有样条曲线

22. 在一张复杂图样中，要选择半径小于 10 的圆，如何快速方便地选择？（　　）

A. 通过选择过滤

B. 执行快速选择命令，在对话框中设置对象类型为圆，特性为直径，运算符为小于，输入值为 10，单击确定

C. 执行快速选择命令，在对话框中设置对象类型为圆，特性为半径，运算符为小于，输入值为 10，单击确定

D. 执行快速选择命令，在对话框中设置对象类型为圆，特性为半径，运算符为等于，输入值为 10，单击确定

23. 如图 1 所示的图形采用的多线编辑方法分别是（　　）。

A. T 字打开,T 字闭合,T 字合并

B. T 字闭合,T 字打开,T 字合并

C. T 字合并,T 字闭合,T 字打开

D. T 字合并,T 字打开,T 字闭合

24. 在如图 2 所示的“特性”选项板中，不可以修改矩形的什么属性？（　　）

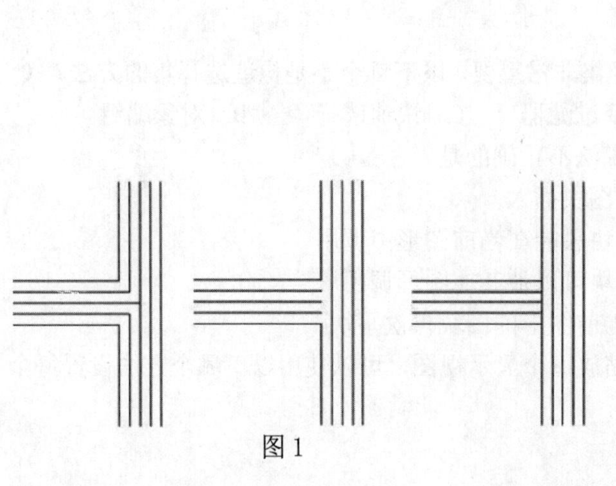

图 1

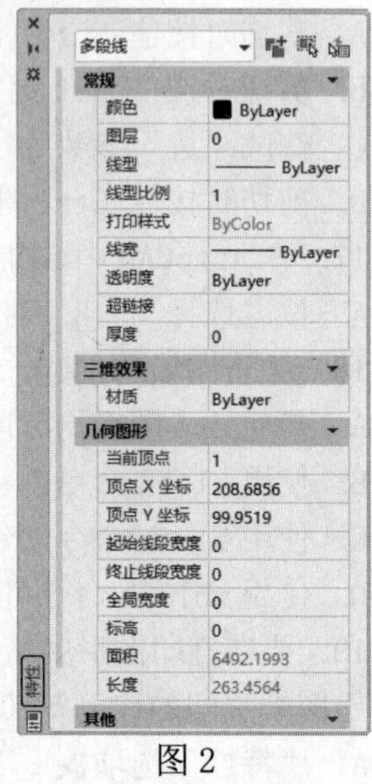

图 2

A. 面积　　　　B. 线宽　　　　C. 顶点位置　　　　D. 标高

25. 在尺寸公差的上极限偏差中输入“0.021”，下极限偏差中输入“0.015”，则标注

尺寸公差的结果是（　　）。

A. 上极限偏差 0.021，下极限偏差 0.015　　B. 上极限偏差-0.021，下极限偏差 0.015

C. 上极限偏差 0.021，下极限偏差-0.015　　D. 上极限偏差 0.021，下极限偏差-0.015

26. 不能作为多重引线线型类型的是（　　）。

A. 直线　　B. 多段线　　C. 样条曲线　　D. 以上均可以

27. 实体中的拉伸命令和实体编辑中的拉伸命令有什么区别？（　　）

A. 没什么区别

B. 前者是对多段线拉伸，后者是对面域拉伸

C. 前者是由二维线框转为实体，后者是拉伸实体中的一个面

D. 前者是拉伸实体中的一个面，后者是由二维线框转为实体

28. 如图 3 所示图形，正五边形的内切圆半径 R=（　　）。

A. 64.348　　B. 61.937　　C. 72.812　　D. 45

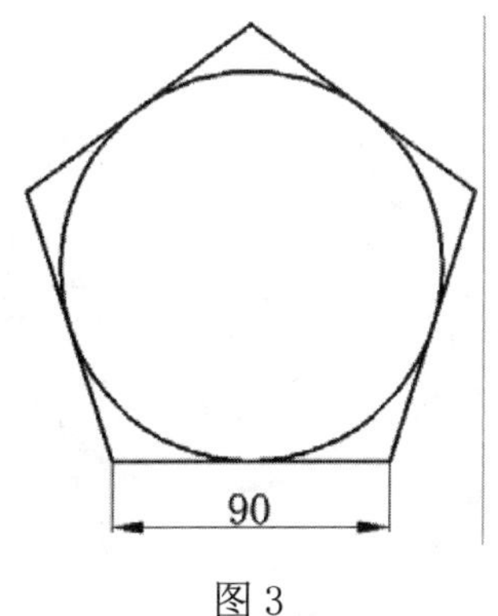

图 3

29. 按照图 4 中的设置，创建的表格是几行几列？（　　）

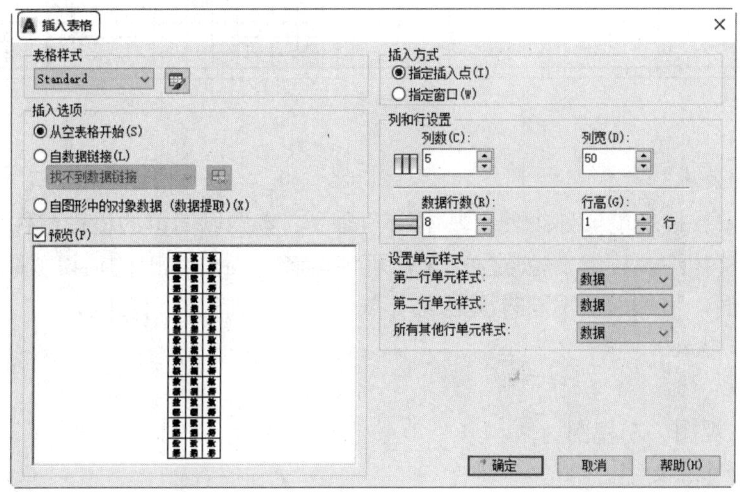

图 4

A. 8 行 5 列

B. 6 行 5 列

C. 10 行 5 列

D. 8 行 7 列

30. 栅格样式设置中，系统设置不在以下的哪个位置显示点栅格？（　　）

A. 二维模型空间

B. 块编辑器

C. 三维模型空间

D. 图纸/布局

二、操作题（根据题中的要求逐步完成，每题 20 分，共 2 题，共 40 分）

1. 题目：绘制如图 5 所示的前端盖零件二维图形，然后标注尺寸并按照平面图的尺寸创建如图 6 所示的零件三维模型。

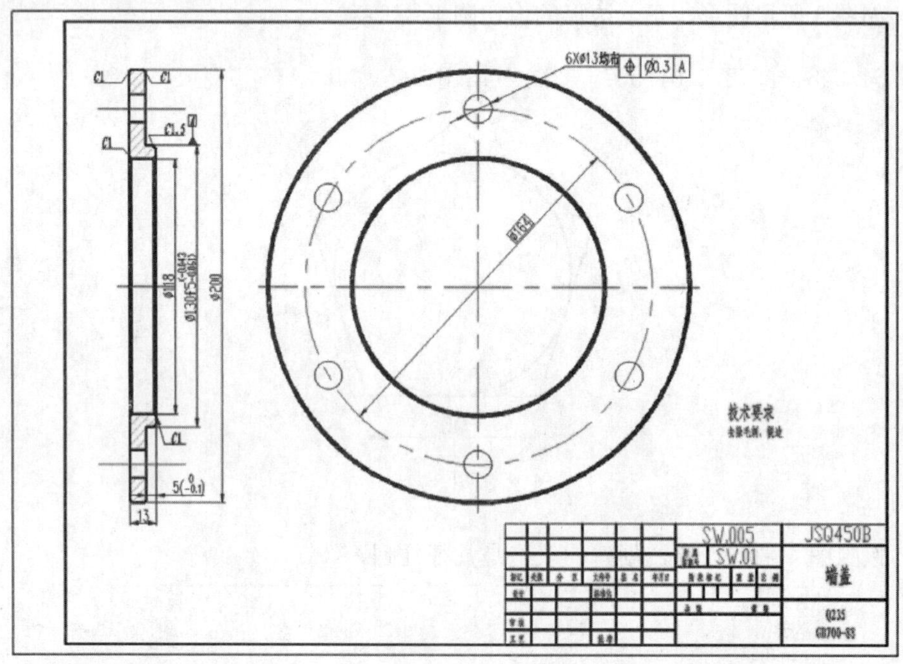

图 5

（1）目的要求

本题主要要求读者能够熟练使用基本绘图命令。本题以简单的机械零件为例，将平面图形绘制与尺寸标注及三维模型连贯起来，可使读者对 AutoCAD 的认识从原来单个的点，串成线，结成面，另外，从不同方面展现了 AutoCAD 强大的显示功能。

（2）操作提示

1）绘制中心线。

2）绘制主视图、左视图。

3）标注尺寸、文字。

4）插入图框。

5）根据平面图尺寸创建对应的三维模型。

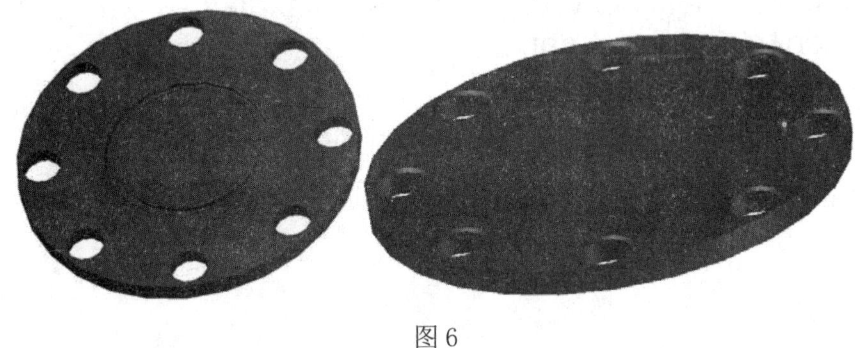

图 6

2．题目：绘制图 7 所示的平面图形。

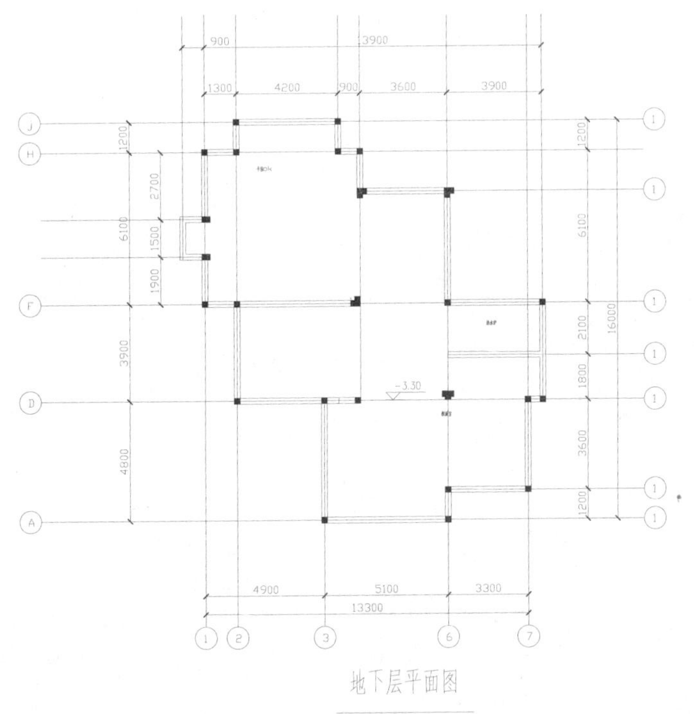

图 7

（1）目的要求

本题主要要求读者通过练习熟悉和掌握平面图的绘制方法，可以帮助读者学会完成整个平面图的绘制。

（2）操作提示

1）绘制定位辅助线。

2）绘制墙线、柱子。

3）标注尺寸、文字、轴号及标高。

单项选择题参考答案：

1～5. CABBC　6～10. CACDA　11～15. BBACD　16～20. CACDC

21～25. BCDAC　26～30. BDBCC